*Knabner • Angermann*
Numerik partieller Differentialgleichungen

T0255597

**Springer**
*Berlin*
*Heidelberg*
*New York*
*Barcelona*
*Hongkong*
*London*
*Mailand*
*Paris*
*Singapur*
*Tokio*

Peter Knabner · Lutz Angermann

# Numerik partieller Differentialgleichungen

Eine anwendungsorientierte Einführung

Springer

*Professor Dr. Peter Knabner*
Friedrich-Alexander-Universität Erlangen-Nürnberg
Institut für Angewandte Mathematik
Martensstraße 3
91058 Erlangen, Deutschland
*e-mail:* knabner@am.uni-erlangen.de

*Professor Dr. Lutz Angermann*
Otto-von-Guericke-Universität Magdeburg
Institut für Analysis und Numerik
Universitätsplatz 2
39106 Magdeburg, Deutschland
*e-mail:* lutz.angermann@mathematik.uni-magdeburg.de

---

Mathematics Subject Classification (2000): 65N, 65N30, 65M60, 65F10, 65H10, 76S05

---

Die Deutsche Bibliothek - CIP-Einheitsaufnahme

*Knabner, Peter:*
Numerik partieller Differentialgleichungen: eine anwendungsorientierte Einführung / Peter Knabner;
Lutz Angermann.- Berlin; Heidelberg; New York; Barcelona; Hongkong; London; Mailand; Paris;
Singapur; Tokio: Springer, 2000
(Springer-Lehrbuch)
ISBN 3-540-66231-6

ISBN 3-540-66231-6 Springer-Verlag Berlin Heidelberg New York

Springer-Verlag ist ein Unternehmen der Fachverlagsgruppe BertelsmannSpringer.
© Springer-Verlag Berlin Heidelberg 2000
Printed in Italy

Einbandgestaltung: *design & production GmbH,* Heidelberg
Satz: Datenerstellung durch den Autor unter Verwendung eines Springer LATEX- Makropakets
Gedruckt auf säurefreiem Papier      SPIN 10734465      46/3143CK-5 4 3 2 1 0

# Vorwort

Dieses Buch entstand aus Vorlesungen, die wir an den Universitäten Erlangen-Nürnberg und Magdeburg gehalten haben. Wir standen dabei oft vor dem Problem einer heterogenen Hörerschaft aus Studierenden der Mathematik und der Natur- und Ingenieurwissenschaften. Dies bedeutete neben einer unterschiedlichen Erwartungshaltung hinsichtlich mathematischer Stringenz und außermathematischer Anwendbarkeit, auch die Tatsache, weder generell Beispielmaterial in Form von Differentialgleichungsmodellen noch Kenntnisse aus der (modernen) Theorie partieller Differentialgleichungen voraussetzen zu können. Um dieser Grundsituation zu begegnen, haben wir einen praxisrelevanten Ausschnitt an Modellen und Verfahren (dessen Erweiterung gewiss wünschenswert wäre) gewählt und versucht, das ganze Spektrum von der Theorie bis zur Implementierung zu beleuchten, ohne über das Grundstudium hinausgehende Kenntnisse vorauszusetzen. Viele der für Nicht-Mathematiker schwierigen theoretischen Hürden sind sehr „induktiv" angegangen worden. Generell benutzen wir einen erklärenden „erzählerischen" Stil, ohne dadurch (wie wir hoffen) Abstriche an der mathematischen Präzision zu machen.

Wir haben den Untertitel des Buches gewählt in der Hoffnung, gerade die Studierenden der Mathematik auch mit den Informationen zu versehen, die zum Verständnis und der Durchführung von Finite-Element-/Volumen-Programmierung notwendig sind. Für Studierende der Natur- und Ingenieurwissenschaften bietet der Text über die oft schon vorhandenen Kenntnisse der Anwendung von Verfahren im engeren Fachgebiet hinaus eher eine Einführung in die mathematischen Grundlagen, die einen Transfer der Kenntnisse auf andere Fachgebiete erleichtern sollte.

Wir möchten uns für die wertvolle Hilfe bedanken, die wir während des Schreibens dieses Buches erhalten haben: Die Herren Dr. M. Bause, Dipl.-Math. S. Bitterlich, Dr. Ch. Eck, Dipl.-Math. A. Prechtel, Dipl.-Math.techn. J. Rang und Dipl.-Phys. E. Schneid haben Teile des Textes Korrektur gelesen und wichtige Verbesserungsvorschläge geliefert. Von den anonymen Gutachtern haben wir nützliche Kommentare erhalten. An erster Stelle sind aber Frau Magdalena Ihle und Herr Dipl.-Math. Gerhard Summ zu nennen. Frau Ihle hat mit unermüdlichem Einsatz große Teile des Textes schnell und präzise in TEX umgesetzt. Herr Summ hat nicht nur die Skript-Urfassung bearbeitet und ihr eine TEX-Form gegeben, bei ihm liefen auch alle Fäden des vielschichtigen und verteilten Umarbeitungs- und Erweiterungsprozesses zusammen, ohne dass er jemals den Überblick verloren hat. Die Beseitigung vieler Inkonsistenzen ist ihm zu verdanken. Darüber hinaus hat er Teile der Abschnitte 3.4 und 3.8 durch seine hervorragende Diplomarbeit [63] mitbeeinflusst. Bei Herrn Dr. Ch. Tapp bedanken wir uns für die Bereitstellung der Titelgraphik und weiterer Graphiken aus seiner Dissertation [64].

Hinweise auf (Druck-)Fehler und Verbesserungsvorschläge sind selbstverständlich weiterhin willkommen.

Dem Springer-Verlag danken wir für die konstruktive Zusammenarbeit. Nicht zuletzt wollen wir schließlich unseren Familien unsere Dankbarkeit ausdrücken für das Verständnis und die Nachsicht mit uns, die nicht nur, aber gerade in den letzten Monaten notwendig waren.

Erlangen und Magdeburg, im Februar 2000

Peter Knabner                                    Lutz Angermann

## Hinweise für den Leser und zur Benutzung in Lehrveranstaltungen

Der dargebotene Text übersteigt den Umfang einer vierstündigen einsemestrigen Lehrveranstaltung. Für eine solche Veranstaltung ist eine Auswahl nötig, die sich auch am Hörerkreis orientieren sollte. Wir empfehlen folgende „Schnitte":

Kapitel 0 ist entbehrlich, wenn die behandelten Differentialgleichungen anderweitig geläufig sind. Abschnitt 0.4 sollte aber wegen der dort versammelten Sprechweisen konsultiert werden. Analoges gilt für Kap. 1, eventuell muss dann Abschn. 1.4 in Kap. 3 nachgeholt werden, wenn der Abschn. 3.9 behandelt werden soll.

Die Kapitel 2 und 3 bilden den Kern des Buches. Die für einige theoretische Aspekte gewählte induktive Darstellungsmethode kann für Studierende der Mathematik eventuell verkürzt werden. Je nach persönlichem Geschmack des Dozenten bzw. Vorkenntnissen der Hörer in Numerischer Mathematik kann auf Abschn. 2.5 verzichtet werden, was die Behandlung der ILU-Vorkonditionierung in Abschn. 5.3 erschweren könnte. Bei den Abschnitten 2.1–2.3 ist zu beachten, dass sie die Behandlung des Modellproblems mit grundlegenden abstrakten Aussagen vermischen. Soll also auf die Behandlung des Modellproblems verzichtet werden, müssen diese Aussagen aus dem Text herausgenommen und in Kap. 3 integriert werden. Bei dieser Vorgehensweise könnte leicht Abschn. 2.4 mit Abschn. 3.5 kombiniert werden. Bei Kap. 3 besteht der theoretische Kern aus den Abschnitten 3.1, 3.2.1, 3.3–3.4.

Kapitel 4 hat übersichtsartigen Charakter und stellt zusammen mit den Kapiteln 8 und 9 Vertiefungen des klassischen Stoffes dar.

In dem umfangreichen Kap. 5 ist eine Schwerpunktsetzung möglich, bis hin zu einer Reduktion auf die Abschnitte 5.2, 5.3 (und 5.4), um zumindest ein praxistaugliches modernes iteratives Verfahren darzustellen.

In Kap. 7 gehören Abschn. 7.1 und der erste Teil von Abschn. 7.2 zum Grundwissen der Numerischen Mathematik und können je nach Hörerschaft entfallen.

Die Anhänge dienen nur der Konsultation und sollen notwendige Ergänzungen zu den Grundvorlesungen der Analysis und Linearen Algebra bzw. der Höheren Mathematik für Ingenieure geben.

Sollte die Vorlesung stattdessen zweisemestrig angelegt sein, so empfehlen wir Ergänzungen um einen der Themenbereiche:

- die Finite-Element-Methode in der Strukturmechanik,
- Finite-Differenzen-Verfahren für hyperbolische Erhaltungssätze in einer Raumdimension,
- die Finite-Element-Methode für laminare Strömungen (Navier-Stokes-Gleichungen)

Als entsprechende Lehrbücher seien beispielhaft [5] bzw. [21] bzw. [12] genannt.

## Hinweise zur Notation

*Kursivdruck* hebt die Definition von Sprechweisen hervor, auch wenn dies nicht als nummerierte Definition erfolgt.

Vektoren treten mit verschiedener Bedeutung auf: Neben den „kurzen" Ortsvektoren $x \in \mathbb{R}^d$ gibt es „lange" Darstellungsvektoren $\mathbf{u} \in \mathbb{R}^M$, die im Allgemeinen die Freiheitsgrade einer Finite-Element (oder -Volumen)- Approximation oder die Gitterpunktswerte einer Finite-Differenzen-Approximation darstellen. Hier wird **Fettdruck** gewählt, auch zur Unterscheidung von den oft gleich bezeichneten erzeugten Funktionen oder Gitterfunktionen. Abweichungen stellen Kap. 0 dar, in dem auch vektorielle Größen aus $\mathbb{R}^d$ fettgedruckt werden, und Kap. 5 und 7, in denen die Unbekannte des linearen oder nichtlinearen Gleichungssystemes, das dort allgemein behandelt wird, mit $x \in \mathbb{R}^m$ bezeichnet wird.

Auf Komponenten von Vektoren wird durch einen unteren Index zugegriffen, was bei indizierten Vektoren zu Doppelindizes führt. Folgen von Vektoren werden oben (in Klammern) indiziert, nur im abstrakten Kontext erfolgt die Indizierung auch unten.

# Inhaltsverzeichnis

# 0. Zum Beispiel: Differentialgleichungsmodelle für Prozesse in porösen Medien

Dieses Kapitel soll beispielhaft demonstrieren, wo jene Differentialgleichungsmodelle auftreten, für die im Folgenden Diskretisierungsverfahren entwickelt und untersucht werden. Modelle, die über die zu behandelnden Problemklassen hinausgehen, sollen weitere Perspektiven aufzeigen. Als Anwendungsgebiete werden Transport- und Reaktionsprozesse in porösen Medien gewählt. Zwar ist die Modellierung auf diesem Gebiet anspruchsvoll und kann hier nur andeutungsweise behandelt werden, doch ergibt sich eine repräsentative Hierarchie von linearen und nichtlinearen, stationären und nichtstationären Differentialgleichungsmodellen. Der Inhalt dieses Kapitels ist unabhängig von den übrigen Kapiteln, doch sollte Abschn. 0.4 wegen der Begriffsbildung konsultiert werden.

## 0.1 Transport- und Reaktionsprozesse in porösen Medien

Unter einem *porösen Medium* versteht man ein heterogenes Material, bestehend aus *Feststoffskelett* oder *-matrix* und dem durch darin befindliche Hohlräume gebildeten *Porenraum*. Der Porenraum (des porösen Mediums) wird als zusammenhängend betrachtet, da andernfalls der Transport von Fluiden im Porenraum nicht möglich wäre. Poröse Medien treten in einem weiten Bereich von Problemstellungen der Natur- und Ingenieurwissenschaften auf. Böden oder Grundwasserleiter sind Beispiele aus den Geowissenschaften, poröse Katalysatoren, Chromatographiesäulen oder keramische Schäume spielen in wichtigen Prozessen der chemischen Verfahrenstechnik eine Rolle. Auch die menschliche Haut kann als poröses Medium angesehen werden. Im Folgenden sollen geowissenschaftliche Anwendungen im Vordergrund stehen, so dass eine auf das natürliche Bodengefüge als poröses Medium bezogene Sprechweise gewählt wird. Die Fluide bilden auf der *Mikro-* oder *Porenskala* eines einzelnen Feststoffkorns bzw. einer Pore, also im Bereich von μm bis mm, verschiedene Phasen im thermodynamischen Sinn, man spricht daher auch bei $k$ Fluiden unter Einbeziehung des Feststoffskeletts von einem $k + 1$-*Phasen-System* bzw. vom *$k$-phasigen Fließen*.

Bei den Fluiden betrachten wir drei verschiedene Klassen, die sich u.a. in ihrer Affinität zum Feststoffskelett unterscheiden. Es handelt sich dabei um

Wasser, gekennzeichnet mit dem Index „w", eine nichtwässrige liquide Phase (wie etwa Öl im natürlichen Vorkommen oder als Verunreinigung), gekennzeichnet mit dem Index „o", und um eine Gasphase, gekennzeichnet mit dem Index „g" (wie etwa die Bodenluft). Von diesen Phasen muss also mindestens eine lokal auftreten; bei einem instationären Prozess können Phasen auch lokal verschwinden oder generiert werden. Diese fluiden Phasen wiederum sind im Allgemeinen *Gemische* aus mehreren *Komponenten*. So handelt es sich bei geowissenschaftlichen Anwendungen nicht um reines Wasser, vielmehr liegen in dem *Lösungsmittel* Wasser weitere Stoffe als echte oder kolloidale Lösung vor. Das weite chemische Spektrum reicht von Pflanzennährsalzen über Steinsalze aus Salzstöcken zu organischen Abbauprodukten und zu den verschiedensten organischen und anorganischen Umweltchemikalien. Diese Stoffe sind im Allgemeinen nicht inert, sondern unterliegen Reaktions- und Umwandlungsprozessen. Neben Diffusion ist die durch die Fluidbewegung *erzwungene Konvektion* der wesentliche Transportmechanismus für die gelösten Stoffe, doch tritt auch *natürliche Konvektion* auf durch die Rückkoppelung von Stoffdynamik auf das Fließgeschehen der Fluide. Die bisher gewählte Beschreibungsebene der Mikroskala ist ungeeignet für Prozesse im Labor- bzw. technischen Maßstab, die im Bereich cm bis m stattfinden, oder gar für Prozesse in einem Wassereinzugsgebiet im Bereich von km. Für diese *Makroskalen* müssen neue Modelle entwickelt werden, die durch Mittelungsprozeduren aus Modellen auf der Mikroskala hervorgehen. Dass auch prinzipielle Unterschiede zwischen den verschiedenen Makroskalen bestehen, die unterschiedliche Modelle erwarten lassen, welche durch *Hochskalierung* (upscaling) auseinander hervorgehen, soll hier nicht weiter betrachtet werden. Für den Übergang von der Mikro- zur Makroskala haben die Ingenieurwissenschaften den heuristischen Prozess der *Volumenmittelung* und die Mathematik die rigorose, aber nur eingeschränkt einsetzbare Vorgehensweise der *Homogenisierung* bereitgestellt (siehe [33] bzw. [16]). Keine der beiden Möglichkeiten soll hier vollständig verfolgt werden. Die Volumenmittelung wird, wenn nötig, zur (heuristischen) Motivation herangezogen.

Sei $\Omega \subset \mathbb{R}^d$ das Gebiet von Interesse. Alle folgenden Überlegungen sind formal in dem Sinn, dass die Zulässigkeit der analytischen Manipulationen vorausgesetzt wird. Dies kann aber durch hinreichende Glattheitsannahmen an die beteiligten Funktionen und Gebiete gewährleistet werden.

Sei $V \subset \Omega$ ein im Sinn der Volumenmittelung zulässiges *repräsentatives Elementarvolumen* um einen Punkt $x \in \Omega$, dann entstehen zu einer in der Phase $\alpha$ gegebenen Größe $\omega_\alpha$ (nach Fortsetzung von $\omega_\alpha$ mit 0 außerhalb von $\alpha$) die entsprechenden makroskopischen Größen, die den Punkt $x$ zugeordnet werden, als das *Phasenmittel* (extrinsic phase average)

$$\langle \omega_\alpha \rangle := \frac{1}{|V|} \int_V \omega_\alpha$$

oder als das *echte Phasenmittel* (intrinsic phase average)

$$\langle \omega_\alpha \rangle^\alpha := \frac{1}{|V_\alpha|} \int_{V_\alpha} \omega_\alpha \,.$$

Dabei bezeichnet $V_\alpha$ die zu $\alpha$ gehörige Teilmenge von $V$. Der Zeitpunkt, an dem der Prozess betrachtet wird, sei $t \in (0, T)$. Die Bezeichnung $x \in \Omega$ meint den Vektor der kartesischen Koordinaten, auf dessen Komponenten mit $x$, $y$ und $z \in \mathbb{R}$ verwiesen wird. Trotz dieser Doppelbelegung ist die Bedeutung aus dem Zusammenhang immer eindeutig.

Bezeichnet der Index „s" (wie solid) die feste Phase, so heißt

$$\phi(x) := |V \setminus V_s| \,/\, |V| > 0$$

die *Porosität* und für jede fluide Phase $\alpha$

$$S_\alpha(x, t) := |V_\alpha| \,/\, |V \setminus V_s| \geq 0$$

die *Sättigung* der Phase $\alpha$. Hier wird angenommen, dass die feste Phase stabil und in Ruhe ist. Es ist also

$$\langle \omega_\alpha \rangle = \phi S_\alpha \langle \omega_\alpha \rangle^\alpha$$

für eine fluide Phase $\alpha$ und

$$\sum_{\alpha:\text{fluid}} S_\alpha = 1 \,. \tag{0.1}$$

Sind also die fluiden Phasen auf der Mikroskala *nicht mischbar*, sind sie dies prinzipiell schon auf der Makroskala und die makroskopische Nichtmischbarkeit ist eine zusätzliche Modellannahme.

Wie sonst auch entstehen die Differentialgleichungsmodelle hier aus den Erhaltungsgleichungen für die *extensiven* Größen Masse, Impuls und Energie, ergänzt um notwendige *konstitutive Gesetze*, wobei hier die Masse im Vordergrund stehen soll.

## 0.2 Fluidtransport in porösen Medien

Betrachtet werde eine fluide Phase $\alpha$ auf der Mikroskala. Zur Verdeutlichung werden in diesem Kapitel auch „kurze" Vektoren in $\mathbb{R}^d$ fett dargestellt, mit Ausnahme des Ortsvektors $x$. Es bezeichne $\tilde{\varrho}_\alpha$ [kg/m$^3$] die (mikroskopische) *Dichte*, $\tilde{\mathbf{q}}_\alpha := \left( \sum_\eta \tilde{\varrho}_\eta \tilde{\mathbf{v}}_\eta \right) / \tilde{\varrho}_\alpha$ [m/s] die *massenmittlere Gemischgeschwindigkeit* auf der Basis der *Partikelgeschwindigkeit* $\tilde{\mathbf{v}}_\eta$ einer Komponente $\eta$ und deren Konzentration in Lösung $\tilde{\varrho}_\eta$ [kg/m$^3$]. Das Reynold'sche Transporttheorem (siehe zum Beispiel [8]) liefert die Massenerhaltungsgleichung

$$\partial_t \tilde{\varrho}_\alpha + \nabla \cdot (\tilde{\varrho}_\alpha \tilde{\mathbf{q}}_\alpha) = \tilde{f}_a \tag{0.2}$$

mit einer verteilten *Massenquelldichte* $\tilde{f}_\alpha$. Daraus entsteht durch Mittelung die Massenerhaltungsgleichung

$$\partial_t(\phi S_\alpha \varrho_\alpha) + \nabla \cdot (\varrho_\alpha \mathbf{q}_\alpha) = f_\alpha \qquad (0.3)$$

mit $\varrho_\alpha$, der Dichte der Phase $\alpha$, als echtem Phasenmittel von $\tilde{\varrho}_\alpha$ und $\mathbf{q}_\alpha$, der *volumetrischen Fluidgeschwindigkeit* oder *Darcy-Geschwindigkeit* der Phase $\alpha$, als Phasenmittel von $\tilde{\mathbf{q}}_\alpha$. Entsprechend ist $f_\alpha$ eine gemittelte Massenquelldichte.

Bevor in der allgemeinen Diskussion fortgefahren wird, sollen einige spezifische Situationen betrachtet werden: Der Bereich zwischen dem Grundwasserspiegel und dem undurchlässigen Boden eines *Grundwasserleiters* ist dadurch gekennzeichnet, dass der gesamte Porenraum von einer fluiden Phase, dem Wasser, eingenommen wird. Die betreffende Sättigung ist also überall 1 und aus der Gleichung (0.3) wird unter Weglassung des Index

$$\partial_t(\phi\varrho) + \nabla \cdot (\varrho\mathbf{q}) = f \ . \qquad (0.4)$$

Wird die Dichte von Wasser als konstant angenommen, weil die Masse der gelösten Komponenten und die Kompressibilität von Wasser vernachlässigbar sind, vereinfacht sich (0.4) weiter zur stationären Gleichung

$$\nabla \cdot \mathbf{q} = f \ , \qquad (0.5)$$

wobei $f$ durch die Volumenquelldichte $f/\varrho$ bei gleicher Bezeichnung ersetzt worden ist. Diese Gleichung wird geschlossen durch eine Beziehung, die als das makroskopische Analogon der Impulserhaltung aufgefasst werden kann, hier aber nur als experimentell gefundenes konstitutives Gesetz gewertet werden soll. Dieses *Gesetz von Darcy* hat die Form

$$\mathbf{q} = -\mathbf{K}\left(\nabla p + \varrho g \mathbf{e}_z\right) \qquad (0.6)$$

und kann im Bereich des laminaren Fließens verwendet werden. Dabei ist $p$ [N/m$^2$] das echte Mittel des *Wasserdrucks*, $g$ [m/s$^2$] die Gravitationskonstante, $\mathbf{e}_z$ der Einheitsvektor der $z$-Koordinate, die entgegen der Gravitation orientiert sei,

$$\mathbf{K} = \mathbf{k}/\mu \qquad (0.7)$$

eine Größe, die sich aus der durch die feste Phase bestimmten *Permeabilität* $\mathbf{k}$ und der durch das Fluid bestimmten *Viskosität* $\mu$ ergibt. Für ein sich *anisotrop* verhaltendes Feststoffskelett ist $\mathbf{k} = \mathbf{k}(x)$ eine symmetrisch positiv definite Matrix.

Einsetzen von (0.6) in (0.5) ergibt eine lineare Gleichung für

$$h(x,t) := \frac{1}{\varrho g}\, p(x,t) + z \ ,$$

die *Standrohrspiegelhöhe* $h$ [m] (piezometric head), bei Ersatz von $\mathbf{K}$ durch $\mathbf{K}\varrho g$ – in der Literatur als *hydraulische Leitfähigkeit* bekannt – und bei gleicher Bezeichnung:

$$-\nabla \cdot (\mathbf{K}\nabla h) = f . \tag{0.8}$$

Die entstehende Gleichung ist also stationär und linear. Dabei heißt ein Differentialgleichungsmodell *stationär*, wenn es nur vom Ort $x$ und nicht von der Zeit $t$ abhängt, andernfalls *instationär*. Eine Differentialgleichung und entsprechend Randbedingungen (siehe Abschn. 0.4) heißen *linear*, wenn die Summe bzw. das skalare Vielfache von Lösungen wiederum Lösungen mit der Summe bzw. dem Vielfachen der Quelldichten sind.

Verhält sich das Feststoffskelett *isotrop*, ist $\mathbf{K} = K\mathbf{I}$ mit der $d \times d$-Einheitsmatrix $\mathbf{I}$ und einer skalarwertigen Funktion $K$ und (0.8) lautet entsprechend

$$-\nabla \cdot (K\nabla h) = f . \tag{0.9}$$

Ist das Feststoffskelett schließlich homogen, also $K$ konstant, erhalten wir nach Division mit $K$ und Beibehaltung der Bezeichnung $f$ die *Poisson-Gleichung*

$$-\Delta h = f , \tag{0.10}$$

die für $f = 0$ *Laplace-Gleichung* genannt wird. Dieses Modell bzw. die allgemeineren Formen treten in einer Vielzahl von Kontexten auf. Ist entgegen der obigen Annahme das Feststoffskelett kompressibel unter Wasserdruck und wird weiter von der Gültigkeit von (0.4) ausgegangen, dann kann eine Beziehung

$$\phi = \phi(x,t) = \phi_0(x)\phi_f(p)$$

mit $\phi_0(x) > 0$ und monoton wachsendem $\phi_f$ postuliert werden, so dass mit $S(p) := \phi'_f(p)$ die Gleichung

$$\phi_0 S(p) \, \partial_t p + \nabla \cdot \mathbf{q} = f$$

entsteht, bzw. den Gleichungen (0.8)–(0.10) entsprechende instationäre Gleichungen vorliegen. Für konstantes $S(p) > 0$ entsteht die lineare Gleichung

$$\phi_0 S \, \partial_t h - \nabla \cdot (\mathbf{K}h) = f , \tag{0.11}$$

die ebenfalls ein in vielen Zusammenhängen auftretendes Modell darstellt und aus entsprechender Anwendung als *Wärmeleitungsgleichung* bezeichnet wird.

Wir betrachten weiterhin Ein-Phasen-Fließen, aber jetzt mit Gas als fluider Phase. Wegen der Kompressibilität ist die Dichte eine Funktion des Drucks, die wegen ihrer strengen Monotonie auch invertiert werden kann zu

$$p = P(\varrho) .$$

Zusammen mit (0.4) und (0.6) entsteht eine nichtlineare Variante der Wärmeleitungsgleichung in der Unbekannten $\varrho$:

$$\partial_t(\phi\varrho) - \nabla \cdot \left(\mathbf{K}(\varrho\nabla P(\varrho) + \varrho^2 g\mathbf{e}_z)\right) = f \,, \tag{0.12}$$

die auch Ortsableitungen erster Ordnung enthält. Gilt $P(\varrho) = \ln(\alpha\varrho)$ für eine Konstante $\alpha > 0$, so vereinfacht sich $\varrho\nabla P(\varrho)$ zu $\alpha\nabla\varrho$. Für horizontales Fließen liegt also wieder die Wärmeleitungsgleichung vor. Für die durch das allgemeine Gasgesetz nahegelegte Beziehung $P(\varrho) = \alpha\varrho$ ist der Anteil als $\alpha\varrho\nabla\varrho = \frac{1}{2}\alpha\nabla\varrho^2$ weiterhin nichtlinear. Die Wahl der Variablen $u := \varrho^2$ hätte als alleinige Nichtlinearität in der Zeitableitung $u^{1/2}$ zur Folge. In der Formulierung in $\varrho$ verschwindet also der Koeffizient von $\nabla\varrho$ in der Divergenz für $\varrho = 0$, entsprechend wird der Koeffizient $S(u) = \frac{1}{2}\phi u^{-1/2}$ von $\partial_t u$ in der Formulierung in $u$ für $u = 0$ unbeschränkt. In beiden Versionen *degenerieren* die Gleichungen, was über den Rahmen dieses Buches hinaus weist. Eine Variante dieser Gleichung hat als *Poröse-Medien-Gleichung* (mit Konvektion) in der Analysis viel Beachtung gefunden (siehe zum Beispiel [38]).
Kehren wir zur allgemeinen Situation zurück, so lässt sich bei mehreren fluiden Phasen die folgende Verallgemeinerung des Gesetzes von Darcy experimentell rechtfertigen:

$$\mathbf{q}_\alpha = -\frac{k_{r\alpha}}{\mu_\alpha}\mathbf{k}\left(\nabla p_\alpha + \varrho_\alpha g\mathbf{e}_z\right)\,.$$

Dabei ist die *relative Permeabilität* $k_{r\alpha}$ der Phase $\alpha$ abhängig von den Sättigungen der beteiligten Phasen und nimmt Werte in $[0,1]$ an.
Zwischen zwei fluiden Phasen $\alpha_1$ und $\alpha_2$ entwickelt sich eine Druckdifferenz, der *Kapillardruck*, der sich experimentell als Funktion der Sättigungen herausstellt:

$$p_{c\alpha_1\alpha_2} := p_{\alpha_1} - p_{\alpha_2} = F_{\alpha_1\alpha_2}(S_\mathrm{w}, S_\mathrm{o}, S_\mathrm{g})\,. \tag{0.13}$$

Ein allgemeines Mehrphasen-Fluidmodell, vorerst in den Variablen $p_\alpha, S_\alpha$, ist also gegeben durch die Gleichungen

$$\partial_t(\phi S_\alpha\varrho_\alpha) - \nabla\cdot(\varrho_\alpha\lambda_\alpha\mathbf{k}(\nabla p_\alpha + \varrho_\alpha g\mathbf{e}_z)) = f_\alpha \tag{0.14}$$

mit den *Mobilitäten* $\lambda_\alpha := k_{r\alpha}/\mu_\alpha$, den Gleichungen (0.13) und (0.1), wodurch sofort ein $S_\alpha$ eliminiert werden kann. Für zwei fluide Phasen w und g, etwa Wasser und Luft, lauten die Gleichungen (0.14) für $\alpha = \mathrm{w,g}$: $p_\mathrm{c} = p_\mathrm{g} - p_\mathrm{w} = F(S_\mathrm{w})$ und $S_\mathrm{g} = 1 - S_\mathrm{w}$. Es handelt sich also um ein zeitabhängiges, nichtlineares Modell in den Variablen $p_\mathrm{w}, p_\mathrm{g}, S_\mathrm{w}$, von denen eine noch eliminiert werden kann. Sind die Dichten $\varrho_\alpha$ konstant, ergeben sich weitere Formulierungen mittels

$$\nabla\cdot(\mathbf{q}_\mathrm{w} + \mathbf{q}_\mathrm{g}) = f_\mathrm{w}/\varrho_\mathrm{w} + f_\mathrm{g}/\varrho_\mathrm{g} \tag{0.15}$$

als Folge von (0.1), die aus einer stationären Gleichung für eine neue Druckgröße, den *globalen Druck*, auf der Basis von (0.15) und einer zeitabhängigen Gleichung für eine der Sättigungen bestehen (siehe Übungsaufgabe 0.3). Oft ist es statthaft, anzunehmen, dass die Luftphase überall konstanten Druck hat, der auf $p_\mathrm{g} = 0$ skaliert wird. Für $\psi := p_\mathrm{w} = -p_\mathrm{c}$ ergibt sich also

$$\phi \partial_t S(\psi) - \nabla \cdot (\lambda(\psi)\mathbf{k}(\nabla\psi + \varrho g \mathbf{e}_z)) = f_{\mathrm{w}}/\varrho_{\mathrm{w}} \qquad (0.16)$$

bei konstanter Dichte $\varrho := \varrho_{\mathrm{w}}$, und $S(\psi) := F^{-1}(-\psi)$ ist eine strikt monoton wachsende Nichtlinearität, ebenso wie $\lambda$.

Durch die willkürliche Festlegung des Luftdrucks auf den Wert 0 wird der Druck der Wasserphase im *ungesättigten Zustand*, in dem die Luftphase vorhanden ist, durch negative Werte repräsentiert. Der Wasserdruck $\psi = 0$ kennzeichnet gerade den Übergang zwischen dem ungesättigten und dem *gesättigten* Bereich. Im ungesättigten Bereich stellt also (0.16) für $\psi < 0$ eine nichtlineare Variante der Wärmeleitungsgleichung dar, die *Richards-Gleichung*. Da die meisten funktionalen Beziehungen die Eigenschaft $S'(0) = 0$ haben, degeneriert aber die Gleichung bei verschwindender Luftphase, und zwar in anderer Weise als oben, nämlich zu einer stationären Gleichung.

Die Gleichung (0.16) kann mit $S(\psi) := 1$ und $\lambda(\psi) := \lambda(0)$ konsistent mit (0.5) und (0.6) auch für $\psi \geq 0$, also den Fall reiner Wasserphase fortgesetzt werden. Die entstehende Gleichung heißt weiterhin Richards-Gleichung oder Modell des *gesättigt-ungesättigten Fließens*.

## 0.3 Reaktiver Lösungstransport in porösen Medien

In diesem Abschnitt sollen der Transport einer Komponente einer fluiden Phase und einige ausgewählte Reaktionsvorgänge diskutiert werden. Es wird immer explizit auf Wasser als fluide Phase Bezug genommen. Zwar werden *inhomogene Reaktionen* in Form von Oberflächenreaktionen mit der festen Phase berührt, doch sollen Austauschprozesse zwischen den fluiden Phasen vernachlässigt werden. Auf mikroskopischer Ebene lautet die Massenerhaltungsgleichung für eine Komponente $\eta$ in der Notation von (0.2) unter Weglassung des Phasenindex $\alpha$:

$$\partial_t \tilde{\varrho}_\eta + \nabla \cdot (\tilde{\varrho}_\eta \tilde{\mathbf{q}}) + \nabla \cdot \mathbf{J}_\eta = \tilde{Q}_\eta \,,$$

wobei

$$\mathbf{J}_\eta := \tilde{\varrho}_\eta (\tilde{\mathbf{v}}_\eta - \tilde{\mathbf{q}}) \,[\mathrm{kg/m^2/s}] \qquad (0.17)$$

den *diffusiven Massenfluss* der Komponente $\eta$ und $\tilde{Q}_\eta$ $[\mathrm{kg/m^3/s}]$ deren volumetrische Produktionsrate darstellen. Für eine Beschreibung von Reaktionen mittels des *Massenwirkungsgesetzes* ist die Wahl von Mol als Masseneinheit angemessener. Der diffusive Massenfluss bedarf einer phänomenologischen Beschreibung. Die Annahme, dass ausschließlich binäre molekulare Diffusion zwischen der Komponente $\eta$ und dem Lösungsmittel, beschrieben durch das *Fick'sche Gesetz*, wirkt, bedeutet:

$$\mathbf{J}_\eta = -\tilde{\varrho} D_\eta \nabla (\tilde{\varrho}_\eta/\tilde{\varrho}) \qquad (0.18)$$

mit einer *molekularen Diffusivität* $D_\eta > 0$ $[\mathrm{m^2/s}]$. Die Mittelungsprozedur angewandt auf (0.17), (0.18) führt zu

$$\partial_t(\Theta c_\eta) + \nabla \cdot (\mathbf{q}c_\eta) + \nabla \cdot \mathbf{J}^{(1)} + \nabla \cdot \mathbf{J}^{(2)} = Q_\eta^{(1)} + Q_\eta^{(2)}$$

für die *Konzentration in Lösung der Komponente* $\eta$, $c_\eta$ [kg/m³], als echtes Phasenmittel von $\tilde{\varrho}_\eta$. Dabei ist $\mathbf{J}^{(1)}$ das Mittel von $\mathbf{J}_\eta$ und $\mathbf{J}^{(2)}$, der Massenfluss durch *mechanische Dispersion*, ein auf makroskopischer Ebene neu entstandener Term. Analog ist $Q_\eta^{(1)}$ das echte Phasenmittel von $\tilde{Q}_\eta$ und $Q_\eta^{(2)}$ ein neu entstehender Term, der den Austausch zwischen flüssiger und fester Phase beschreibt.

Der *volumetrische Wassergehalt* ist gegeben durch $\Theta := \phi S_\mathrm{w}$ mit der Wassersättigung $S_\mathrm{w}$. Experimentell werden folgende phänomenologische Beschreibungen nahegelegt:

$$\mathbf{J}^{(1)} = -\Theta \tau D_\eta \nabla c_\eta$$

mit einem *Tortuositätsfaktor* $\tau \in (0,1]$,

$$\mathbf{J}^{(2)} = -\Theta \mathbf{D}_\mathrm{mech} \nabla c_\eta \qquad (0.19)$$

mit einer symmetrisch positiv definiten *Matrix der mechanischen Dispersion* $\mathbf{D}_\mathrm{mech}$, die von $q/\Theta$ abhängig ist. Die entstehende Differentialgleichung lautet also

$$\partial_t(\Theta c_\eta) + \nabla \cdot (\mathbf{q}c_\eta - \Theta \mathbf{D}\nabla c_\eta) = Q_\eta \qquad (0.20)$$

mit $\mathbf{D} := \tau \mathbf{D}_\eta + \mathbf{D}_\mathrm{mech}$, $Q_\eta := Q_\eta^{(1)} + Q_\eta^{(2)}$.

Da der Massenfluss aus einem Anteil $\mathbf{q}c_\eta$, durch *erzwungene Konvektion*, und aus $\mathbf{J}^{(1)} + \mathbf{J}^{(2)}$ besteht, was einem verallgemeinerten Fick'schen Gesetz entspricht, bezeichnet man eine Gleichung wie (0.20) als *Diffusions-Konvektions-Gleichung*. Deshalb wird von ersten räumlichen Ableitungen wie $\nabla \cdot (\mathbf{q}c_\eta)$ als *konvektivem Anteil* und zweiten räumlichen Ableitungen wie $-\nabla \cdot (\Theta \mathbf{D}\nabla c_\eta)$ als *diffusivem Anteil* gesprochen. Wenn der erste die Gestalt der entstehenden Lösungen bestimmt, heißt die Gleichung *konvektionsdominiert*. Das Vorliegen dieser Situation wird gemessen durch die Größe der *Péclet-Zahl* Pe, die die Form Pe $= \|\mathbf{q}\|L/\|\Theta \mathbf{D}\|$ [ - ] hat. Dabei ist $L$ eine charakteristische Länge des Grundgebiets $\Omega$. Der Grenzfall rein konvektiven Transports führt auf eine Erhaltungsgleichung erster Ordnung. Da die gebräuchlichen Modelle für die Dispersionsmatrix zu einer Schranke für Pe führen, ist die Reduktion auf rein konvektiven Transport hier nicht angemessen, doch ist mit Konvektionsdominanz zu rechnen.

Analog spricht man von diffusiven Anteilen in (0.8) und (0.11) und von (nicht-linearen) diffusiven und konvektiven Anteilen in (0.12) und (0.16). Auch die Mehrphasentransportgleichungen lassen sich unter Benutzung von (0.15) als nichtlineare Diffusions-Konvektions-Gleichungen schreiben (siehe Übungsaufgabe 0.3), die oft konvektionsdominiert sind. Ist die Produktionsrate $Q_\eta$ von $c_\eta$ unabhängig, so ist die Gleichung (0.20) linear.

Für eine Oberflächenreaktion der Komponente $\eta$ muss im Allgemeinen die Kinetik dieser Reaktion beschrieben werden. Steht die Komponente dabei nicht in Konkurrenz zu anderen Komponenten, spricht man von *Adsorption*. Die kinetische Gleichung hat also die allgemeine Gestalt

$$\partial_t s_\eta(x,t) = k_\eta f_\eta(x, c_\eta(x,t), s_\eta(x,t)) \qquad (0.21)$$

mit einem Ratenparameter $k_\eta$ für die *sorbierte Konzentration* $s_\eta$ [kg/kg], die bezogen auf die Masse des Feststoffskeletts angegeben wird. Dabei wird also die Komponente in sorbierter Form als räumlich immobil angenommen. Die Erhaltung der Gesamtmasse der Komponente unter Sorption führt zu

$$Q_\eta^{(2)} = -\varrho_b \partial_t s_\eta \qquad (0.22)$$

mit der *Lagerungsdichte* $\varrho_b = \varrho_s(1 - \phi)$, wobei $\varrho_s$ die Dichte der Festphase bezeichnet. Mit (0.21), (0.22) liegt also ein System aus einer instationären partiellen und einer gewöhnlichen Differentialgleichung (mit $x \in \Omega$ als Parameter) vor. Ein gebräuchliches Modell nach *Langmuir* lautet

$$f_\eta = k_a c_\eta(\bar{s}_\eta - s_\eta) - k_d s_\eta$$

mit Konstanten $k_a, k_d$, die unter anderem von der Temperatur abhängen, und einer *Sättigungskonzentration* $\bar{s}_\eta$ (siehe zum Beispiel [19, S. 11]). Kann vereinfachend $f_\eta = f_\eta(x, c_\eta)$ angenommen werden, entsteht eine skalare nichtlineare Gleichung in $c_\eta$:

$$\partial_t(\Theta c_\eta) + \nabla \cdot (\mathbf{q} c_\eta - \Theta \mathbf{D} \nabla c_\eta) + \varrho_b k_\eta f_\eta(\cdot, c_\eta) = Q_\eta^{(1)} \qquad (0.23)$$

und $s_\eta$ ergibt sich entkoppelt aus (0.21). Ist andererseits der Grenzfall $k_\eta \to \infty$ angemessen, da die Zeitskalen von Transport und Reaktion sehr unterschiedlich sind, wird (0.21) ersetzt durch

$$f_\eta(x, c_\eta(x,t), s_\eta(x,t)) = 0 \,.$$

Ist diese Gleichung nach $s_\eta$ auflösbar, also

$$s_\eta(x,t) = \varphi_\eta(x, c_\eta(x,t)) \,,$$

so entsteht eine skalare Gleichung für $c_\eta$ mit der Nichtlinearität in der Zeitableitung:

$$\partial_t(\Theta c_\eta + \varrho_b \varphi_\eta(\cdot, c_\eta)) + \nabla \cdot (\mathbf{q} c_\eta - \Theta \mathbf{D} \nabla c_\eta) = Q_\eta^{(1)} \,.$$

Steht die Komponente $\eta$ bei der Oberflächenreaktion in Konkurrenz zu anderen Komponenten wie zum Beispiel bei Ionenaustausch, so ist $f_\eta$ zu ersetzen durch eine Nichtlinearität, die von den Konzentrationen aller beteiligten Komponenten $c_1, \ldots, c_N, s_1, \ldots, s_N$ abhängt, so dass ein gekoppeltes System in diesen Variablen entsteht. Treten schließlich auch *homogene Reaktionen* auf, die also ausschließlich in der fluiden Phase stattfinden, so gilt das Gleiche für den Quellterm $Q_\eta^{(1)}$.

## 0.4 Randwert- und Anfangs-Randwert-Aufgaben

Die in den Abschnitten 0.2 und 0.3 hergeleiteten Differentialgleichungen haben alle die Gestalt

$$\partial_t S(u) + \nabla \cdot (\mathbf{C}(u) - \mathbf{K}(\nabla u)) = Q(u) \tag{0.24}$$

mit einem *Speicherterm* $S$, einem konvektiven Anteil $\mathbf{C}$, einem diffusiven Anteil $\mathbf{K}$, also einem Gesamtfluss $\mathbf{C} - \mathbf{K}$ und einem Quellterm $Q$, die linear oder nichtlinear von den Unbekannten $u$ abhängen. Diese sei zur Vereinfachung als skalar angenommen. Die Nichtlinearitäten $S, \mathbf{C}, \mathbf{K}$ und $Q$ können auch von $x$ und $t$ abhängen, was im Folgenden in der Notation unterdrückt werden soll. Eine solche Gleichung heißt in *Divergenzform* oder in *konservativer Form*; eine allgemeinere Formulierung erhält man durch Ausdifferenzieren $\nabla \cdot \mathbf{C}(u) = \frac{\partial}{\partial u}\mathbf{C}(u) \cdot \nabla u + (\nabla \cdot \mathbf{C})(u)$ oder durch einen allgemeineren „Quellterm" $Q = Q(u, \nabla u)$. Bisher wurden Differentialgleichungen punktweise in $x \in \Omega$ (und $t \in (0,T)$) betrachtet mit der Annahme, dass alle auftretenden Funktionen wohldefiniert sind. Für $\tilde{\Omega} \subset \Omega$, auf denen der Gauß'sche Divergenzsatz gilt (vgl. (3.10)), folgt sofort die *integrale Form* der Erhaltungsgleichung

$$\int_{\tilde{\Omega}} \partial_t S(u)\,dx + \int_{\partial\tilde{\Omega}} (\mathbf{C}(u) - \mathbf{K}(\nabla u)) \cdot \nu\,d\sigma = \int_{\tilde{\Omega}} Q(u, \nabla u)\,dx \tag{0.25}$$

mit der äußeren Einheitsnormale $\nu$ (siehe Satz 3.8) für einen festen Zeitpunkt $t$ oder aber auch in $t$ über $(0,T)$ integriert. Diese Gleichung ist (auf mikroskopischer Ebene) tatsächlich die primäre Beschreibung der Erhaltung einer extensiven Größe: Zeitliche Änderungen durch Speicherung und Quellen in $\tilde{\Omega}$ werden durch den Normalenfluss über $\partial\tilde{\Omega}$ ausgeglichen. Sind $\partial_t S$, $\nabla \cdot (\mathbf{C} - \mathbf{K})$ und $Q$ stetig auf dem Abschluss von $\tilde{\Omega}$, folgt aus (0.25) auch (0.24). Ist dagegen $F$ eine Hyperfläche in $\tilde{\Omega}$, über die Materialeigenschaften sich eventuell sprunghaft verändern, so folgt aus (0.25) die *Sprungbedingung*

$$[(\mathbf{C}(u) - \mathbf{K}(\nabla u)) \cdot \nu] = 0 \tag{0.26}$$

für eine fixierte Einheitsnormale $\nu$ auf $F$, wobei $[\,\cdot\,]$ die Differenz der einseitigen Grenzwerte bezeichnet (siehe Übungsaufgabe 0.2).

Da die Differentialgleichung nur allgemein die Erhaltung beschreibt, muss sie für konkrete Situationen, in denen eine eindeutige Lösung erwartet wird, um diese beschreibende Anfangs- und Randbedingungen ergänzt werden. Randbedingungen sind Vorgaben auf $\partial\Omega$, wobei $\nu$ die äußere Einheitsnormale bezeichnet:

• von der Normalkomponente des Flusses (nach innen):

$$-(\mathbf{C}(u) - \mathbf{K}(\nabla u)) \cdot \nu = g_1 \quad \text{auf } \Gamma_1 \tag{0.27}$$

*(Fluss-Randbedingung),*

- von einer Linearkombination aus Normalenfluss und der Unbekannten selbst:

$$- (\mathbf{C}(u) - \mathbf{K}(\nabla u)) \cdot \nu + \alpha u = g_2 \quad \text{auf } \Gamma_2 \qquad (0.28)$$

*(gemischte Randbedingung)*,
- von der Unbekannten selbst:

$$u = g_3 \quad \text{auf } \Gamma_3 \qquad (0.29)$$

*(Dirichlet-Randbedingung)*.

Dabei bilden $\Gamma_1, \Gamma_2, \Gamma_3$ eine paarweise disjunkte Zerlegung von $\partial\Omega$:

$$\partial\Omega = \Gamma_1 \cup \Gamma_2 \cup \Gamma_3 , \qquad (0.30)$$

bei der $\Gamma_3$ als abgeschlossene Teilmenge von $\partial\Omega$ vorausgesetzt wird. Die *In-homogenitäten* $g_i$ und der Faktor $\alpha$ hängen im Allgemeinen von $x \in \Omega$ und für instationäre Probleme (für die $S(u) \neq 0$ gilt) von $t \in (0, T)$ ab. Die Randbedingungen sind linear, falls nicht auch $g_i$ von $u$ (nichtlinear) abhängt (siehe unten). Je nach dem, ob die $g_i$ verschwinden oder nicht, spricht man von *homogenen* oder *inhomogenen Randbedingungen*.

Für eine instationäre Gleichung (bei der $S$ nicht verschwindet) wird in der punktweisen Formulierung also die Gültigkeit der Differentialgleichung auf dem *Raum-Zeit-Zylinder*

$$Q_T := \Omega \times (0, T)$$

gefordert und die Randbedingungen auf dem *Mantel* des Raum-Zeit-Zylinders

$$S_T := \partial\Omega \times (0, T) .$$

Verschiedene Arten von Randbedingungen sind mittels einer Zerlegung vom Typ (0.30) möglich. Zusätzlich ist eine *Anfangsbedingung* auf dem *Boden* des Raum-Zeit-Zylinders nötig:

$$S(u(x, 0)) = S_0(x) \quad \text{für } x \in \Omega . \qquad (0.31)$$

Man spricht daher von *Anfangs-Randwert-Aufgaben*, bei stationären Problemen von *Randwertaufgaben*. Wie (0.25) und (0.26) zeigen, stehen Fluss-Randbedingungen in natürlicher Beziehung zur Differentialgleichung (0.24). Bei einem linearen Diffusionsanteil $\mathbf{K}(\nabla u) = \mathbf{K}\nabla u$ kann auch alternativ

$$\partial_{\nu_{\mathbf{K}}} u := \mathbf{K}\nabla u \cdot \nu = g_1 \quad \text{auf } \Gamma_1 \qquad (0.32)$$

und eine analoge gemischte Randbedingung gefordert werden. Die Randbedingung heißt *Neumann-Randbedingung*. Da $\mathbf{K}$ symmetrisch ist, gilt $\partial_{\nu_{\mathbf{K}}} u = \nabla u \cdot \mathbf{K}\nu$, ist $\partial_{\nu_{\mathbf{K}}} u$ also die Ableitung in Richtung der *Konormalen* $\mathbf{K}\nu$. Ist insbesondere $\mathbf{K} = \mathbf{I}$, so wird somit die Normalenableitung vorgeschrieben.

Im Gegensatz zu gewöhnlichen Differentialgleichungen gibt es kaum eine allgemeine Theorie partieller Differentialgleichungen. Vielmehr müssen entsprechend den verschiedenen beschriebenen physikalischen Phänomenen verschiedene Typen von Differentialgleichungen unterschieden werden. Diese bedingen wie schon angesprochen unterschiedliche (Anfangs-)Randwertvorgaben, um die Aufgabenstellung *korrekt gestellt* zu machen. Dabei bedeutet *Korrektgestelltheit*, dass das Problem eine eindeutige Lösung (mit zu definierenden Eigenschaften) besitzt, die stetig (in angemessenen Normen) von den Daten des Problems, also insbesondere den (Anfangs-)Randvorgaben, abhängt. Es gibt aber auch *inkorrekt gestellte* Randwertaufgaben für partielle Differentialgleichungen, die physikalisch-technischen Fragestellungen entsprechen. Diese erfordern besondere Methoden und sollen hier nicht berührt werden.

Die Typeneinteilung ist dann einfach, wenn die Aufgabenstellung linear und die Differentialgleichung wie im Fall von (0.24) von 2. Ordnung ist. Unter der *Ordnung* versteht man die höchste auftretende partielle Ableitung der Variablen $(x_1, \ldots, x_d, t)$, wobei also die Zeitvariable wie eine der Ortsvariablen angesehen wird. Fast alle in diesem Buch behandelten Differentialgleichungen werden von 2. Ordnung sein, obwohl zum Beispiel in der Elastizitätstheorie auch wichtige Modelle von 4. Ordnung sind oder für gewisse Transportprozesse Systeme 1. Ordnung als Modelle herangezogen werden.

Die Differentialgleichung (0.24) ist im Allgemeinen wegen der nichtlinearen Beziehungen $S, \mathbf{C}, \mathbf{K}$ und $Q$ *nichtlinear*. Man nennt eine solche Gleichung *quasilinear*, wenn Ableitungen höchster Ordnung nur linear auftreten, wenn also hier gilt

$$\mathbf{K}(\nabla u) = \mathbf{K}\nabla u \qquad (0.33)$$

mit einer Matrix $\mathbf{K}$, die auch (nichtlinear) von $x, t$ und $u$ abhängen darf. Weiter heißt (0.24) *semilinear*, wenn Nichtlinearitäten nur in $u$, nicht aber in Ableitungen auftreten, also wenn zusätzlich zu (0.33) mit von $u$ unabhängigem $\mathbf{K}$ gilt:

$$S(u) = Su , \quad \mathbf{C}(u) = \mathbf{C}u \qquad (0.34)$$

mit skalaren bzw. vektoriellen Funktionen $S$ und $\mathbf{C}$, die von $x$ und $t$ abhängen dürfen. Solche auch variablen Faktoren vor $u$ oder Differentialausdrücken darin heißen allgemein *Koeffizienten*.

Schließlich ist die Differentialgleichung *linear*, wenn zusätzlich zu den obigen Forderungen gilt:

$$Q(u) = -ru + \tilde{Q}$$

mit Funktionen $r$ und $\tilde{Q}$ in $x$ und $t$.

Im Fall $\tilde{Q} = 0$ heißt die lineare Differentialgleichung *homogen*, ansonsten *inhomogen*. Eine lineare Differentialgleichung erfüllt das *Superpositionsprinzip*: Sind $u_1$ und $u_2$ Lösungen von (0.24) zu den Quelltermen $\tilde{Q}_1$ und $\tilde{Q}_2$ mit ansonsten gleichen Koeffizientenfunktionen, so ist $u_1 + \gamma u_2$ für ein $\gamma \in \mathbb{R}$ Lösung der gleichen Differentialgleichung zum Quellterm $\tilde{Q}_1 + \gamma \tilde{Q}_2$. Analoges gilt auch für lineare Randbedingungen. Der Begriff der *Lösung* einer

(Anfangs-)Randwertaufgabe wird hier in einem noch zu spezifizierenden klassischen Sinn benutzt, bei dem alle auftretenden Größen punktweise mit gewissen Glattheitsbedingungen existieren müssen (siehe Definition 1.1 für die Poisson-Gleichung). Aber auch für den für die Finite-Element-Methode angemessenen variationellen Lösungsbegriff (siehe Definition 2.2) gelten die obigen Überlegungen.

Eine lineare Differentialgleichung 2. Ordnung in zwei Variablen $(x, y)$ (inklusive gegebenenfalls der Zeitvariable) lässt sich folgendermaßen in *Typen* einteilen:

Der homogenen Differentialgleichung

$$
\begin{aligned}
Lu = a(x,y)\frac{\partial^2}{\partial x^2}u + b(x,y)\frac{\partial^2}{\partial x \partial y}u + c(x,y)\frac{\partial^2}{\partial y^2}u \\
+ d(x,y)\frac{\partial}{\partial x}u + e(x,y)\frac{\partial}{\partial y}u + f(x,y)u = 0
\end{aligned}
\tag{0.35}
$$

wird die quadratische Form

$$
(\xi, \eta) \mapsto a(x,y)\xi^2 + b(x,y)\xi\eta + c(x,y)\eta^2
\tag{0.36}
$$

zugeordnet, und nach deren Eigenwerten, das heißt denen der Matrix

$$
\begin{pmatrix}
a(x,y) & \frac{1}{2}b(x,y) \\
\frac{1}{2}b(x,y) & c(x,y)
\end{pmatrix}
\tag{0.37}
$$

unterschieden. Angelehnt an die durch (0.36) (für festes $(x,y)$) beschriebenen Kegelschnitte heißt die Differentialgleichung (0.35), *an der Stelle* $(x,y)$

- *elliptisch*, wenn die Eigenwerte von (0.37) von 0 verschieden sind und ein gemeinsames Vorzeichen haben,
- *hyperbolisch*, wenn ein Eigenwert positiv und einer negativ ist,
- *parabolisch*, wenn genau ein Eigenwert 0 ist.

Für eine entsprechende Verallgemeinerung der Begriffe für $d+1$ Variablen und allgemeine Ordnung werden die in diesem Buch zu behandelnden stationären Randwertaufgaben elliptisch von 2. Ordnung und bis auf Kap. 7 auch linear sein, die instationären Anfangs-Randwertaufgaben parabolisch.

Systeme von hyperbolischen Differentialgleichungen 1. Ordnung erfordern spezielle Ansätze, die in diesem Buch nicht behandelt werden sollen. Wohl aber ist Kap. 9 konvektionsdominierten Problemen gewidmet, das heißt elliptischen oder parabolischen Aufgaben, die nahe zu einem hyperbolischen Grenzfall sind.

Die verschiedenen Diskretisierungsansätze basieren auf verschiedenen Formulierungen der (Anfangs-)Randwert-Aufgaben: Die beispielhaft in Kapitel 1 eingeführte *Finite-Differenzen-Methode* hat die punktweise Formulierung bestehend aus (0.24), (0.27)–(0.29) (und (0.31)) als Ausgangspunkt. Die *Finite-Element-Methode*, die im Mittelpunkt des Buches steht (Kap. 2, 3 und 6)

stützt sich auf eine noch zu entwickelnde integrale Formulierung von (0.24),
die (0.27) und (0.28) inkorporiert. Die Bedingungen (0.29) und (0.31) kommen zusätzlich hinzu. Schließlich wird die *Finite-Volumen-Methode* (Kap. 8)
aus der integralen Formulierung (0.25) abgeleitet, wobei die Rand- und Anfangsbedingungen wie bei der Finite-Element-Methode einfließen bzw. hinzukommen.

## Übungen

**0.1** Man interpretiere die Matrix-Forderungen an $\mathbf{k}$ in (0.7) und $\mathbf{D}_{\text{mech}}$ in
(0.19) geometrisch.

**0.2** Man leite (formal) (0.26) aus (0.25) her.

**0.3** Ausgehend von der Gleichung (0.14) führe man für den Zwei-Phasen-
Fluss (mit konstantem $\varrho_\alpha$)

$$\partial_t(\phi S_\alpha) + \nabla \cdot \mathbf{q}_\alpha = f_\alpha \,,$$
$$\mathbf{q}_\alpha = -\lambda_\alpha \mathbf{k} \left( \nabla p_\alpha + \varrho_\alpha g \mathbf{e}_z \right) \,, \qquad \alpha \in \{\text{w,g}\} \,,$$
$$S_\text{w} + S_\text{g} = 1 \,,$$
$$p_\text{g} - p_\text{w} = p_\text{c}$$

mit den Koeffizientenfunktionen

$$p_\text{c} = p_\text{c}(S_\text{w}) \,, \quad \lambda_\alpha \doteq \lambda_\alpha(S_\text{w}) \,, \quad \alpha \in \{\text{w,g}\}$$

eine Transformation auf die Variablen

$$\mathbf{q} = \mathbf{q}_\text{w} + \mathbf{q}_\text{g} \,, \qquad\qquad\qquad \text{„totaler Fluss"} \,,$$

$$p = \frac{1}{2}(p_\text{w} + p_\text{g}) + \frac{1}{2} \int_{S_\text{c}}^{S} \frac{\lambda_\text{g} - \lambda_\text{w}}{\lambda_\text{g} + \lambda_\text{w}} \frac{dp_\text{c}}{d\xi} \, d\xi \,, \qquad \text{„globaler Druck"} \,,$$

und die Wasser-Sättigung $S_\text{w}$ durch. Weiterhin bestimme man die Darstellung
der Phasen-Flüsse in den neuen Variablen.

**0.4** Ein häufig benutztes Modell für mechanische Dispersion lautet

$$D_{\text{mech}} = \lambda_\text{L} |\mathbf{v}|_2 P_\mathbf{v} + \lambda_\text{T} |\mathbf{v}|_2 (I - P_\mathbf{v})$$

mit Parametern $\lambda_\text{L} > \lambda_\text{T}$, wobei $\mathbf{v} = \mathbf{q}/\Theta$ und $P_\mathbf{v} = \mathbf{v}\mathbf{v}^T / |\mathbf{v}|_2^2$.
$\lambda_\text{L}$ und $\lambda_\text{T}$ heißen *longitudinale* bzw. *transversale Dispersionslänge*.
Man interpretiere dies geometrisch.

**0.5** Man bestimme die Ordnung der folgenden Differentialoperatoren bzw. Differentialgleichungen und entscheide, welche der Operatoren linear oder nichtlinear und welche der linearen Gleichungen homogen oder inhomogen sind:

a) $Lu := u_{xx} + xu_y$,

b) $Lu := u_x + uu_y$,

c) $Lu := \sqrt{1+x^2}(\cos y)u_x + u_{yxy} - \left(\arctan \frac{x}{y}\right) u = \ln(x^2 + y^2)$,

d) $Lu := u_t + u_{xxxx} + \sqrt{1+u} = 0$,

e) $u_{tt} - u_{xx} + x^2 = 0$.

**0.6**  a)  Man bestimme den Typ folgender Differentialoperatoren:

   (i)  $Lu := u_{xx} - u_{xy} + 2u_y + u_{yy} - 3u_{yx} + 4u$,

   (ii)  $Lu = 9u_{xx} + 6u_{xy} + u_{yy} + u_x$.

b)  Man bestimme jene Bereiche der Ebene, in denen der Differentialoperator $Lu := yu_{xx} - 2u_{xy} + xu_{yy}$ elliptisch, hyperbolisch oder parabolisch ist.

c)  (i)  Man bestimme den Typ von $Lu := 3u_y + u_{xy}$.

   (ii)  Wie lautet die allgemeine Lösung?

**0.7** Die Gleichung $Lu = f$ mit einem linearen Differentialoperator zweiter Ordnung für Funktionen in $d$ Variablen ($d \in \mathbb{N}$) sei in $x \in \Omega \subset \mathbb{R}^d$ definiert. Die Transformation $\Phi : \Omega \to \Omega' \subset \mathbb{R}^d$ habe in $x$ eine stetig differenzierbare, nichtsinguläre Funktionalmatrix $D\Phi := \frac{\partial \Phi}{\partial x}$.
Man zeige: Die partielle Differentialgleichung ändert ihren Typ nicht, wenn sie in den neuen Koordinaten $\xi = \Phi(x)$ geschrieben wird.

# 1. Zu Beginn: Die Finite-Differenzen-Methode für die Poisson-Gleichung

## 1.1 Das Dirichlet-Problem für die Poisson-Gleichung

In diesem Kapitel soll die Finite-Differenzen-Methode am Beispiel der Poisson-Gleichung auf einem Rechteck eingeführt werden, und daran und an Verallgemeinerungen der Aufgabenstellung Vorzüge und Grenzen des Ansatzes aufgezeigt werden. Auch im nachfolgenden Kapitel steht die Poisson-Gleichung im Mittelpunkt, dann aber auf einem allgemeinen Gebiet. Für die räumliche Grundmenge der Differentialgleichung $\Omega \subset \mathbb{R}^d$ wird als Minimalforderung vorausgesetzt, dass es sich um ein beschränktes Gebiet handelt, wobei ein *Gebiet* eine nichtleere, offene, zusammenhängende Menge ist. Der Rand dieser Menge wird mit $\partial\Omega$ bezeichnet, der Abschluss $\Omega \cup \partial\Omega$ mit $\overline{\Omega}$ (siehe Anhang A.2). Das *Dirichlet-Problem für die Poisson-Gleichung* lautet dann:

Gegeben seien Funktionen $g : \partial\Omega \to \mathbb{R}$ und $f : \Omega \to \mathbb{R}$. Gesucht ist eine Funktion $u : \overline{\Omega} \to \mathbb{R}$, so dass

$$-\sum_{i=1}^{d} \frac{\partial^2}{\partial x_i^2} u = f \quad \text{in } \Omega \,, \tag{1.1}$$

$$u = g \quad \text{auf } \partial\Omega \,. \tag{1.2}$$

Dieses Differentialgleichungsmodell ist in (0.10) und (0.29) aufgetreten und hat darüber hinaus Bedeutung in einem weiten Spektrum von Disziplinen. Die gesuchte Funktion $u$ lässt sich je nach Anwendung auch als elektromagnetisches Potential, Verschiebung einer elastischen Membran oder Temperatur interpretieren. In Anlehnung an die in (2.15) einzuführende Multiindexschreibweise (die allerdings oben indiziert) benutzen wir ab jetzt für partielle Ableitungen die folgenden

**Schreibweisen:** Für $u : \Omega \subset \mathbb{R}^d \to \mathbb{R}$ setzen wir:

$$\partial_i u := \frac{\partial}{\partial x_i} u \qquad \text{für } i = 1, \ldots, d \,,$$

$$\partial_{ij} u := \frac{\partial^2}{\partial x_i \partial x_j} u \qquad \text{für } i, j = 1, \ldots, d \,,$$

$$\Delta u := (\partial_{11} + \ldots + \partial_{dd}) u \,.$$

Der Ausdruck $\Delta u$ heißt der *Laplace-Operator*.
Hiermit können wir (1.1) kurz schreiben als

$$-\Delta u = f \quad \text{in } \Omega \ . \tag{1.3}$$

Wir könnten den Laplace-Operator auch definieren durch

$$\Delta u = \nabla \cdot (\nabla u) \ ,$$

wobei $\nabla u = (\partial_1 u, \dots, \partial_d u)^T$ den *Gradienten* einer Funktion $u$ und $\nabla \cdot v = \partial_1 v_1 + \cdots + \partial_d v_d$ die *Divergenz* eines Vektorfeldes $v$ bezeichne. Daher ist eine alternative Schreibweise, die hier nicht verwendet werden soll: $\Delta u = \nabla^2 u$ . Die auf den ersten Blick seltsame Inkorporation des Minuszeichens in die linke Seite von (1.3) hat mit den Monotonie- und Definitheitseigenschaften von $-\Delta$ zu tun (siehe Abschn. 1.4 bzw. 2.1).
Es muss noch der Lösungsbegriff für (1.1), (1.2) genauer spezifiziert werden. Bei einer punktweisen Sichtweise, die in diesem Kapitel verfolgt werden soll, müssen die Funktionen in (1.1), (1.2) existieren und die Gleichungen gelten. Da (1.1) eine Gleichung auf der offenen Menge $\Omega$ ist, sagt sie nichts über das Verhalten von $u$ bis in $\partial\Omega$ hinein aus. Damit die Randbedingung eine echte Forderung ist, muss $u$ mindestens stetig bis in den Rand hinein, also auf $\overline{\Omega}$, sein. Diese Forderungen lassen sich kurz mittels entsprechender Funktionenräume definieren. Diese werden in Anhang A.5 genauer dargestellt, einige Beispiele sind:

$$C(\Omega) := \left\{ u : \Omega \to \mathbb{R} \mid u \text{ stetig in } \Omega \right\} \ ,$$
$$C^1(\Omega) := \left\{ u : \Omega \to \mathbb{R} \mid u \in C(\Omega) , \ \partial_i u \text{ existiert auf } \Omega \right. ,$$
$$\left. \partial_i u \in C(\Omega) \text{ für alle } i = 1, \dots, d \right\} \ .$$

Analog sind die Räume $C^k(\Omega)$ für $k \in \mathbb{N}$, sowie $C(\overline{\Omega})$ und $C^k(\overline{\Omega})$ definiert und auch $C(\partial\Omega)$. Allgemein spricht man etwas vage bei Forderungen, die die (stetige) Existenz von Ableitungen betreffen, von *Glattheitsforderungen*.
Im Folgenden sollen im Hinblick auf die Finite-Differenzen-Methode auch $f$ und $g$ als stetig auf $\Omega$ bzw. $\partial\Omega$ vorausgesetzt werden. Dann:

**Definition 1.1** Sei $f \in C(\Omega), g \in C(\partial\Omega)$. Eine Funktion $u$ heißt (*klassische*) Lösung der Randwertaufgabe (1.1), (1.2), wenn $u \in C^2(\Omega) \cap C(\overline{\Omega})$ und (1.1) für alle $x \in \Omega$, sowie (1.2) für alle $x \in \partial\Omega$ gilt.

## 1.2 Die Finite-Differenzen-Methode

Der Finite-Differenzen-Methode liegt folgender Ansatz zugrunde: Man suche eine Näherungslösung für die Lösung der Randwertaufgabe an endlich vielen Punkten in $\overline{\Omega}$ (den *Gitterpunkten*). Hierzu ersetze man die Ableitungen in

(1.1) durch Differenzenquotienten nur in Funktionswerten an Gitterpunkten in $\Omega$ und fordere (1.2) nur an Gitterpunkten. Dadurch erhält man algebraische Gleichungen für die Näherungswerte an Gitterpunkten. Man spricht allgemein von einer *Diskretisierung* der Randwertaufgabe. Da die Randwertaufgabe linear ist, ist auch das Gleichungssystem für die Näherungslösung linear. Allgemein spricht man auch bei anderen (Differentialgleichungs-)Problemen und anderen Diskretisierungsansätzen von dem algebraischen Gleichungssystem als dem *diskreten Problem* als *Approximation* des *kontinuierlichen Problems*. Ziel weiterer Untersuchungen wird es sein, den begangenen Fehler abzuschätzen und so die Güte der Näherungslösung beurteilen zu können.

**Generierung der Gitterpunkte** Im Folgenden werden vorerst Probleme in zwei Raumdimensionen betrachtet ($d = 2$). Zur Vereinfachung betrachten wir den Fall einer konstanten *Schrittweite* (oder *Maschenweite*) $h > 0$ in beide Ortsrichtungen. Die Größe $h$ ist hier der *Diskretisierungsparameter*, der insbesondere die Dimension des diskreten Problems bestimmt.

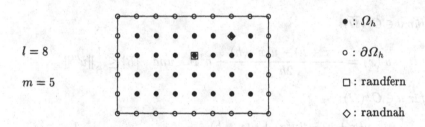

$l = 8$     $\bullet : \Omega_h$

$m = 5$     $\circ : \partial\Omega_h$

$\square : $ randfern

$\diamond : $ randnah

**Abb. 1.1.** Gitterpunkte in Rechteckgebiet

Vorerst sei $\Omega$ ein Rechteck, was den einfachsten Fall für die Finite-Differenzen-Methode darstellt. Durch Translation des Koordinatensystems lässt es sich einrichten, dass $\Omega = (0, a) \times (0, b)$ mit $a, b > 0$ gilt. Die Längen $a, b$ und $h$ seien so, dass

$$a = lh, \quad b = mh \quad \text{für gewisse } l, m \in \mathbb{N} \tag{1.4}$$

gilt. Durch

$$\begin{aligned}\Omega_h &:= \big\{(ih, jh) \mid i = 1, \dots, l - 1, \; j = 1, \dots, m - 1\big\} \\ &= \big\{(x, y) \in \Omega \mid x = ih, \; y = jh \text{ mit } i, j \in \mathbb{Z}\big\}\end{aligned} \tag{1.5}$$

werden *Gitterpunkte in $\Omega$* definiert, in denen eine Näherung der Differentialgleichung zu erfüllen ist. Ebenso werden durch

$$\begin{aligned}\partial\Omega_h &:= \big\{(ih, jh) \mid i \in \{0, l\}, \; j \in \{0, \dots, m\} \text{ oder } i \in \{0, \dots, l\}, \; j \in \{0, m\}\big\} \\ &= \big\{(x, y) \in \partial\Omega \mid x = ih, \; y = jh \text{ mit } i, j \in \mathbb{Z}\big\}\end{aligned}$$

*Gitterpunkte auf* $\partial\Omega$ definiert, in denen eine Näherung der Randbedingung zu erfüllen ist. Die Gesamtheit der Gitterpunkte wird bezeichnet mit

$$\overline{\Omega}_h := \Omega_h \cup \partial\Omega_h\,.$$

## Aufstellen des Gleichungssystems

**Lemma 1.2** *Sei* $\Omega := (x - h, x + h)$ *für* $x \in \mathbb{R}$, $h > 0$. *Dann gilt mit einer beschränkten, von u abhängigen, aber von h unabhängigen Größe R*

*1. für* $u \in C^2(\overline{\Omega})$:

$$u'(x) = \frac{u(x+h) - u(x)}{h} + hR \quad und \quad |R| \le \frac{1}{2}\|u''\|_\infty\,,$$

*2. für* $u \in C^2(\overline{\Omega})$:

$$u'(x) = \frac{u(x) - u(x-h)}{h} + hR \quad und \quad |R| \le \frac{1}{2}\|u''\|_\infty\,,$$

*3. für* $u \in C^3(\overline{\Omega})$:

$$u'(x) = \frac{u(x+h) - u(x-h)}{2h} + h^2 R \quad und \quad |R| \le \frac{1}{6}\|u'''\|_\infty\,,$$

*4. für* $u \in C^4(\overline{\Omega})$:

$$u''(x) = \frac{u(x+h) - 2u(x) + u(x-h)}{h^2} + h^2 R \quad und \quad |R| \le \frac{1}{12}\|u^{(4)}\|_\infty\,.$$

*Dabei ist die Maximumnorm* $\|\cdot\|_\infty$ *(siehe Anhang A.5) jeweils über das Intervall der beteiligten Punkte* $x, x + h, x - h$ *zu erstrecken.*

**Beweis:** Der Beweis folgt sofort durch Taylorentwicklung. Als Beispiel betrachte man die 3. Aussage: Aus

$$u(x \pm h) = u(x) \pm hu'(x) + \frac{h^2}{2}u''(x) \pm \frac{h^3}{6}u'''(x \pm \xi_\pm) \text{ für gewisse } \xi_\pm \in (0, h)$$

folgt die Behauptung durch Linearkombination.                    □

**Sprechweise:** Der Quotient in 1. heißt *vorwärtsgenommener Differenzenquotient* und man bezeichnet ihn kurz mit $\partial^+ u(x)$. Der Quotient in 2. heißt *rückwärtsgenommener Differenzenquotient* (kurz: $\partial^- u(x)$), und der in 3. *zentraler Differenzenquotient* (kurz: $\partial^0 u(x)$). Den in 4. auftretenden Quotienten können wir mit diesen Bezeichnungen schreiben als $\partial^- \partial^+ u(x)$.
Um die Aussage 4. in jede Raumrichtung zur Approximation von $\partial_{11} u$ und $\partial_{22} u$ in einem Gitterpunkt $(ih, jh)$ anwenden zu können, sind also über die

Bedingungen aus Definition 1.1 hinaus die zusätzlichen Glattheitseigenschaften $\partial^{(3,0)}u, \partial^{(4,0)}u \in C(\overline{\Omega})$ und analog für die zweite Koordinate nötig. Dabei ist zum Beispiel $\partial^{(3,0)}u := \partial^3 u/\partial x_1^3$ (siehe (2.15)).

Wenden wir dann diese Approximationen auf die Randwertaufgabe (1.1), (1.2) an, so erhalten wir im Gitterpunkt $(ih, jh) \in \Omega_h$

$$
-\left(\frac{u\left((i+1)h, jh\right) - 2u(ih, jh) + u\left((i-1)h, jh\right)}{h^2}\right.
$$
$$
\left. + \frac{u\left(ih, (j+1)h\right) - 2u(ih, jh) + u\left(ih, (j-1)h\right)}{h^2}\right) \tag{1.6}
$$
$$
= f(ih, jh) + R(ih, jh)h^2 \,.
$$

Dabei ist $R$ wie in Lemma 1.2, 4. beschrieben eine beschränkte, von der Lösung $u$ abhängige, aber von der Schrittweite $h$ unabhängige Funktion. Liegt weniger Glattheit für die Lösung $u$ vor, so kann dennoch die Approximation (1.6) für $-\Delta u$ formuliert werden, aber die Größe des Fehlers in der Gleichung ist vorerst unklar.

Für die Gitterpunkte $(ih, jh) \in \partial\Omega_h$ ist keine Approximation in der Randbedingung nötig:

$$
u(ih, jh) = g(ih, jh) \,.
$$

Vernachlässigen wir den Term $Rh^2$ in (1.6), so erhalten wir lineare Gleichungen für Näherungswerte $u_{ij}$ für $u(x,y)$ an Stellen $(x,y) = (ih, jh) \in \overline{\Omega}_h$. Diese lauten:

$$
\frac{1}{h^2}\left(-u_{i,j-1} - u_{i-1,j} + 4u_{ij} - u_{i+1,j} - u_{i,j+1}\right) = f_{ij} \tag{1.7}
$$
$$
\text{für } i = 1, \ldots, l-1, \; j = 1, \ldots, m-1 \,,
$$
$$
u_{ij} = g_{ij} \,, \text{ falls } i \in \{0, l\}, j = 0, \ldots, m \text{ oder } j \in \{0, m\}, i = 0, \ldots, l \,. \tag{1.8}
$$

Dabei wurden als Abkürzungen verwendet:

$$
f_{ij} := f(ih, jh), \quad g_{ij} := g(ih, jh) \,. \tag{1.9}
$$

Also erhalten wir für jeden unbekannten Gitterwert $u_{ij}$ eine Gleichung. Die Gitterpunkte $(ih, jh)$ und die Näherungswerte $u_{ij}$ an ihnen haben also eine natürliche zweidimensionale Indizierung.

In Gleichung (1.7) treten zu einem Gitterpunkt $(i, j)$ nur die *Nachbarn* in den vier Haupthimmelsrichtungen auf, wie in Abb. 1.2 dargestellt. Man spricht auch vom *5-Punkte-Stern* des Differenzenverfahrens.

Bei den inneren Gitterpunkten $(x, y) = (ih, jh) \in \Omega_h$ kann man zwei Fälle unterscheiden:

1. $(i, j)$ liegt so, dass alle Nachbargitterpunkte davon in $\Omega_h$ liegen (*randfern*).

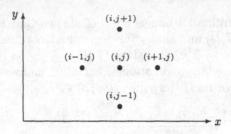

**Abb. 1.2.** 5-Punkte-Stern

2. $(i,j)$ liegt so, dass mindestens ein Nachbarpunkt $(r,s)$ auf $\partial\Omega_h$ liegt (*randnah*). Dann ist in Gleichung (1.7) der Wert $u_{rs}$ aufgrund von (1.8) bekannt $(u_{rs} = g_{rs})$ und wir können (1.7) folgendermaßen modifizieren: Streiche in den Gleichungen für randnahe $(i,j)$ die Werte $u_{rs}$ mit $(rh, sh) \in \partial\Omega_h$ und addiere zur rechten Seite in (1.7) den Wert $g_{rs}/h^2$. Das durch diese Elimination von Randunbekannten mittels der Dirichlet-Randbedingung entstehende Gleichungssystem nennen wir (1.7)*; es ist äquivalent zu (1.7), (1.8).

Anstelle von den Werten $u_{ij}$, $i = 1,\ldots,l-1$, $j = 1,\ldots,m-1$ spricht man auch von der *Gitterfunktion* $u_h : \Omega_h \to \mathbb{R}$, wobei gilt: $u_h(ih, jh) = u_{ij}$ für $i = 1,\ldots,l-1$, $j = 1,\ldots,m-1$. Analog sind Gitterfunktionen auf $\partial\Omega_h$ oder auf $\overline{\Omega}_h$ definiert. Somit können wir das Differenzenverfahren wie folgt formulieren:
Gesucht ist eine Gitterfunktion $u_h$ auf $\overline{\Omega}_h$, so dass die Gleichungen (1.7), (1.8) gelten oder äquivalent dazu:
Gesucht ist eine Gitterfunktion $u_h$ auf $\Omega_h$, so dass die Gleichungen (1.7)* gelten.

**Gestalt des Gleichungssystems** Das Gleichungssystem (1.7)* geht nach Wahl einer Anordnung der $u_{ij}$ für $i = 0,\ldots,l$, $j = 0,\ldots,m$ über in ein Gleichungssystem

$$A_h \mathbf{u}_h = \mathbf{q}_h \tag{1.10}$$

mit $A_h \in \mathbb{R}^{M_1, M_1}$ und $\mathbf{u}_h, \mathbf{q}_h \in \mathbb{R}^{M_1}$, wobei $M_1 = (l-1)(m-1)$.
Es wird also nahezu die gleiche Bezeichnung gewählt für die Gitterfunktion und für ihren darstellenden Vektor bei einer festen Nummerierung der Gitterpunkte. Der einzige Unterschied besteht darin, dass der darstellende Vektor fett gedruckt wird. Die Anordnung der Gitterpunkte sei beliebig mit der Einschränkung, dass mit den ersten $M_1$ Indizes die Punkte aus $\Omega_h$ nummeriert werden, und die Punkte aus $\partial\Omega_h$ mit den folgenden $M_2 = 2(l+m)$ Indizes versehen werden. Auf die Gestalt von $A_h$ wirkt sich diese Einschränkung nicht aus.
Die rechte Seite $\mathbf{q}_h$ hat infolge des beschriebenen Eliminationsprozesses folgende Gestalt:

$$\mathbf{q}_h = -\hat{A}_h \mathbf{g} + \mathbf{f}\,, \tag{1.11}$$

wobei $\mathbf{g} \in \mathbb{R}^{M_2}$ und $\mathbf{f} \in \mathbb{R}^{M_1}$ die Darstellungsvektoren gemäß der gewählten Nummerierung der Gitterfunktionen

$$f_h : \Omega_h \to \mathbb{R} \quad \text{und} \quad g_h : \partial\Omega_h \to \mathbb{R}$$

mit den Werten nach (1.9) sind. Die Matrix $\hat{A}_h \in \mathbb{R}^{M_1,M_2}$ hat folgende Gestalt:

$$(\hat{A}_h)_{ij} = -\frac{1}{h^2}, \quad \begin{array}{l} \text{falls der Knoten } i \text{ randnah} \\ \text{und } j \text{ ein Nachbar im 5-Punkte-Stern ist,} \end{array} \quad (1.12)$$

$$(\hat{A}_h)_{ij} = 0 \quad \text{sonst.}$$

Bei beliebiger Anordnung sind nur das Diagonalelement und höchstens 4 weitere Einträge pro Zeile in $A_h$ nach (1.7) ungleich 0, das heißt, die Matrix ist *dünnbesetzt* im engeren Sinn, wie es in Kapitel 5 zugrunde gelegt werden wird.

Eine naheliegende Ordnung ist die *zeilenweise* Nummerierung von $\Omega_h$ nach folgendem Schema:

$$\begin{array}{cccc}
\begin{array}{c}(h,b-h)\\(l-1)(m-2)+1\end{array} & \begin{array}{c}(2h,b-h)\\(l-1)(m-2)+2\end{array} & \cdots\cdots & \begin{array}{c}(a-h,b-h)\\(l-1)(m-1)\end{array} \\[1em]
\begin{array}{c}(h,b-2h)\\(l-1)(m-3)+1\end{array} & \begin{array}{c}(2h,b-2h)\\(l-1)(m-3)+2\end{array} & \cdots\cdots & \begin{array}{c}(a-h,b-2h)\\(l-1)(m-2)\end{array} \\[1em]
\vdots & \vdots & \ddots\;\ddots & \vdots \\[1em]
\begin{array}{c}(h,2h)\\l\end{array} & \begin{array}{c}(2h,2h)\\l+1\end{array} & \cdots\cdots & \begin{array}{c}(a-h,2h)\\2l-2\end{array} \\[1em]
\begin{array}{c}(h,h)\\1\end{array} & \begin{array}{c}(2h,h)\\2\end{array} & \cdots\cdots & \begin{array}{c}(a-h,h)\\l-1\end{array}
\end{array} , \qquad (1.13)$$

die auch *lexikographisch* genannt wird. (Allerdings passt diese Bezeichnung besser zur *spaltenweisen* Nummerierung.)

Die Matrix $A_h$ nimmt daher die folgende Gestalt einer $(m-1) \times (m-1)$-Blocktridiagonalmatrix an:

$$A_h = h^{-2} \begin{pmatrix} T & -I & & & \\ -I & T & -I & & \mathbf{0} \\ & \ddots & \ddots & \ddots & \\ & & \ddots & \ddots & \ddots \\ \mathbf{0} & & -I & T & -I \\ & & & -I & T \end{pmatrix} \qquad (1.14)$$

mit der Einheitsmatrix $I \in \mathbb{R}^{l-1,l-1}$ und

$$T = \begin{pmatrix} 4 & -1 & & & \\ -1 & 4 & -1 & & 0 \\ & \ddots & \ddots & \ddots & \\ & & \ddots & \ddots & \ddots \\ 0 & & -1 & 4 & -1 \\ & & & -1 & 4 \end{pmatrix} \in \mathbb{R}^{l-1,l-1} .$$

Wir kehren zu einer allgemeinen Nummerierung zurück. Im Folgenden sind einige Eigenschaften der Matrizen $A_h \in \mathbb{R}^{M_1,M_1}$ und

$$\tilde{A}_h := \left( A_h \mid \hat{A}_h \right) \in \mathbb{R}^{M_1,M} ,$$

wobei $M := M_1 + M_2$, zusammengestellt. Die Matrix $\tilde{A}_h$ berücksichtigt also alle Gitterpunkte aus $\overline{\Omega}_h$. Sie hat für die Auflösung von (1.10) zwar keine Bedeutung, wohl aber für die Stabilität der Diskretisierung, die in Abschn. 1.4 untersucht wird.

- $(A_h)_{rr} > 0$   für alle $r = 1, \dots, M_1$ ,
- $(\tilde{A}_h)_{rs} \leq 0$   für alle $r = 1, \dots, M_1$, $s = 1, \dots, M$ mit $r \neq s$ ,
- $\displaystyle\sum_{s=1}^{M_1} (A_h)_{rs} \begin{cases} \geq 0 & \text{für alle } r = 1, \dots, M_1 , \\ > 0, & \text{falls } r \text{ zu einem randnahen Gitterpunkt gehört} , \end{cases}$   (1.15)
- $\displaystyle\sum_{s=1}^{M} (\tilde{A}_h)_{rs} = 0$   für alle $r = 1, \dots, M_1$ ,
- $A_h$ ist irreduzibel ,
- $A_h$ ist regulär .

Die Matrix $A_h$ ist also schwach diagonaldominant (siehe Anhang A.3 für die nachfolgend benutzten Begriffe der linearen Algebra). Die Irreduzibilität folgt aus der Tatsache, dass sich zwei beliebige Gitterpunkte durch einen Weg aus jeweiligen Nachbarn im 5-Punkte-Stern verbinden lassen. Die Regularität folgt aus der irreduziblen Diagonaldominanz. Daraus können wir nun schließen, dass (1.10) mit dem Algorithmus der Gauß-Elimination ohne Pivotsuche auflösbar ist. Insbesondere bleibt hierbei eine eventuell vorliegende Bandstruktur erhalten. Dies wird in Abschn. 2.5 genauer ausgeführt.

$A_h$ besitzt noch die weiteren Eigenschaften:

- $A_h$ ist symmetrisch ,
- $A_h$ ist positiv definit .

Es reicht, diese Eigenschaften für eine feste Anordnung, etwa die zeilenweise, zu verifizieren, da durch Änderung der Anordnung $A_h$ in $PA_hP^T$ mit einer regulären Matrix $P$ übergeht, wodurch weder die Symmetrie noch die Positivdefinitheit zerstört wird. Dabei ist die zweite Aussage nicht offensichtlich.

Sie kann zwar durch explizite Angabe von Eigenwerten und -vektoren verifiziert werden, es sei aber auf Kap. 2 verwiesen, wo aus Lemma 2.13 und (2.35) diese Aussage natürlich folgt. Die Eigenwerte und -vektoren werden für den Spezialfall $l = m = n$ in (5.24) angegeben. Somit lässt sich (1.10) unter Ausnutzung der Bandstruktur mit dem Cholesky-Verfahren auflösen.

**Güte der Approximation durch die Finite-Differenzen-Methode**
Wir wenden uns nun der folgenden Frage zu:
Wie gut approximiert die der Lösung $\mathbf{u}_h$ von (1.10) entsprechende Gitterfunktion $u_h$ die Lösung $u$ von (1.1), (1.2)?
Hierzu betrachten wir die Gitterfunktion $U : \Omega_h \to \mathbb{R}$, die durch

$$U(ih, jh) := u(ih, jh) \tag{1.16}$$

definiert ist. Um die Größe von $U - u_h$ zu messen, benötigen wir eine Norm (siehe Anhang A.4 und auch A.5 für die nachfolgend verwendeten Begriffe). Beispiele hierfür sind die *Maximumnorm*

$$\|u_h - U\|_\infty := \max_{\substack{i=1,\dots,l-1 \\ j=1,\dots,m-1}} |(u_h - U)(ih, jh)|$$

oder die *diskrete $L^2$-Norm*

$$\|u_h - U\|_{0,h} := h \left( \sum_{i=1}^{l-1} \sum_{j=1}^{m-1} ((u_h - U)(ih, jh))^2 \right)^{1/2}. \tag{1.17}$$

Beide Normen können aufgefasst werden als die Anwendung der kontinuierlichen Normen $\|\cdot\|_\infty$ des Funktionenraums $L^\infty(\Omega)$ bzw. $\|\cdot\|_0$ des Funktionenraums $L^2(\Omega)$ auf stückweise konstante Fortsetzungen der Gitterfunktionen (mit spezieller Behandlung des randnahen Bereichs). Offensichtlich gilt

$$\|v_h\|_{0,h} \le \sqrt{ab}\, \|v_h\|_\infty$$

für eine Gitterfunktion $v_h$, aber die umgekehrte Abschätzung gilt nicht gleichmäßig in $h$, so dass $\|\cdot\|_\infty$ die stärkere Norm darstellt. Allgemein ist also eine Norm $\|\cdot\|_h$ auf dem Raum der Gitterfunktionen gesucht, in der das Verfahren *konvergiert* in dem Sinn

$$\|u_h - U\|_h \to 0 \quad \text{für } h \to 0$$

oder sogar *Konvergenzordnung* $p > 0$ hat, indem eine von $h$ unabhängige Konstante $C > 0$ existiert, so dass gilt

$$\|u_h - U\|_h \le C\, h^p$$

Nach Konstruktion des Verfahrens gilt für eine Lösung $u \in C^4(\overline{\Omega})$

$$A_h \mathbf{U} = \mathbf{q}_h + h^2 \mathbf{R} ,$$

wobei $\mathbf{U}$ und $\mathbf{R} \in \mathbb{R}^{M_1}$ die Darstellungen der Gitterfunktionen $U$ und $R$ nach (1.6) in der gewählten Nummerierung seien. Also gilt:

$$A_h(\mathbf{u}_h - \mathbf{U}) = -h^2 \mathbf{R}$$

und damit

$$|A_h(\mathbf{u}_h - \mathbf{U})|_\infty = h^2 |\mathbf{R}|_\infty = Ch^2$$

mit einer von $h$ unabhängigen Konstante $C(= |\mathbf{R}|_\infty) > 0$.
Nach Lemma 1.2, 4. gilt

$$C = \frac{1}{12} \left( \|\partial^{(4,0)}u\|_\infty + \|\partial^{(0,4)}u\|_\infty \right) .$$

Dies bedeutet, dass das Verfahren bei einer Lösung $u \in C^4(\overline{\Omega})$ *konsistent* mit der Randwertaufgabe ist mit einer *Konsistenzordnung* 2. Allgemeiner gefasst lautet der Begriff wie folgt:

**Definition 1.3** Sei (1.10) das lineare Gleichungssystem, das einer (Finite-Differenzen-) Approximation auf den Gitterpunkten $\Omega_h$ mit dem Diskretisierungsparameter $h$ entspricht. Sei $\mathbf{U}$ die Darstellung der Gitterfunktion, die der Lösung $u$ der Randwertaufgabe nach (1.16) entspricht. Ferner sei $\|\cdot\|_h$ eine Norm auf dem Raum der Gitterfunktionen auf $\Omega_h$ und $|\cdot|_h$ die entsprechende Vektornorm auf dem Raum $\mathbb{R}^{M_{1h}}$, wobei $M_{1h}$ die Anzahl der Gitterpunkte in $\Omega_h$ sei. Die Approximation heißt *konsistent* bezüglich $\|\cdot\|_h$, wenn gilt:

$$|A_h\mathbf{U} - \mathbf{q}_h|_h \to 0 \quad \text{für} \quad h \to 0 .$$

Die Approximation hat *Konsistenzordnung* $p > 0$, wenn gilt

$$|A_h\mathbf{U} - \mathbf{q}_h|_h \leq Ch^p$$

mit einer von $h$ unabhängigen Konstanten $C > 0$.

Der *Konsistenz-* oder auch *Abschneidefehler* $A_h\mathbf{U} - \mathbf{q}_h$ misst also, inwieweit die exakte Lösung die Näherungsgleichungen erfüllt. Wie gesehen, ist er im Allgemeinen leicht, allerdings bei unnatürlich hohen Glattheitsvoraussetzungen, durch Taylorentwicklung zu bestimmen. Dies besagt aber nicht, dass sich der Fehler $|\mathbf{u}_h - \mathbf{U}|_h$ genauso verhalten muss. Es gilt:

$$\left|\mathbf{u}_h - \mathbf{U}\right|_h = \left|A_h^{-1}A_h(\mathbf{u}_h - \mathbf{U})\right|_h \leq \left\|A_h^{-1}\right\|_h \left|A_h(\mathbf{u}_h - \mathbf{U})\right|_h , \qquad (1.18)$$

wobei die Matrixnorm $\|\cdot\|_h$ mit der Vektornorm $|\cdot|_h$ verträglich gewählt werden muss. Der Fehler verhält sich daher erst dann asymptotisch in $h$ wie der Konsistenzfehler, wenn $\left\|A_h^{-1}\right\|_h$ unabhängig von $h$ beschränkbar, also das Verfahren *stabil* ist:

**Definition 1.4** In der Situation von Definition 1.3 heißt die Approximation *stabil* bezüglich $\|\cdot\|_h$, wenn eine von $h$ unabhängige Konstante $C > 0$ existiert, so dass gilt

$$\left\|A_h^{-1}\right\|_h \leq C .$$

Aus der obigen Definition folgt mit (1.18) offensichtlich:

**Satz 1.5** *Ein konsistentes und stabiles Verfahren ist konvergent und die Konvergenzordnung ist mindestens gleich der Konsistenzordnung.*

Konkret für das Beispiel der 5-Punkte-Stern-Diskretisierung von (1.1), (1.2) auf dem Rechteck ist also die Stabilität bezüglich $\|\cdot\|_\infty$ wünschenswert. Sie folgt tatsächlich aus der Struktur von $A_h$: Es gilt nämlich

$$\left\| A_h^{-1} \right\|_\infty \le \frac{1}{16}(a^2 + b^2) . \tag{1.19}$$

Dies folgt aus allgemeineren Überlegungen in Abschn. 1.4 (Satz 1.13). Zusammengenommen gilt also:

**Satz 1.6** *Die Lösung $u$ von (1.1), (1.2) auf dem Rechteck $\Omega$ erfülle $u \in C^4(\overline{\Omega})$. Die 5-Punkte-Stern-Diskretisierung hat dann bezüglich $\|\cdot\|_\infty$ die Konvergenzordnung 2, genauer:*

$$|\mathbf{u}_h - \mathbf{U}|_\infty \le \frac{1}{192}(a^2 + b^2)\left(\|\partial^{(4,0)}u\|_\infty + \|\partial^{(0,4)}u\|_\infty\right)h^2 .$$

## 1.3 Verallgemeinerung und Grenzen der Finite-Differenzen-Methode

Wir betrachten vorerst weiter die Randwertaufgabe (1.1), (1.2) auf einem Rechteck $\Omega$. Die entwickelte 5-Punkte-Stern-Diskretisierung lässt sich als eine Abbildung $-\Delta_h$ von Gitterfunktionen auf $\overline{\Omega}_h$ in Gitterfunktionen auf $\Omega_h$ auffassen, die definiert ist durch

$$-\Delta_h v_h(x_1, x_2) := \sum_{i,j=-1}^{1} c_{ij} v_h(x_1 + ih, x_2 + jh) , \tag{1.20}$$

wobei $c_{0,0} = 4/h^2$, $c_{0,1} = c_{1,0} = c_{0,-1} = c_{-1,0} = -1/h^2$ und $c_{ij} = 0$ für alle anderen $(i,j)$ gilt. Zur Beschreibung eines wie in (1.20) definierten Differenzen-Sterns werden auch die Himmelsrichtungen (bei zwei Raumdimensionen) herangezogen. Beim 5-Punkte-Stern treten also nur die Haupthimmelsrichtungen auf.

Die Frage, ob die *Gewichte* $c_{ij}$ anders gewählt werden können, so dass eine Approximation höherer Ordnung in $h$ von $-\Delta u$ entsteht, führt auf eine negative Antwort (siehe Übungsaufgabe 1.5). Insofern ist der 5-Punkte-Stern optimal. Das schließt nicht aus, dass andere umfangreichere Differenzen-Sterne gleicher Approximationsordnung auch erwägenswert sind. Ein Beispiel, das in Aufgabe 3.8 mittels der Finite-Element-Methode hergeleitet wird, lautet:

$$c_{0,0} = \frac{8}{3h^2} , \quad c_{ij} = -\frac{1}{3h^2} \quad \text{für alle sonstigen } i,j \in \{-1,0,1\} . \tag{1.21}$$

Dieser 9-Punkte-Stern kann interpretiert werden als eine Linearkombination aus dem 5-Punkte-Stern und einem 5-Punkte-Stern für ein um $\pi/4$ rotiertes Koordinatensystem (mit Schrittweite $2^{1/2}h$), und zwar mit Gewichten $1/3$ bzw. $2/3$. Unter Benutzung eines allgemeinen 9-Punkte-Sterns kann ein Verfahren mit Konsistenzordnung größer als 2 nur konstruiert werden, wenn die rechte Seite $f$ an der Stelle $(x_1, x_2)$ nicht durch die Auswertung $f(x_1, x_2)$, sondern durch Anwendung eines allgemeineren Sterns realisiert wird. Ein Beispiel ist das *Mehrstellenverfahren* nach Collatz (siehe zum Beispiel [13, S. 66]). Verfahren höherer Ordnung können auch durch umfangreichere Sterne erzielt werden, das heißt, die Summationsindizes in (1.20) sind durch $k$ und $-k$ für $k \in \mathbb{N}$ zu ersetzen. Solche Differenzen-Sterne können aber schon für $k = 2$ nicht für randnahe Gitterpunkte verwendet werden, so dass dort auf Approximationen niedrigerer Ordnung zurückgegriffen werden muss.

Betrachtet man den 5-Punkte-Stern also als geeignete Diskretisierung für die Poisson-Gleichung, so fällt in Satz 1.6 die hohe Glattheitsforderung an die Lösung auf. Dies kann nicht ignoriert werden, da sie im Allgemeinen nicht gilt: Zwar ist für ein glattberandetes Gebiet (siehe Anhang A.5 für eine Definition eines Gebiets mit $C^l$-Rand) die Glattheit der Lösung nur durch die Glattheit der Daten $f$ und $g$ bestimmt (siehe zum Beispiel [11, Thm. 6.19]), doch reduzieren Ecken im Gebiet diese Glattheit, und zwar um so mehr, je einspringender sie sind. Man betrachte dazu folgende Beispiele:

Für die Randwertaufgabe (1.1), (1.2) auf einem Rechteck $[0, a] \times [0, b]$ werde $f = 1$ und $g = 0$ gewählt, also beliebig glatte Funktionen. Dennoch kann für die Lösung $u$ nicht $u \in C^2(\overline{\Omega})$ gelten, denn sonst wäre auch $-\Delta u(0,0) = 1$, aber andererseits ist wegen der Randbedingung $\partial_{1,1} u(x, 0) = 0$, also auch $\partial_{1,1} u(0,0) = 0$ und analog $\partial_{2,2} u(0, y) = 0$, also auch $\partial_{2,2} u(0,0) = 0$. Somit folgt $-\Delta u(0,0) = 0$ im Widerspruch zu obiger Annahme. Der Satz 1.6 ist also hier nicht anwendbar.

Im zweiten Beispiel soll ein Gebiet mit einspringender Ecke,

$$\Omega = \left\{ (x, y) \in \mathbb{R}^2 \mid x^2 + y^2 < 1, \ x < 0 \text{ oder } y > 0 \right\},$$

betrachtet werden. Allgemein gilt bei einer Identifizierung von $\mathbb{R}^2$ und $\mathbb{C}$, das heißt von $(x, y) \in \mathbb{R}^2$ mit $z = x + iy \in \mathbb{C}$: Ist $w : \mathbb{C} \to \mathbb{C}$ analytisch (holomorph), so sind die Real- und Imaginärteile $\Re w, \Im w : \mathbb{C} \to \mathbb{R}$ *harmonisch*, das heißt, sie lösen $-\Delta u = 0$.

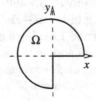

**Abb. 1.3.** Gebiet $\Omega$ mit einspringender Ecke

Wir wählen $w(z) := z^{2/3}$. Damit löst $u(x,y) := \Im\left((x+iy)^{2/3}\right)$

$$-\Delta u = 0 \quad \text{auf} \quad \Omega.$$

In Polarkoordinaten $x = r\cos\varphi$, $y = r\sin\varphi$ schreibt sich $u$ als

$$u(x,y) = \Im\left(\left(re^{i\varphi}\right)^{2/3}\right) = r^{2/3}\sin\left(\frac{2}{3}\varphi\right).$$

Also erfüllt $u$ die Randbedingungen

$$u\left(e^{i\varphi}\right) = \sin\left(\frac{2}{3}\varphi\right) \quad \text{für } 0 \leq \varphi \leq \frac{3\pi}{2}, \tag{1.22}$$

$$u(x,y) = 0 \quad \text{sonst auf } \partial\Omega.$$

Allerdings ist $w'(z) = \frac{2}{3}z^{-1/3}$ unbeschränkt für $z \to 0$, so dass $\partial_1 u, \partial_2 u$ unbeschränkt sind für $(x,y) \to 0$. Hier gilt also nicht einmal $u \in C^1(\overline{\Omega})$.

Die Beispiele belegen nicht, dass die 5-Punkte-Stern-Diskretisierung unbrauchbar für die betreffenden Randwertaufgaben ist, sie zeigen aber, dass eine Konvergenztheorie notwendig ist, die nur die zu erwartende Glattheit der Lösung voraussetzt.

Im Folgenden sollen Verallgemeinerungen der bisherigen Randwertaufgabe diskutiert werden:

**Allgemeine Gebiete $\Omega$** Es werde weiter (1.1), (1.2) betrachtet, aber auf einem allgemeinen Gebiet im $\mathbb{R}^2$, bei dem die Randstücke nicht den Koordinatenachsen folgen. Daher können wir zwar die zweite Gleichung in (1.5) als Definition von $\Omega_h$ beibehalten, müssen aber die Menge der Randgitterpunkte $\partial\Omega_h$ neu definieren:

Ist für $(x,y) \in \Omega_h$ etwa

$$(x-h,y) \notin \Omega,$$

dann existiert ein $s \in (0,1]$, so dass

$$(x-\vartheta h,y) \in \Omega \quad \text{für alle } \vartheta \in [0,s) \quad \text{und} \quad (x-sh,y) \notin \Omega.$$

Dann liegt $(x-sh,y) \in \partial\Omega$ und wir definieren:

$$(x-sh,y) \in \partial\Omega_h.$$

Analog verfahren wir mit den anderen Haupthimmelsrichtungen. Damit ist der Gitterabstand in Randnähe variabel, er kann kleiner als $h$ werden.

Für die Güte der Approximation gilt:

**Lemma 1.7** *Sei $\Omega = (x-h_1, x+h_2)$ für $x \in \mathbb{R}$, $h_1, h_2 > 0$.*

*1. Dann gilt für $u \in C^3(\overline{\Omega})$*

$$u''(x) = \frac{2}{h_1+h_2}\left(\frac{u(x+h_2)-u(x)}{h_2} - \frac{u(x)-u(x-h_1)}{h_1}\right) + \max\{h_1,h_2\}R,$$

*wobei $R$ unabhängig von $h$ beschränkt sei.*

2. *Es gibt keine* $\alpha, \beta, \gamma \in \mathbb{R}$, *so dass gilt*

$$u''(x) = \alpha\, u(x - h_1) + \beta\, u(x) + \gamma\, u(x + h_2) + R_1 h_1^2 + R_2 h_2^2$$

*für Polynome* $u$ *3. Grades, falls* $h_1 \neq h_2$.

**Beweis:** Übungsaufgabe 1.2 und 1.3.                                      □

Dies führt zu einer kompliziert aufzustellenden Diskretisierung, deren Konsistenz- und Konvergenzordnung nur schwer zu bestimmen ist. Die bisherige Vorgehensweise liefert nur die Konsistenzordnung 1.

**Andere Randbedingungen**  Wir wollen folgendes Beispiel betrachten. Hierzu sei $\partial\Omega = \Gamma_1 \cup \Gamma_2$ in zwei disjunkte Teilmengen aufgeteilt. Gesucht ist nun eine Funktion $u$ mit

$$\begin{aligned}
-\Delta u &= f &&\text{in } \Omega\,, \\
u &= 0 &&\text{auf } \Gamma_1\,, \\
\partial_\nu u := \nabla u \cdot \nu &= g &&\text{auf } \Gamma_2\,,
\end{aligned} \qquad (1.23)$$

wobei $\nu : \partial\Omega \to \mathbb{R}^d$ die äußere Einheitsnormale sei, und somit $\partial_\nu u$ die Normalenableitung von $u$.

Für ein Randstück in eine Koordinatenrichtung reduziert sich $\partial_\nu u$ auf eine positive oder negative partielle Ableitung. Wenn aber nur Gitterpunkte in $\overline{\Omega}_h$ verwendet werden, steht von den bisherigen Approximationen nur $\pm\partial^+ u$ bzw. $\pm\partial^- u$ (in den Koordinaten orthogonal zur Randrichtung) zur Verfügung mit entsprechender Reduktion der Konsistenzordnung. Für einen Randpunkt in allgemeiner Lage ist die Frage einer angemessenen Approximation von $\partial_\nu u$ offen.

**Allgemeinere Differentialgleichungen**  Wir betrachten folgende Differentialgleichung als Beispiel:

$$-\nabla \cdot (k\, \nabla u) = f \quad \text{auf } \Omega \qquad (1.24)$$

mit einer stetigen Koeffizientenfunktion $k : \Omega \to \mathbb{R}$, die auf $\Omega$ durch eine positive Konstante nach unten beschränkt sei. Die darin formulierte Erhaltung einer extensiven Größe $u$, deren Fluss $-k\nabla u$ ist, sollte von der Diskretisierung respektiert werden (siehe Abschn. 0.4), insofern ist eine ausdifferenzierte Form von (1.24) als Basis für die Diskretisierung nicht zu empfehlen. Der Differentialausdruck in (1.24) kann durch sukzessive Anwendung zentraler Differenzenquotienten diskretisiert werden, doch dann stellt sich wieder die Frage der Konsistenzordnung.

Hinzu kommt, dass die Glattheit von $u$ von der des Koeffizienten $k$ abhängt. Werden Prozesse in inhomogenen Materialien beschrieben, ist $k$ oft unstetig. Als einfachstes Beispiel nehme $k$ zwei verschiedene Werte an: Es sei $\Omega = \Omega_1 \cup \Omega_2$ und

$$k|_{\Omega_1} = k_1 > 0, \quad k|_{\Omega_2} = k_2 > 0$$

mit Konstanten $k_1, k_2$.

Wie in Abschn. 0.4 erläutert, ist auf dem inneren Rand $S := \overline{\Omega}_1 \cap \overline{\Omega}_2$ eine *Transmissionsbedingung* zu fordern:

- $u$ ist stetig,
- $(k\nabla u) \cdot \nu$ ist stetig, wobei $\nu$ die äußere Normale auf zum Beispiel $\partial\Omega_1$ sei.

Dies führt zu den folgenden Bedingungen für $u_i$, die Einschränkungen von $u$ auf $\overline{\Omega}_i$ für $i = 1, 2$:

$$-k_1 \Delta u_1 = f \quad \text{in } \Omega_1, \tag{1.25}$$
$$-k_2 \Delta u_2 = f \quad \text{in } \Omega_2,$$
$$u_1 = u_2 \quad \text{auf } S, \tag{1.26}$$
$$k_1 \partial_\nu u_1 = k_2 \partial_\nu u_2 \quad \text{auf } S.$$

Auch hier ist die Frage der Diskretisierung offen.

Zusammenfassend ergibt sich folgender Wunschkatalog:
Wir suchen einen Lösungsbegriff für (allgemeine) Randwertaufgaben mit nichtglatten Koeffizienten und rechten Seiten, so dass zum Beispiel Transmissionsbedingungen automatisch erfüllt sind.
Wir suchen nach einer Diskretisierung für beliebige Gebiete, so dass zum Beispiel Konvergenz(ordnung) auch bei weniger glatten Lösungen gesichert werden kann, und auch Neumann-Randbedingungen wie in (1.23) leicht berücksichtigt werden können.
Die Finite-Element-Methode in den nachfolgenden Kapiteln wird dies weitgehend erfüllen.

## 1.4 Maximumprinzipien und Stabilität

In diesem Abschnitt soll der fehlende Beweis der Stabilitätsabschätzung (1.19) gegeben werden, und zwar in einem etwas allgemeineren Rahmen, in dem dann auch die Finite-Element-Diskretisierung diskutiert werden kann (siehe Abschn. 3.9).
Die Randwertaufgabe (1.1), (1.2) erfüllt ein (*schwaches*) *Maximumprinzip* in folgendem Sinn:
Ist $f$ stetig mit $f(x) \leq 0$ für alle $x \in \Omega$ (kurz: $f \leq 0$), dann gilt:

$$\max_{x \in \overline{\Omega}} u(x) \leq \max_{x \in \partial\Omega} u(x),$$

und zwar ist das *Maximumprinzip* auch *stark* insofern, dass das Maximum von $u$ auf $\overline{\Omega}$ nur dann in $\Omega$ angenommen werden kann, wenn $u$ konstant ist (siehe zum Beispiel [11], auch für die folgenden Aussagen). Durch Übergang von $u, f, g$ zu $-u, -f, -g$ ergibt sich ein analoges (*starkes*) *Minimumprinzip*. Gleiches gilt für allgemeinere lineare Differentialgleichungen wie in (1.24), die auch konvektive Anteile (das heißt erste Ortsableitungen) enthalten dürfen. Tritt dagegen auch ein Reaktionsanteil (das heißt ohne Ableitungen) auf, wie in der Gleichung

$$-\Delta u + ru = f \quad \text{in } \Omega$$

mit einer Funktion $r : \Omega \to \mathbb{R}$, so dass $r(x) \geq 0$ für $x \in \Omega$, so gilt ein schwaches Maximumprinzip nur in der Form:
Ist $f \leq 0$, dann gilt:

$$\max_{x \in \overline{\Omega}} u(x) \leq \max \left\{ \max_{x \in \partial\Omega} u(x), 0 \right\} .$$

Das schwache Maximumprinzip impliziert direkt Aussagen über die Abhängigkeit der Lösung $u$ der Randwertaufgabe von den Daten $f$ und $g$, also *Stabilitätsaussagen*. Dieser Weg kann auch für Diskretisierungen beschritten werden. Für das grundlegende Beispiel gilt:

**Satz 1.8** *Sei $u_h$ die durch (1.7), (1.8) definierte Gitterfunktion auf $\overline{\Omega}_h$ und $f_{ij} \leq 0$ für alle $i = 1, \ldots, l-1, \ j = 1, \ldots, m-1$. Dann gilt:
Nimmt $u_h$ sein Maximum auf $\Omega_h \cup \partial\Omega_h^*$ in $(i_0 h, j_0 h) \in \Omega_h$ an, dann folgt:*

$$u_h \ \text{ist konstant auf } \Omega_h \cup \partial\Omega_h^* .$$

*Dabei ist*
$$\partial\Omega_h^* := \partial\Omega_h \setminus \{(0,0), (a,0), (0,b), (a,b)\} .$$

*Insbesondere ist also*

$$\max_{(x,y) \in \Omega_h} u_h(x,y) \leq \max_{(x,y) \in \partial\Omega_h^*} u_h(x,y) .$$

**Beweis:** Sei $\bar{u} := u_h(i_0 h, j_0 h)$, dann gilt wegen (1.7) und $f_{ij} \leq 0$

$$4\bar{u} \leq \sum_{(k,l) \in N_{(i_0, j_0)}} u_h(kh, lh) \leq 4\bar{u} ,$$

weil insbesondere auch $u_h(kh, lh) \leq \bar{u}$ für $(k,l) \in N_{(i_0, j_0)}$. Dabei ist

$$N_{(i_0, j_0)} = \{((i_0 - 1), j_0), ((i_0 + 1), j_0), (i_0, (j_0 + 1)), (i_0, (j_0 - 1))\}$$

die Menge der Indizes der Nachbarn von $(i_0 h, j_0 h)$ im 5-Punkte-Stern. Aus diesen Ungleichungen folgt

$$u_h(kh, lh) = \bar{u} \quad \text{für} \quad (k,l) \in N_{(i_0, j_0)} .$$

Wenn dieses Argument auf die Nachbarn in $\overline{\Omega}_h$ der Gitterpunkte $(kh, lh)$ für $(k, l) \in N_{(i_0, j_0)}$ und immer weiter auf die jeweils entstehenden Nachbarmengen in $\overline{\Omega}_h$ angewendet wird, erhält man schließlich für jeden Gitterpunkt $(ih, jh) \in \Omega_h \cup \partial\Omega_h^*$ die behauptete Identität $u_h(ih, jh) = \bar{u}$. □

Die Ausnahmemenge der Ecken $\partial\Omega_h \setminus \partial\Omega_h^*$ ist an keinem Differenzenstern beteiligt, so dass die Werte auch keinen Einfluss auf $u_h$ haben.

Zur Verallgemeinerung dieses Ergebnisses wird das Gleichungssystem wie in (1.10), (1.11) betrachtet, das heißt

$$A_h \mathbf{u}_h = \mathbf{q}_h = -\hat{A}_h \hat{\mathbf{u}}_h + \mathbf{f} \qquad (1.27)$$

mit $A_h \in \mathbb{R}^{M_1, M_1}$ wie in (1.14), $\hat{A}_h \in \mathbb{R}^{M_1, M_2}$ wie in (1.12), $\mathbf{u}_h, \mathbf{f} \in \mathbb{R}^{M_1}$ und $\hat{\mathbf{u}}_h \in \mathbb{R}^{M_2}$. Dieses kann interpretiert werden als eine durch die Finite-Differenzen-Methode oder einen anderen Ansatz erhaltene Diskretisierung einer Randwertaufgabe auf einem Gebiet, das nicht notwendigerweise zweidimensional sein muss. Auf mindestens einem Randstück werden Dirichlet-Vorgaben gefordert. Die Einträge des Vektors $\mathbf{u}_h$ können dann aufgefasst werden als die unbekannten Gitterpunktwerte in $\Omega_h \cup \partial\Omega_h^{(1)}$, wobei $\partial\Omega_h^{(1)}$ einem Teil von $\partial\Omega$ (mit Fluss- oder gemischten Randbedingungen) entspricht. Analog besteht dann der Vektor $\hat{\mathbf{u}}_h$ (indiziert von $M_1+1$ bis $M_1+M_2$) aus den durch die Dirichlet-Randbedingungen festgelegten Werten auf $\partial\Omega_h^{(2)}$. Wieder sei $M = M_1 + M_2$ und

$$\tilde{A}_h := \left( A_h \mid \hat{A}_h \right) \in \mathbb{R}^{M_1, M}.$$

Insbesondere sind also die Dimensionen $M_1$ und $M_2$ nicht fest, sondern werden im Allgemeinen unbeschränkt für $h \to 0$.

In Anlehnung an (1.15) seien die Generalvoraussetzungen für den Rest dieses Abschnitts:

(1) $(A_h)_{rr} > 0$ für alle $r = 1, \ldots, M_1$,

(2) $(A_h)_{rs} \leq 0$ für alle $r, s = 1, \ldots, M_1$ mit $r \neq s$,

(3) $\sum_{s=1}^{M_1} (A_h)_{rs} \geq 0$ für alle $r = 1, \ldots, M_1$
und für mindestens einen Index gilt die echte Ungleichung,

(4) $A_h$ ist irreduzibel, $\qquad (1.28)$

(5) $(\hat{A}_h)_{rs} \leq 0$ für alle $r = 1, \ldots, M_1$, $s = M_1 + 1, \ldots, M$,

(6) $\sum_{s=1}^{M} (\tilde{A}_h)_{rs} \geq 0$ für alle $r = 1, \ldots, M_1$,

(7) Für jedes $s = M_1 + 1, \ldots, M$ existiert ein $r \in \{1, \ldots, M_1\}$,
so dass $(\hat{A}_h)_{rs} \neq 0$.

In Verallgemeinerung der obigen Notation heißen für $r \in \{1, \ldots, M_1\}$ die $s \in \{1, \ldots, M\} \setminus \{r\}$ *Nachbarn*, für die $(\tilde{A}_h)_{rs} \neq 0$ gilt, und diese werden zur Menge $N_r$ zusammengefasst. Die Irreduzibilität von $A_h$ bedeutet also, dass beliebige $r, s \in \{1, \ldots, M_1\}$ über Nachbarschaftsbeziehungen miteinander verbindbar sind.

Die Bedingung (7) ist keine Einschränkung: Sie schließt nur aus, dass bekannte Werte $(\hat{u}_h)_s$ mit aufgeführt werden, die die Lösung von (1.27) gar nicht beeinflussen. Beim 5-Punkte-Stern auf dem Rechteck sind dies die Eckpunkte. Aufgrund der Bedingung (7) ist auch jedes $r \in \{M_1 + 1, \ldots, M\}$ mit jedem $s \in \{1, \ldots, M_1\}$ über Nachbarschaftbeziehungen verbunden.

Aus Bedingung (2) und (3) folgt die schwache Diagonaldominanz von $A_h$. Man beachte auch, dass die Bedingungen redundant sind. Die Bedingung (3) folgt aus (6) und (5).

Zur Vereinfachung der Notation wird für Vektoren $\mathbf{u}, \mathbf{v}$ und auch für Matrizen $A, B$ jeweils gleicher Dimensionierung verwendet:

$$
\begin{aligned}
\mathbf{u} \geq \mathbf{0} \quad &\text{genau dann, wenn} \quad (\mathbf{u})_i \geq 0 \quad \text{für alle Indizes } i, \\
\mathbf{u} \geq \mathbf{v} \quad &\text{genau dann, wenn} \quad \mathbf{u} - \mathbf{v} \geq 0, \\
A \geq 0 \quad &\text{genau dann, wenn} \quad (A)_{ij} \geq 0 \quad \text{für alle Indizes } (i, j), \\
A \geq B \quad &\text{genau dann, wenn} \quad A - B \geq 0.
\end{aligned}
\tag{1.29}
$$

Dann gilt:

**Satz 1.9** *Betrachtet werde (1.27) unter den Voraussetzungen (1.28). Ferner sei $f \leq 0$. Nimmt $\tilde{\mathbf{u}}_h = \binom{\mathbf{u}_h}{\hat{\mathbf{u}}_h}$ ein nichtnegatives Maximum in einem Index $r \in \{1, \ldots, M_1\}$ an, dann sind alle Komponenten gleich. Insbesondere gilt:*

$$
\max_{r \in \{1, \ldots, M\}} (\tilde{\mathbf{u}}_h)_r \leq \max \left\{ 0, \max_{r \in \{M_1 + 1, \ldots, M\}} (\hat{\mathbf{u}}_h)_r \right\}.
$$

**Beweis:** Sei $\bar{u} = \max\limits_{s \in \{1, \ldots, M\}} (\tilde{\mathbf{u}}_h)_s$ und $\bar{u} = (\mathbf{u}_h)_r$ wobei $r \in \{1, \ldots, M_1\}$. Die $r$-te Zeile von (1.27) impliziert wegen (1.28) (2), (5), (6)

$$
\begin{aligned}
(A_h)_{rr} \bar{u} &\leq - \sum_{s \in N_r} (\tilde{A}_h)_{rs} (\tilde{\mathbf{u}}_h)_s = \sum_{s \in N_r} \left| (\tilde{A}_h)_{rs} \right| (\tilde{\mathbf{u}}_h)_s \\
&\leq \sum_{s \in N_r} \left| (\tilde{A}_h)_{rs} \right| \bar{u} \leq (A_h)_{rr} \bar{u},
\end{aligned}
\tag{1.30}
$$

wobei die Voraussetzung $\bar{u} \geq 0$ in die letzte Abschätzung einging. Somit gilt überall Gleichheit. Da die zweite Ungleichung auch für jeden Summanden gilt und $(\tilde{A}_h)_{rs} \neq 0$ nach Definition von $N_r$, folgt schließlich

$$
(\tilde{\mathbf{u}}_h)_s = \bar{u} \quad \text{für alle } s \in N_r.
$$

Anwendung der obigen Argumentation auf alle $s \in N_r \cap \{1, \ldots, M_1\}$ und so fort auf die jeweiligen Nachbarmengen ergibt die Behauptung.    $\square$

Die Irreduzibilität lässt sich abschwächen, wenn anstelle von (1.28) (6) gilt:

$(6)^*$ $\sum_{s=1}^{M} (\tilde{A}_h)_{rs} = 0$   für alle $r = 1, \ldots, M_1$ .

Dann reicht anstelle von (4) die Forderung

$(4)^*$ Zu jedem $r_1 \in \{1, \ldots, M_1\}$ mit

$$\sum_{s=1}^{M_1} (A_h)_{r_1 s} = 0 \tag{1.31}$$

gibt es Indizes $r_2, \ldots, r_{l+1}$ derart, dass

$$(A_h)_{r_i r_{i+1}} \neq 0 \quad \text{für } i = 1, \ldots, l$$

und

$$\sum_{s=1}^{M_1} (A_h)_{r_{l+1} s} > 0 . \tag{1.32}$$

Die entsprechend modifizierten Voraussetzungen werden $(1.28)^*$ genannt.
In Anlehnung an das obige Beispiel nennen wir einen Punkt $r \in \{1, \ldots, M_1\}$
*randfern*, wenn (1.31) gilt und *randnah*, wenn (1.32) gilt, und die Punkte
$r \in \{M_1 + 1, \ldots, M\}$ *Randpunkte* .
Es gilt:

**Satz 1.10** *Betrachtet werde* (1.27) *unter der Voraussetzung* $(1.28)^*$.
*Ist $f \leq 0$, dann gilt:*

$$\max_{r \in \{1, \ldots, M\}} (\tilde{u}_h)_r \leq \max_{r \in \{M_1 + 1, \ldots, M\}} (\hat{u}_h)_r .$$

**Beweis:** Es wird die gleiche Notation und Argumentation wie im Beweis von
Satz 1.9 verwendet. In (1.30) gilt in der letzten Abschätzung sogar Gleichheit, so dass keine Vorzeichenbedingung an $\bar{u}$ nötig ist. Das Maximum wird
also wegen $(4)^*$ auch an einem randnahen Punkt angenommen und damit
auch an dessen Nachbarn. Wegen $(6)^*$ gehört dazu ein Randpunkt, was die
Behauptung beweist.                                                          $\square$

Aus diesen Maximumprinzipien folgt sofort ein *Vergleichsprinzip*:

**Satz 1.11** *Es gelte* (1.28) *oder* $(1.28)^*$.
*Seien $u_{h1}, u_{h2} \in \mathbb{R}^{M_1}$ Lösungen von*

$$A_h u_{hi} = -\hat{A}_h \hat{u}_{hi} + f_i \quad \text{für } i = 1, 2$$

*für gegebene $f_1, f_2 \in \mathbb{R}^{M_1}$, $\hat{u}_{h1}, \hat{u}_{h2} \in \mathbb{R}^{M_2}$, die $f_1 \leq f_2$, $\hat{u}_{h1} \leq \hat{u}_{h2}$ erfüllen.*
*Dann folgt:*

$$u_{h1} \leq u_{h2} .$$

**Beweis:** Aus $A_h(\mathbf{u}_{h1} - \mathbf{u}_{h2}) = -\hat{A}_h(\hat{\mathbf{u}}_{h1} - \hat{\mathbf{u}}_{h2}) + \mathbf{f}_1 - \mathbf{f}_2$ folgt mit Satz 1.9 bzw. 1.10

$$\max_{r \in \{1,\ldots,M_1\}} (\mathbf{u}_{h1} - \mathbf{u}_{h2})_r \leq 0\,.$$

$\square$

Damit ergibt sich die Eindeutigkeit der Lösung von (1.27) für beliebige $\hat{\mathbf{u}}_h$ und $\mathbf{f}$ und so auch die Regularität von $A_h$.

Im Folgenden bezeichnen $\mathbf{0}$ bzw. $0$ auch den Nullvektor bzw. die Nullmatrix, bei denen alle Komponenten gleich 0 sind. Unmittelbare Konsequenzen aus Satz 1.11 sind:

**Satz 1.12** *Gegeben seien eine Matrix $A_h \in \mathbb{R}^{M_1,M_1}$ mit den Eigenschaften (1.28) (1)–(3), (4)\*, sowie ein Vektor $\mathbf{u}_h \in \mathbb{R}^{M_1}$. Dann gilt:*

$$Aus \quad A_h\mathbf{u}_h \geq 0 \quad folgt \quad \mathbf{u}_h \geq 0\,. \tag{1.33}$$

**Beweis:** Um Satz 1.11 anwenden zu können, konstruiere man eine Matrix $\hat{A}_h \in \mathbb{R}^{M_1,M_2}$, so dass (1.28)\* gilt. Dann wähle man

$$\mathbf{u}_{h2} := \mathbf{u}_h\,, \quad \mathbf{f}_2 := A_h\mathbf{u}_{h2}\,, \quad \hat{\mathbf{u}}_{h2} := \mathbf{0}\,,$$
$$\mathbf{u}_{h1} := \mathbf{0}\,, \quad \mathbf{f}_1 := \mathbf{0}\,, \quad \hat{\mathbf{u}}_{h1} := \mathbf{0}\,.$$

Wegen $\hat{\mathbf{u}}_{hi} := \mathbf{0}$ für $i = 1,2$ spielt die konkrete Wahl von $\hat{A}_h$ keine Rolle. $\square$

Eine Matrix mit der Eigenschaft (1.33) nennt man *inversmonoton*. Äquivalent dazu ist:

$$\mathbf{v}_h \geq 0 \quad \Rightarrow \quad A_h^{-1}\mathbf{v}_h \geq 0$$

und somit durch Wahl der Einheitsvektoren als $\mathbf{v}_h$:

$$A_h^{-1} \geq 0\,.$$

Inversmonotone Matrizen, die wie hier (1.28) (1), (2) erfüllen, heißen auch *M-Matrizen*.

Mit $\mathbf{1}$ wird im Folgenden der Vektor (passender) Dimension bezeichnet, dessen Komponenten *alle* gleich 1 sind. Dann:

**Satz 1.13** *Es gelte (1.28) (1)–(3), (4)\*, (5). Ferner seien $\mathbf{w}_h^{(1)}$, $\mathbf{w}_h^{(2)} \in \mathbb{R}^{M_1}$ gegeben mit:*

$$A_h\mathbf{w}_h^{(1)} \geq \mathbf{1}\,, \quad A_h\mathbf{w}_h^{(2)} \geq -\hat{A}_h\mathbf{1}\,. \tag{1.34}$$

*Dann folgt für die Lösung von $A_h\mathbf{u}_h = -\hat{A}_h\hat{\mathbf{u}}_h + \mathbf{f}$:*

1)    $-\left(|\mathbf{f}|_\infty \mathbf{w}_h^{(1)} + |\hat{\mathbf{u}}_h|_\infty \mathbf{w}_h^{(2)}\right) \leq \mathbf{u}_h \leq |\mathbf{f}|_\infty \mathbf{w}_h^{(1)} + |\hat{\mathbf{u}}_h|_\infty \mathbf{w}_h^{(2)}\,,$

2)    $|\mathbf{u}_h|_\infty \leq \left|\mathbf{w}_h^{(1)}\right|_\infty |\mathbf{f}|_\infty + \left|\mathbf{w}_h^{(2)}\right|_\infty |\hat{\mathbf{u}}_h|_\infty\,.$

*Unter den Voraussetzungen* (1.28) (1)–(3), (4)* *und* (1.34) *gilt für die von* $|\cdot|_\infty$ *erzeugte Matrixnorm* $\|\cdot\|_\infty$:

$$\left\|A_h^{-1}\right\|_\infty \le \left|\mathbf{w}_h^{(1)}\right|_\infty.$$

**Beweis:** Da $-|\mathbf{f}|_\infty \mathbf{1} \le \mathbf{f} \le |\mathbf{f}|_\infty \mathbf{1}$ und die analoge Aussage für $\hat{\mathbf{u}}_h$ gilt, erfüllt der Vektor $\mathbf{v}_h := |\mathbf{f}|_\infty \mathbf{w}_h^{(1)} + |\hat{\mathbf{u}}_h|_\infty \mathbf{w}_h^{(2)} - \mathbf{u}_h$:

$$A_h \mathbf{v}_h \ge |\mathbf{f}|_\infty \mathbf{1} - \mathbf{f} - \hat{A}_h \left(|\hat{\mathbf{u}}_h|_\infty \mathbf{1} - \hat{\mathbf{u}}_h\right) \ge \mathbf{0},$$

wobei in die letzte Abschätzung auch $-\hat{A}_h \ge 0$ eingeht. Aus Satz 1.12 folgt also die rechte Ungleichung von 1), die linke Ungleichung wird analog bewiesen. Die weiteren Aussagen folgen unmittelbar aus 1).    □

Aus der Inversmonotonie und (1.28) (5) folgt für die in Satz 1.13 postulierten Vektoren notwendigerweise $\mathbf{w}_h^{(i)} \ge \mathbf{0}$ für $i = 1, 2$. Stabilität bezüglich $\|\cdot\|_\infty$ des durch (1.27) definierten Verfahrens unter der Voraussetzung (1.28) (1)-(3), (4*) liegt also dann vor, wenn sich ein Vektor $\mathbf{0} \le \mathbf{w}_h \in \mathbb{R}^{M_1}$ und eine von $h$ unabhängige Konstante $C > 0$ finden lassen, so dass

$$A_h \mathbf{w}_h \ge \mathbf{1} \quad \text{und} \quad |\mathbf{w}_h|_\infty \le C. \tag{1.35}$$

Dies soll abschließend für die 5-Punkte-Stern-Diskretisierung von (1.1), (1.2) auf dem Rechteck $\Omega = (0, a) \times (0, b)$ mit $C = \frac{1}{16}(a^2 + b^2)$ nachgewiesen werden.
Dazu definiere man zunächst die Polynome 2. Grades $w_1, w_2$ durch

$$w_1(x) := \frac{1}{4} x(a - x) \quad \text{und} \quad w_2(y) := \frac{1}{4} y(b - y).$$

Es ist klar, dass $w_1(x) \ge 0$ für alle $x \in [0, a]$ und $w_2(y) \ge 0$ für alle $y \in [0, b]$. Ferner gilt $w_1(0) = 0 = w_1(a)$ und $w_2(0) = 0 = w_2(b)$, sowie

$$w_1''(x) = -\frac{1}{2} \quad \text{und} \quad w_2''(y) = -\frac{1}{2}.$$

Somit sind $w_1$ und $w_2$ strikt konkav und nehmen ihr Maximum in $\frac{a}{2}$ bzw. $\frac{b}{2}$ an. Die Funktion $w(x, y) := w_1(x) + w_2(x)$ erfüllt also auf $\Omega$

$$\begin{aligned} -\Delta w &= 1 \quad \text{in } \Omega, \\ w &\ge 0 \quad \text{auf } \partial\Omega. \end{aligned} \tag{1.36}$$

Sei nun $\mathbf{w}_h \in \mathbb{R}^{M_1}$ für eine fest gewählte Nummerierung die Darstellung der Gitterfunktion $w_h$, definiert durch

$$(w_h)(ih, jh) := w(ih, jh) \quad \text{für } i = 1, \dots, l - 1,\ j = 1, \dots, m - 1.$$

Analog sei $\hat{\mathbf{w}}_h \in \mathbb{R}^{M_2}$ die Darstellung der auf $\partial\Omega_h^*$ definierten Funktion $\hat{w}_h$.

Wie aus der Fehlerdarstellung von Lemma 1.2, 4. ersichtlich, ist $\partial^- \partial^+ u(x)$ exakt für Polynome 2. Grades. Daher folgt aus (1.36)

$$A_h \mathbf{w}_h = -\hat{A}_h \hat{\mathbf{w}}_h + 1 \geq 1$$

und es gilt schießlich

$$|\mathbf{w}_h|_\infty = \|w_h\|_\infty \leq \|w\|_\infty = w_1\left(\frac{a}{2}\right) + w_2\left(\frac{a}{2}\right) = \frac{1}{16}(a^2 + b^2) \,.$$

# Übungen

**1.1** Man vervollständige den Beweis von Lemma 1.2 und untersuche auch den Fehler der jeweiligen Differenzenquotienten, wenn nur $u \in C^2[x-h, x+h]$ gilt.

**1.2** Man beweise Lemma 1.7, 1.

**1.3** Unter der Voraussetzung, dass $u : \Omega \subset \mathbb{R} \to \mathbb{R}$ eine hinreichend glatte Funktion ist, bestimme man in dem Ansatz

$$\alpha u(x - h_1) + \beta u(x) + \gamma u(x + h_2) \,, \quad h_1, h_2 > 0 \,,$$

die Koeffizienten $\alpha = \alpha(h_1, h_2)$, $\beta = \beta(h_1, h_2)$, $\gamma = \gamma(h_1, h_2)$, so dass

a) $u'(x)$ für $x \in \Omega$ mit möglichst hoher Ordung approximiert wird,
b) $u''(x)$ für $x \in \Omega$ mit möglichst hoher Ordung approximiert wird,

und beweise insbesondere Lemma 1.7, 2.
*Ansatz:* Man bestimme die Koeffizienten so, dass die Formel exakt ist für Polynome möglichst hohen Grades.

**1.4** Sei $\Omega \subset \mathbb{R}^2$ ein beschränktes Gebiet. Für eine hinreichend glatte Funktion $u : \Omega \to \mathbb{R}$ bestimme man eine Differenzenformel möglichst hoher Ordnung zur Approximation von $\partial_{11} u(x_1, x_2)$ unter Benutzung der 9 Werte $u(x_1 + \gamma_1 h, x_2 + \gamma_2 h)$, wobei $\gamma_1, \gamma_2 \in \{-1, 0, 1\}$.

**1.5** Sei $\Omega \subset \mathbb{R}^2$ ein beschränktes Gebiet. Man zeige: Es gibt in (1.20) keine Wahl der $c_{ij}$, so dass für eine beliebige glatte Funktion $u : \Omega \to \mathbb{R}$ gilt:

$$|\Delta u(x) - \Delta_h u(x)| \leq Ch^3$$

mit einer von $h$ unabhängigen Konstanten $C$.

**1.6** Man verallgemeinere die Diskussion der 5-Punkte-Stern-Diskretisierung (bis hin zur Konvergenzordnungsaussage) von (1.1), (1.2) auf einem Rechteck auf Schrittweiten $h_1 > 0$ in $x_1$-Richtung und $h_2 > 0$ in $x_2$-Richtung.

# 2. Die Finite-Element-Methode am Beispiel der Poisson-Gleichung

Die Finite-Element-Methode, oft mit FEM abgekürzt, entstand in den fünfziger Jahren in der Flugzeugindustrie, nachdem unabhängig davon das Konzept schon eher in der Mathematik skizziert worden war. Nach dieser eng mit der Strukturmechanik verbundenen Entstehung, die sich in einigen, noch heute benutzten Begriffsbildungen widerspiegelt, wurde sie aber auch bald auf Probleme der Wärmeleitung und Strömungsmechanik angewendet, wie sie in diesem Buch zugrunde gelegt werden.

Eine intensive mathematische Analyse und Weiterentwicklung setzte dann Ende der sechziger Jahre ein. Diese mathematische Darstellung und Analyse soll in diesem und dem nächsten Kapitel in den Grundzügen entwickelt werden. Dabei wird in diesem Kapitel die homogene Dirichlet-Randwertaufgabe für die Poisson-Gleichung als Modellproblem zugrunde gelegt – die Überlegungen, die sofort allgemein geführt werden können, werden als solche hervorgehoben. Damit wird gleichzeitig die abstrakte Grundlage gelegt zur Behandlung allgemeinerer Probleme in Kap. 3. Trotz der Bedeutung der Finite-Element-Methode für die Strukturmechanik wurde auf die Behandlung der Gleichungen der linearen Elastizitätstheorie verzichtet. Es sei aber darauf hingewiesen, dass zur Übertragung der Überlegungen auf diesen Fall nur noch wenig Aufwand nötig ist. Wir verweisen auf [9], wo dies mit einer sehr verwandten Notation durchgeführt wird.

## 2.1 Variationsformulierung für das Modellproblem

Als theoretische Basis für die Finite-Element-Methode werden wir einen neuen Lösungsbegriff für die Randwertaufgabe (1.1), (1.2) entwickeln. Darin wird die Gültigkeit der Differentialgleichung (1.1) nicht mehr punktweise gefordert, sondern nur noch im Sinne eines integralen Mittels mit „beliebigen" Gewichtungsfunktionen $\varphi$. Ebenso erfährt die Randbedingung (1.2) eine Abschwächung, indem auf deren punktweise Gültigkeit verzichtet wird.

Wir wollen uns hier zunächst auf den Fall homogener Randbedingungen (das heißt $g \equiv 0$) beschränken und betrachten also das homogene Dirichlet-Problem für die Poisson-Gleichung:

Gegeben sei eine Funktion $f : \Omega \to \mathbb{R}$. Gesucht ist eine Funktion $u : \overline{\Omega} \to \mathbb{R}$, so dass gilt:

$$-\Delta u = f \quad \text{in } \Omega\,, \tag{2.1}$$
$$u = 0 \quad \text{auf } \partial\Omega\,. \tag{2.2}$$

Das Gebiet $\Omega$ sei im Folgenden so beschaffen, dass der Gauß'sche Divergenzsatz anwendbar ist. Die Funktion $u : \overline{\Omega} \to \mathbb{R}$ sei eine klassische Lösung von (2.1), (2.2) im Sinne von Definition 1.1, die zur Erleichterung der Argumentation auch $u \in C^1(\overline{\Omega})$ erfüllt. Als sogenannte *Testfunktionen* betrachten wir beliebige $v \in C_0^\infty(\Omega)$. Die Glattheit der Funktionen lässt alle Ableitungsoperationen zu, außerdem verschwinden alle Ableitungen eines $v \in C_0^\infty(\Omega)$ auf dem Rand $\partial\Omega$. Wir multiplizieren beide Seiten von (2.1) mit $v$, integrieren über $\Omega$ und erhalten

$$
\begin{aligned}
\langle f, v\rangle_0 = \int_\Omega f(x)v(x)\,dx &= -\int_\Omega \nabla \cdot (\nabla u)(x)\, v(x)\,dx \\
&= \int_\Omega \nabla u(x) \cdot \nabla v(x)\,dx - \int_{\partial\Omega} \nabla u(x) \cdot \nu(x)\, v(x)\,dx \\
&= \int_\Omega \nabla u(x) \cdot \nabla v(x)\,dx. \tag{2.3}
\end{aligned}
$$

Das Gleichheitszeichen zu Beginn der zweiten Zeile von (2.3) erhalten wir durch partielle Integration unter Anwendung des Gauß'schen Divergenzsatzes. Das Randintegral verschwindet, da $v = 0$ auf $\partial\Omega$ gilt.

Definieren wir eine rellwertige Abbildung $a$ durch

$$a(u,v) := \int_\Omega \nabla u(x) \cdot \nabla v(x)\,dx$$

für $u \in C^1(\overline{\Omega})$, $v \in C_0^\infty(\Omega)$, so erfüllt also eine klassische Lösung der Randwertaufgabe die Identität

$$a(u,v) = \langle f, v\rangle_0 \quad \text{für alle } v \in C_0^\infty(\Omega)\,. \tag{2.4}$$

Die Abbildung $a$ definiert auf $C_0^\infty(\Omega)$ ein Skalarprodukt, das also eine Norm erzeugt, nämlich

$$\|u\|_a := \sqrt{a(u,u)} = \left\{ \int_\Omega |\nabla u|^2\,dx \right\}^{1/2} \tag{2.5}$$

(siehe Anhang A.4 für diese Begriffsbildungen). Die meisten der Skalarprodukteigenschaften für $a$ sind klar, nur die Definitheit (A4.7) erfordert noch etwas Überlegung. Zu zeigen ist also:

$$a(u,u) = \int_\Omega (\nabla u \cdot \nabla u)\,(x)\,dx = 0 \iff u \equiv 0\,.$$

Zum Beweis dieser Behauptung nehmen wir an, es gäbe ein $\bar{x} \in \Omega$ mit $\nabla u(\bar{x}) \neq 0$. Dann ist $(\nabla u \cdot \nabla u)\,(\bar{x}) = |\nabla u|^2(\bar{x}) > 0$. Wegen der Stetigkeit von $\nabla u$ gibt es eine kleine Umgebung $G$ von $\bar{x}$ mit positivem Maß $|G|$ und $|\nabla u|(x) \geq \alpha > 0$ für alle $x \in G$. Da $|\nabla u|(x) \geq 0$ für alle $x \in \Omega$, folgt

$$\int_\Omega |\nabla u|^2 (x)\, dx \geq \alpha^2\, |G| > 0$$

im Widerspruch zur Voraussetzung der Behauptung. Also war die Annahme falsch, und somit gilt $\nabla u(x) = 0$ für alle $x \in \Omega$, das heißt $u$ ist konstant in $\Omega$, und da $u(x) = 0$ für alle $x \in \partial\Omega$, folgt die Behauptung.

Der Raum $C_0^\infty(\Omega)$ ist als Grundraum im Folgenden zu klein, da im Allgemeinen die Lösung $u$ nicht zu $C_0^\infty(\Omega)$ gehören wird. Die Identität (2.3) soll für weitere Funktionen $v$ gelten, so dass auch die Lösung $u$ (und die spätere Finite-Element-Approximation) als Testfunktion $v$ gewählt werden kann.

**Vorläufig definieren wir als Grundraum $V$:**

$$V := \big\{ u : \Omega \to \mathbb{R} \mid u \in C(\bar{\Omega}),\ \partial_i u \text{ existiert und ist stückweise}$$
$$\text{stetig für alle } i = 1,\dots,d,\ u = 0 \text{ auf } \partial\Omega \big\}. \tag{2.6}$$

$\partial_i u$ ist *stückweise stetig* bedeutet hier:
Das Gebiet $\Omega$ lässt sich folgendermaßen zerlegen:

$$\bar{\Omega} = \bigcup_i \bar{\Omega}_i$$

mit endlich vielen offenen $\Omega_i$, so dass $\Omega_i \cap \Omega_j = \emptyset$ für $i \neq j$,

und $\partial_i u$ ist stetig auf $\Omega_i$ und stetig fortsetzbar auf $\bar{\Omega}_i$.
Dann liegen folgende Eigenschaften vor:

- $a$ bildet auch auf $V$ ein Skalarprodukt,
- $C_0^\infty(\Omega) \subset V$,
- $C_0^\infty(\Omega)$ liegt *dicht* in $V$ bzgl. $\|\cdot\|_a$, das heißt zu $u \in V$ existiert eine Folge $(u_n)_{n \in \mathbb{N}}$ in $C_0^\infty(\Omega)$ mit $\|u_n - u\|_a \to 0$ für $n \to \infty$,  (2.7)
- $C_0^\infty(\Omega)$ liegt dicht in $V$ bzgl. $\|\cdot\|_0$.  (2.8)

Während die ersten beiden Aussagen klar sind, bedürfen die beiden letzten eines gewissen technischen Aufwands. Eine allgemeinere Aussage wird mit Satz 3.7 formuliert werden.
Damit erhalten wir aus (2.4):

**Lemma 2.1** *Sei $u$ eine klassische Lösung von (2.1), (2.2) und $u \in C^1(\bar{\Omega})$. Dann gilt*

$$a(u,v) = \langle f, v \rangle_0 \quad \textit{für alle } v \in V. \tag{2.9}$$

(2.9) nennt man auch eine *Variationsgleichung*.

**Beweis:** Sei $v \in V$. Dann existieren $v_n \in C_0^\infty(\Omega)$ mit $v_n \to v$ bzgl. $\|\cdot\|_0$ und bzgl. $\|\cdot\|_a$, also folgt aus der Stetigkeit der Bilinearform bzgl. $\|\cdot\|_a$, (siehe

(A4.22)) und der Stetigkeit des durch die rechte Seite $f$ definierten Funktionals $v \mapsto \langle f, v \rangle_0$ bzgl. $\| \cdot \|_0$ (wegen der Cauchy–Schwarz'schen Ungleichung in $L^2(\Omega)$):

$$\langle f, v_n \rangle_0 \to \langle f, v \rangle_0$$
$$=  \qquad \text{für } n \to \infty,$$
$$a(u, v_n) \to a(u, v)$$

das heißt $a(u, v) = \langle f, v \rangle_0$.    □

Der Raum $V$ in der Identität (2.9) kann noch weiter vergrößert werden, solange (2.7) und (2.8) gültig bleiben. Dies wird weiter unten zur korrekten Definition ausgenutzt.

**Definition 2.2** $u \in V$ heißt *schwache* (oder *variationelle*) Lösung von (2.1), (2.2), wenn die Variationsgleichung gilt:

$$a(u, v) = \langle f, v \rangle_0 \quad \text{für alle } v \in V .$$

Bei Interpretation als Auslenkung einer Membran nennt man dies das *Prinzip der virtuellen Arbeit*.

Lemma 2.1 garantiert uns also, dass eine klassische Lösung $u$ auch eine schwache Lösung ist.
Die schwache Formulierung hat folgende Eigenschaften:

• In ihr wird weniger Glattheit gefordert: $\partial_i u$ braucht nur noch stückweise stetig zu sein.
• Die Gültigkeit der Randbedingung wird durch die Definition des Funktionenraumes $V$ gesichert.

Wir zeigen nun, dass die Variationsgleichung (2.9) genau die gleiche(n) Lösung(en) wie ein Minimierungsproblem besitzt:

**Lemma 2.3** *Die Variationsgleichung* (2.9) *hat die gleichen Lösungen* $u \in V$ *wie die Minimierungsaufgabe*

$$F(v) \to \min \quad \text{für alle } v \in V , \qquad (2.10)$$

*wobei*

$$F(v) := \frac{1}{2} a(v, v) - \langle f, v \rangle_0 \quad \left( = \frac{1}{2} \|v\|_a^2 - \langle f, v \rangle_0 \right) .$$

Das Minimierungsproblem heißt Prinzip der minimalen potentiellen Energie.

**Beweis: (2.9) ⇒ (2.10):**
Sei $u$ eine Lösung von (2.9), $v \in V$ sei beliebig. Wir definieren $w := v - u \in V$ (da $V$ ein Vektorraum ist), das heißt $v = u + w$. Dann gilt unter Benutzung von Bilinearität und Symmetrie

$$F(v) = \frac{1}{2}a(u+w, u+w) - \langle f, u+w \rangle_0$$

$$= \frac{1}{2}a(u,u) + a(u,w) + \frac{1}{2}a(w,w) - \langle f,u \rangle_0 - \langle f,w \rangle_0 \qquad (2.11)$$

$$= F(u) + \frac{1}{2}a(w,w) \geq F(u)\,,$$

die letzte Ungleichung folgt wegen der Positivität von $a$, das heißt (2.10) gilt.
**(2.9) $\Leftarrow$ (2.10):**
Sei $u$ eine Lösung von (2.10), $v \in V$, $\varepsilon \in \mathbb{R}$ seien beliebig. Wir definieren $g(\varepsilon) := F(u + \varepsilon v)$ für $\varepsilon \in \mathbb{R}$. Dann gilt

$$g(\varepsilon) = F(u + \varepsilon v) \geq F(u) = g(0) \quad \text{für alle } \varepsilon \in \mathbb{R}\,,$$

da $u + \varepsilon v \in V$; das heißt $g$ hat ein globales Minimum in $\varepsilon = 0$.
Analog zu (2.11) ergibt sich:

$$g(\varepsilon) = \frac{1}{2}a(u,u) - \langle f,u \rangle_0 + \varepsilon \left( a(u,v) - \langle f,v \rangle_0 \right) + \frac{\varepsilon^2}{2}a(v,v)\,.$$

Die Funktion $g$ ist also eine Parabel in $\varepsilon$, insbesondere gilt: $g \in C^1(\mathbb{R})$. Als notwendige Bedingung für die Existenz eines Minimums in $\varepsilon = 0$ erhalten wir daher:

$$0 = g'(\varepsilon) = a(u,v) - \langle f,v \rangle_0\,.$$

Somit löst $u$ (2.9), denn $v \in V$ war beliebig gewählt. $\qquad\qquad\square$

**Bemerkung 2.4** Lemma 2.3 gilt für allgemeine Vektorräume $V$, wenn $a$ eine symmetrische, positive Bilinearform ist und die rechte Seite anstelle von $\langle f,v \rangle_0$ allgemeiner von $b(v)$ gebildet wird, wobei $b : V \to \mathbb{R}$ eine lineare Abbildung, ein *lineares Funktional* sei. Die Variationsgleichung lautet dann also

$$\text{Finde } u \in V \quad \text{mit} \quad a(u,v) = b(v) \quad \text{für alle } v \in V \qquad (2.12)$$

und das Minimierungsproblem

$$\text{Finde } u \in V \quad \text{mit} \quad F(u) = \min \left\{ F(v) \mid v \in V \right\}\,, \qquad (2.13)$$

wobei $\quad F(v) := \frac{1}{2}a(v,v) - b(v)\,.$

**Lemma 2.5** *Die schwache Lösung nach (2.9) (bzw. (2.10)) ist eindeutig.*

**Beweis:** Seien $u_1, u_2$ schwache Lösungen, das heißt

$$\begin{aligned} a(u_1, v) &= \langle f,v \rangle_0 \\ a(u_2, v) &= \langle f,v \rangle_0 \end{aligned} \qquad \text{für alle } v \in V\,.$$

Durch Subtraktion folgt daraus:

$$a(u_1 - u_2, v) = 0 \quad \text{für alle } v \in V .$$

Wählen wir $v = u_1 - u_2$, so folgt $a(u_1 - u_2, u_1 - u_2) = 0$ und somit $u_1 = u_2$, da $a$ definit ist.    □

**Bemerkung 2.6** Lemma 2.5 gilt allgemein, wenn $a$ eine definite Bilinearform und $b$ eine Linearform ist.

Wir haben bisher zwei verschiedene Normen auf $V$ definiert: $\| \cdot \|_a$ und $\| \cdot \|_0$. Der Unterschied zwischen diesen ist wesentlich, da sie auf dem durch (2.6) definierten Vektorraum $V$ nicht äquivalent sind und somit unterschiedliche Konvergenzbegriffe erzeugen, wie folgendes eindimensionales Beispiel zeigt:

**Beispiel 2.7** Sei $\Omega = (0, 1)$, also

$$a(u, v) := \int_0^1 u'v' \, dx$$

und $v_n : \Omega \to \mathbb{R}$ für $n \geq 2$ definiert durch

$$v_n(x) = \begin{cases} nx & , \quad \text{falls} \quad 0 \leq x \leq \frac{1}{n} , \\ 1 & , \quad \text{falls} \quad \frac{1}{n} \leq x \leq 1 - \frac{1}{n} , \\ n - nx & , \quad \text{falls} \quad 1 - \frac{1}{n} \leq x \leq 1 . \end{cases}$$

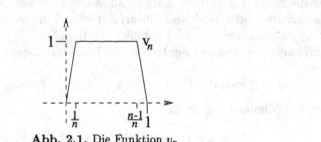

**Abb. 2.1.** Die Funktion $v_n$

Es gilt:

$$\|v_n\|_0 \leq \left\{ \int_0^1 1 \, dx \right\}^{1/2} = 1 ,$$

$$\|v_n\|_a = \left\{ \int_0^{\frac{1}{n}} n^2 \, dx + \int_{1-\frac{1}{n}}^1 n^2 \, dx \right\}^{1/2} = \sqrt{2n} \to \infty \text{ für } n \to \infty .$$

Somit gibt es kein $C > 0$, so dass $\|v\|_a \leq C\|v\|_0$ für alle $v \in V$ gilt.

Allerdings gilt die Abschätzung

$$\|v\|_0 \le C\|v\|_a \quad \text{für alle } v \in V$$

für eine Konstante $C > 0$ , wie wir in Satz 2.18 zeigen, das heißt $\|\cdot\|_a$ ist die stärkere Norm.

Wir können den Grundraum $V$ vergrößern, ohne die bisherigen Aussagen zu verletzen. Die Vergrößerung ist auch notwendig, da zum Beispiel für die Existenz einer Lösung der Variationsgleichung (2.12) bzw. des Minimierungsproblems (2.13) im Allgemeinen die Vollständigkeit von $V$ nötig ist. Diese liegt hier aber nicht vor, wie folgendes Beispiel zeigt.

**Beispiel 2.8** Es gelte wieder $\Omega = (0,1)$ und damit

$$a(u,v) := \int_0^1 u'v'\, dx \, .$$

Für $u(x) := x^\alpha(1-x)$ mit $\alpha \in \left(\frac{1}{2}, 1\right)$ betrachten wir die Funktionenfolge

$$u_n(x) := \begin{cases} u(x) & \text{für} \quad x \in \left[\frac{1}{n}, 1-\frac{1}{n}\right] \, , \\ n\, u(\frac{1}{n})\, x & \text{für} \quad x \in \left[0, \frac{1}{n}\right] \, , \\ n\, u(1-\frac{1}{n})\,(1-x) & \text{für} \quad x \in \left[1-\frac{1}{n}, 1\right] \, . \end{cases}$$

Dann gilt

$$\|u_n - u_m\|_a \to 0 \ \text{ für } n, m \to \infty \, ,$$
$$\|u_n - u\|_a \to 0 \ \text{ für } n \to \infty \, ,$$

aber $u \notin V$, wobei $V$ analog zu (2.6) mit $d = 1$ definiert ist.

Da wir in Abschn. 3.1 sehen werden, dass es einen mit $\|\cdot\|_a$ normierten Vektorraum $\tilde{V}$ gibt, so dass $u \in \tilde{V}$ und $V \subset \tilde{V}$ gilt, ist $V$ bzgl. $\|\cdot\|_a$ nicht vollständig, da sonst $u \in V$ gelten würde. Zwar gibt es eine (eindeutige) Vervollständigung von $V$ bzgl. $\|\cdot\|_a$ (vgl. Anhang A.4, speziell (A4.26)), aber wir müssen die dadurch zu $V$ hinzukommenden „Funktionen" beschreiben. Außerdem sollten die Regeln für partielle Integration gültig bleiben, so dass weiterhin klassische auch schwache Lösungen sind (vgl. Lemma 2.1). Deshalb ist der folgende Versuch untauglich.

**Versuch einer richtigen Definition von $V$:**
$V$ sei die Menge aller $u$ mit der Eigenschaft: $\partial_i u$ existiert für alle $x \in \Omega$, ohne Forderungen an $\partial_i u$ als Funktion.

Es gibt nämlich zum Beispiel die *Cantorfunktion* mit folgenden Eigenschaften: $f : [0,1] \to \mathbb{R}$, $f \in C([0,1])$, $f \ne 0$, $f$ ist nicht konstant, $f'(x)$ existiert mit $f'(x) = 0$ für alle $x \in [0,1]$.

Also ist hier der Hauptsatz der Differential- und Integralrechnung $f(x) = \int_0^x f'(s)\,ds + f(0)$ und damit auch das Prinzip der partiellen Integration nicht mehr gültig.

Es müssen also noch Bedingungen an $\partial_i u$ hinzukommen.

Als Vorbereitung für eine angemessene Definition des Grundraums $V$ erweitern wir die Definition von Ableitungen durch ihre Wirkung bei Mittelung. Um dies allgemein machen zu können, benutzen wir die *Multiindex*-Schreibweise.

Ein Vektor $\alpha = (\alpha_1, \ldots, \alpha_d)$ nichtnegativer ganzer Zahlen $\alpha_i \in \{0, 1, 2, \ldots\}$ heißt *Multiindex*. Mit $|\alpha| := \sum_{i=1}^d \alpha_i$ bezeichnen wir die *Ordnung* (oder *Länge*) von $\alpha$.

Für $x \in \mathbb{R}^d$ sei

$$x^\alpha := x_1^{\alpha_1} \cdots x_d^{\alpha_d}\,. \tag{2.14}$$

Hiermit lässt sich auch eine Kurzschreibweise für Differentialoperatoren einführen: Für eine entsprechend differenzierbare Funktion $u$ sei

$$\partial^\alpha u := \partial_1^{\alpha_1} \ldots \partial_d^{\alpha_d} u\,. \tag{2.15}$$

Dies können wir aus (2.14) erhalten, indem wir $x$ durch den symbolischen Vektor

$$\nabla := (\partial_1, \ldots, \partial_d)^T$$

der ersten partiellen Ableitungen ersetzen.

Sei nun $\alpha$ ein Multiindex der Länge $k$ und $u \in C^k(\Omega)$. Dann erhalten wir für beliebige Testfunktionen $\varphi \in C_0^\infty(\Omega)$ durch partielle Integration

$$\int_\Omega \partial^\alpha u\,\varphi\,dx = (-1)^k \int_\Omega u\,\partial^\alpha \varphi\,dx\,.$$

Die Randintegrale verschwinden, da $\partial^\beta \varphi = 0$ auf $\partial\Omega$ für alle Multiindizes $\beta$. Daher setzen wir

**Definition 2.9** Für $u \in L^2(\Omega)$ heißt ein $v \in L^2(\Omega)$ *schwache* (oder *verallgemeinerte*) *Ableitung* $\partial^\alpha u$ zum Multiindex $\alpha$, wenn für alle $\varphi \in C_0^\infty(\Omega)$

$$\int_\Omega v\,\varphi\,dx = (-1)^{|\alpha|} \int_\Omega u\,\partial^\alpha \varphi\,dx\,.$$

Die schwache Ableitung ist wohldefiniert, da sie eindeutig ist:
Seien hierzu $v_1, v_2 \in L^2(\Omega)$ schwache Ableitungen von $u$. Dann folgt

$$\int_\Omega (v_1 - v_2)\,\varphi\,dx = 0 \quad \text{für alle } \varphi \in C_0^\infty(\Omega)\,.$$

Da $C_0^\infty(\Omega)$ dicht in $L^2(\Omega)$ liegt, können wir weiter folgern

$$\int_\Omega (v_1 - v_2)\, \varphi\, dx = 0 \quad \text{für alle } \varphi \in L^2(\Omega)\,.$$

Wählen wir nun speziell $\varphi = v_1 - v_2$, so erhalten wir

$$\|v_1 - v_2\|_0^2 = \int_\Omega (v_1 - v_2)\,(v_1 - v_2)\, dx = 0\,.$$

Daraus folgt nun direkt $v_1 = v_2$ (fast überall).
Also gilt insbesondere: $u \in C^k(\bar\Omega)$ besitzt schwache Ableitungen $\partial^\alpha u$ für $\alpha$ mit $|\alpha| \le k$, und diese stimmen mit den punktweisen Ableitungen überein.

Die **richtige Wahl für den Raum** $V$ ist der Raum $H_0^1(\Omega)$, der etwas weiter unten definiert werden wird. Zunächst aber definieren wir

$$H^1(\Omega) := \{u : \Omega \to \mathbb{R} \mid u \in L^2(\Omega),\ u \text{ hat schwache Ableitungen} \\ \partial_i u \in L^2(\Omega) \text{ für alle } i = 1, \dots, d\}\,. \tag{2.16}$$

Auf $H^1(\Omega)$ ist ein Skalarprodukt definiert durch

$$\langle u, v\rangle_1 := \int_\Omega u(x)v(x)\, dx + \int_\Omega \nabla u(x) \cdot \nabla v(x)\, dx \tag{2.17}$$

mit der davon erzeugten Norm

$$\|u\|_1 := \sqrt{\langle u, u\rangle_1} = \left\{\int_\Omega |u(x)|^2\, dx + \int_\Omega |\nabla u(x)|^2\, dx\right\}^{1/2}. \tag{2.18}$$

In der obigen „vorläufigen" Definition (2.6) von $V$ ist die Randbedingung $u = 0$ auf $\partial\Omega$ in den Bedingungen für die Funktionen berücksichtigt, das heißt wir möchten analog als Grundraum $V$ wählen:

$$H_0^1(\Omega) := \{u \in H^1(\Omega) \mid u = 0 \ \text{ auf } \partial\Omega\}\,. \tag{2.19}$$

$H^1(\Omega)$ und $H_0^1(\Omega)$ heißen *Sobolevräume*.
Für $\Omega \subset \mathbb{R}^d$, $d \ge 2$, kann $H^1(\Omega)$ aber auch unbeschränkte Funktionen enthalten, so dass genauer untersucht werden muss, was $u|_{\partial\Omega}$ ($\partial\Omega$ hat das $d$-dimensionale Maß 0) und genauer $u = 0$ auf $\partial\Omega$ bedeutet. Dies geschieht in Abschn. 3.1.

## 2.2 Die Finite-Element-Methode am Beispiel der linearen Elemente

Die schwache Formulierung der Randwertaufgabe (2.1), (2.2) führt auf Konkretisierungen der allgemeinen, hier äquivalenten Aufgaben:
Sei $V$ ein Vektorraum, $a : V \times V \to \mathbb{R}$ eine Bilinearform, $b : V \to \mathbb{R}$ eine Linearform.

## Variationsgleichung

$$\text{Gesucht } u \in V \quad \text{mit} \quad a(u,v) = b(v) \quad \text{für alle } v \in V . \qquad (2.20)$$

## Minimierungsproblem

$$\text{Gesucht } u \in V \quad \text{mit} \quad F(u) = \min \left\{ F(v) \mid v \in V \right\} ,$$

$$\text{wobei} \quad F(v) = \frac{1}{2}a(v,v) - b(v) . \qquad (2.21)$$

Der *Diskretisierungsansatz* besteht in folgender Vorgehensweise:
Ersetze $V$ durch einen endlich-dimensionalen Teilraum $V_h$, das heißt löse statt
(2.20) die endlich-dimensionale Variationsgleichung:

$$\text{Gesucht } u_h \in V_h \quad \text{mit} \quad a(u_h,v) = b(v) \quad \text{für alle } v \in V_h . \qquad (2.22)$$

Dieser Ansatz wird *Galerkin*-Verfahren genannt.

Bzw. löse statt (2.21) die endlich-dimensionale Minimierungsaufgabe:

$$\text{Gesucht } u_h \in V_h \quad \text{mit} \quad F(u_h) = \min \left\{ F(v) \mid v \in V_h \right\} . \qquad (2.23)$$

Dieser Ansatz wird *Ritz*-Verfahren genannt.

Aus Lemma 2.3 und Bemerkung 2.4 wird klar, dass für eine positive symmetrische Bilinearform das Galerkin-Verfahren mit dem Ritz-Verfahren äquivalent ist.
Der endlich-dimensionale Teilraum $V_h$ wird auch *Ansatzraum* genannt.

Die Finite-Element-Methode kann interpretiert werden als ein Galerkin-
Verfahren (bzw. im vorliegenden Beispiel auch als ein Ritz-Verfahren) für
einen Ansatzraum mit speziellen Eigenschaften. Diese sollen im Folgenden
anhand des einfachsten Beispiels entwickelt werden.
$V$ sei nach (2.6) definiert oder auch als $V = H_0^1(\Omega)$.
Die schwache Form der Randwertaufgabe (2.1), (2.2) entspricht der Wahl

$$a(u,v) := \int_\Omega \nabla u \cdot \nabla v \, dx , \quad b(v) := \int_\Omega fv \, dx .$$

Sei $\Omega \subset \mathbb{R}^2$ polygonal berandet, das heißt der Rand $\Gamma$ von $\Omega$ besteht aus
endlich vielen Geradenstücken, wie aus Abb. 2.2 ersichtlich.
Sei $\mathcal{T}_h$ eine Zerlegung von $\Omega$ in abgeschlossene Dreiecke $K$ (das heißt mit
Rand), so dass gilt

1. $\bar{\Omega} = \cup_{K \in \mathcal{T}_h} K$
2. Für $K, K' \in \mathcal{T}_h$ ist

$$\text{int}\,(K) \cap \text{int}\,(K') = \emptyset , \qquad (2.24)$$

wobei int $(K)$ das offene Dreieck (ohne Rand) bezeichne.

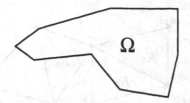

**Abb. 2.2.** Polygonal berandetes Gebiet

erlaubt:

nicht
erlaubt:

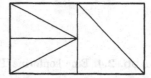

**Abb. 2.3.** Triangulierungen

3. Ist $K \cap K' \neq \emptyset$, dann ist $K \cap K'$ entweder ein Punkt oder eine gemeinsame Kante von $K$ und $K'$.

Eine Zerlegung von $\Omega$ mit den Eigenschaften 1., 2. heißt eine *Triangulierung* von $\Omega$, kommt Eigenschaft 3. hinzu, spricht man von einer *konformen Triangulierung*.

Die Dreiecke einer Triangulierung werden mit $K_1, \ldots, K_N$ durchnummeriert. Der Index $h$ kennzeichnet die Feinheit der Triangulierung, zum Beispiel

$$h := \max \left\{ \operatorname{diam}(K) \mid K \in \mathcal{T}_h \right\},$$

wobei $\operatorname{diam}(K) := \sup \left\{ |x - y| \mid x, y \in K \right\}$ den Durchmesser von $K$ bezeichne. Somit ist $h$ gerade die maximale Seitenlänge aller Dreiecke.

Die $K \in \mathcal{T}_h$ werden auch manchmal die *Elemente* der Zerlegung genannt. Die Eckpunkte der Dreiecke werden als *Knoten* bezeichnet und mit

$$a_1, a_2, \ldots, a_M$$

durchnummeriert, das heißt $a_i = (x_i, y_i)$, $i = 1, \ldots, M$, wobei $M = M_1 + M_2$ und

$$
\begin{aligned}
a_1, \ldots, a_{M_1} &\in \Omega \,, \\
a_{M_1+1}, \ldots, a_M &\in \partial\Omega \,.
\end{aligned}
\tag{2.25}
$$

Diese Art der Anordnung der Knoten ist nur zur Vereinfachung der Schreibweise gewählt und nicht wesentlich für die folgenden Überlegungen.

Unter einer Approximation der Randwertaufgabe (2.1), (2.2) mit *linearen finiten Elementen* auf einer gegebenen Triangulierung $\mathcal{T}_h$ von $\Omega$ versteht man die Wahl

$$V_h := \left\{ u \in C(\bar{\Omega}) \mid u|_K \in \mathcal{P}_1(K) \text{ für alle } K \in \mathcal{T}_h, \, u = 0 \text{ auf } \partial\Omega \right\} \,. \tag{2.26}$$

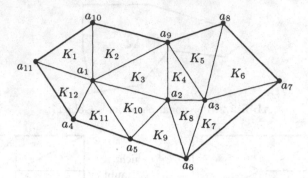

**Abb. 2.4.** Eine konforme Triangulierung mit $N = 12$, $M = 11$, $M_1 = 3$, $M_2 = 8$

Dabei ist $\mathcal{P}_1(K)$ die Menge der Polynome 1. Grades (in 2 Variablen) auf $K$, das heißt $p \in \mathcal{P}_1(K) \Leftrightarrow p(x,y) = \alpha + \beta x + \gamma y$ für alle $(x,y) \in K$ und für feste $\alpha, \beta, \gamma \in \mathbb{R}$.

Da $p \in \mathcal{P}_1(K)$ auch ebenso auf ganz $\mathbb{R} \times \mathbb{R}$ definiert ist, schreiben wir kurz und etwas ungenau $\mathcal{P}_1 = \mathcal{P}_1(K)$; je nach Zusammenhang wird der Definitionsbereich $\mathbb{R} \times \mathbb{R}$ oder eine Teilmenge davon sein.

Es ist

$$V_h \subset V .$$

Für die Definition von $V$ nach (2.6) ist dies klar, da $\partial_x u|_K = $ const, $\partial_y u|_K = $ const für $K \in \mathcal{T}_h$ für alle $u \in V_h$. Ist $V = H_0^1(\Omega)$, so ist diese Inklusion nicht ganz so klar. Ein Beweis wird weiter unten in Satz 3.20 gegeben.

Ein $u \in V_h$ ist durch die Werte $u(a_i)$, $i = 1, \ldots, M_1$, (die *Knotenwerte*) eindeutig bestimmt. Das bedeutet insbesondere, dass schon die Vorgabe der Knotenwerte die Stetigkeit der stückweise linear zusammengesetzten Funktion erzwingt. Entsprechendes gilt für die homogene Dirichlet-Randbedingung, die durch eine solche Vorgabe in den Randknoten erzwungen wird.

Wir zeigen dies im Folgenden mit einem unnötig aufwendigen Beweis, der aber alle Überlegungen einführt, die auch für die allgemeineren Situationen von Abschn. 3.4 zur analogen Aussage führen.

Sei $X_h$ der größere Ansatzraum ohne homogene Dirichlet-Randbedingung, das heißt

$$X_h := \left\{ u \in C(\bar{\Omega}) \mid u|_K \in \mathcal{P}_1(K) \quad \text{für alle } K \in \mathcal{T}_h \right\} .$$

**Lemma 2.10** *Die Interpolationsaufgabe in $X_h$ bei Vorgabe der Werte in den Knoten $a_1, \ldots, a_M$ ist eindeutig lösbar. Sind also Werte $u_1, \ldots, u_M$ gegeben, dann existiert ein eindeutig bestimmtes*

$$u \in X_h \quad \text{mit} \quad u(a_i) = u_i , \quad i = 1, \ldots, M .$$

*Sind die Werte $u_j = 0$ für $j = M_1 + 1, \ldots, M$, dann gilt sogar*

$$u \in V_h .$$

**Beweis:**

1. Wir betrachten für ein beliebiges $K \in \mathcal{T}_h$ die *lokale Interpolationsaufgabe*

$$\text{Gesucht } p = p_K \in \mathcal{P}_1 \quad \text{mit} \quad p(a_i) = u_i, \ i = 1, 2, 3, \tag{2.27}$$

wobei $a_i$, $i = 1, 2, 3$, die Eckpunkte von $K$ seien und die Werte $u_i$, $i = 1, 2, 3$, gegeben seien. $p = p_K$ existiert eindeutig, denn:

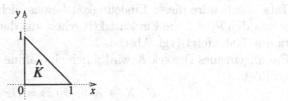

**Abb. 2.5.** Referenzelement $\hat{K}$

Für das *Referenzelement* $\hat{K}$ mit den Eckpunkten $\hat{a}_1 = (0,0)$, $\hat{a}_2 = (1,0)$, $\hat{a}_3 = (0,1)$ ist eine Lösung von (2.27) gegeben durch

$$p(x,y) = u_1 N_1(x,y) + u_2 N_2(x,y) + u_3 N_3(x,y)$$

mit den *Formfunktionen*

$$\begin{aligned}
N_1(x,y) &= 1 - x - y \,, \\
N_2(x,y) &= x \,, \\
N_3(x,y) &= y \,.
\end{aligned} \tag{2.28}$$

Offensichtlich gilt nämlich $N_i \in \mathcal{P}_1$ und weiter

$$N_i(\hat{a}_j) = \delta_{ij} = \begin{cases} 1 \text{ für } i = j \\ 0 \text{ für } i \neq j \end{cases} \quad \text{für} \quad i, j = 1, 2, 3$$

und somit

$$p(\hat{a}_j) = \sum_{i=1}^{3} u_i N_i(\hat{a}_j) = u_j \quad \text{für alle} \quad j = 1, 2, 3 \,.$$

Die Interpolierende ist auch eindeutig, denn:
Erfüllen $p_1, p_2$ die Interpolationsaufgabe (2.27) für das Referenzelement, dann gilt für $p := p_1 - p_2 \in \mathcal{P}_1$

$$p(\hat{a}_i) = 0 \,, \quad i = 1, 2, 3 \,.$$

$p$ hat die Form $p(x,y) = \alpha + \beta x + \gamma y$. Setzen wir die zweite Variable $y = 0$, so erhalten wir ein Polynom in einer Variablen

$$p(x,0) = \alpha + \beta x =: q(x) \in \mathcal{P}_1(\mathbb{R}) \ .$$

Das Polynom $q$ erfüllt $q(0) = 0 = q(1)$ und somit folgt aus der Eindeutigkeit der polynomialen Interpolation in einer Variablen $q \equiv 0$, das heißt $\alpha = \beta = 0$. Analog betrachten wir

$$q(y) := p(0,y) = \alpha + \gamma y = \gamma y \ ,$$

und aus $q(1) = 0$ erhalten wir $\gamma = 0$ und somit $p \equiv 0$.

Tatsächlich wäre dieser Eindeutigkeitsbeweis nicht mehr nötig gewesen, da wegen dim $\mathcal{P}_1 = 3$ die Eindeutigkeit schon aus der Lösbarkeit der Interpolationsaufgabe folgt (vgl. Abschn. 3.3).

Ein allgemeines Dreieck $K$ wird durch eine affine Transformation auf $\hat{K}$ abgebildet:

$$F : \hat{K} \to K \ , \quad F(\hat{x}) = B\hat{x} + d \qquad (2.29)$$

für $B \in \mathbb{R}^{2,2}$, $d \in \mathbb{R}^2$ mit $F(\hat{a}_i) = a_i$.

$B = (b_1, b_2)$ und $d$ lassen sich hierbei folgendermaßen aus den Eckpunkten $a_i$ von $K$ bestimmen:

$$a_1 = F(\hat{a}_1) = F(0) = d \ ,$$
$$a_2 = F(\hat{a}_2) = b_1 + d = b_1 + a_1 \ ,$$
$$a_3 = F(\hat{a}_3) = b_2 + d = b_2 + a_1 \ ,$$

das heißt $b_1 = a_2 - a_1$ und $b_2 = a_3 - a_1$. $B$ ist regulär, da $a_2 - a_1$ und $a_3 - a_1$ linear unabhängig sind.

Somit gilt $F(\hat{a}_i) = a_i$ und da

$$K = \mathrm{conv} \ \{a_1, a_2, a_3\} := \left\{ \sum_{i=1}^{3} \lambda_i a_i \ \middle| \ 0 \leq \lambda_i \leq 1, \ \sum_{i=1}^{3} \lambda_i = 1 \right\} \ ,$$

und insbesondere $\hat{K} = \mathrm{conv} \ \{\hat{a}_1, \hat{a}_2, \hat{a}_3\}$, folgt $F[\hat{K}] = K$, denn das affin-lineare $F$ erfüllt

$$F\left( \sum_{i=1}^{3} \lambda_i \hat{a}_i \right) = \sum_{i=1}^{3} \lambda_i F(\hat{a}_i) = \sum_{i=1}^{3} \lambda_i a_i$$

für $0 \leq \lambda_i \leq 1$, $\sum_{i=1}^{3} \lambda_i = 1$.

Insbesondere werden auch die Seiten (für die ein $\lambda_i = 0$ ist) von $\hat{K}$ auf Seiten von $K$ abgebildet.

Analog können wir auch im $\mathbb{R}^d$ vorgehen. Alle Überlegungen übertragen sich wörtlich bei Ersetzung der Indexmenge $\{1, 2, 3\}$ durch $\{1, \ldots, d+1\}$. Dies wird in Abschn. 3.3 geschehen.

Der Polynomraum $\mathcal{P}_1$ wird durch die affine Transformation $F$ nicht verändert.

**2.** Wir zeigen nun, dass sich die $u|_K$ stetig zusammensetzen lassen:
Für jedes $K \in \mathcal{T}_h$ sei $p_K \in \mathcal{P}_1$ die eindeutige Lösung von (2.27), wobei die

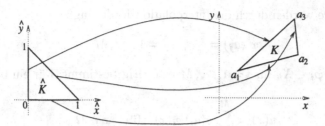

**Abb. 2.6.** Affin-lineare Transformation

Werte $u_1, u_2, u_3$ die an diesen Knoten zu interpolierenden Werte $u_{i_1}, u_{i_2}, u_{i_3}$
$(i_1, i_2, i_3 \in \{1, \ldots, M\})$ sind.
Seien nun $K, K' \in \mathcal{T}_h$ zwei Elemente, die eine gemeinsame Kante $E$ besitzen. Dann ist $p_K = p_{K'}$ auf $E$ zu zeigen. Dies gilt, denn $E$ kann durch
eine affine Transformation auf $[0, 1] \times \{0\}$ abgebildet werden. Dann liegen
$q_1(x) = p_K(x, 0)$ und $q_2(x) := p_{K'}(x, 0)$ im Raum $\mathcal{P}_1(\mathbb{R})$ und lösen die gleiche Interpolationsaufgabe in den Punkten $x = 0$ und $x = 1$; also gilt $q_1 \equiv q_2$.

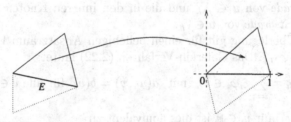

**Abb. 2.7.** Affin-lineare Transformation von $E$ auf das Referenzelement $[0, 1]$

Die Definition von $u$ durch

$$u(x) = p_K(x) \quad \text{für } x \in K \in \mathcal{T}_h \tag{2.30}$$

ist also eindeutig und die so definierte Funktion erfüllt $u \in C(\bar{\Omega})$ und somit
$u \in X_h$.
**3.** Wir zeigen nun noch $u = 0$ auf $\partial\Omega$ für $u$ nach (2.30), falls für die Rand-
knoten $u_i = 0$ $(i = M_1 + 1, \ldots, M)$ gilt.
Der Rand $\partial\Omega$ besteht aus Kanten von Elementen $K \in \mathcal{T}_h$. Sei $E$ eine solche
Kante, das heißt $E$ habe die Eckpunkte $a_{i_1}, a_{i_2}$ mit $i_j \in \{M_1 + 1, \ldots, M\}$.
Nach Vorgabe der Randwerte ist $u(a_{i_j}) = 0$ für $j = 1, 2$. Wie oben erhalten
wir mittels einer affinen Transformation $u|_E \in \mathcal{P}_1$ in einer Variablen und $u|_E$
verschwindet an zwei Punkten. Damit folgt wieder $u|_E = 0$ und somit die
Behauptung.  □

Nur die Gültigkeit der Interpolationsaussage ausnutzend, können wir allgemein weiterschließen:

Insbesondere werden durch die Interpolationsforderung

$$\varphi_i(a_j) = \delta_{ij}\,, \quad j = 1,\dots,M\,, \tag{2.31}$$

Funktionen $\varphi_i \in X_h$ für $i = 1,\dots,M$ eindeutig bestimmt. Für ein beliebiges $u \in X_h$ ist

$$u(x) = \sum_{i=1}^{M} u(a_i)\varphi_i(x) \quad \text{für} \quad x \in \Omega\,, \tag{2.32}$$

da beide Funktionen aus $X_h$ bei $x = a_i$ den Wert $u(a_i)$ annehmen. Die Darstellung $u = \sum_{i=1}^{M} \alpha_i\varphi_i$ ist auch eindeutig, da sonst ein $w \in X_h$, $w \neq 0$, mit $w(a_i) = 0$ für alle $i = 1,\dots,M$ existieren würde. Somit ist $\{\varphi_1,\dots,\varphi_M\}$ eine Basis von $X_h$, insbesondere gilt $\dim X_h = M$. Diese Basis heißt wegen (2.32) die *nodale Basis* von $X_h$. Im konkreten Fall des linearen Ansatzes auf Dreiecken heißen die Basisfunktionen wegen ihrer Gestalt auch *Pyramiden-funktionen*. Beschränkt man die Indexmenge auf $\{1,\dots,M_1\}$, das heißt lässt die den Randknoten zugehörigen Basisfunktionen weg, erhält man eine Basis von $V_h$ und also insbesondere $\dim V_h = M_1$.

Zusammenfassend: Die Funktionswerte $u(a_i)$ in den Knoten $a_1,\dots,a_M$ sind die *Freiheitsgrade* von $u \in X_h$ und die in den inneren Knoten $a_1,\dots,a_{M_1}$ sind die *Freiheitsgrade* von $u \in V_h$.

Die folgende Überlegung gilt für einen beliebigen Ansatzraum $V_h$ mit einer Basis $\{\varphi_1,\dots,\varphi_M\}$. Das Galerkin-Verfahren (2.22) lautet:

Gesucht ist $u_h = \sum\limits_{i=1}^{M} \xi_i\varphi_i \in V_h$ mit $a(u_h,v) = b(v)$ für alle $v \in V_h$.

Da $v = \sum\limits_{i=1}^{M} \eta_i\varphi_i$ für $\eta_i \in \mathbb{R}$ ist dies äquivalent zu

$$a(u_h,\varphi_i) = b(\varphi_i) \quad \text{für alle } i = 1,\dots,M \quad \Longleftrightarrow$$

$$a\left(\sum_{j=1}^{M} \xi_j\varphi_j, \varphi_i\right) = b(\varphi_i) \quad \text{für alle } i = 1,\dots,M \quad \Longleftrightarrow$$

$$\sum_{j=1}^{M} a\left(\varphi_j,\varphi_i\right)\xi_j = b(\varphi_i) \quad \text{für alle } i = 1,\dots,M \quad \Longleftrightarrow$$

$$A_h\boldsymbol{\xi} = \mathbf{q}_h \tag{2.33}$$

mit $A_h = (a(\varphi_j,\varphi_i))_{ij} \in \mathbb{R}^{M,M}$, $\boldsymbol{\xi} = (\xi_1,\dots,\xi_M)^T$ und $\mathbf{q}_h = (b(\varphi_i))_i$. Also ist das Galerkin-Verfahren allgemein äquivalent zum Gleichungssystem (2.33).

Wie die Überlegungen zur Herleitung von (2.33) zeigen, ist das Gleichungssystem (2.33) im Fall einer Äquivalenz von Galerkin- und Ritz-Verfahren äquivalent zur Minimierungsaufgabe

$$F_h(\boldsymbol{\xi}) = \min\left\{F_h(\boldsymbol{\eta}) \mid \boldsymbol{\eta} \in \mathbb{R}^M\right\}\,, \tag{2.34}$$

wobei

$$F_h(\boldsymbol{\eta}) = \frac{1}{2}\boldsymbol{\eta}^T A_h \boldsymbol{\eta} - \mathbf{q}_h^T \boldsymbol{\eta} \, .$$

Die Äquivalenz von (2.33) und (2.34) ist wegen der Symmetrie und Positivdefinitheit von $A_h$ auch direkt leicht nachzuweisen und bildet die Basis für
die in Abschn. 5.2 zu besprechenden CG-Verfahren.
Aus der Mechanik haben sich die Bezeichnungen *Steifigkeitsmatrix* für $A_h$
und *Lastvektor* für $\mathbf{q}_h$ eingebürgert.
In unserem Modellbeispiel ist

$$(A_h)_{ij} = a(\varphi_j, \varphi_i) = \int_\Omega \nabla\varphi_j \cdot \nabla\varphi_i \, dx \, ,$$

$$(\mathbf{q}_h)_i = b(\varphi_i) = \int_\Omega f\varphi_i \, dx \, .$$

Bei der Finite-Element-Methode gehen wir also in folgenden Schritten vor:

1. Aufbau von $A_h, \mathbf{q}_h$: Dieser Schritt heißt *Assemblierung*.
2. Lösen von $A_h \boldsymbol{\xi} = \mathbf{q}_h$

Falls die Basisfunktionen $\varphi_i$ für die Knoten $a_j$ die Eigenschaft $\varphi_i(a_j) = \delta_{ij}$
besitzen, dann erfüllt die Lösung des Gleichungssystems (2.33) die Identität
$\xi_i = u_h(a_i)$, das heißt wir erhalten den Vektor der Knotenwerte der Finite-
Element-Approximation.
Allein aus den Eigenschaften der Bilinearform erhalten wir folgende Eigenschaften von $A_h$:

- $A_h$ ist für eine beliebige Basis $\{\varphi_i\}$ symmetrisch, da $a$ symmetrisch ist.
- $A_h$ ist für eine beliebige Basis $\{\varphi_i\}$ positiv definit, da für $u = \sum_{i=1}^M \xi_i\varphi_i$
  gilt:

$$\boldsymbol{\xi}^T A_h \boldsymbol{\xi} = \sum_{i,j=1}^M \xi_j a(\varphi_j, \varphi_i)\xi_i = \sum_{j=1}^M \xi_j a\left(\varphi_j, \sum_{i=1}^M \xi_i\varphi_i\right)$$
$$= a\left(\sum_{j=1}^M \xi_j\varphi_j, \sum_{i=1}^M \xi_i\varphi_i\right) = a(u,u) > 0 \tag{2.35}$$

für $\boldsymbol{\xi} \neq 0$, da dann $u \not\equiv 0$.
Hierfür haben wir nur die Positivdefinitheit von $a$ verwendet.
Somit haben wir folgendes Lemma erhalten:

**Lemma 2.11** *Das Galerkin-Verfahren* (2.22) *hat eine eindeutige Lösung,
wenn $a$ eine symmetrische, positiv definite Bilinearform und $b$ eine Linearform ist.*

Wie wir mittels Satz 3.1 sehen werden, ist die Symmetrie von $a$ entbehrlich.
- Für eine spezielle Basis (das heißt für ein konkretes Finite-Element-
  Verfahren) ist $A_h$ dünnbesetzt, das heißt, nur wenige Einträge $(A_h)_{ij}$ ver-
  schwinden nicht. Es gilt offensichtlich:

$$(A_h)_{ij} \neq 0 \quad \Leftrightarrow \quad \int_\Omega \nabla \varphi_j \cdot \nabla \varphi_i \, dx \neq 0 \, .$$

Dies kann aber nur eintreten, falls $\operatorname{supp} \varphi_i \cap \operatorname{supp} \varphi_j \neq \emptyset$.
Dies ist nämlich wieder hinreichend für $\operatorname{supp} \nabla \varphi_i \cap \operatorname{supp} \nabla \varphi_j \neq \emptyset$, da

$$(\operatorname{supp} \nabla \varphi_i \cap \operatorname{supp} \nabla \varphi_j) \subset (\operatorname{supp} \varphi_i \cap \operatorname{supp} \varphi_j) \, .$$

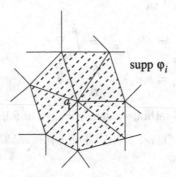

**Abb. 2.8.** Träger der nodalen Basisfunktion

Da $\varphi_i$ auf einem Element, das den Knoten $a_i$ nicht enthält, wegen der Eindeutigkeit der Lösung der lokalen Interpolationsaufgabe verschwindet, gilt:

$$\operatorname{supp} \varphi_i = \bigcup_{\substack{K \in \mathcal{T}_h \\ a_i \in K}} K$$

und somit

$$(A_h)_{ij} \neq 0 \quad \Rightarrow \quad a_i, a_j \in K \text{ für ein } K \in \mathcal{T}_h \, , \tag{2.36}$$

das heißt $a_i, a_j$ sind *benachbarte* Knoten.

Beim linearen Ansatz im Dreieck gibt es also in der $i$-ten Zeile von $A_h$, wobei $a_i$ ein innerer Knoten sei, neben dem Diagonalelement noch maximal $L$ Einträge, wenn $L$ Elemente in diesem Knoten zusammenstossen: Diese Anzahl ist also allein bestimmt durch die Art der Triangulierung und ist unabhängig von der Feinheit $h$, das heißt der Anzahl der Unbekannten des Gleichungssystems.

**Beispiel 2.12** Wir betrachten wieder die Randwertaufgabe (2.1), (2.2) auf $\Omega = (0, a) \times (0, b)$ unter der Bedingung (1.4), also

$$-\Delta u = f \quad \text{in } \Omega$$
$$u = 0 \quad \text{auf } \partial\Omega \, .$$

Die zugrunde gelegte Triangulierung entstehe durch eine Zerlegung von $\Omega$ in Quadrate der Seitenlänge $h$, die in zwei Dreiecke zerlegt werden (*Friedrichs–Keller-Triangulierung*). Hierbei gibt es zwei Möglichkeiten (a) und (b) (siehe Abb. 2.9).

(a)                                                 (b)

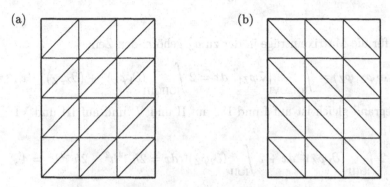

**Abb. 2.9.** Möglichkeiten der Friedrichs–Keller-Triangulierung

Ein Knoten $a_Z$ ist in beiden Fällen in höchstens sechs Elementen enthalten und besitzt so höchstens sechs Nachbarn (die Darstellung in Abb. 2.10 ist angelehnt an [5]):

bei (a):                         bei (b):

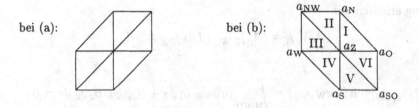

**Abb. 2.10.** Träger der Basisfunktion

Der Fall (a) geht in (b) über durch die Variablentransformation $x \mapsto a - x, y \mapsto y$. Diese verändert weder die Differentialgleichung, noch die schwache Formulierung. Somit bleibt das Galerkin-Verfahren mit dem Ansatzraum $V_h$ nach (2.26) unverändert, da auch $\mathcal{P}_1$ invariant unter der obigen Transformation ist. Also sind die Diskretisierungsmatrizen $A_h$ nach (2.33) unter Beachtung der Umnummerierung der Knoten durch die Transformation gleich.

Wir betrachten jetzt nur noch den Fall (b). Ein randferner Knoten hat 6 Nachbarknoten in $\{a_1, \ldots, a_{M_1}\}$, ein randnaher weniger. Die Einträge der Matrix in der zu $a_Z$ gehörenden Zeile ergeben sich aus den Ableitungen der Basisfunktion $\varphi_Z$, sowie der zu den Nachbarknoten gehörenden Basisfunktionen. Die Werte der partiellen Ableitungen von $\varphi_Z$ in den Elementen, deren Eckpunkt $a_Z$ ist, sind in Tabelle 2.1 aufgeführt.

| | I | II | III | IV | V | VI |
|---|---|---|---|---|---|---|
| $\partial_1\varphi_Z$ | $-\frac{1}{h}$ | $0$ | $\frac{1}{h}$ | $\frac{1}{h}$ | $0$ | $-\frac{1}{h}$ |
| $\partial_2\varphi_Z$ | $-\frac{1}{h}$ | $-\frac{1}{h}$ | $0$ | $\frac{1}{h}$ | $\frac{1}{h}$ | $0$ |

**Tabelle 2.1.** Ableitungen der Basisfunktionen

Somit gilt für die Matrixeinträge in der zu $a_Z$ gehörenden Zeile:

$$(A_h)_{Z,Z} = a(\varphi_Z, \varphi_Z) = \int_{\text{IU...UVI}} |\nabla\varphi_Z|^2 \, dx = 2\int_{\text{IUIIUIII}} (\partial_1\varphi_Z)^2 + (\partial_2\varphi_Z)^2 \, dx \,,$$

da der Integrand gleich ist auf I und IV, auf II und V, und auf III und VI, also

$$(A_h)_{Z,Z} = 2\int_{\text{IUIII}} (\partial_1\varphi_Z)^2 \, dx + 2\int_{\text{IUII}} (\partial_2\varphi_Z)^2 \, dx = 2h^{-2}h^2 + 2h^{-2}h^2 = 4\,,$$

$$(A_h)_{Z,N} = a\,(\varphi_N, \varphi_Z) = \int_{\text{IUII}} \nabla\varphi_N \cdot \nabla\varphi_Z \, dx$$

$$= \int_{\text{IUII}} \partial_2\varphi_N \partial_2\varphi_Z \, dx = \int_{\text{IUII}} \left(-h^{-1}\right) h^{-1} dx = -1\,;$$

denn $\partial_1\varphi_Z = 0$ auf II und $\partial_1\varphi_N = 0$ auf I. Es entspricht nämlich das Element I für $\varphi_N$ dem Element V für $\varphi_Z$, das heißt $\partial_1\varphi_N = 0$ auf I. Analog ergibt sich $\partial_2\varphi_N = h^{-1}$ auf I $\cup$ II.
Analog erhalten wir

$$(A_h)_{Z,O} = (A_h)_{Z,W} = (A_h)_{Z,S} = -1$$

und

$$(A_h)_{Z,NW} = a\,(\varphi_{NW}, \varphi_Z) = \int_{\text{IIUIII}} \partial_1\varphi_{NW}\,\partial_1\varphi_Z + \partial_2\varphi_{NW}\,\partial_2\varphi_Z \, dx = 0\,.$$

Es gilt nämlich $\partial_1\varphi_{NW} = 0$ auf III und $\partial_2\varphi_{NW} = 0$ auf III, weil die Elemente V bzw. VI für $\varphi_Z$ den Elementen III bzw. II für $\varphi_{NW}$ entsprechen.
Analog erhalten wir den noch fehlenden Wert

$$(A_h)_{Z,SO} = 0,$$

so dass es also nur 5 (statt maximal 7) Einträge pro Zeile gibt.
Der hier vorgeführte Weg zur Aufstellung der Steifigkeitsmatrix wird als *knotenbezogene* Assemblierung bezeichnet. In den meisten Programmen, die die Finite-Element-Methode implementieren, wird jedoch eine *elementbezogene* Assemblierung verwendet, die wir in Abschn. 2.4 betrachten werden.
Werden die Knoten analog zu (1.13) zeilenweise nummeriert, und alle Gleichungen durch $h^2$ dividiert, so entspricht $h^{-2}A_h$ der aus der Finite-Differenzen-Methode bekannten Diskretisierungsmatrix (1.14). Die rechte Seite ist hier aber

$$h^{-2}\left(\mathbf{q}_h\right)_i = h^{-2}\int_\Omega f\varphi_i\,dx = h^{-2}\int_{\mathrm{IU...UVI}} f\varphi_i\,dx$$

für $a_\mathrm{Z} = a_i$, also im Allgemeinen nicht identisch $f(a_i)$, der rechten Seite in der Finite-Differenzen-Methode.

Wendet man zur Approximation der rechten Seite die *Trapezregel*

$$\int_K g(x)\,dx \approx \frac{1}{3}\mathrm{vol}\,(K)\sum_{i=1}^3 g(a_i) \tag{2.37}$$

für ein Dreieck $K$ mit den Eckpunkten $a_i$, $i = 1,2,3$, und Flächeninhalt $|K|$ an, die für $g \in \mathcal{P}_1$ exakt ist, so erhält man

$$\int_\mathrm{I} f\varphi_i\,dx \approx \frac{1}{3}\frac{1}{2}h^2\left(f(a_\mathrm{Z})\cdot 1 + f(a_\mathrm{O})\cdot 0 + f(a_\mathrm{N})\cdot 0\right) = \frac{1}{6}h^2 f(a_\mathrm{Z})$$

und analoge Ergebnisse für die anderen Dreiecke und somit

$$h^{-2}\int_{\mathrm{IU...UVI}} f\varphi_i\,dx \approx f(a_\mathrm{Z})\,.$$

Damit können wir zusammenfassen:

**Lemma 2.13** *Die Finite-Element-Methode mit linearen finiten Elementen auf einer Triangulierung wie in Abb. 2.9 und der Trapezregel zur Approximation der rechten Seite liefert die gleiche Diskretisierung wie die Finite-Differenzen-Methode aus (1.7), (1.8).*

Wir kehren nun zurück zur allgemeinen Formulierung (2.20)–(2.23). Der Ansatz des Ritz-Verfahrens (2.23) anstelle des Galerkin-Verfahrens (2.22) liefert die gleiche Approximation, da

**Lemma 2.14** *Ist a eine symmetrische positive Bilinearform und b eine Linearform, so haben Galerkin-Verfahren (2.22) und Ritz-Verfahren (2.23) die gleichen Lösungen.*

**Beweis:** Man wende Lemma 2.3 an mit $V_h$ statt $V$. $\qquad\square$

Die Finite-Element-Methode ist also das Galerkin- (und für unser Beispiel auch Ritz-) Verfahren für einen *Ansatzraum $V_h$* mit folgenden Eigenschaften:

- die Basisfunktionen haben einen kleinen Träger, so dass gilt:
- die Diskretisierungsmatrix ist dünnbesetzt,
- die Koeffizienten haben eine lokale Interpretation (hier als Knotenwerte),
- die Einträge der Matrix können lokal aufgebaut werden.

Wir betrachten jetzt noch andere Ansatzräume, die diese Eigenschaften zum Teil nicht haben, am Beispiel der Randwertaufgabe (2.1), (2.2) mit der zugehörigen schwachen Formulierung:

1. In (3.28) wird sich zeigen, dass gemischte Randbedingungen nicht in den Ansatzraum aufgenommen werden müssen. Dann können wir endlich-dimensionale Polynomräume $V_h = \text{span}\{1, x, y, xy, x^2, y^2, \ldots\}$ dafür wählen. In diesem Fall ist aber $A_h$ vollbesetzt und schlecht konditioniert. Solche Ansatzräume liefern *klassische* Ritz–Galerkin-Verfahren.

2. Sei $V_h = \text{span}\{\varphi_1, \ldots, \varphi_N\}$ und $\varphi_i \not\equiv 0$ erfülle für ein $\lambda_i$

$$a(\varphi_i, v) = \lambda_i \langle \varphi_i, v \rangle_0 \quad \text{für alle } v \in V,$$

das heißt die schwache Formulierung des Eigenwertproblems

$$-\Delta u = \lambda u \quad \text{in } \Omega,$$

$$u = 0 \quad \text{auf } \partial\Omega,$$

zu dem Eigenwerte $0 < \lambda_1 \leq \lambda_2 \leq \ldots$ mit zugehörigen Eigenfunktionen $\varphi_i$ existieren, so dass $\langle \varphi_i, \varphi_j \rangle_0 = \delta_{ij}$ (siehe zum Beispiel [10, S. 335]). Für spezielle $\Omega$ kann man die $(\lambda_i, \varphi_i)$ explizit bestimmen und man erhält

$$(A_h)_{ij} = a(\varphi_j, \varphi_i) = \lambda_j \langle \varphi_j, \varphi_i \rangle_0 = \lambda_j \delta_{ij}.$$

Somit ist $A_h$ eine Diagonalmatrix und das Gleichungssystem $A_h \boldsymbol{\xi} = \mathbf{q}_h$ lässt sich ohne Aufwand lösen. Allerdings ist diese Art der Assemblierung nur in Spezialfällen mit vertretbarem Aufwand möglich.

3. Der *(Spektral-)Kollokationsansatz* besteht darin, für einen speziellen Polynomraum $V_h$ und gewisse *Kollokationspunkte* $x_i \in \overline{\Omega}$ das Erfülltsein der punktweisen Randwertaufgabe (2.1), (2.2) in den Punkten $x_i$ zu fordern.

Die obigen Beispiele stellen also Galerkin-Verfahren dar, ohne die charakteristischen Eigenschaften einer Finite-Element-Methode zu besitzen.

## 2.3 Stabilität und Konvergenz der Finite-Element-Methode

Wir betrachten die allgemeine Situation einer Variationsgleichung wie (2.20) und das Galerkin-Verfahren (2.22), wobei $a$ eine Bilinearform, die aber nicht als symmetrisch vorausgesetzt wird, und $b$ eine Linearform sei.
Dann gilt für den Fehler

$$e := u - u_h \ (\in V)$$

die wichtige *Fehlergleichung*

$$a(e, v) = 0 \quad \text{für alle } v \in V_h. \tag{2.38}$$

Dies erhalten wir, indem wir (2.20) für $v \in V_h \subset V$ betrachten und dann (2.22) von (2.20) abziehen.

Ist $a$ zusätzlich symmetrisch und positiv definit, das heißt

$$a(u,v) = a(v,u) \,, \quad a(u,u) \geq 0 \,, \quad a(u,u) = 0 \Leftrightarrow u = 0 \,,$$

also ein Skalarprodukt, steht der Fehler bzgl. dieses Skalarproduktes orthogonal auf dem Vektorraum $V_h$.

Man nennt daher auch allgemein die Beziehung (2.38) die *Orthogonalität des Fehlers (auf dem Ansatzraum)*. Allgemein wird durch (2.38) das Element $u_h \in V_h$ charakterisiert, welches bzgl. der erzeugten Norm $\|\cdot\|_a$ den kleinsten Abstand zu $u \in V$ hat:

**Lemma 2.15** *Sei $V_h \subset V$ ein Teilraum, $a$ ein Skalarprodukt auf $V$ und $\|u\|_a := a(u,u)^{1/2}$ die davon erzeugte Norm. Dann gilt für $u_h \in V_h$:*

$$a(u - u_h, v) = 0 \quad \text{für alle } v \in V_h \quad \Leftrightarrow \quad (2.39)$$

$$\|u - u_h\|_a = \min \left\{ \|u - v\|_a \mid v \in V_h \right\} \,. \quad (2.40)$$

**Beweis:** Für ein festes $u \in V$ sei $b(v) := a(u,v)$ für $v \in V_h$. Das so definierte $b$ ist eine Linearform auf $V_h$, also ist (2.39) eine Variationsgleichung auf $V_h$. Nach Lemma 2.14 oder 2.3 hat diese die gleichen Lösungen wie

$$F(u_h) = \min \left\{ F(v) \mid v \in V_h \right\}$$

$$\text{mit} \quad F(v) := \frac{1}{2}a(v,v) - b(v) = \frac{1}{2}a(v,v) - a(u,v) \,.$$

$F$ hat die gleichen Minima wie das Funktional

$$\left( 2F(v) + a(u,u) \right)^{1/2} = \left( a(v,v) - 2a(u,v) + a(u,u) \right)^{1/2}$$

$$= \left( a(u - v, u - v) \right)^{1/2} = \|u - v\|_a \,,$$

da das addierte $a(u,u)$ eine Konstante ist. Also hat $F$ die gleichen Minima wie (2.40), wie behauptet. $\qquad \square$

Wenn die Näherungslösung $u_h$ zu $u$ überhaupt nur in $V_h$ gesucht wird, ist also das nach dem Galerkin-Verfahren ermittelte $u_h$ – gemessen bzgl. $\|\cdot\|_a$ – die optimale Wahl.

Für ein allgemeines $a$ setzen wir voraus:

Sei $\|\cdot\|$ eine Norm auf $V$, bzgl. der gelte:

- $a$ ist stetig bzgl. $\|\cdot\|$, das heißt es existiert ein $M > 0$, so dass

$$|a(u,v)| \leq M\|u\|\|v\| \quad \text{für alle } u,v \in V \,, \quad (2.41)$$

- $a$ ist *V-elliptisch*, das heißt es existiert ein $\alpha > 0$, so dass

$$a(u,u) \geq \alpha\|u\|^2 \quad \text{für } u \in V \,. \quad (2.42)$$

Ist $a$ ein Skalarprodukt, so gilt für die davon erzeugte Norm $\| \cdot \| := \| \cdot \|_a$ wegen der Cauchy–Schwarz'schen Ungleichung (2.41) mit $M = 1$ und (2.42) (bei Gleichheit) mit $\alpha = 1$.

Die $V$-Elliptizität ist wesentliche Voraussetzung für die eindeutige Existenz einer Lösung der Variationsgleichung (2.20) und der dadurch beschriebenen Randwertaufgaben, wie in Abschnitt 3.1 und 3.2 genauer dargestellt wird. Sie impliziert auch – ohne weitere Voraussetzungen – die Stabilität der Galerkin-Approximation:

**Lemma 2.16** *Die Galerkin-Lösung $u_h$ nach (2.22) ist stabil im folgenden Sinn*

$$\|u_h\| \leq \frac{1}{\alpha}\|b\| \quad \text{unabhängig von } h \,, \tag{2.43}$$

*wobei*

$$\|b\| := \sup\left\{ \frac{|b(v)|}{\|v\|} \,\Big|\, v \in V \,,\, v \neq 0 \right\} \,.$$

**Beweis:** Aus $a(u_h, v) = b(v)$ für alle $v \in V_h$ folgt

$$\alpha\|u_h\|^2 \leq a(u_h, u_h) = b(u_h) \leq \frac{|b(u_h)|}{\|u_h\|}\|u_h\| \leq \|b\|\,\|u_h\|$$

und nach Division durch $\alpha\|u_h\|$ die Behauptung.    □

Bis auf eine Konstante gilt weiterhin die Approximationsaussage (2.40):

**Satz 2.17 (Lemma von Céa)**
*Unter den Voraussetzungen (2.41), (2.42) gilt für den Fehler der Galerkin-Lösung die Abschätzung:*

$$\|u - u_h\| \leq \frac{M}{\alpha} \min\left\{ \|u - v\| \,\big|\, v \in V_h \right\} \,. \tag{2.44}$$

**Beweis:** Sei $v \in V_h$ beliebig. Wegen der Fehlergleichung (2.38) gilt insbesondere

$$a(u - u_h, u_h - v) = 0 \,,$$

da auch $u_h - v \in V_h$ gilt. Also folgt unter Benutzung von (2.42)

$$\alpha\|u - u_h\|^2 \leq a(u - u_h, u - u_h) = a(u - u_h, u - u_h) + a(u - u_h, u_h - v)$$
$$= a(u - u_h, u - v) \,.$$

Mittels (2.41) folgt daraus weiter

$$\alpha\|u - u_h\|^2 \leq a(u - u_h, u - v) \leq M\|u - u_h\|\,\|u - v\| \text{ für beliebiges } v \in V_h \,.$$

Auch hier folgt die Behauptung nach Division durch $\alpha\|u - u_h\|$.    □

Es reicht also auch allgemein für eine asymptotische Fehlerdarstellung in $h$, den *Bestapproximationsfehler* von $V_h$, das heißt

$$\min \{ \|u - v\| \mid v \in V_h \}$$

abzuschätzen.

Es ist aber zu beachten, dass diese Überlegung voraussetzt, dass $M/\alpha$ nicht zu groß ist. Abschnitt 3.2 zeigt, dass dies für konvektionsbestimmte Probleme nicht mehr gilt. Dies macht Modifikationen des Galerkin-Ansatzes notwendig, wie sie in Kap. 9 dargestellt werden.

Wir wollen die bis hierher entwickelte Theorie auf die schwache Formulierung der Randwertaufgabe (2.1), (2.2) mit $V$ nach (2.6) oder (2.19) und $V_h$ nach (2.26) anwenden. Die Bilinearform $a$ und die Linearform $b$ lauten hierbei nach (2.3)

$$a(u,v) = \int_\Omega \nabla u \cdot \nabla v \, dx \quad , \quad b(v) = \int_\Omega fv \, dx \ .$$

Für die rechte Seite der Randwertaufgabe reicht also insbesondere

$$f \in L^2(\Omega) \ ,$$

um die Wohldefiniertheit der Linearform $b$ auf $V$ sicherzustellen.

Weil $a$ ein Skalarprodukt auf $V$ ist, kann als Norm

$$\|u\| = \|u\|_a = \left( \int_\Omega |\nabla u|^2 \, dx \right)^{1/2}$$

genommen werden. Eine Alternative hierzu wäre die in (2.18) für $V = H_0^1(\Omega)$ eingeführte Norm

$$\|u\|_1 = \left( \int_\Omega |u(x)|^2 \, dx + \int_\Omega |\nabla u(x)|^2 \, dx \right)^{1/2} \ .$$

Gelten auch dann die Voraussetzungen (2.41) und (2.42)?

$$|a(u,v)| \le \|u\|_a \|v\|_a \le \|u\|_1 \|v\|_1 \quad \text{für alle } u, v \in V \ .$$

Die erste Ungleichung folgt hierbei aus der Cauchy–Schwarz'schen Ungleichung für das Skalarprodukt $a$, die zweite aus der trivialen Abschätzung

$$\|u\|_a = \left( \int_\Omega |\nabla u(x)|^2 \, dx \right)^{1/2} \le \|u\|_1 \quad \text{für alle } u \in V \ .$$

Damit ist $a$ auch bzgl. $\| \cdot \|_1$ stetig mit $M = 1$.

Die $V$-Elliptizität von $a$:

$$a(u,u) = \|u\|_a^2 \ge \alpha \|u\|_1^2 \quad \text{für ein } \alpha > 0 \text{ und alle } u \in V$$

gilt nicht allgemein für $V = H^1(\Omega)$. Hier in $V = H_0^1(\Omega)$ gilt sie wegen der Inkorporation der Randbedingung in die Definition von $V$:

**Satz 2.18 (von Poincaré)** *Sei $\Omega \subset \mathbb{R}^n$ offen und beschränkt. Dann existiert eine (von $\Omega$ abhängige Konstante) $C > 0$, so dass*

$$\|u\|_0 \leq C \left( \int_\Omega |\nabla u(x)|^2 \, dx \right)^{1/2} \quad \textit{für alle } u \in H_0^1(\Omega) \, .$$

**Beweis:** Für einen Spezialfall siehe Übungsaufgabe 2.5    □

Somit gilt (2.42) zum Beispiel mit

$$\alpha = \frac{1}{2} \left( 1 + \frac{1}{C^2} \right) ,$$

also insbesondere

$$\alpha \|u\|_1^2 \leq a(u,u) = \|u\|_a^2 \leq \|u\|_1^2 \quad \text{für alle } u \in V \, , \qquad (2.45)$$

das heißt die Normen $\| \cdot \|_1$ und $\| \cdot \|_a$ sind auf $V = H_0^1(\Omega)$ äquivalent und erzeugen daher den gleichen Konvergenzbegriff:

$$u_h \to u \text{ bzgl. } \|\cdot\|_1 \Leftrightarrow \|u_h - u\|_1 \to 0 \Leftrightarrow \|u_h - u\|_a \to 0 \Leftrightarrow u_h \to u \text{ bzgl. } \|\cdot\|_a \, .$$

Also gilt die Abschätzung (2.44) für $\| \cdot \| = \| \cdot \|_1$ mit der Konstanten $1/\alpha$. Die Stabilitätsabschätzung (2.43) konkretisiert sich für eine rechte Seite $f \in L^2(\Omega)$ aufgrund der Cauchy–Schwarz'schen Ungleichung für das Skalarprodukt auf $L^2(\Omega)$ und wegen

$$b(v) = \int_\Omega f(x) v(x) \, dx \, ,$$

das heißt $|b(v)| \leq \|f\|_0 \|v\|_0 \leq \|f\|_0 \|v\|_1$, und somit $\|b\| \leq \|f\|_0$ zu

$$\|u_h\|_1 \leq \frac{1}{\alpha} \|f\|_0 \, .$$

Bis hierher waren unsere Betrachtungen unabhängig von der speziellen Form von $V_h$. Jetzt machen wir von der Wahl von $V_h$ nach (2.26) Gebrauch. Es reicht zur Abschätzung des Approximationsfehlers von $V_h$, für ein spezielles $\bar{v} \in V_h$ den Term $\|u - \bar{v}\|$ abzuschätzen. Als konkretes Element $\bar{v} \in V_h$ wählen wir die Interpolierende $I_h(u)$, wobei

$$I_h : \left\{ u \in C(\bar{\Omega}) \mid u = 0 \text{ auf } \partial\Omega \right\} \to V_h \, ,$$
$$u \mapsto I_h(u) \quad \text{mit} \quad I_h(u)(a_i) = u(a_i) \, . \qquad (2.46)$$

Diese Interpolierende existiert eindeutig nach Lemma 2.10. Trivialerweise gilt

$\min \{\|u - v\|_1 \mid v \in V_h\} \leq \|u - I_h(u)\|_1$  für $u \in C(\bar{\Omega})$ und $u = 0$ auf $\partial\Omega$ .

Hat die schwache Lösung $u$ zweite schwache Ableitungen, gilt für Triangulierungen $\mathcal{T}_h$, $0 < h \leq \bar{h}$ für ein $\bar{h} > 0$, eine Abschätzung der Art

$$\|u - I_h(u)\|_1 \leq Ch \, , \tag{2.47}$$

wobei $C$ von $u$, aber nicht von $h$ abhängt (vgl. 3.83). Der Beweis dieser Approximationsaussage wird in Abschn. 3.4 entwickelt. Dabei wird untersucht, welche Bedingungen an die Familie von Triangulierungen $(\mathcal{T}_h)_h$ zu stellen sind.

## 2.4 Die Implementierung der Finite-Element-Methode – 1. Teil

Wir betrachten einige Aspekte der Implementierung am Beispiel der Randwertaufgabe (1.1), (1.2) auf polygonal berandetem Gebiet $\Omega \subset \mathbb{R}^2$ unter Verwendung linearer Ansatzfunktionen auf Dreiecken. Dabei soll also gleich der Fall einer inhomogenen Dirichlet-Randbedingung mitbehandelt werden, soweit dies schon möglich ist.

### 2.4.1 Präprozessor

Hier wird die Triangulierung festgelegt.
Eine Eingabedatei könnte folgendes Format besitzen:
Die Anzahl der Variablen (auch bei Dirichlet-Randbedingung inklusive der Randknoten) sei $M$; wir notieren sie in einer Liste:
$x$-Koordinate 1. Knoten     $y$-Koordinate 1. Knoten

$\cdots$                     $\cdots$

$x$-Koordinate M. Knoten    $y$-Koordinate M. Knoten

Die Anzahl der (Dreiecks-)Elemente sei $N$. Sie werden in der *Element-Knoten-Tabelle* aufgelistet. Jedes Element wird hier durch die Indizes der an diesem Element beteiligten Knoten in definierter Reihenfolge (zum Beispiel gegen den Uhrzeigersinn) charakterisiert.

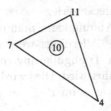

**Abb. 2.11.** Element

In der 10. Elementzeile der Element-Knoten-Tabelle steht also zum Beispiel der Eintrag:

4                11                7

Die Erstellung der Triangulierung kann durch ein Triangulierungsprogramm erfolgen. Verfahren zur Gittergenerierung werden in Abschn. 4.1 behandelt. In der einfachsten Version hiervon geht man folgendermaßen vor:
Man gibt eine Grobtriangulierung (nach obigem Format) vor

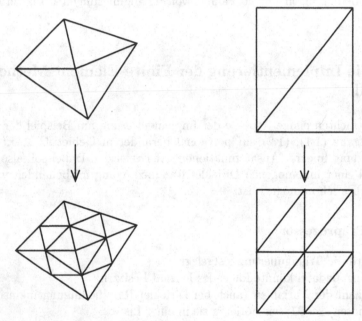

**Abb. 2.12.** Verfeinerung durch Viertelung

und verfeinert diese (mehrfach) durch Zerlegung eines Dreiecks in 4 kongruente durch Verbindung der Seitenmitten.
Erfolgt diese gleichmäßige Verfeinerung global, so entstehen Dreiecke, die die gleichen Winkel besitzen wie die Grobtriangulierung. Die Qualität der Triangulierung, zum Beispiel gemessen durch das Verhältnis von Durchmesser des Elements und des Inkreises (siehe Definition 3.28), wird also nicht verändert. Wird jedoch nur lokal in 4 Dreiecke zerlegt, so ist die Triangulierung im Allgemeinen nicht mehr zulässig. Abhilfe kann man dann etwa durch Halbierung der Nachbardreiecke schaffen. Allerdings werden hierbei auch Winkel halbiert, so dass die Qualität der Triangulierung zu schlecht werden kann, falls dieser Schritt zu oft durchgeführt wird. Dies wird berücksichtigt in folgendem Algorithmus nach R. Bank, wie er im Programmsystem PLTMG (siehe [3]) realisiert ist:

**Ein möglicher Verfeinerungsalgorithmus**   Als Ausgangspunkt sei eine (gleichmäßige) Triangulierung $\mathcal{T}$ gegeben (zum Beispiel durch mehrfache gleichmäßige Verfeinerung einer Grobtriangulierung). Deren Kanten bezeichnen wir als *rote Kanten*.

1. Zerlege die Kanten gemäß eines lokalen Verfeinerungskriteriums (Einfügen neuer Knoten) durch fortschreitende Halbierung.

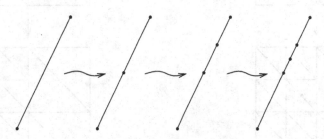

**Abb. 2.13.** Neue Knoten auf Kanten

2. Hat ein Dreieck $K \in \mathcal{T}$ auf seinen Kanten zusätzlich zu den Ecken insgesamt noch zwei oder mehr Knoten, zerlege man $K$ in 4 kongruente Dreiecke.
   Iteriere über 2.
3. Zerlege die Dreiecke mit Knoten auf den Seitenmitten durch sogenannte *grüne Kanten* in 2 Dreiecke.
4. Bei einer weiteren Verfeinerung entferne zunächst wieder die grünen Kanten.

### 2.4.2 Assemblierung

Die Funktionen $\varphi_1, \ldots, \varphi_M$ seien die globalen Basisfunktionen. Die Steifigkeitsmatrix $A_h$ besitzt folgende Einträge:

$$(A_h)_{ij} = \int_{\Omega} \nabla \varphi_j \cdot \nabla \varphi_i \, dx = \sum_{m=1}^{N} A_{ij}^{(m)}$$

$$\text{mit} \quad A_{ij}^{(m)} = \int_{K_m} \nabla \varphi_j \cdot \nabla \varphi_i \, dx \, .$$

Es seien $a_1, \ldots, a_M$ die Knoten der Triangulierung. Wegen der in (2.36) bewiesenen Feststellung

$$A_{ij}^{(m)} \neq 0 \Rightarrow a_i, a_j \in K_m \, ,$$

liefert $K_m$ höchstens von 0 verschiedene Beiträge zu $A_{ij}^{(m)}$, die sogenannten *Einträge* von $A_h$, wenn $a_i, a_j \in K_m$.

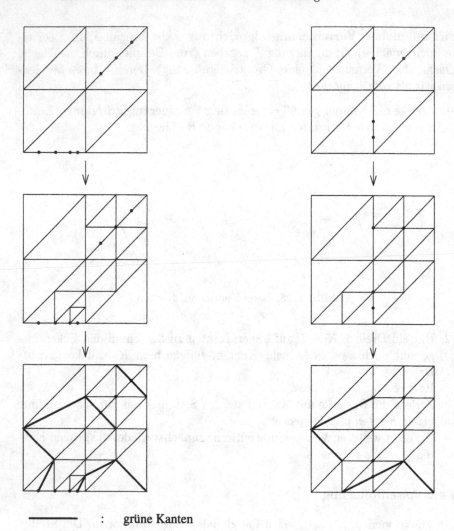

——————  :  grüne Kanten

**Abb. 2.14.** Zwei Verfeinerungssequenzen

In Beispiel 2.12 haben wir einen knotenbezogenen Aufbau der Steifigkeits-matrix durchgeführt. Auf der Basis der obigen Beobachtung werden wir im Folgenden im Gegensatz dazu beim Aufbau der Steifigkeitsmatrix *element-weise* vorgehen.

Beim Aufbau der Einträge von $A^{(m)}$ werden wir von einer lokalen Nummerie-rung der Knoten ausgehen, indem wir den globalen Knotennummern $r_1, r_2, r_3$ (gegen den Uhrzeigersinn nummeriert) lokale Nummern 1, 2, 3 zuordnen. In der lokalen Nummerierung wird, abweichend vom sonstigen Gebrauch, die Vektorindizierung oben in Klammern notiert.

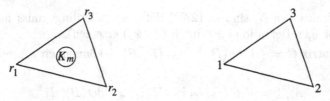

**Abb. 2.15.** Globale (links) und lokale Nummerierung

Wir bauen also

$$\left(A^{(m)}_{r_i r_j}\right)_{i,j=1,2,3} \quad \text{als} \quad \left(\tilde{A}^{(m)}_{ij}\right)_{i,j=1,2,3}$$

auf. Dies wollen wir durch Transformation auf ein Referenzelement durchführen und das Integral dort exakt auswerten.

Der Eintrag in der *Element-Steifigkeitsmatrix* lautet also

$$\tilde{A}^{(m)}_{ij} = \int_{K_m} \nabla\varphi_{r_j} \cdot \nabla\varphi_{r_i}\, dx \,.$$

Das Referenzdreieck $\hat{K}$ wird mittels $F(\hat{x}) = B\hat{x} + d$ auf das globale Element $K_m$ transformiert, also gilt

$$D_{\hat{x}}u(F(\hat{x})) = D_x u(F(\hat{x}))\, D_{\hat{x}}F(\hat{x}) = D_x u(F(\hat{x}))\, B\,,$$

wobei $D_x u$ den Zeilenvektor $(\partial_1 u, \partial_2 u)$ bezeichne, also den betreffenden Ableitungsoperator. In der üblichen Schreibweise mit Gradienten erhalten wir also unter Beachtung von $B^{-T} := (B^{-1})^T$:

$$\nabla_x u\,(F(\hat{x})) = B^{-T}\nabla_{\hat{x}}\,(u\,(F(\hat{x}))) \qquad (2.48)$$

und somit

$$\begin{aligned}
\tilde{A}^{(m)}_{ij} &= \int_{\hat{K}} \nabla_x\varphi_{r_j}\,(F(\hat{x})) \cdot \nabla_x\varphi_{r_i}\,(F(\hat{x}))\, |\det(DF(\hat{x}))|\, d\hat{x} \\
&= \int_{\hat{K}} B^{-T}\nabla_{\hat{x}}\,(\varphi_{r_j}\,(F(\hat{x}))) \cdot B^{-T}\nabla_{\hat{x}}\,(\varphi_{r_i}\,(F(\hat{x})))\, |\det(B)|\, d\hat{x} \\
&= \int_{\hat{K}} B^{-T}\nabla_{\hat{x}}\hat{\varphi}_{r_j}(\hat{x}) \cdot B^{-T}\nabla_{\hat{x}}\hat{\varphi}_{r_i}(\hat{x})\, |\det(B)|\, d\hat{x} \qquad (2.49) \\
&= \int_{\hat{K}} B^{-T}\nabla_{\hat{x}}N_j(\hat{x}) \cdot B^{-T}\nabla_{\hat{x}}N_i(\hat{x})\, |\det(B)|\, d\hat{x}\,,
\end{aligned}$$

wobei die transformierten Basisfunktionen $\hat{\varphi}_{r_i}$, $\hat{\varphi}(\hat{x}) = \varphi(F(\hat{x}))$, gerade die lokalen Basisfunktionen auf $\hat{K}$, das heißt die Formfunktionen $N_i$, sind:

$$\hat{\varphi}_{r_i}(\hat{x}) = N_i(\hat{x}) \quad \text{für } \hat{x} \in \hat{K}\,.$$

Die Formfunktionen $N_i$ sind in (2.28) definiert (allerdings muss man $(x, y)$ aus der dortigen Definition hier durch $(\hat{x}_1, \hat{x}_2)$ ersetzen).

Mit der Matrix $C := (B^{-1})(B^{-1})^T = (B^T B)^{-1}$ können wir schreiben:

$$\tilde{A}_{ij}^{(m)} = \int_{\hat{K}} C \nabla_{\hat{x}} N_j(\hat{x}) \cdot \nabla_{\hat{x}} N_i(\hat{x}) \, |\det(B)| \, d\hat{x} \,. \tag{2.50}$$

Die Matrix $B$ hat hier die Gestalt $B = (b^{(1)}, b^{(2)})$ mit $b^{(1)} = a^{(2)} - a^{(1)}$, $b^{(2)} = a^{(3)} - a^{(1)}$. Dabei seien $a^{(i)}$ die Knoten von $K$ in lokaler Nummerierung, aufgefasst als Vektoren des $\mathbb{R}^2$.

Somit folgt wegen $\det(B^T B) = \det(B)^2$

$$C = \begin{pmatrix} b^{(1)} \cdot b^{(1)} & b^{(1)} \cdot b^{(2)} \\ b^{(1)} \cdot b^{(2)} & b^{(2)} \cdot b^{(2)} \end{pmatrix}^{-1} = \frac{1}{\det(B)^2} \begin{pmatrix} b^{(2)} \cdot b^{(2)} & -b^{(1)} \cdot b^{(2)} \\ -b^{(1)} \cdot b^{(2)} & b^{(1)} \cdot b^{(1)} \end{pmatrix} \,.$$

Die bisherigen Überlegungen übertragen sich auch auf die Berechnung von Steifigkeitsmatrizen allgemeinerer Differentialoperatoren wie

$$\int_{\Omega} K(x) \nabla \varphi_j(x) \cdot \nabla \varphi_i(x) \, dx$$

(vgl. Abschn. 3.5).

Erst ab hier benutzen wir die spezielle Gestalt der Steifigkeitsmatrix und erhalten

$$\begin{aligned} \tilde{A}_{ij}^{(m)} = \; & \gamma_1 \int_{\hat{K}} \partial_{\hat{x}_1} N_j \, \partial_{\hat{x}_1} N_i \, d\hat{x} \\ & + \gamma_2 \int_{\hat{K}} \partial_{\hat{x}_1} N_j \, \partial_{\hat{x}_2} N_i + \partial_{\hat{x}_2} N_j \, \partial_{\hat{x}_1} N_i \, d\hat{x} \\ & + \gamma_3 \int_{\hat{K}} \partial_{\hat{x}_2} N_j \, \partial_{\hat{x}_2} N_i \, d\hat{x} \end{aligned} \tag{2.51}$$

mit

$$\gamma_1 := c_{11} |\det(B)| = \frac{1}{|\det(B)|} \left( a^{(3)} - a^{(1)} \right) \cdot \left( a^{(3)} - a^{(1)} \right) \,,$$

$$\gamma_2 := c_{12} |\det(B)| = -\frac{1}{|\det(B)|} \left( a^{(2)} - a^{(1)} \right) \cdot \left( a^{(3)} - a^{(1)} \right) \,,$$

$$\gamma_3 := c_{22} |\det(B)| = \frac{1}{|\det(B)|} \left( a^{(2)} - a^{(1)} \right) \cdot \left( a^{(2)} - a^{(1)} \right) \,.$$

Bei der Implementierung empfiehlt es sich, die $\gamma_i$ aus den lokalen geometrischen Informationen in Form der Eckknoten $a^{(i)} = a_{r_i}$, $i = 1, 2, 3$, einmal zu berechnen und zu speichern.

Wir erhalten somit für die lokale Steifigkeitsmatrix

$$\tilde{A}^{(m)} = \gamma_1 S_1 + \gamma_2 S_2 + \gamma_3 S_3 \tag{2.52}$$

$$\text{mit} \qquad S_1 := \left( \int_{\hat{K}} \partial_{\hat{x}_1} N_j \partial_{\hat{x}_1} N_i \, d\hat{x} \right)_{ij} ,$$

$$S_2 := \left( \int_{\hat{K}} \partial_{\hat{x}_1} N_j \partial_{\hat{x}_2} N_i + \partial_{\hat{x}_2} N_j \partial_{\hat{x}_1} N_i \, d\hat{x} \right)_{ij} ,$$

$$S_3 := \left( \int_{\hat{K}} \partial_{\hat{x}_2} N_j \partial_{\hat{x}_2} N_i \, d\hat{x} \right)_{ij} .$$

Die Berechnung der $S_i$ ist explizit möglich, da hier der Integrand sogar konstant ist (siehe [28, S. 73]), und sie können fest im Speicher gehalten werden:

$$S_1 = \frac{1}{2} \begin{pmatrix} 1 & -1 & 0 \\ -1 & 1 & 0 \\ 0 & 0 & 0 \end{pmatrix}, \quad S_2 = \frac{1}{2} \begin{pmatrix} 2 & -1 & -1 \\ -1 & 0 & 1 \\ -1 & 1 & 0 \end{pmatrix}, \quad S_3 = \frac{1}{2} \begin{pmatrix} 1 & 0 & -1 \\ 0 & 0 & 0 \\ -1 & 0 & 1 \end{pmatrix} .$$

Analog können wir die rechte Seite $(\mathbf{q}_h)_i = \int_\Omega f(x)\varphi_i(x)\,dx$ aufbauen:

$$(\mathbf{q}_h)_i = \sum_{m=1}^{N} \left(\mathbf{q}^{(m)}\right)_i \quad \text{mit}$$

$$\left(\mathbf{q}^{(m)}\right)_i = \int_{K_m} f(x)\varphi_i(x)\,dx \quad (\neq 0 \Rightarrow a_i \in K_m) .$$

Wir führen für das Dreieck $K_m = \text{conv}\,\{a_{r_1}, a_{r_2}, a_{r_3}\}$ wieder die globale Nummerierung $\left(q_{r_i}^{(m)}\right)_{i=1,2,3}$ über in die lokale Nummerierung $\left(\tilde{q}_i^{(m)}\right)_{i=1,2,3}.$ Es ergibt sich analog zur Berechnung der Einträge der Steifigkeitsmatrix

$$\tilde{q}_i^{(m)} = \int_{\hat{K}} f\left(F(\hat{x})\right)\,\varphi_{r_i}\left(F(\hat{x})\right) |\det(B)|\,d\hat{x}$$

$$= \int_{\hat{K}} \hat{f}(\hat{x})\,N_i(\hat{x})\,|\det(B)|\,d\hat{x} ,$$

wobei $\hat{f}(\hat{x}) := f(F(\hat{x}))$ für $\hat{x} \in \hat{K}$.

Dieses Integral ist im Allgemeinen nicht auswertbar, daher wird es durch eine Quadraturformel approximiert.

Eine *Quadraturformel* für $\int_{\hat{K}} g(\hat{x})\,d\hat{x}$ ist vom Typ

$$\sum_{k=1}^{R} \omega_k\, g\left(\hat{b}^{(k)}\right)$$

für gewisse *Gewichte* $\omega_k$ und *Quadraturpunkte* $\hat{b}^{(k)}$. Ein Beispiel hierfür ist die *Trapezregel* (vgl. (2.37)) mit

$$\hat{b}^{(1)} = \hat{a}_1 = (0,0) , \quad \hat{b}^{(2)} = \hat{a}_2 = (1,0) , \quad \hat{b}^{(3)} = \hat{a}_3 = (0,1) ,$$

$$\omega_k = \tfrac{1}{6} , \quad k = 1,2,3 .$$

Somit ist für beliebige, fixierte Quadraturformeln, die auch von Element zu Element verschieden sein können:

$$\tilde{q}_i^{(m)} \approx \sum_{k=1}^{R} \omega_k \, \hat{f}\big(\hat{b}^{(k)}\big) \, N_i\big(\hat{b}^{(k)}\big) \, |\det(B)| \, d\hat{x} \, . \qquad (2.53)$$

Die Werte $N_i\big(\hat{b}^{(k)}\big)$, $i = 1, 2, 3$, $k = 1, \ldots, R$ sollten nur einmal ausgewertet und gespeichert werden. Die Diskussion der Verwendung von Quadraturformeln wird in den Abschnitten 3.5.2 und 3.6 fortgesetzt.

Der Aufbau der Steifigkeitsmatrix und der rechten Seite könnte somit etwa nach folgendem Algorithmus ablaufen:

Schleife über alle Elemente $m = 1, \ldots, N$:

- Zuordnung lokale Nummerierung $\mapsto$ globale Nummerierung der Knoten aus der Element-Knoten-Tabelle: $1 \mapsto r_1$, $2 \mapsto r_2$, $3 \mapsto r_3$.
- Aufbau der Element-Steifigkeitsmatrix $\tilde{A}^{(m)}$ nach (2.50) bzw. (2.52). Aufbau der rechten Seite nach (2.53).
- Schleife über $i, j = 1, 2, 3$:

$$(A_h)_{r_i r_j} := (A_h)_{r_i r_j} + \tilde{A}_{ij}^{(m)} \, ,$$
$$(\mathbf{q}_h)_{r_i} := (\mathbf{q}_h)_{r_i} + \tilde{q}_i^{(m)} \, .$$

Für die Leistungsfähigkeit dieses Algorithmus ist es notwendig, auch die Speicherstrukturen an die speziellen Erfordernisse anzupassen; wie dies geschehen kann, werden wir in Abschn. 2.5 sehen.

### 2.4.3 Einbringen der Dirichlet-Randbedingungen – 1. Teil

Knoten mit Dirichlet-Vorgabe müssen besonders gekennzeichnet sein; hier zum Beispiel durch die Konvention $M = M_1 + M_2$, bei der die Knoten mit den Nummern $M_1 + 1, \ldots, M$ den Dirichlet-Randknoten entsprechen; im Allgemeinen wird jedoch eine andere Realisierung vorgezogen.

Im ersten Schritt werden Dirichlet-Knoten beim Aufbau von Steifigkeitsmatrix und Lastvektor wie alle anderen behandelt. Hat man nun einen Dirichlet-Knoten mit Index $j$ vorliegen, so geht man folgendermaßen vor, um diese Bedingung einzubeziehen:

Ersetze die $j$-te Zeile und auch die $j$-te Spalte (zur Bewahrung der Symmetrie) von $A_h$ durch den $j$-ten Einheitsvektor und $(\mathbf{q}_h)_j$ durch $g(x_j)$, wenn die Vorgabe $u(x) = g(x)$ für $x \in \partial\Omega$ lautet. Ist die $j$-te Spalte durch den Einheitsvektor ersetzt worden, muss die rechte Seite $(\mathbf{q}_h)_i$ für $i \neq j$ modifiziert werden zu $(\mathbf{q}_h)_i - (A_h)_{ij} g(a_j)$. Dies bedeutet also, dass die durch die Dirichlet-Vorgabe bekannten Anteile in die rechte Seite aufgenommen werden. Es wird also genau die Elimination vorgenommen, die in Kap. 1 auf die Form (1.10), (1.11) geführt hat.

## 2.5 Lösen dünnbesetzter linearer Gleichungssysteme mit direkten Verfahren

Sei $A$ eine $M \times M$-Matrix. Wir betrachten das lineare Gleichungssystem

$$A\boldsymbol{\xi} = \mathbf{q} \,.$$

Die bei Finite-Element-Diskretisierungen auftretenden Matrizen sind *dünnbesetzt*, das heißt sie haben eine beschränkte Anzahl von Einträgen pro Zeile unabhängig von der Dimension des Gleichungssystems. Im einfachen Beispiel von Abschnitt 2.2 ist diese bestimmt durch die Anzahl der Nachbarknoten (siehe (2.36)). Verfahren zur Lösung von Gleichungssystemen sollten also diese dünne Besetzung ausnutzen. Das ist bei iterativen Verfahren, wie sie in Kap. 5 untersucht werden, leichter möglich als bei direkten Verfahren. Deren Bedeutung ist daher zurückgegangen, für kleine und mittlere Probleme sind sie in angepasster Form aber noch das Verfahren der Wahl.

**Elimination ohne Pivotsuche und Bandstruktur** Im allgemeinen Fall, wenn die Matrix $A$ nur als nichtsingulär vorausgesetzt ist, gibt es $M \times M$-Matrizen $P$, $L$, $U$, so dass gilt:

$$PA = LU \,.$$

Dabei ist $P$ eine Permutationsmatrix, $L$ eine normierte untere Dreiecks- und $U$ eine obere Dreiecksmatrix, das heißt von der Gestalt:

$$L = \begin{pmatrix} 1 & & 0 \\ & \ddots & \\ l_{ij} & & 1 \end{pmatrix}, \qquad U = \begin{pmatrix} u_{11} & & u_{ij} \\ & \ddots & \\ 0 & & u_{MM} \end{pmatrix}.$$

Dies entspricht dem Gauß'schen Eliminationsverfahren mit Pivotsuche. Das Verfahren ist besonders einfach und hat günstige Eigenschaften in Bezug auf die dünne Besetzung, wenn keine Pivotsuche erforderlich ist (das heißt es gilt $P = I$, $A = LU$). Die Matrix $A$ heißt dann *LU-zerlegbar*. Es sei die $k \times k$-Hauptabschnittsmatrix von $A$,

$$A_k := \begin{pmatrix} a_{11} & \cdots & a_{1k} \\ \vdots & \ddots & \vdots \\ a_{k1} & \cdots & a_{kk} \end{pmatrix},$$

bereits in $A_k = L_k U_k$ zerlegt. Dies ist für $k = 1$ offensichtlich möglich: $A_1 = (a_{11}) = (1)(a_{11})$. In einer Blockschreibweise lässt sich die Matrix $A_{k+1}$ in der Form

$$A_{k+1} = \left( \begin{array}{c|c} A_k & b \\ \hline c^T & d \end{array} \right)$$

mit $b, c \in \mathbb{R}^k$, $d \in \mathbb{R}$ darstellen.
Mit dem Ansatz

$$L_{k+1} = \left( \begin{array}{c|c} L_k & 0 \\ \hline l^T & 1 \end{array} \right) \quad , \quad U_{k+1} = \left( \begin{array}{c|c} U_k & u \\ \hline 0 & s \end{array} \right)$$

mit unbekannten $u, l \in \mathbb{R}^k$, $s \in \mathbb{R}$ gilt:

$$A_{k+1} = L_{k+1} U_{k+1} \iff L_k u = b, \; U_k^T l = c, \; l^T u + s = d. \tag{2.54}$$

Daraus kann man schließen:

Falls $A$ nichtsingulär ist, so gibt es untere bzw. obere Dreiecksmatrizen $L, U$ mit $A = LU$ genau dann, wenn $A_k$ für alle $1 \le k \le M$ (2.55) nichtsingulär ist, und in diesem Fall sind $L$ und $U$ eindeutig bestimmt.

Aus (2.54) folgt der für uns wichtige Sachverhalt:
Hat der Vektor $b$ auf den ersten $l$ Komponenten nur Nullen, so gilt dies auch für den Vektor $u$, also:

$$\text{Ist } b = \left( \frac{0}{\beta} \right) \; , \text{ so hat auch } u \text{ die Form } u = \left( \frac{0}{\varrho} \right) .$$

und ebenso:

$$c = \left( \frac{0}{\gamma} \right) \text{ impliziert auch die Form } l = \left( \frac{0}{\lambda} \right) ,$$

das heißt, falls etwa $A$ eine Gestalt wie in Abb. 2.16 hat,

$$A = \left( \begin{array}{ccccc} * & 0 & * & 0 & 0 \\ 0 & * & * & 0 & * \\ * & * & * & * & * \\ 0 & 0 & * & * & 0 \\ 0 & * & * & 0 & * \end{array} \right) ,$$

**Abb. 2.16.** Profil einer Matrix

so bleiben die außerhalb der Umrandung liegenden Nullen bei der LU-Zerlegung erhalten. Bevor wir dieses Ergebnis mittels entsprechender Begriffsbildung verallgemeinern, betrachten wir Matrizen, die zusätzlich symmetrisch sind:
Ist $A$ weiterhin nichtsingulär und LU-zerlegbar, so ist $U = DL^T$ mit einer Diagonalmatrix $D = \text{diag}(d_i)$, also

$$A = LDL^T ,$$

denn $A$ hat die Gestalt $A = LD\tilde{U}$, wobei zusätzlich auch die obere Dreiecksmatrix $\tilde{U}$ die Bedingung $\tilde{u}_{ii} = 1$ für alle $i = 1, \ldots, M$ erfüllt. Eine solche
Zerlegung ist eindeutig und daher gilt:

$$A = A^T \text{ impliziert } L^T = \tilde{U}, \text{ also } A = LDL^T.$$

Ist $A$ symmetrisch und auch positiv definit, dann gilt auch $d_i > 0$. Also gibt
es genau ein $\tilde{L}$ der Form

$$\tilde{L} = \begin{pmatrix} l_{11} & & 0 \\ & \ddots & \\ l_{ij} & & l_{MM} \end{pmatrix} \quad \text{mit } l_{ii} > 0 \quad \text{für alle } i,$$

so dass

$$A = \tilde{L}\tilde{L}^T, \quad \text{die } \textit{Cholesky-Zerlegung}.$$

Es gilt nämlich

$$\tilde{L}_{\text{Chol}} = L_{\text{Gauß}}\sqrt{D}, \quad \text{wobei} \quad \sqrt{D} := \text{diag}\left(\sqrt{d_i}\right).$$

Daraus sehen wir, dass auch bei dem *Cholesky-Verfahren* zur Herstellung der
Cholesky-Zerlegung die Nullen in $A$ auf dieselbe Weise konserviert werden
wie beim Gauß-Verfahren ohne Pivotsuche.
Die folgende Begriffsbildung dient dazu, die durch das Gauß-Verfahren er-
haltenen Nullen genauer zu fassen. Zur Vereinfachung gehen wir zwar nicht
von einer symmetrischen Matrix, aber von einer symmetrischen Verteilung
der Einträge aus:

**Definition 2.19** Sei $A \in \mathbb{R}^{M \times M}$ eine Matrix, für die gelte:

$$a_{ij} \neq 0 \quad \text{genau dann wenn} \quad a_{ji} \neq 0 \quad \text{für alle } i, j = 1, \ldots, M. \quad (2.56)$$

Wir setzen für $i = 1, \ldots, M$

$$f_i(A) := \min\left\{ j \mid a_{ij} \neq 0, \, 1 \leq j \leq i \right\}.$$

Dann heißt

$$m_i(A) := i - f_i(A)$$

(*linksseitige*) *Zeilenbandbreite* von $A$.
Als *Bandbreite* einer Matrix $A$, die (2.56) erfüllt, bezeichnen wir die Größe

$$m(A) := \max_{1 \leq i \leq M} m_i(A) = \max\left\{ i - j \mid a_{ij} \neq 0, \, 1 \leq j \leq i \leq M \right\}.$$

Das *Band* der Matrix $A$ ist dann

$$B(A) := \left\{ (i, j), (j, i) \mid i - m(A) \leq j \leq i, \, 1 \leq i \leq M \right\}.$$

Die Menge

$$\text{Env}\,(A) := \big\{ (i,j),(j,i) \mid f_i(A) \leq j \leq i,\, 1 \leq i \leq M \big\}$$

heißt *Hülle* oder *Enveloppe* von $A$. Die Zahl

$$p(A) := M + 2 \sum_{i=1}^{M} m_i(A)$$

heißt *Profil* von $A$.

Das Profil ist also die Anzahl der Elemente in Env($A$).
Für die Matrix $A$ in Abb. 2.16 ist $(m_1(A),\ldots,m_5(A)) = (0,0,2,1,3)$, $m(A) = 3$ und $p(A) = 17$.
Die obigen Überlegungen haben gezeigt:

**Satz 2.20** *Sei $A$ eine Matrix mit symmetrischer Besetzungsstruktur (2.56). Dann gilt: Das Cholesky-Verfahren bzw. die Gauß-Elimination ohne Pivotsuche erhalten die Hülle, das heißt insbesondere die Bandbreite.*

Die Hülle kann durchaus Nullen enthalten, die durch den Zerlegungsprozess durch Einträge ersetzt werden können. Um dieses *Einfüllen* möglichst gering zu halten, sollte also das Profil möglichst klein sein.
Um die Besetzungsstruktur bei der Speicherung ausnutzen zu können, sollte diese (bzw. eine Vergrößerung) a priori vor Berechnung der Einträge bekannt sein.
Ist $A$ etwa die Steifigkeitsmatrix mit den Einträgen

$$a_{ij} = a(\varphi_j, \varphi_i) = \int_{\Omega} \nabla \varphi_j \cdot \nabla \varphi_i \, dx\,,$$

oder gegeben durch eine ähnliche Bilinearform, so kann die Eigenschaft:

$$a_{ij} \neq 0 \quad \Rightarrow \quad a_i, a_j \ \text{sind Nachbarknoten}$$

dazu benutzt werden, um eine (eventuell zu große) symmetrische Besetzungsstruktur festzulegen. Dies gilt auch für den Fall einer nichtsymmetrischen Bilinearform und damit nichtsymmetrischer Steifigkeitsmatrix. Daher kann man in diesem Fall $f_i(A)$ in obiger Definition durch

$$f_i(A) := \min \big\{ j \mid 1 \leq j \leq i,\, j \ \text{ist Nachbarknoten von}\ i \big\}$$

ersetzen.
Es bleibt, hinreichende Bedingungen anzugeben für die nicht unmittelbar überprüfbare Charakterisierung (2.55) und damit für die Durchführbarkeit des Gauß-Algorithmus ohne Pivotsuche. Beispiele hierfür sind jeweils (siehe [4, S. 34]):

- $A$ ist symmetrisch und positiv definit,
- $A$ ist eine M-Matrix.

Hierfür wurden hinreichende Matrixeigenschaften in (1.28) bzw. $(1.28)^*$ angegeben. In Abschn. 3.9 werden geometrische Bedingungen für die Familie von Triangulierungen $(\mathcal{T}_h)_h$ hergeleitet, die sichern, dass für die in diesem Kapitel betrachtete Finite-Element-Diskretisierung eine M-Matrix entsteht.

**Datenstrukturen**  Angemessene Datenstrukturen sind also eine Speicherung des Bandes oder der Hülle: Eine symmetrische Matrix $A \in \mathbb{R}^{M \times M}$ mit Bandbreite $m$ kann auf $M(m+1)$ Speicherplätzen dargestellt werden. Mittels der Indexumrechnung $a_{ik} \rightsquigarrow b_{i,k-i+m+1}$ für $k \leq i$ wird die Matrix

$$A = \begin{pmatrix} a_{11} & a_{12} & \cdots & a_{1,m+1} & & & \\ a_{21} & a_{22} & \cdots & & \ddots & 0 & \\ \vdots & \vdots & \ddots & \vdots & & \ddots & \\ a_{m+1,1} & a_{m+1,2} & \cdots & a_{m+1,m+1} & \ddots & & \ddots \\ & \ddots & \ddots & \ddots & \ddots & & \ddots \\ 0 & & \ddots & \ddots & \ddots & & \ddots \\ & & & & a_{M,M-m} & \cdots & a_{M,M-1}\ a_{M,M} \end{pmatrix} \in \mathbb{R}^{M \times M}$$

abgebildet auf die Matrix

$$B = \begin{pmatrix} 0 & \cdots & \cdots & 0 & a_{11} \\ 0 & \cdots & 0 & a_{21} & a_{22} \\ \vdots & & & \vdots & \vdots \\ 0 & a_{m,1} & \cdots & \cdots & a_{m,m} \\ a_{m+1,1} & \cdots & \cdots & a_{m+1,m} & a_{m+1,m+1} \\ \vdots & \vdots & \vdots & \vdots & \vdots \\ \vdots & \vdots & \vdots & \vdots & \vdots \\ a_{M,M-m} & \cdots & \cdots & a_{M,M-1} & a_{M,M} \end{pmatrix} \in \mathbb{R}^{M \times (m+1)} .$$

Die dabei nicht gebrauchten Elemente von $B$, $(B)_{ij}$ für $i = 1, \ldots, m$, $j = 1, \ldots, m + 1 - i$ werden hier mit Nullen besetzt.

Für eine allgemeine Bandmatrix hat die mit der gleichen Umrechnung gewonnene Matrix $B \in \mathbb{R}^{M \times (2m+1)}$ folgende Gestalt:

$$B = \begin{pmatrix} 0 & \cdots & 0 & a_{11} & a_{12} & \cdots & & a_{1,m+1} \\ 0 & \cdots & a_{21} & a_{22} & \cdots & & & a_{2,m+2} \\ \vdots & & \vdots & \vdots & \vdots & & & \vdots \\ 0 & a_{m,1} & \cdots & \cdots & \cdots & \cdots & & a_{m,2m} \\ a_{m+1,1} & \cdots & \cdots & \cdots & \cdots & \cdots & & a_{m+1,2m+1} \\ \vdots & \vdots & \vdots & \vdots & \vdots & \vdots & & \vdots \\ a_{M-m,M-2m} & \cdots & \cdots & \cdots & \cdots & & & a_{M-m,M} \\ a_{M-m+1,M-2m+1} & \cdots & \cdots & \cdots & \cdots & a_{M-m+1,M} & & 0 \\ \vdots & \vdots & \vdots & \vdots & & & & \vdots \\ a_{M,M-m} & \cdots & \cdots & a_{M,M} & 0 & \cdots & & 0 \end{pmatrix}.$$

Hier tritt also rechts unten ein weiterer nicht benötigter Bereich auf, der auch hier mit Nullen besetzt ist.

Eine an der *Hülle* orientierte Speicherung erfordert zusätzlich ein Zeigerfeld, das zum Beispiel auf die Diagonalelemente zeigt. Ist die Matrix symmetrisch, reicht wieder die Speicherung des unteren Dreiecks. Für $A$ aus Abb. 2.16 könnte dies etwa so aussehen wie in Abb. 2.17, falls wir annehmen, dass $A$ symmetrisch ist.

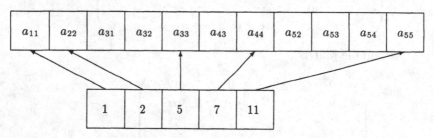

**Abb. 2.17.** Lineare Speicherung der Hülle

**Gekoppelte Assemblierung und Zerlegung**   Ein früher sehr beliebtes Verfahren, die sogenannte *frontal method* realisiert eine parallele Assemblierung und Cholesky-Zerlegung:

Wir betrachten dieses Verfahren am Beispiel der Steifigkeitsmatrix $A_h = (a_{ij}) \in \mathbb{R}^{M \times M}$ mit Bandbreite $m$ (in der Originalindizierung).

Das Verfahren basiert auf dem $k$-ten Schritt des Gauß- bzw. Cholesky-Verfahrens.

Nur die Einträge in $B_k$ werden verändert, das heißt nur die $a_{ij}$ mit $k \leq i, j \leq k + m$, und zwar mittels der Formel

$$a_{ij}^{(k+1)} = a_{ij}^{(k)} - \frac{a_{ik}^{(k)}}{a_{kk}^{(k)}} a_{kj}^{(k)}, \quad i, j = k+1, \ldots, k+m. \tag{2.57}$$

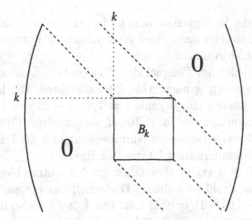

**Abb. 2.18.** $k$-ter Schritt des Cholesky-Verfahrens

Hierbei geben die oberen Indizes die Schritte des Eliminationsverfahrens an, die wir auf den „Speicherplätzen" $a_{ij}$ ablegen. Die Einträge $a_{ij}$ entstehen durch Summation von Einträgen der Element-Steifigkeitsmatrizen zu Elementen $K$, die die Knoten mit den Indizes $i, j$ enthalten.
Weiter gilt:
Zur Durchführung des Eliminationsschritts (2.57) müssen nur $a_{ik}^{(k)}, a_{kj}^{(k)}$ für $i, j = k, \ldots, k+m$ vollständig aufgebaut sein; $a_{ij}^{(k)}, i, j = k+1, \ldots, k+m$ kann durch $\tilde{a}_{ij}^{(k)}$ ersetzt werden, wenn später $a_{ij}^{(k+1)} := \tilde{a}_{ij}^{(k+1)} + a_{ij}^{(k)} - \tilde{a}_{ij}^{(k)}$ gesetzt wird, das heißt $a_{ij}$ braucht vorerst nur aus einigen Beiträgen von Elementen $K$ mit Knoten $i, j$ in $K$ zu bestehen.
Aus diesen Beobachtungen erhalten wir folgenden Algorithmus, dessen $k$-ter Schritt für $k = 1, \ldots, M$ folgende Gestalt hat:

- Assembliere alle fehlenden Beiträge von Elementen $K$, die den Knoten mit Index $k$ enthalten.
- Berechne $A^{(k+1)}$ durch Modifikation der Einträge in $B_k$ gemäß (2.57).
- Speichere die $k$-te Zeile von $A^{(k+1)}$, auch außerhalb des Hauptspeichers.
- Definiere $B_{k+1}$ (durch Süd-Ost Verschiebung).

Die Assemblierung erfolgt hier also knoten- und nicht elementorientiert.
Der Vorteil dieses Verfahrens besteht darin, dass $A_h$ nicht vollständig im Hauptspeicher aufgebaut und gehalten werden muss, sondern nur eine Matrix $B_k \in \mathbb{R}^{(m+1) \times (m+1)}$. Bei nicht zu großem $M$ ist dies allerdings nicht mehr relevant.

**Bandbreitenreduktion** Entscheidend für die Anwendbarkeit der Verfahren ist ihre *Komplexität*, das heißt die Anzahl der Operationen:
Das Cholesky-Verfahren, angewendet auf eine symmetrische Matrix $A \in \mathbb{R}^{M \times M}$ mit der Bandbreite $m$, benötigt $O(m^2 M)$ Operationen, um $L$ zu berechnen.

Die Bandbreite $m$ der Steifigkeitsmatrix ist jedoch von der Nummerierung der Knoten abhängig, so dass nach einer Nummerierung gesucht werden muss, die diese möglichst klein macht:

Wir wollen dies wieder am Beispiel der Poisson-Gleichung auf dem Rechteck mit der Diskretisierung nach Abb. 2.9 betrachten. Die inneren Knoten besitzen die Koordinaten $(ih, jh)$ mit $i = 1, \ldots k - 1$, $j = 1, \ldots, l - 1$. Die Diskretisierung entspricht der in (1.10) ff vorgestellten Finite-Differenzen-Methode, das heißt bei zeilenweiser Nummerierung ist die Bandbreite $k - 1$, bei spaltenweiser Nummerierung ist die Bandbreite $l - 1$.

Für $k \ll l$ oder $k \gg l$ ergibt dies einen großen Unterschied in der Bandbreite $m$ bzw. dem Profil (des linken Dreiecks), das bis auf einen Term in $m^2$ die Größe $(k - 1)(l - 1)(m + 1)$ hat. Für $k \gg l$ ist also die spaltenweise Nummerierung vorzuziehen, für $k \ll l$ die zeilenweise.

Für ein allgemeines Gebiet $\Omega$ ist ein Nummerierungsalgorithmus, der von einer gegebenen Triangulierung $\mathcal{T}_h$ und einer Basis $\{\varphi_i\}$ von $V_h$ ausgeht notwendig, der Folgendes leisten muss:

Die aus der Nummerierung resultierende Struktur von $A$ muss so sein, dass $A$ möglichst kleine Bandbreite bzw. ein möglichst kleines Profil hat. Außerdem sollte der Nummerierungsalgorithmus die Größen $m(A)$ bzw. $f_i(A), m_i(A)$ liefern, damit die Matrix $A$ auch entsprechend aus den $A^{(k)}$ aufgebaut werden kann.

Wir beginnen damit, dass wir einer Triangulierung $\mathcal{T}_h$ mit Basis $\{\varphi_i \mid 1 \leq i \leq M\}$ von $V_h$ einen Graphen $G$ zuordnen:

Die Knoten von $G$ sind die Knoten der Triangulierung $\{a_1, \ldots, a_M\}$ und die Definition seiner Kanten lautet:

$$(a_i, a_j) \text{ ist Kante von } G \qquad \Longleftrightarrow$$
$$\text{Es gibt ein } K \in \mathcal{T}_h, \text{ so dass } \varphi_i|_K \not\equiv 0, \ \varphi_j|_K \not\equiv 0 \,.$$

Beispiele zeigt Abb. 2.19, wobei das Beispiel (2) in Abschn. 3.3 eingeführt wird.

Sind einem Knoten der Triangulierung $\mathcal{T}_h$ mehrere Freiheitsgrade zugeordnet, so sind ihm auch mehrere Knoten in $G$ zugeordnet. Dies ist zum Beispiel bei Hermite-Elementen der Fall, wie sie in Abschn. 3.3 definiert werden. Der Verwaltungsaufwand ist also gering, wenn allen Knoten der Triangulierung gleich viele Freiheitsgrade zugeordnet sind.

Ein oft eingesetztes Nummerierungsverfahren ist der *Algorithmus von Cuthill-McKee*. Dieser Algorithmus operiert auf dem soeben definierten Graphen $G$. Zwei Knoten $a_i, a_j$ von $G$ heißen *benachbart*, wenn $(a_i, a_j)$ eine Kante von $G$ ist. Der *Grad* eines Knotens $a_i$ von $G$ ist definiert als die Anzahl der Nachbarn von $a_i$.

Der $k$-te Schritt des Algorithmus für $k = 1, \ldots, M$ hat folgende Gestalt:

$k = 1$: Man wählt einen Startknoten, der die Nummer 1 bekommt. Dieser Startknoten bildet die Stufe 1.

Triangulierung:

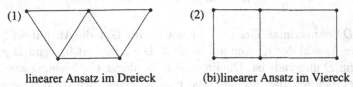

(1) linearer Ansatz im Dreieck        (2) (bi)linearer Ansatz im Viereck

Graph:

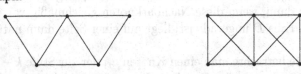

**Abb. 2.19.** Triangulierung und zugeordneter Graph

$k > 1$: Falls bereits alle Knoten nummeriert sind, bricht der Algorithmus ab. Andernfalls bildet man die Stufe $k$, indem man alle Knoten nimmt, die noch nicht nummeriert sind und zu einem Knoten der Stufe $k-1$ benachbart sind. Die Knoten der Stufe $k$ nummeriert man fortlaufend weiter.

Innerhalb der Stufen kann man etwa nach Grad sortieren, wobei der Knoten mit dem niedrigsten Grad zuerst nummeriert wird.

Der *umgekehrte Algorithmus von Cuthill–McKee* (reverse Cuthill–McKee algorithm) besteht darin, wie oben zu verfahren, aber am Schluss die Nummerierung umzukehren, das heißt zu setzen

$$\text{neue Knotennummer} = M + 1 - \text{alte Knotennummer}.$$

Dies entspricht einer Spiegelung der Matrix an der Gegendiagonalen. Durch die Umkehrung ändert sich zwar die Bandbreite nicht, aber das Profil wird in vielen Fällen drastisch verkleinert.

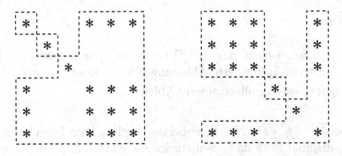

**Abb. 2.20.** Veränderung der Hülle bei Spiegelung an Gegendiagonalen

Für die Bandbreite in der vom Cuthill–McKee-Algorithmus erzeugten Nummerierung gilt die folgende Abschätzung:

$$\frac{D+i}{2} \le m \le \max_{2 \le k \le \nu} (N_{k-1} + N_k - 1) .$$

Dabei sei $D$ der maximale Grad eines Knotens von $G$, $\nu$ die Anzahl der Stufen und $N_k$ die Anzahl der Knoten auf Stufe $k$. Die Zahl $i$ ist 0, wenn $D$ gerade und 1, wenn $D$ ungerade ist. Die linke Seite in obiger Ungleichung kann man sich hierbei dadurch klar machen, dass man bedenkt, dass für eine minimale Bandbreite bestenfalls alle im Graphen zu $a_i$ benachbarten Knoten auch in der Nummerierung in direkter Nachbarschaft zu $a_i$ liegen. Wiederum der beste Fall wäre dann, wenn diese Nachbarknoten gleichmäßig vor und nach $a_i$ verteilt sind. Falls $D$ ungerade ist, liegt auf einer Seite dann natürlich ein Knoten mehr.

Zur rechten Seite betrachte man einen Knoten $a_i$, der zur Stufe $k-1$ gehöre, sowie einen Knoten $a_j$, der im Graphen $G$ zu $a_i$ benachbart sei und in Stufe $k-1$ noch nicht nummeriert sei. Daher bekommt $a_j$ im $k$-ten Schritt eine Nummer. Die größte Bandbreite liegt vor, wenn $a_i$ in der Nummerierung der erste Knoten in Stufe $k-1$ und $a_j$ der letzte Knoten in Stufe $k$ ist. Es liegen also genau $(N_{k-1} - 1) + (N_k - 1)$ Knoten zwischen den beiden, das heißt ihr Abstand in der Nummerierung ist $N_{k-1} + N_k - 1$.

Es ist also günstig, wenn die Anzahl $\nu$ der Stufen möglichst groß ist, und die $N_k$ möglichst gleich groß sind. Deswegen sollte man den Startknoten möglichst „an einem Ende" des Graphen $G$ wählen – wenn man alle Startknoten durchprobieren wollte, wäre der Aufwand $O(M\tilde{M})$, wobei $\tilde{M}$ die Anzahl der Kanten von $G$ ist. Eine Möglichkeit besteht darin, einen Knoten mit minimalem Grad als Startknoten zu wählen, eine andere, dies zu tun, den Algorithmus einmal durchlaufen zu lassen, und dann den zuletzt nummerierten Knoten als Startknoten zu wählen.

Hat man mit dem (umgekehrten) Cuthill–McKee-Algorithmus eine Nummerierung erzeugt, so kann man noch versuchen, sie „lokal", das heißt durch Vertauschen einzelner Knoten, zu verbessern.


# Übungen

**2.1** a) Man weise nach, dass die Funktion $u(x) = |x|$ auf dem Intervall $(-1, 1)$ die verallgemeinerte Ableitung $u'(x) = \text{sign}(x)$ besitzt.

b) Hat $\text{sign}(x)$ eine verallgemeinerte Ableitung?


**2.2** Es sei $\overline{\Omega} = \bigcup_{l=1}^{N} \overline{\Omega}_l$, $N \in \mathbb{N}$, wobei die beschränkten Teilgebiete $\Omega_l \subset \mathbb{R}^2$ paarweise disjunkt seien und einen stückweise glatten Rand besitzen mögen. Man zeige: Eine Funktion $u \in C(\overline{\Omega})$ mit $u|_{\Omega_l} \in C^1(\overline{\Omega}_l)$, $1 \le l \le N$, besitzt schwache Ableitungen $\partial_i u \in L^2(\Omega)$, $i = 1, 2$, die in $\bigcup_{l=1}^{N} \Omega_l$ mit der jeweiligen klassischen Ableitung übereinstimmen.

**2.3** Es sei $V$ die Menge der auf $[0,1]$ stetigen und stückweise stetig differenzierbaren Funktionen, deren Elemente $u$ der zusätzlichen Bedingung $u(0) = u(1) = 0$ genügen. Man zeige, dass es unendlich viele Elemente in $V$ gibt, welche das Funktional

$$F(u) := \int_0^1 \left\{ 1 - [u'(x)]^2 \right\}^2 dx$$

minimieren.

**2.4** Es sei $a(u,v) := \int_0^1 x^2 u'v' dx$ für beliebige $u, v \in H_0^1(0,1)$.

a) Man zeige, dass es keine Konstante $C_1 > 0$ geben kann, mit welcher die Ungleichung

$$a(u,u) \geq C_1 \int_0^1 (u')^2 dx \quad \text{für alle } u \in H_0^1(0,1)$$

gilt.

b) Es seien nun $\mathcal{T}_h := \{(x_{i-1}, x_i)\}_{i=1}^N$, $N \in \mathbb{N}$, eine äquidistante Intervallteilung von $(0,1)$ mit dem Parameter $h = 1/N$ und $V_h := \text{span} \{\varphi_i\}_{i=1}^{N-1}$, wobei

$$\varphi_i(x) := \begin{cases} (x - x_{i-1})/h & \text{in } (x_{i-1}, x_i) \\ (x_{i+1} - x)/h & \text{in } (x_i, x_{i+1}) \\ 0 & \text{sonst} \end{cases}.$$

Existiert eine Konstante $C_2 > 0$ mit

$$a(u_h, u_h) \geq C_2 \int_0^1 (u_h')^2 dx \quad \text{für alle } u_h \in V_h \text{ ?}$$

**2.5** a) Für $\Omega := (\alpha, \beta) \times (\gamma, \delta)$ und $V$ nach (2.6) zeige man die *Poincaré-Ungleichung:* Es existiert eine positive Konstante $C$ mit

$$\|u\|_0 \leq C\|u\|_a \quad \text{für alle } u \in V .$$

*Hinweis:* Man beginne mit $u(x,y) = \int\limits_\alpha^x \partial_x u(s,y)\, ds$.

b) Für $\Omega := (\alpha, \beta)$ und $v \in C([\alpha, \beta])$ mit stückweise stetiger Ableitung $v'$ und $v(\gamma) = 0$ für ein $\gamma \in [\alpha, \beta]$ zeige man:

$$\|v\|_0 \leq (\beta - \alpha)\|v'\|_0 .$$

**2.6** Es sei $\Omega := (0,1) \times (0,1)$. Für ein gegebenes $f \in C(\overline{\Omega})$ soll die Randwertaufgabe $-\Delta u = f$ in $\Omega$, $u = 0$ auf $\partial\Omega$ sowohl mit dem üblichen 5-Punkte-Differenzenverfahren wie auch mit der Finite-Element-Methode mit linearem Ansatz diskretisiert werden. Es werde ein quadratisches Gitter bzw. die entsprechende Friedrichs-Keller-Triangulierung benutzt.

Man weise folgende Stabilitätsabschätzungen für die Matrix des linearen Gleichungssystemes nach:

$$\text{a) } \|A_h^{-1}\|_\infty \le \frac{1}{8}, \quad \text{b) } \|A_h^{-1}\|_2 \le \frac{1}{16}, \quad \text{c) } \|A_h^{-1}\|_0 \le 1,$$

wobei $\|\cdot\|_\infty, \|\cdot\|_2$ die Zeilensummen- bzw. Spektral-Norm einer Matrix bezeichnen und $\|A_h^{-1}\|_0 := \sup_{v_h \in V_h} \|v_h\|_0^2 / \|v_h\|_a^2$ mit $\|v_h\|_a^2 := \int_\Omega |\nabla v_h|^2 \, dx$ ist.

*Bemerkung:* Die Konstante in c) ist nicht optimal.

**2.7** Gegeben sei ein polygonal berandetes Gebiet $\Omega$, welches mit einer konformen Triangulierung $\mathcal{T}_h$ zerlegt ist. Die Knoten $a_i$ der Triangulierung seien von 1 bis $M$ durchnummeriert.

Die Triangulierung möge folgender Voraussetzung genügen: Es existieren Konstanten $C_1, C_2 > 0$, so dass für alle Dreiecke $K \in \mathcal{T}_h$ gilt:

$$C_1 h^2 \le |K| \le C_2 h^2,$$

wobei $h$ das Maximium der Durchmesser aller Elemente von $\mathcal{T}_h$ bezeichnet.

a) Man zeige die Äquivalenz folgender Normen im Raum $V_h$ der stetigen, stückweise linearen Funktionen über $\Omega$:

$$\|u_h\|_0 := \left\{ \int_\Omega |u_h|^2 \, dx \right\}^{1/2}, \quad \|u_h\|_{0,h} := h \left\{ \sum_{i=1}^M u_h^2(a_i) \right\}^{1/2}, \quad u_h \in V_h.$$

b) Man betrachte den Spezialfall $\Omega := (0,1) \times (0,1)$ mit der Friedrichs-Keller-Triangulierung sowie den Teilraum $V_h \cap H_0^1(\Omega)$ und ermittle „möglichst gute" Konstanten in der entsprechenden Äquivalenzabschätzung.

**2.8** Man zeige, dass die Zahl der arithmetischen Operationen für die Cholesky-Zerlegung einer $M \times M$-Matrix mit der Bandbreite $m$ die Größenordnung $Mm^2/2$ besitzt; hinzu kommt noch die Berechnung von $M$ Quadratwurzeln.

# 3. Die Finite-Element-Methode für lineare elliptische Randwertaufgaben 2. Ordnung

## 3.1 Variationsgleichungen und Sobolevräume

Wir setzen nun die Definition und Untersuchung der „richtigen" Funktionenräume fort, die in (2.16)–(2.19) begonnen wurde. Eine wesentliche Voraussetzung zur Absicherung der Existenz einer Lösung der Variationsgleichung (2.12) besteht in der Vollständigkeit des Grundraums $(V, \|\cdot\|)$. Im konkreten Fall der Poisson-Gleichung kann der „vorläufige" Funktionenraum $V$ nach (2.6) mit der Norm $\|\cdot\|_1$ nach (2.18) versehen werden, die sich als äquivalent zur Norm $\|\cdot\|_a$ nach (2.5) herausgestellt hat (siehe (2.45)). Betrachten wir die zur Variationsgleichung äquivalente Minimierungsaufgabe (2.13), so ist das Funktional $F$ nach unten beschränkt, so dass das Infimum einen endlichen Wert annimmt und eine *Minimalfolge* $(v_n)_n$ in $V$ existiert, also eine Folge mit der Eigenschaft

$$\lim_{n\to\infty} F(v_n) = \inf \left\{ F(v) \mid v \in V \right\}.$$

Die Gestalt von $F$ impliziert auch, dass $(v_n)_n$ eine Cauchy-Folge ist. Wenn diese Folge gegen ein $v \in V$ konvergiert, so folgt wegen der Stetigkeit von $F$ bezüglich $\|\cdot\|$, dass $v$ Lösung der Minimierungsaufgabe ist. Diese Vollständigkeit von $V$ bezüglich $\|\cdot\|_a$ und damit bezüglich $\|\cdot\|_1$ liegt aber in der Definition (2.6) nicht vor, wie Beispiel 2.8 gezeigt hat. Daher ist eine Erweiterung der Grundraums $V$ nötig, wie sie in (2.19) formuliert wurde. Diese wird sich als „richtig", da vollständig bzgl. $\|\cdot\|_1$, herausstellen.

Wir benutzen im Folgenden daher als **Generalvoraussetzung**:

$V$ sei ein Vektorraum mit Skalarprodukt $\langle\cdot,\cdot\rangle$
und davon erzeugter Norm $\|\cdot\|$ (für diese gilt: $\|v\| := \langle v,v\rangle^{1/2}$ für $v \in V$),
$V$ sei vollständig bzgl. $\|\cdot\|$, also ein Hilbertraum, (3.1)
$a : V \times V \to \mathbb{R}$ sei eine (nicht notwendig symmetrische) Bilinearform,
$b : V \to \mathbb{R}$ sei eine Linearform.

Der folgende Satz verallgemeinert die obige Überlegung auf nichtsymmetrische Bilinearformen:

**Satz 3.1 (von Lax–Milgram)** *Es gelte*

*– a ist stetig (vgl. (2.41)), das heißt, es existiert ein $M > 0$ mit*

$$|a(u,v)| \leq M\|u\|\,\|v\| \quad \text{für alle } u, v \in V , \tag{3.2}$$

*– a ist $V$-elliptisch (vgl. (2.42)), das heißt, es existiert $\alpha > 0$ mit*

$$a(u,u) \geq \alpha\|u\|^2 \quad \text{für alle } u \in V , \tag{3.3}$$

*– b ist stetig, das heißt, es existiert ein $C > 0$ mit*

$$|b(u)| \leq C\|u\| \quad \text{für alle } u \in V . \tag{3.4}$$

*Dann besitzt die Variationsgleichung (2.20):*

$$\text{Finde } \bar{u} \in V \text{ mit} \quad a(\bar{u}, v) = b(v) \quad \text{für alle } v \in V \tag{3.5}$$

*genau eine Lösung.*
*Auf die Voraussetzungen (3.1), sowie (3.2)–(3.4) kann hierbei im Allgemeinen nicht verzichtet werden.*

**Beweis:** Siehe zum Beispiel [1, S. 147], für einen alternativen Beweis siehe Übungsaufgabe 3.1.    □

Auf das obige Beispiel zurückkommend, sind (3.2) und (3.3) bei $\|\cdot\| = \|\cdot\|_a$ offensichtlich erfüllt. Dennoch ist die „vorläufige" Definition des Funktionenraumes $V$ nach (2.6) mit der Norm $\|\cdot\|_a$ nach (2.18) unzureichend, weil $(V, \|\cdot\|_a)$ nicht vollständig ist. Daher muss der Raum $V$ erweitert werden. Es ist nicht die Norm auf $V$ falsch gewählt worden, da $V$ auch nicht vollständig bzgl. einer anderen Norm $\|\cdot\|$ ist, die (3.2), (3.3) erfüllt. Dann sind $\|\cdot\|$ und $\|\cdot\|_a$ nämlich äquivalent (vgl. (2.45)), und somit gilt

$$(V, \|\cdot\|_a) \text{ vollständig} \quad \Longleftrightarrow \quad (V, \|\cdot\|) \text{ vollständig}.$$

Wir erweitern nun $V$ und verallgemeinern hierbei Definition (2.16).

**Definition 3.2** Sei $\Omega \subset \mathbb{R}^d$ ein (beschränktes) Gebiet.
Der *Sobolevraum* $H^k(\Omega)$ ist definiert durch

$$H^k(\Omega) := \{v : \Omega \to \mathbb{R} \mid v \in L^2(\Omega), \text{ die schwachen Ableitungen } \partial^\alpha v \text{ existieren und liegen in } L^2(\Omega) \text{ für alle Multiindizes } \alpha \text{ mit } |\alpha| \leq k\}.$$

Auf $H^k(\Omega)$ sind ein Skalarprodukt $\langle \cdot, \cdot \rangle_k$ und die daraus resultierende Norm $\|\cdot\|_k$ wie folgt definiert:

$$\langle v, w \rangle_k := \int_\Omega \sum_{\substack{\alpha \text{ Multiindex} \\ |\alpha| \leq k}} \partial^\alpha v \, \partial^\alpha w \, dx , \tag{3.6}$$

$$\|v\|_k := \langle v, v\rangle_k^{1/2} = \left( \int_\Omega \sum_{\substack{\alpha \text{ Multiindex} \\ |\alpha| \le k}} |\partial^\alpha v|^2 \, dx \right)^{1/2} \tag{3.7}$$

$$= \left( \sum_{\substack{\alpha \text{ Multiindex} \\ |\alpha| \le k}} \int_\Omega |\partial^\alpha v|^2 \, dx \right)^{1/2} = \left( \sum_{\substack{\alpha \text{ Multiindex} \\ |\alpha| \le k}} \|\partial^\alpha v\|_0^2 \right)^{1/2} .$$

Eine größere Flexibilität in den in der Definition enthaltenen Glattheitseigenschaften der Funktionen erhält man, wenn gefordert wird, dass $v$ und seine schwachen Ableitungen nicht in $L^2(\Omega)$, sondern in $L^p(\Omega)$ liegen sollen. Dieser $W_p^k(\Omega)$ genannte Raum ist für $p \ne 2$ nicht mehr mit einem Skalarprodukt versehbar und in der Norm, die dann mit $\| \cdot \|_{k,p}$ bezeichnet wird, ist die $L^2(\Omega)$- bzw. $\ell_2$-Norm (auf dem Vektor der Ableitungsnormen) durch die $L^p(\Omega)$- und die $\ell_p$-Norm auszutauschen (siehe die Anhänge A.3 und A.5). Obwohl diese Räume eine größere Flexibilität bieten, soll mit Ausnahme der Abschnitte 3.6, 8.2 und 9.2 darauf verzichtet werden.

Neben den Normen $\| \cdot \|_k$ gibt es die Halbnormen $| \cdot |_l$ für $0 \le l \le k$ auf $H^k(\Omega)$, definiert durch

$$|v|_l = \left( \sum_{\substack{\alpha \text{ Multiindex} \\ |\alpha| = l}} \|\partial^\alpha v\|_0^2 \right)^{1/2} ,$$

so dass

$$\|v\|_k = \left( \sum_{l=0}^k |v|_l^2 \right)^{1/2} .$$

Insbesondere sind diese Definitionen mit jener in (2.17) verträglich:

$$\langle v, w\rangle_1 := \int_\Omega vw + \nabla v \cdot \nabla w \, dx$$

und (diese erklärend) mit der Schreibweise $\| \cdot \|_0$ für die Norm von $L^2(\Omega)$. Obige Definition enthält einige Behauptungen, die der folgende Satz formuliert:

**Satz 3.3** *Die Bilinearform $\langle \cdot, \cdot \rangle_k$ ist ein Skalarprodukt auf $H^k(\Omega)$, das heißt, $\| \cdot \|_k$ ist eine Norm auf $H^k(\Omega)$.*
*$H^k(\Omega)$ ist vollständig bzgl. $\| \cdot \|_k$, also ein Hilbertraum.*

**Beweis:** Siehe zum Beispiel [1, S. 55 f.].     □

Offensichtlich gilt:

$$H^k(\Omega) \subset H^l(\Omega) \quad \text{für } k \ge l$$

und die Einbettung ist stetig, da

$$\|v\|_l \leq \|v\|_k \quad \text{für alle } v \in H^k(\Omega) \ . \tag{3.8}$$

Im eindimensionalen Fall ($d = 1$) ist $v \in H^1(\Omega)$ notwendigerweise stetig:

**Lemma 3.4**

$$H^1(a, b) \subset C[a, b]$$

*und die Einbettung ist stetig, wobei $C[a, b]$ mit der Norm $\|\cdot\|_\infty$ versehen ist, das heißt, es gibt ein $C > 0$, so dass*

$$\|v\|_\infty \leq C\|v\|_1 \quad \text{für alle } v \in H^1(a, b) \ . \tag{3.9}$$

**Beweis:** Siehe Übungsaufgabe 3.2.    □

Da die Elemente von $H^k(\Omega)$ erst einmal nur quadrat-integrierbare Funktionen sind, sind sie nur bis auf Punkte aus einer Menge vom ($d$-dimensionalen) Maß 0 festgelegt. Eine Aussage wie in Lemma 3.4 bedeutet also, dass die Funktion „unnötige" Unstetigkeitsstellen an Punkten auf einer solchen Nullmenge haben darf, die durch Abändern der Funktionswerte verschwinden. Im Allgemeinen gilt allerdings $H^1(\Omega) \not\subset C(\bar{\Omega})$.
Als Beispiel hierfür betrachten wir in der Dimension $d = 2$ das Kreisgebiet

$$\Omega = B_R(0) = \left\{ x \in \mathbb{R}^2 \mid |x| < R \right\} \quad R < 1 \ .$$

Dann liegt die Funktion

$$v(x) := |\log |x| |^\gamma \quad \text{für ein } \gamma < 1/2$$

zwar in $H^1(\Omega)$, aber nicht in $C(\bar{\Omega})$ (siehe Übungsaufgabe 3.3).
Es stellt sich nun folgendes Problem: Im Allgemeinen kann man nicht vom Wert $v(x)$ für ein $x \in \Omega$ sprechen, weil die einpunktige Menge $\{x\}$ das (Lebesgue-)Maß Null hat. Wie sind daher Dirichlet-Randbedingungen zu interpretieren?
Ein Ausweg besteht darin, den Rand (bzw. Randstücke) nicht als beliebige Punkte zu betrachten, sondern als $(d-1)$-dimensionale „Räume" (Mannigfaltigkeiten).
Die obige Frage kann daher umformuliert werden zu: Kann man $v$ auf solchem $\partial\Omega$ als eine Funktion aus $L^2(\partial\Omega)$ ($\partial\Omega$ "$\subset$" $\mathbb{R}^{d-1}$) interpretieren?
Dies ist möglich, wenn eine minimale Regularität von $\partial\Omega$ in folgendem Sinne vorliegt: Es muss möglich sein, jeweils lokal für einen Randpunkt $x \in \partial\Omega$ ein Koordinatensystem so zu wählen, dass der Rand lokal in diesem Koordinatensystem eine Hyperfläche ist und das Gebiet auf einer Seite liegt. Je nach Glattheit der Parametrisierung der Hyperfläche spricht man dann von *Lipschitz-*, $C^k$- *(für $k \in \mathbb{N}$)* und von $C^\infty$-*Gebieten* (für eine genaue Definition siehe Anhang A.5).

**Beispiele:**

1. Ein Kreis $\Omega = \{x \in \mathbb{R}^d \mid |x - x_0| < R\}$ ist für alle $k \in \mathbb{N}$ ein $C^k$-Gebiet, also ein $C^\infty$-Gebiet.

2. Ein Rechteck $\Omega = \{x \in \mathbb{R}^d \mid 0 < x_i < a_i, \, i = 1, \dots, d\}$ ist ein Lipschitz-Gebiet, aber kein $C^1$-Gebiet.

3. Ein Kreis mit Schlitz $\Omega = \{x \in \mathbb{R}^d \mid |x - x_0| < R, \, x \neq x_0 + \lambda e_1 \text{ für } 0 \leq \lambda < R\}$ ist kein Lipschitz-Gebiet, da $\Omega$ nicht auf einer Seite von $\partial\Omega$ liegt.

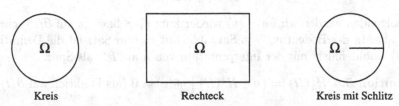

Kreis          Rechteck          Kreis mit Schlitz

**Abb. 3.1.** Gebiete verschiedener Glattheit

Sei also $\Omega$ ein Lipschitz-Gebiet. Da nur endlich viele überdeckende Koordinatensysteme zur Beschreibung von $\partial\Omega$ ausreichen, kann mit deren Hilfe auf $\partial\Omega$ ein $(d-1)$-dimensionales Maß eingeführt werden, bezüglich dessen auch der Raum $L^2(\partial\Omega)$ der quadrat-integrierbaren Funktionen definiert werden kann (siehe Anhang A.5 oder [1, S. 42, S. 243 ff.] für eine ausführliche Darstellung). Im Folgenden sei immer $\partial\Omega$ mit diesem $(d-1)$-dimensionalen Maß $d\sigma$ versehen und Integrale über dem Rand entsprechend zu interpretieren. Das gilt auch für Lipschitz-Teilgebiete von $\Omega$, wie sie die finiten Elemente darstellen werden. Dann gilt:

**Satz 3.5 (Spursatz)** *Sei $\Omega$ ein beschränktes Lipschitz-Gebiet. Wir setzen*

$$C^\infty(\mathbb{R}^d)|_\Omega := \{v : \Omega \to \mathbb{R} \mid v \text{ lässt sich zu } \tilde{v} : \mathbb{R}^d \to \mathbb{R} \text{ fortsetzen}$$
$$\text{und } \tilde{v} \in C^\infty(\mathbb{R}^d)\}.$$

*Dann liegt $C^\infty(\mathbb{R}^d)|_\Omega$ dicht in $H^1(\Omega)$, das heißt, ein beliebiges $w \in H^1(\Omega)$ lässt sich bzgl. $\|\cdot\|_1$ beliebig gut durch ein $v \in C^\infty(\mathbb{R}^d)|_\Omega$ approximieren. Die Abbildung, die $v$ auf $\partial\Omega$ einschränkt,*

$$\gamma_0 : \left(C^\infty(\mathbb{R}^d)|_\Omega, \|\cdot\|_1\right) \to \left(L^2(\partial\Omega), \|\cdot\|_0\right)$$
$$v \mapsto v|_{\partial\Omega}$$

*ist stetig. Also gibt es eine eindeutige, lineare und stetige Fortsetzung*

$$\gamma_0 : \left(H^1(\Omega), \|\cdot\|_1\right) \to \left(L^2(\partial\Omega), \|\cdot\|_0\right).$$

**Beweis:** Siehe zum Beispiel [1, S. 249 ff.].     □

In Kurzschreibweise gilt also: $\gamma_0(v) \in L^2(\partial\Omega)$ und es gibt eine Konstante $C > 0$, so dass

$$\|\gamma_0(v)\|_0 \leq C\|v\|_1 \quad \text{für alle } v \in H^1(\Omega) .$$

$\gamma_0(v) \in L^2(\partial\Omega)$ heißt *Spur* von $v \in H^1(\Omega)$.
Die Abbildung $\gamma_0$ ist nicht surjektiv, das heißt, $\{\gamma_0(v) \mid v \in H^1(\Omega)\}$ ist eine echte Teilmenge von $L^2(\partial\Omega)$. Für alle $v \in C^\infty(\mathbb{R}^d)|_\Omega$ gilt:

$$\gamma_0(v) = v|_{\partial\Omega} .$$

Im Folgenden werden wir für $\gamma_0(v)$ wieder kurz $v|_{\partial\Omega}$ bzw. „$v$ auf $\partial\Omega$" schreiben, aber in der Bedeutung von Satz 3.5. Mit diesem Satz ist die Definition (2.19) wohldefiniert mit der Interpretation von $u$ auf $\partial\Omega$ als Spur:

**Definition 3.6** $H_0^1(\Omega) := \left\{ v \in H^1(\Omega) \mid \gamma_0(v) = 0 \text{ (als Funktion auf } \partial\Omega) \right\} .$

**Satz 3.7** *Sei* $\Omega \subset \mathbb{R}^d$ *ein Gebiet. Dann ist* $C_0^\infty(\Omega)$ *dicht in* $H_0^1(\Omega)$.

**Beweis:** Siehe [1, S. 255].                                                □

Die in Satz 3.5 enthaltene Aussage, dass $C^\infty(\mathbb{R}^d)|_\Omega$ dicht liegt in $H^1(\Omega)$, hat wesentliche Konsequenzen für den Umgang mit den an sich wenig glatten Funktionen in $H^1(\Omega)$. Es kann mit ihnen wie mit glatten Funktionen umgegangen werden, wenn sich am Schluss nur Relationen ergeben, in die in $\|\cdot\|_1$ stetige Ausdrücke eingehen (und die nicht etwa $\|\partial_i v\|_\infty$ brauchen). Dann kann mit einem „Dichtheitsargument" die Beziehung auf $H^1(\Omega)$ übertragen werden, bzw. wie beim Begriff der Spur so neue Größen für Funktionen in $H^1(\Omega)$ definiert werden. Zum Nachweis von Lemma 3.4 etwa ist nur der Nachweis der Abschätzung (3.9) zum Beispiel für $v \in C^1[a,b]$ nötig. Analoges gilt wegen Satz 3.7 für den Umgang mit $H_0^1(\Omega)$. Für $v \in H^1(\Omega)$ ist so partielle Integration möglich:

**Satz 3.8** *Sei* $\Omega \subset \mathbb{R}^d$ *ein beschränktes Lipschitz-Gebiet.*
*Die äußere Einheitsnormale* $\nu = (\nu_i)_{i=1,\dots,d} : \partial\Omega \to \mathbb{R}^d$ *ist fast überall definiert und* $\nu_i \in L^\infty(\partial\Omega)$.
*Für* $v, w \in H^1(\Omega)$ *gilt für alle* $i = 1, \dots, d$:

$$\int_\Omega \partial_i v \, w \, dx = -\int_\Omega v \, \partial_i w \, dx + \int_{\partial\Omega} v \, w \, \nu_i \, d\sigma .$$

**Beweis:** Siehe zum Beispiel [1, S. 252].                                    □

Ist $v \in H^2(\Omega)$, dann gilt nach obigem Satz $v|_{\partial\Omega} := \gamma_0(v) \in L^2(\partial\Omega)$ und da $\partial_i v \in H^1(\Omega)$, gilt auch $\partial_i v|_{\partial\Omega} := \gamma_0(\partial_i v) \in L^2(\partial\Omega)$ und so ist auch die *Normalenableitung*

$$\partial_\nu v|_{\partial\Omega} := \sum_{i=1}^{d} \partial_i v|_{\partial\Omega} \, \nu_i$$

wohldefiniert und liegt in $L^2(\partial\Omega)$.
Also ist die Spurabbildung

$$\gamma : H^2(\Omega) \to L^2(\partial\Omega) \times L^2(\partial\Omega)$$

$$v \mapsto (v|_{\partial\Omega}, \partial_\nu v|_{\partial\Omega})$$

wohldefiniert und stetig. Die Stetigkeit dieser Abbildung ergibt sich daraus, dass es sich um eine Komposition stetiger Abbildungen handelt:

$$v \in H^2(\Omega) \stackrel{\text{stetig}}{\mapsto} \partial_i v \in H^1(\Omega) \stackrel{\text{stetig}}{\mapsto} \partial_i v|_{\partial\Omega} \in L^2(\partial\Omega)$$
$$\stackrel{\text{stetig}}{\mapsto} \partial_i v|_{\partial\Omega} \, \nu_i \in L^2(\partial\Omega) \, .$$

**Korollar 3.9** *Sei $\Omega \subset \mathbb{R}^d$ ein beschränktes Lipschitz-Gebiet.*

*1. Es seien $v \in H^1(\Omega)$, $q_i \in H^1(\Omega)$, $i = 1, \ldots, d$. Dann gilt:*

$$\int_\Omega q \cdot \nabla v \, dx = - \int_\Omega \nabla \cdot q \, v \, dx + \int_{\partial\Omega} q \cdot \nu \, v \, d\sigma \, . \qquad (3.10)$$

*2. Es seien $v \in H^2(\Omega)$, $w \in H^1(\Omega)$. Dann gilt:*

$$\int_\Omega \nabla v \cdot \nabla w \, dx = - \int_\Omega \Delta v \, w \, dx + \int_{\partial\Omega} \partial_\nu v \, w \, d\sigma \, .$$

Die Formeln für partielle Integration gelten auch allgemeiner, wenn nur sichergestellt ist, dass die Funktion, von der die Spur zu bilden ist, in $H^1(\Omega)$ liegt. Ist zum Beispiel $K = (k_{ij})_{ij}$ mit $k_{ij} \in W^1_\infty(\Omega)$ und $v \in H^2(\Omega)$, $w \in H^1(\Omega)$, so folgt

$$\int_\Omega K\nabla v \cdot \nabla w \, dx = - \int_\Omega \nabla \cdot (K\nabla v) \, w \, dx + \int_{\partial\Omega} K\nabla v \cdot \nu \, w \, d\sigma \qquad (3.11)$$

mit der *Konormalenableitung* (siehe (0.32))

$$\partial_{\nu_K} v := K\nabla v \cdot \nu = \nabla v \cdot K^T \nu = \sum_{i,j=1}^{d} k_{ij} \partial_j v \, \nu_i .$$

Dabei ist wesentlich, dass die Komponenten von $K\nabla v$ im $H^1(\Omega)$ liegen. Hier geht ein, dass für $v \in L^2(\Omega)$, $k \in L^\infty(\Omega)$ gilt:

$$kv \in L^2(\Omega) \quad \text{und} \quad \|kv\|_0 \leq \|k\|_\infty \|v\|_0 \, .$$

**Satz 3.10** *Sei $\Omega \subset \mathbb{R}^d$ ein beschränktes Lipschitz-Gebiet.*
*Ist $k > d/2$, dann gilt*

$$H^k(\Omega) \subset C(\bar{\Omega}) \,,$$

*und die Einbettung ist stetig.*

**Beweis:** Siehe zum Beispiel [1, S. 319]. $\qquad\qquad\qquad\qquad\qquad$ □

Für die Dimension $d = 2$ bedeutet dies als Anforderung $k > 1$, und für $d = 3$ als Anforderung $k > 3/2$. Also erfüllt in beiden Fällen $k = 2$ die Voraussetzung des obigen Satzes.

## 3.2 Elliptische Randwertaufgaben 2. Ordnung

In diesem Abschnitt sollen Randwertaufgaben für den linearen, stationären Fall der Differentialgleichung (0.24) in die allgemeine Theorie des vorherigen Abschnittes 3.1 eingeordnet werden.
Bezüglich des Gebietes wollen wir dabei voraussetzen, dass $\Omega$ ein beschränktes Lipschitz-Gebiet ist.
Wir betrachten die Gleichung

$$(Lu)(x) := -\nabla \cdot (K(x)\nabla u(x)) + c(x) \cdot \nabla u(x) + r(x)u(x) = f(x) \text{ für } x \in \Omega \tag{3.12}$$

mit den Daten

$$K : \Omega \to \mathbb{R}^{d,d} \,, \quad c : \Omega \to \mathbb{R}^d \,, \quad r, f : \Omega \to \mathbb{R} \,.$$

**Voraussetzungen an die Koeffizienten und die rechten Seiten**
Für eine klassische Interpretation von (3.12) benötigt man

$$\partial_i k_{ij}, c_i, r, f \in C(\bar{\Omega}) \,, \quad i, j \in \{1, \ldots, d\} \,, \tag{3.13}$$

und für eine Interpretation im Sinne des $L^2(\Omega)$ mit schwachen Ableitungen, also für eine Lösung aus $H^2(\Omega)$,

$$\partial_i k_{ij}, c_i, r \in L^\infty(\Omega) \,, \quad f \in L^2(\Omega) \,, \quad i, j \in \{1, \ldots, d\} \,. \tag{3.14}$$

Haben wir die variationelle Formulierung erst einmal erhalten, werden geringere Anforderungen an die Glattheit der Koeffizienten zum Nachweis der im Satz von Lax–Milgram verlangten Eigenschaften (3.2)–(3.4) nötig sein, nämlich

$$k_{ij}, c_i, \nabla \cdot c, r \in L^\infty(\Omega) \,, \quad f \in L^2(\Omega) \,, \quad i, j \in \{1, \ldots, d\} \,,$$
$$\text{und, falls } |\Gamma_1 \cup \Gamma_2|_{d-1} > 0 \,, \quad \nu \cdot c \in L^\infty(\Gamma_1 \cup \Gamma_2) \,. \tag{3.15}$$

Weiterhin wird die *gleichmäßige Elliptizität* von $L$ vorausgesetzt:
Es gibt $k_0 > 0$, so dass für (fast) alle $x \in \Omega$ gilt:

$$\sum_{i,j=1}^{d} k_{ij}(x)\xi_i\xi_j \geq k_0|\xi|^2 \quad \text{für alle } \xi \in \mathbb{R}^d \tag{3.16}$$

(das heißt, die Koeffizientenmatrix $K$ ist gleichmäßig positiv definit in $x$).
Außerdem soll $K$ symmetrisch sein.
Falls $K$ eine Diagonalmatrix ist, also $k_{ij}(x) = k_i(x)\delta_{ij}$ gilt (dazu gehört
insbesondere der Fall $k_i(x) = k \in \mathbb{R}$, $i \in \{1,\dots,d\}$, in welchem $K\nabla u$ zu
$k\nabla u$ wird), bedeutet dies

$$(3.16) \quad \Leftrightarrow \quad k_i(x) \geq k_0 \text{ für (fast) alle } x \in \Omega\,, \quad i \in \{1,\dots,d\}\,.$$

Schließlich existiere ein $r_0 \geq 0$ mit

$$r(x) - \frac{1}{2}\nabla \cdot c(x) \geq r_0 \quad \text{für (fast) alle } x \in \Omega\,. \tag{3.17}$$

**Randbedingungen** Wie in Abschn. 0.4 bilde $\Gamma_1, \Gamma_2, \Gamma_3$ eine disjunkte Zerlegung des Randes $\partial\Omega$ (vgl. (0.30)):

$$\partial\Omega = \Gamma_1 \cup \Gamma_2 \cup \Gamma_3\,,$$

wobei $\Gamma_3$ abgeschlossen sei als Teilmenge des Randes. Auf $\partial\Omega$ soll nun für
gegebene Funktionen $g_j : \Gamma_j \to \mathbb{R}$, $j = 1, 2, 3$, und $\alpha : \Gamma_2 \to \mathbb{R}$ gelten:

- Neumann-Randbedingung (vgl. (0.32) oder (0.27))

$$K\nabla u \cdot \nu = \partial_{\nu_K} u = g_1 \quad \text{auf } \Gamma_1\,, \tag{3.18}$$

- gemischte Randbedingung (vgl. (0.28))

$$K\nabla u \cdot \nu + \alpha u = \partial_{\nu_K} u + \alpha u = g_2 \quad \text{auf } \Gamma_2\,, \tag{3.19}$$

- Dirichlet-Randbedingung (vgl. (0.29))

$$u = g_3 \quad \text{auf } \Gamma_3\,. \tag{3.20}$$

Hinsichtlich der Randdaten wird Folgendes vorausgesetzt: Für die klassische
Herangehensweise benötigt man

$$g_j \in C(\bar{\Gamma}_j)\,, \quad j = 1, 2, 3\,, \quad \alpha \in C(\bar{\Gamma}_2)\,, \tag{3.21}$$

während für eine variationelle Interpretation

$$g_j \in L^2(\Gamma_j)\,, \quad j = 1, 2, 3\,, \quad \alpha \in L^\infty(\Gamma_2) \tag{3.22}$$

hinreichend ist.

### 3.2.1 Variationelle Formulierung von Spezialfällen

Die grundsätzliche Strategie zur Gewinnung der variationellen Formulierung von Randwertaufgaben für (3.12) wurde exemplarisch bereits in Abschn. 2.1 demonstriert. Unter der Voraussetzung der Existenz einer klassischen Lösung von (3.12) werden im allgemeinen Fall folgende Schritte durchgeführt:

Schritt 1: Multiplikation der Differentialgleichung mit Testfunktionen, die zum Typ der Randbedingung passend gewählt werden, und anschließende Integration über das Gebiet $\Omega$,

Schritt 2: partielle Integration zur Gewinnung der geeigneten Bilinearform unter Einbringung der Randbedingungen,

Schritt 3: Verifikation der benötigten Eigenschaften wie Elliptizität und Stetigkeit.

Nachfolgend sollen diese Schritte für einige wichtige Spezialfälle beschrieben werden.

**(I) Homogene Dirichlet-Randbedingung** $\partial\Omega = \Gamma_3$, $g_3 \equiv 0$, $V := H_0^1(\Omega)$

Sei $u$ eine Lösung von (3.12), (3.20), das heißt, im Sinne des klassischen Lösungsbegriffes sei $u \in C^2(\Omega) \cap C(\bar{\Omega})$ und es gelte unter den Voraussetzungen (3.13) die Differentialgleichung (3.12) punktweise in $\Omega$ sowie $u = 0$ punktweise auf $\partial\Omega$. Es kann aber auch der schwächere Fall betrachtet werden, dass – jetzt unter den Voraussetzungen (3.14) – $u \in H^2(\Omega) \cap V$ gilt und die Differentialgleichung im Sinne des $L^2(\Omega)$ erfüllt ist.

Multipliziert man (3.12) mit $v \in C_0^\infty(\Omega)$ (im klassischen Fall) bzw. mit $v \in V$ und integriert partiell gemäß (3.11), so erhält man unter Beachtung von $v = 0$ auf $\partial\Omega$ nach Definition von $C_0^\infty(\Omega)$ bzw. $H_0^1(\Omega)$

$$a(u,v) := \int_\Omega \{K\nabla u \cdot \nabla v + c \cdot \nabla u \, v + r \, uv\} \, dx \qquad (3.23)$$

$$= b(v) := \int_\Omega fv \, dx \qquad \text{für alle } v \in C_0^\infty(\Omega) \text{ bzw. } v \in V \,.$$

Die Bilinearform $a$ ist symmetrisch, wenn $c$ (fast überall) verschwindet. Für $f \in L^2(\Omega)$ gilt:

$$b \text{ ist stetig auf } (V, \|\cdot\|_1) \,. \qquad (3.24)$$

Dies folgt unmittelbar aus der Cauchy–Schwarz'schen Ungleichung, denn

$$|b(v)| \le \int_\Omega |f| \, |v| \, dx \le \|f\|_0 \|v\|_0 \le \|f\|_0 \|v\|_1 \quad \text{für } v \in V \,.$$

Mit (3.15) gilt ferner:

$$a \text{ ist stetig auf } (V, \|\cdot\|_1) \,. \qquad (3.25)$$

**Beweis:** Zunächst gilt nach der Dreiecksungleichung

$$|a(u,v)| \leq \int_\Omega \{|K\nabla u|\,|\nabla v| + |c|\,|\nabla u||v| + |r|\,|u|\,|v|\}\,dx\,.$$

Weiter führen wir folgende Bezeichnungen ein, wobei $|\cdot|$ den Betrag einer reellen Zahl oder die euklidische Norm eines Vektors, $\|\cdot\|_2$ die (zugeordnete) Spektralnorm und $\|\cdot\|_\infty$ die $L^\infty(\Omega)$-Norm einer Funktion bezeichnen:

$$C_1 := \max\left\{\,\|\|K\|_2\|_\infty, \|r\|_\infty\right\} < \infty\,,\quad C_2 := \|\|c\|\|_\infty < \infty\,.$$

Wegen

$$|K(x)\nabla u(x)| \leq \|K(x)\|_2\,|\nabla u(x)|$$

können wir die Abschätzung fortsetzen mit

$$|a(u,v)| \leq \underbrace{C_1 \int_\Omega \{|\nabla u|\,|\nabla v| + |u|\,|v|\}\,dx}_{=:A_1} + \underbrace{C_2 \int_\Omega |\nabla u|\,|v|\,dx}_{=:A_2}\,.$$

Der Integrand des ersten Summanden wird mit der Cauchy–Schwarz'schen Ungleichung für den $\mathbb{R}^2$ abgeschätzt, danach findet die Cauchy–Schwarz'sche Ungleichung für den $L^2(\Omega)$ Anwendung:

$$A_1 \leq C_1 \int_\Omega \{|\nabla u|^2 + |u|^2\}^{1/2} \{|\nabla v|^2 + |v|^2\}^{1/2}\,dx$$

$$\leq C_1 \left\{\int_\Omega |u|^2 + |\nabla u|^2\,dx\right\}^{1/2} \left\{\int_\Omega |v|^2 + |\nabla v|^2\,dx\right\}^{1/2} = C_1\|u\|_1\,\|v\|_1\,.$$

Für die Behandlung von $A_2$ können wir gleich die Cauchy–Schwarz'sche Ungleichung (für den $L^2(\Omega)$) einsetzen:

$$A_2 \leq C_2 \left\{\int_\Omega |\nabla u|^2\,dx\right\}^{1/2} \left\{\int_\Omega |v|^2\,dx\right\}^{1/2}$$

$$\leq C_2\|u\|_1\,\|v\|_0 \leq C_2\|u\|_1\,\|v\|_1 \quad \text{für alle } u,v \in V\,.$$

Damit erhalten wir die Behauptung. □

**Bemerkung 3.11** Bei dem Nachweis der Aussagen (3.24) und (3.25) wurde nicht benutzt, dass die Funktionen $u, v$ den homogenen Dirichlet-Randbedingungen genügen. Unter den Voraussetzungen (3.15) gelten diese Eigenschaften daher für jeden Teilraum $V \subset H^1(\Omega)$.

**Bedingungen für die $V$-Elliptizität von $a$**
**(A)** $a$ ist symmetrisch, das heißt $c = 0$ (f.ü.): Bedingung (3.17) hat dann die einfache Gestalt $r(x) \geq r_0$ für alle $x \in \Omega$.

**(A1)**   $c = 0, \quad r_0 > 0$ :
Wegen (3.16) erhalten wir sofort

$$a(u,u) \geq \int_\Omega \{k_0 |\nabla u|^2 + r_0 |u|^2\}\, dx = C_3 \|u\|_1^2 \quad \text{für alle } u \in V\,,$$

wobei $C_3 := \min\{k_0, r_0\}$. Dies gilt auch für jeden Teilraum $V \subset H^1(\Omega)$.

**(A2)**   $c = 0, \quad r_0 \geq 0$ :
Nach der Poincaré'schen Ungleichung (Satz 2.18) gibt es für $u \in H_0^1(\Omega)$ eine Konstante $C_P > 0$ unabhängig von $u$ mit

$$\|u\|_0 \leq C_P \left\{\int_\Omega |\nabla u|^2\, dx\right\}^{1/2}\,.$$

Unter Berücksichtigung von (3.16) können wir mit Hilfe der simplen Zerlegung $k_0 = \frac{k_0}{1+C_P^2} + \frac{C_P^2}{1+C_P^2} k_0$ weiter schließen:

$$a(u,u) \geq \int_\Omega k_0 |\nabla u|^2\, dx \tag{3.26}$$

$$\geq \frac{k_0}{1+C_P^2} \int_\Omega |\nabla u|^2\, dx + \frac{C_P^2}{1+C_P^2} k_0 \frac{1}{C_P^2} \int_\Omega |u|^2\, dx = C_4 \|u\|_1^2\,,$$

wobei $C_4 := \frac{k_0}{1+C_P^2} > 0$.

Für diese Abschätzung ist wesentlich, dass $u$ der homogenen Dirichlet-Randbedingung genügt.

**(B)** $\|c\|_\infty > 0$ :
Wir betrachten zunächst eine glatte Funktion $u \in C_0^\infty(\Omega)$. Aus $u\nabla u = \frac{1}{2}\nabla u^2$ folgt mittels partieller Integration

$$\int_\Omega c \cdot \nabla u\, u\, dx = \frac{1}{2} \int_\Omega c \cdot \nabla u^2\, dx = -\frac{1}{2} \int_\Omega \nabla \cdot c\, u^2\, dx\,.$$

Da nach Satz 3.7 der Raum $C_0^\infty(\Omega)$ dicht in $V$ liegt, ist diese Beziehung auch für $u \in V$ richtig. Somit gilt wegen (3.16), (3.17):

$$a(u,u) = \int_\Omega \left\{K\nabla u \cdot \nabla u + \left(r - \frac{1}{2}\nabla \cdot c\right) u^2\right\} dx$$

$$\geq \int_\Omega \{k_0 |\nabla u|^2 + r_0 |u|^2\}\, dx \quad \text{für alle } u \in V\,. \tag{3.27}$$

Damit ist eine Fallunterscheidung bezüglich $r_0$ wie in **(A)** mit den gleichen Resultaten (Konstanten) möglich.

Zusammenfassend haben wir also folgende Anwendung des Satzes von Lax–Milgram (Satz 3.1) gezeigt:

**Satz 3.12** *Sei $\Omega \subset \mathbb{R}^d$ ein beschränktes Lipschitz-Gebiet. Unter den Voraussetzungen (3.15)–(3.17) besitzt das homogene Dirichlet-Problem genau eine schwache Lösung $u \in H_0^1(\Omega)$.*

**(II) Gemischte Randbedingung** $\partial\Omega = \Gamma_2$, $V = H^1(\Omega)$

Sei $u$ eine Lösung von (3.12), (3.19), das heißt, im Sinne des klassischen Lösungsbegriffes sei $u \in C^2(\Omega) \cap C^1(\bar{\Omega})$ und es gelten unter den Voraussetzungen (3.13), (3.21) die Differentialgleichung (3.12) punktweise in $\Omega$ und (3.19) punktweise auf $\partial\Omega$. Es kann aber auch wieder der schwächere Fall betrachtet werden, dass – jetzt unter den Voraussetzungen (3.14), (3.22) – $u \in H^2(\Omega)$ gilt, die Differentialgleichung im Sinne des $L^2(\Omega)$ und die Randbedingung (3.19) im Sinne des $L^2(\partial\Omega)$ erfüllt ist.

Wie unter **(I)** folgt gemäß (3.11):

$$a(u,v) := \int_\Omega \{K\nabla u \cdot \nabla v + c \cdot \nabla u\, v + r\, uv\}\, dx + \int_{\partial\Omega} \alpha\, uv\, d\sigma \quad (3.28)$$

$$= b(v) := \int_\Omega fv\, dx + \int_{\partial\Omega} g_2 v\, d\sigma \quad \text{für alle } v \in V\,.$$

Unter den Voraussetzungen (3.15), (3.22) lassen sich die Stetigkeit von $b$ bzw. $a$ ((3.24) und (3.25)) leicht nachweisen. Die neu hinzukommenden Anteile lassen sich nämlich beispielsweise für die Voraussetzungen (3.15), (3.22) unter Benutzung der Cauchy–Schwarz'schen Ungleichung und des Spursatzes (Satz 3.4) wie folgt abschätzen:

$$\left| \int_{\partial\Omega} g_2 v\, d\sigma \right| \le \|g_2\|_{0,\partial\Omega} \|v|\partial\Omega\|_{0,\partial\Omega} \le C\|g_2\|_{0,\partial\Omega}\|v\|_1 \quad \text{für alle } v \in V$$

bzw.

$$\left| \int_{\partial\Omega} \alpha uv\, d\sigma \right| \le \|\alpha\|_{\infty,\partial\Omega} \|u|\partial\Omega\|_{0,\partial\Omega} \|v|\partial\Omega\|_{0,\partial\Omega} \le C^2 \|\alpha\|_{\infty,\partial\Omega}\|u\|_1\|v\|_1$$

für alle $u, v \in V$, wobei $C > 0$ die im Spursatz auftretende Konstante bezeichnet.

**Bedingungen für die $V$-Elliptizität von $a$**  Für den Nachweis der $V$-Elliptizität wird ähnlich wie in **(I)(B)** verfahren, allerdings ist jetzt die gemischte Randbedingung zu berücksichtigen. Es gilt nämlich für den konvektiven Term

$$\int_\Omega c \cdot \nabla u\, u\, dx = \frac{1}{2}\int_\Omega c \cdot \nabla u^2\, dx = -\frac{1}{2}\int_\Omega \nabla \cdot c\, u^2\, dx + \frac{1}{2}\int_{\partial\Omega} \nu \cdot c\, u^2\, d\sigma\,,$$

also

$$a(u,u) = \int_\Omega \left\{ K\nabla u \cdot \nabla u + \left(r - \frac{1}{2}\nabla \cdot c\right) u^2 \right\} dx + \int_{\partial\Omega} \left(\alpha + \frac{1}{2}\nu \cdot c\right) u^2\, d\sigma\,.$$

Dies zeigt, dass zusätzlich $\alpha + \frac{1}{2}\nu \cdot c \geq 0$ auf $\partial\Omega$ vorausgesetzt werden sollte. Ist in (3.17) $r_0 > 0$, so folgt die $V$-Elliptizität von $a$ unmittelbar. Gilt jedoch nur $r_0 \geq 0$, so hilft eine verfeinerte Variante der Poincaré'schen Ungleichung, die sogenannte *Friedrichs'sche Ungleichung*, weiter (siehe [23, Thm. 1.9]).

**Satz 3.13** *$\Omega \subset \mathbb{R}^d$ sei ein beschränktes Lipschitz-Gebiet und die Menge $\tilde{\Gamma} \subset \partial\Omega$ habe positives $(d-1)$-dimensionales Maß. Dann existiert eine Konstante $C_F > 0$, so dass für alle $v \in H^1(\Omega)$ gilt:*

$$\|v\|_1 \leq C_F \left\{ \int_{\tilde{\Gamma}} v^2 \, d\sigma + \int_\Omega |\nabla v|^2 \, dx \right\}^{1/2}. \tag{3.29}$$

Ist $\alpha + \frac{1}{2}\nu \cdot c \geq \alpha_0 > 0$ für $x \in \tilde{\Gamma} \subset \Gamma_2$, und besitzt $\tilde{\Gamma}$ ein positives $(d-1)$-dimensionales Maß, so reicht für die $V$-Elliptizität schon $r_0 \geq 0$ aus. Denn es gilt unter Verwendung von Satz 3.13

$$a(u,u) \geq k_0 |u|_1^2 + \alpha_0 \int_{\tilde{\Gamma}} u^2 \, d\sigma \geq \min\{k_0, \alpha_0\} \left\{ |u|_1^2 + \int_{\tilde{\Gamma}} u^2 \, d\sigma \right\} \geq C_5 \|u\|_1^2$$

mit $C_5 := C_F^{-2} \min\{k_0, \alpha_0\}$. Damit liegen Existenz und Eindeutigkeit einer Lösung analog zu Satz 3.12 vor.

**(III) Allgemeiner Fall**
Wir betrachten zunächst den Fall einer **homogenen Dirichlet-Randbedingung** auf $\Gamma_3$ mit $|\Gamma_3|_{d-1} > 0$. Hierzu definieren wir

$$V := \left\{ v \in H^1(\Omega) : \gamma_0(v) = 0 \text{ auf } \Gamma_3 \right\}. \tag{3.30}$$

$V$ ist ein abgeschlossener Teilraum des $H^1(\Omega)$, da die Spurabbildung $\gamma_0 : H^1(\Omega) \to L^2(\partial\Omega)$ und die Restriktion einer Funktion aus $L^2(\partial\Omega)$ auf $L^2(\Gamma_3)$ stetig sind.
Sei $u$ eine Lösung von (3.12), (3.18)–(3.20), das heißt, im Sinne des klassischen Lösungsbegriffes sei $u \in C^2(\Omega) \cap C^1(\bar{\Omega})$ und es gelten unter den Voraussetzungen (3.13), (3.21) die Differentialgleichung (3.12) punktweise in $\Omega$ und die Randbedingungen (3.18)–(3.20) punktweise auf den jeweiligen Teilstücken von $\partial\Omega$. Es kann aber auch hier der schwächere Fall betrachtet werden, dass unter den Voraussetzungen (3.14), (3.22) $u \in H^2(\Omega)$ gilt und die Differentialgleichung im Sinne des $L^2(\Omega)$ sowie die Randbedingungen (3.18)–(3.20) jeweils im Sinne des $L^2(\Gamma_j)$, $j = 1, 2, 3$, erfüllt sind.
Wie unter **(I)** folgt gemäß (3.11):

$$a(u,v) := \int_\Omega \{ K\nabla u \cdot \nabla v + c \cdot \nabla u\, v + r\, uv \} \, dx + \int_{\Gamma_2} \alpha\, uv \, d\sigma \tag{3.31}$$

$$= b(v) := \int_\Omega fv \, dx + \int_{\Gamma_1} g_1 v \, d\sigma + \int_{\Gamma_2} g_2 v \, d\sigma \quad \text{für alle } v \in V.$$

Unter den Voraussetzungen (3.15), (3.22) lassen sich die Stetigkeit von $b$ bzw. $a$ ((3.24) und (3.25)) analog zu **(II)** leicht nachweisen.

**Bedingungen für die $V$-Elliptizität von $a$** Für den Nachweis der $V$-Elliptizität wird ebenfalls ähnlich wie in **(II)** verfahren, allerdings sind jetzt die Randbedingungen komplizierter. Es gilt hier für den konvektiven Term

$$\int_\Omega c \cdot \nabla u \, u \, dx = -\frac{1}{2} \int_\Omega \nabla \cdot c \, u^2 \, dx + \frac{1}{2} \int_{\Gamma_1 \cup \Gamma_2} \nu \cdot c u^2 \, d\sigma \,,$$

also

$$a(u,u) = \int_\Omega \left\{ K \nabla u \cdot \nabla u + \left( r - \frac{1}{2} \nabla \cdot c \right) u^2 \right\} dx$$

$$+ \frac{1}{2} \int_{\Gamma_1} \nu \cdot c u^2 \, d\sigma + \int_{\Gamma_2} \left( \alpha + \frac{1}{2} \nu \cdot c \right) u^2 \, d\sigma \,.$$

Um die $V$-Elliptizität von $a$ garantieren zu können, benötigen wir noch neben den offensichtlichen Bedingungen

$$\nu \cdot c \geq 0 \quad \text{auf } \Gamma_1 \quad \text{und} \quad \alpha + \frac{1}{2} \nu \cdot c \geq 0 \quad \text{auf } \Gamma_2 \qquad (3.32)$$

eine Folgerung aus Satz 3.13.

**Folgerung 3.14** *Es sei $\Omega \subset \mathbb{R}^d$ ein beschränktes Lipschitz-Gebiet. $\tilde{\Gamma} \subset \partial\Omega$ habe positives $(d-1)$-dimensionales Maß. Dann existiert eine Konstante $C_F > 0$, so dass für alle $v \in H^1(\Omega)$ mit $v|_{\tilde{\Gamma}} = 0$ gilt*

$$\|v\|_0 \leq C_F \left\{ \int_\Omega |\nabla v|^2 \, dx \right\}^{1/2} = C_F |v|_1^2 \,.$$

Mit dieser Aussage erhalten wir die gleichen Ergebnisse wie im Fall der homogenen Dirichlet-Randbedingung auf ganz $\partial\Omega$.
Ist $|\Gamma_3|_{d-1} = 0$, so kann unter Verschärfung der Bedingungen (3.32) an $c$ bzw. $\alpha$ die Anwendung von Satz 3.13 nach dem Schema aus **(II)** zum Erfolg führen.

**Zusammenfassung**
Wir wollen nun eine Zusammenfassung unserer Betrachtungen für den Fall homogener Dirichlet-Bedingungen geben.

**Satz 3.15** *Sei $\Omega \subset \mathbb{R}^d$ ein beschränktes Lipschitz-Gebiet. Unter den Voraussetzungen (3.15), (3.16), (3.22) mit $g_3 = 0$ besitzt das Randwertproblem (3.12), (3.18)–(3.20) genau eine schwache Lösung $u \in V$, falls gilt:*

*1. $r - \frac{1}{2}\nabla \cdot c \geq 0$ in $\Omega$,*

*2. $\nu \cdot c \geq 0$ auf $\Gamma_1$,*

*3. $\alpha + \frac{1}{2}\nu \cdot c \geq 0$ auf $\Gamma_2$*

*4. und eine der folgenden Bedingungen zusätzlich erfüllt ist:*

*a)* $|\Gamma_3|_{d-1} > 0$,

*b)* *es gibt ein* $\tilde{\Omega} \subset \Omega$ *mit* $|\tilde{\Omega}|_d > 0$ *und* $r_0 > 0$, *so dass*
$r - \frac{1}{2}\nabla \cdot c \geq r_0$ *auf* $\tilde{\Omega}$,

*c)* *es gibt ein* $\tilde{\Gamma}_1 \subset \Gamma_1$ *mit* $|\tilde{\Gamma}_1|_{d-1} > 0$ *und* $c_0 > 0$, *so dass*
$\nu \cdot c \geq c_0$ *auf* $\tilde{\Gamma}_1$,

*d)* *es gibt ein* $\tilde{\Gamma}_2 \subset \Gamma_2$ *mit* $|\tilde{\Gamma}_2|_{d-1} > 0$ *und* $\alpha_0 > 0$, *so dass*
$\alpha + \frac{1}{2}\nu \cdot c \geq \alpha_0$ *auf* $\tilde{\Gamma}_2$.

**Bemerkung 3.16** Es sei darauf hingewiesen, dass es mit anderen Beweis-technikken möglich ist, die Bedingungen 4.b)–d) soweit abzuschwächen, dass nur noch gefordert wird:

*b)* $\left|\{x \in \Omega : r - \frac{1}{2}\nabla \cdot c > 0\}\right|_d > 0$,

*c)* $\left|\{x \in \Gamma_1 : \nu \cdot c > 0\}\right|_{d-1} > 0$,

*d)* $\left|\{x \in \Gamma_2 : \alpha + \frac{1}{2}\nu \cdot c > 0\}\right|_{d-1} > 0$.

Es sei aber auch noch betont, dass die Bedingungen in Satz 3.15 nur hinrei-chend sind, da bei der Frage der $V$-Elliptizität es auch möglich wäre, einen indefiniten Summanden durch einen „besonders definiten" Summanden aus-zugleichen. Die würde aber Bedingungen notwendig machen, in die die Kon-stanten $C_P$ und $C_F$ eingehen.

Bevor wir zur Behandlung inhomogener Dirichlet-Randbedingungen kom-men, soll die Anwendung des Satzes am Beispiel einer natürlichen Situation aus Kap. 0 illustriert werden.

Für den linearen, stationären Fall der Differentialgleichung (0.24) in der Form

$$\nabla \cdot (c\,u - K\nabla u) + \tilde{r}\,u = f$$

erhalten wir nach dem Ausdifferenzieren des konvektiven Gliedes und Um-ordnen

$$-\nabla \cdot (K\nabla u) + c \cdot \nabla u + (\nabla \cdot c + \tilde{r})\,u = f \,,$$

so dass mit $r := \nabla \cdot c + \tilde{r}$ gerade die Form (3.12) vorliegt. Der Rand $\partial\Omega$ bestehe nur aus den zwei Teilen $\Gamma_1$ und $\Gamma_2$. Bei $\Gamma_1$ handele es sich um einen *Ausflussrand* und bei $\Gamma_2$ um einen *Einflussrand*, das heißt, es gelten die Beziehungen

$$c \cdot \nu \geq 0 \quad \text{auf } \Gamma_1 \quad \text{und} \quad c \cdot \nu \leq 0 \quad \text{auf } \Gamma_2 \,.$$

Oft vorgeschriebene Randbedingungen lauten:

$$-(c\,u - K\nabla u) \cdot \nu = -\nu \cdot c\,u \quad \text{auf } \Gamma_1 \,,$$
$$-(c\,u - K\nabla u) \cdot \nu = g_2 \quad\quad \text{auf } \Gamma_2 \,.$$

Diesen liegen folgende Annahmen zugrunde: Auf dem Einflussrand $\Gamma_2$ wird die Normalkomponente des gesamten (Massen-)Flusses vorgeschrieben, auf dem Ausflussrand $\Gamma_1$, auf dem im Grenzfall $K = 0$ die Randbedingung weg-fallen würde, wird stattdessen nur gefordert:

- die Normalkomponente des gesamten (Massen-)Flusses ist stetig über $\Gamma_1$,
- der ambiente Massenfluss, das heißt außerhalb von $\Omega$, besteht nur aus einem konvektiven Anteil,
- die extensive Größe (zum Beispiel die Konzentration) ist stetig über $\Gamma_1$, das heißt, die ambiente Konzentration in $x$ ist ebenfalls gleich $u(x)$.

Also erhalten wir nach einer offensichtlichen Umformung in Übereinstimmung mit der Definition von $\Gamma_1$ und $\Gamma_2$ nach (3.18), (3.19) gerade die Neumann-Randbedingung (3.18) bzw. die gemischte Randbedingung (3.19):

$$K\nabla u \cdot \nu = 0 \quad \text{auf } \Gamma_1,$$
$$K\nabla u \cdot \nu + \alpha\, u = g_2 \quad \text{auf } \Gamma_2,$$

wobei $\alpha := -\nu \cdot c$ ist.
Nun können die Bedingungen aus Satz 3.15 nachgeprüft werden:
Es ist $r - \frac{1}{2}\nabla \cdot c = \tilde{r} + \frac{1}{2}\nabla \cdot c$, also muss für letzteren Ausdruck die Ungleichung in 1. und 4.b) gelten. Weiterhin ist die Forderung $\nu \cdot c \geq 0$ auf $\Gamma_1$ wegen der Charakterisierung des Ausflussrandes erfüllt. Wegen $\alpha + \frac{1}{2}\nu \cdot c = -\frac{1}{2}\nu \cdot c$ ist die Bedingung 3. auf Grund der Definition des Einflussrandes erfüllt.

Wir kommen nun zum Fall **inhomogener Dirichlet-Randbedingungen** ($|\Gamma_3|_{d-1} > 0$).
Diese Situation kann auf den Fall homogener Dirichlet-Bedingungen zurückgeführt werden, wenn es gelingt, ein (festes) Element $w \in H^1(\Omega)$ so zu wählen, dass (im Sinne der Spur) gilt:

$$\gamma_0(w) = g_3 \quad \text{auf } \Gamma_3. \tag{3.33}$$

Die Existenz eines solchen Elementes $w$ ist dabei eine notwendige Voraussetzung für die Existenz einer Lösung $\tilde{u} \in H^1(\Omega)$. Andererseits kann ein solches $w$ aber nur existieren, wenn $g_3$ im Bild der Abbildung

$$H^1(\Omega) \ni v \mapsto \gamma_0(v)|_{\Gamma_3} \in L^2(\Gamma_3)$$

liegt. Dies gilt jedoch nicht für alle $g_3 \in L^2(\Gamma_3)$, da das Bild des Spuroperators von $H^1(\Omega)$ eine echte Teilmenge von $L^2(\partial\Omega)$ ist.
Wir setzen daher die Existenz eines solchen Elementes $w$ voraus. Da bei der Herleitung (3.31) der Bilinearform $a$ und der Linearform $b$ nur die Homogenität der Dirichlet-Randbedingung der Testfunktionen eine Rolle spielt, erhalten wir zunächst mit dem Raum $V$ nach (3.30) und

$$\tilde{V} := \{ v \in H^1(\Omega) : \gamma_0(v) = g_3 \text{ auf } \Gamma_3 \} = \{ v \in H^1(\Omega) : v - w \in V \}$$

folgende variationelle Formulierung:
Gesucht ist ein $\tilde{u} \in \tilde{V}$ mit

$$a(\tilde{u}, v) = b(v) \quad \text{für alle } v \in V.$$

Diese Formulierung passt aber nicht in das theoretische Konzept aus Abschn. 3.1, da die Menge $\tilde{V}$ kein linearer Raum ist.
Setzt man nun $\tilde{u} := u + w$ an, so ist sie äquivalent zu:
Gesucht ist ein $u \in V$ mit

$$a(u,v) = b(v) - a(w,v) =: \tilde{b}(v) \quad \text{für alle } v \in V. \qquad (3.34)$$

Damit liegt eine variationelle Formulierung für den Fall inhomogenener Dirichlet-Randbedingungen vor, welche die in der Theorie geforderte Form besitzt.

**Bemerkung 3.17** In der Existenzaussage von Satz 3.1 wird nur gefordert, dass $b$ eine stetige Linearform auf $V$ sein soll.
Für $d = 1$ und $\Omega = (a,b)$ gilt dies beispielsweise auch für die spezielle Linearform

$$\delta_\gamma(v) := v(\gamma) \quad \text{für } v \in H^1(a,b),$$

wobei $\gamma \in (a,b)$ beliebig, aber fest gewählt sei, denn nach Lemma 3.4 ist der Raum $H^1(a,b)$ stetig in den Raum $C[a,b]$ eingebettet.
Für $d = 1$ sind also auch Punktquellen erlaubt ($b = \delta_\gamma$).
Für $d \geq 2$ gilt dies jedoch nicht, weil $H^1(\Omega) \not\subset C(\bar{\Omega})$.

Abschließend wollen wir noch einmal die **Generalvoraussetzungen** angeben, unter denen die variationelle Formulierung des Randwertproblemes (3.12), (3.18)–(3.20) im Raum (3.30)

$$V = \{v \in H^1(\Omega) : \gamma_0(v) = 0 \text{ auf } \Gamma_3\}$$

den Bedingungen des Satzes von Lax–Milgram (Satz 3.1) genügende Eigenschaften besitzt:

- $\Omega \subset \mathbb{R}^d$ ist ein beschränktes Lipschitz-Gebiet.
- $k_{ij}, c_i, \nabla \cdot c, r \in L^\infty(\Omega)$, $f \in L^2(\Omega)$, $i,j \in \{1,\dots,d\}$, und, falls $|\Gamma_1 \cup \Gamma_2|_{d-1} > 0$, $\nu \cdot c \in L^\infty(\Gamma_1 \cup \Gamma_2)$ (das heißt (3.15)),
- Es existiert eine Konstante $k_0 > 0$, so dass in $\Omega$ gilt: $\xi \cdot K(x)\xi \geq k_0|\xi|^2$ für alle $\xi \in \mathbb{R}^d$ (das heißt (3.16)),
- $g_j \in L^2(\Gamma_j)$, $j = 1,2,3$, $\alpha \in L^\infty(\Gamma_2)$ (das heißt (3.22)).
- Es gilt:
  1. $r - \frac{1}{2}\nabla \cdot c \geq 0$ in $\Omega$,
  2. $\nu \cdot c \geq 0$ auf $\Gamma_1$,
  3. $\alpha + \frac{1}{2}\nu \cdot c \geq 0$ auf $\Gamma_2$.
  4. und eine der folgenden Bedingungen ist zusätzlich erfüllt:
     a) $|\Gamma_3|_{d-1} > 0$,
     b) es gibt ein $\tilde{\Omega} \subset \Omega$ mit $|\tilde{\Omega}|_d > 0$ und $r_0 > 0$, so dass $r - \frac{1}{2}\nabla \cdot c \geq r_0$ auf $\tilde{\Omega}$,
     c) es gibt ein $\tilde{\Gamma}_1 \subset \Gamma_1$ mit $|\tilde{\Gamma}_1|_{d-1} > 0$ und $c_0 > 0$, so dass $\nu \cdot c \geq c_0$ auf $\tilde{\Gamma}_1$,

d) es gibt ein $\tilde{\Gamma}_2 \subset \Gamma_2$ mit $|\tilde{\Gamma}_2|_{d-1} > 0$ und $\alpha_0 > 0$, so dass $\alpha + \frac{1}{2}\nu \cdot c \geq \alpha_0$ auf $\tilde{\Gamma}_2$.

- Ist $|\Gamma_3|_{d-1} > 0$, so existiert ein $w \in H^1(\Omega)$ mit $\gamma_0(w) = g_3$ auf $\Gamma_3$ (das heißt (3.33)).

### 3.2.2 Ein Beispiel für eine Randwertaufgabe 4. Ordnung

Das Dirichlet-Problem für die *biharmonische Gleichung* lautet:
Gesucht ist ein $u \in C^4(\Omega) \cap C^1(\bar{\Omega})$ mit

$$\begin{cases} \Delta^2 u = f & \text{in } \Omega, \\ u = \partial_\nu u = 0 & \text{auf } \partial\Omega, \end{cases} \tag{3.35}$$

wobei

$$\Delta^2 u := \Delta(\Delta u) = \sum_{i,j=1}^{d} \partial_i^2 \left(\partial_j^2 u\right).$$

Im Fall $d = 1$ reduziert sich dies zu $\Delta^2 u = u^{(4)}$.
Für $u, v \in H^2(\Omega)$ folgt aus Satz 3.8, Korollar 3.9

$$\int_\Omega (u\,\Delta v - \Delta u\, v)\, dx = \int_{\partial\Omega} \{u\,\partial_\nu v - \partial_\nu u\, v\} d\sigma$$

und somit für $u \in H^4(\Omega)$, $v \in H^2(\Omega)$ (indem wir in obiger Gleichung $u$ durch $\Delta u$ ersetzen)

$$\int_\Omega \Delta u\, \Delta v\, dx = \int_\Omega \Delta^2 u\, v\, dx - \int_{\partial\Omega} \partial_\nu \Delta u\, v\, d\sigma + \int_{\partial\Omega} \Delta u\, \partial_\nu v\, d\sigma.$$

Wir definieren für ein Lipschitz-Gebiet $\Omega$

$$H_0^2(\Omega) := \left\{ v \in H^2(\Omega) \mid v = \partial_\nu v = 0 \text{ auf } \partial\Omega \right\}$$

und bekommen damit die variationelle Formulierung für (3.35) im Raum $V := H_0^2(\Omega)$:
Gesucht ist ein $u \in V$, so dass gilt:

$$a(u,v) := \int_\Omega \Delta u\, \Delta v\, dx = b(v) := \int_\Omega fv\, dx \quad \text{für alle } v \in V.$$

Allgemeiner erhält man zu einer Randwertaufgabe der Ordnung $2m$ in konservativer Form eine variationelle Formulierung in $H^m(\Omega)$ bzw. $H_0^m(\Omega)$.

### 3.2.3 Regularität von Randwertaufgaben

In Abschn. 3.2.1 wurden Bedingungen angegeben, unter denen lineare elliptische Randwertaufgaben eine eindeutige Lösung $u$ (bzw. $\tilde{u}$) in einem Teilraum $V$ von $H^1(\Omega)$ besitzen. In vielen Fällen, zum Beispiel bei der Interpolation dieser Lösung oder in Zusammenhang mit Fehlerabschätzungen (auch in anderen Normen als in der $\|\cdot\|_V$-Norm), reicht es aber nicht aus, dass $u$ (bzw. $\tilde{u}$) nur schwache Ableitungen in $L^2(\Omega)$ besitzen.

Daher muss im Rahmen der sogenannten Regularitätstheorie die Frage beantwortet werden, unter welchen Voraussetzungen die schwache Lösung beispielsweise in $H^2(\Omega)$ liegt. Diese zusätzlichen Voraussetzungen enthalten im Allgemeinen Forderungen an

- die Glattheit des Gebietsrandes,
- die Form des Gebietes,
- die Glattheit der Koeffizienten und der rechten Seiten der Differentialgleichung und der Randbedingungen,
- die Art des Überganges von Randbedingungen an jenen Stellen, wo der Typ wechselt,

die in ihrer Gesamtheit recht einschränkend sein können. Deshalb wird im Weiteren häufig lediglich die benötigte Glattheit vorausgesetzt. Exemplarisch soll hier ein Regularitätsresultat zitiert werden ([11, Thm. 8.12]).

**Satz 3.18** *Es seien $\Omega$ ein beschränktes $C^2$-Gebiet und $\Gamma_3 = \partial\Omega$. Ferner gelte $k_{ij} \in C^1(\bar{\Omega})$, $c_i, r \in L^\infty(\Omega)$, $f \in L^2(\Omega)$, $i, j \in \{1, \dots, d\}$ sowie (3.16). Es existiere eine Funktion $w \in H^2(\Omega)$ mit $\gamma_0(w) = g_3$ auf $\Gamma_3$. Sei $\tilde{u} = u + w$ und $u$ Lösung von (3.34). Dann gilt $\tilde{u} \in H^2(\Omega)$ und*

$$\|\tilde{u}\|_2 \le C\{\|u\|_0 + \|f\|_0 + \|w\|_2\}$$

*mit einer Konstanten $C > 0$ unabhängig von $u, f, w$.*

An diesem Resultat ist nachteilig, dass polyedrisch berandete Gebiete ausgeschlossen sind. Es kann auf diesen Fall übertragen werden, wenn zusätzlich die Konvexität von $\Omega$ vorausgesetzt wird. Einfache Beispiele von Randwertaufgaben auf Gebieten mit einspringenden Ecken zeigen, dass auf derartige Zusatzvoraussetzungen nicht verzichtet werden kann (siehe Übungsaufgabe 3.5).

## 3.3 Elementtypen und affin-äquivalente Triangulierungen

Um auf die in den Abschnitten 3.1 und 3.2 entwickelte Theorie aufbauen zu können nehmen wir als Voraussetzung an, dass $\Omega$ ein Lipschitz-Gebiet ist.

Die Finite-Element-Diskretisierung der Randwertaufgabe (3.12) mit den Randbedingungen (3.18)–(3.20) entspricht der Durchführung einer Galerkin-Approximation (vgl. (2.22)) für die Variationsgleichung (3.34) mit der Bilinearform $a$ und der Linearform $b$, die wie in (3.31) definiert seien, und einem $w \in H^1(\Omega)$ mit der Eigenschaft $w = g_3$ auf $\Gamma_3$. Die Lösung der schwachen Formulierung der Randwertaufgabe ergibt sich dann als $\tilde{u} := u + w$.

Da die Bilinearform $a$ im Allgemeinen nicht symmetrisch ist, sind (2.20) bzw. (2.22) (Variationsgleichung) nicht mehr äquivalent zu (2.21) bzw. (2.23) (Minimierungsproblem), so dass im Folgenden nur noch der erste, allgemeinere Ansatz verfolgt wird.

Die Galerkin-Approximation der Variationsgleichung (3.34) lautet: Gesucht ist ein $u \in V_h$ mit

$$a(u_h, v) = b(v) - a(w, v) = \tilde{b}(v) \quad \text{für alle } v \in V_h . \tag{3.36}$$

Der zu definierende Ansatzraum $V_h$ muss $V_h \subset V$ erfüllen. Man spricht daher auch von einer *konformen* Finite-Element-Diskretisierung, während bei einer *nichtkonformen* Diskretisierung zum Beispiel diese Eigenschaft verletzt sein kann. Der Ansatzraum wird stückweise in Bezug auf eine Triangulierung $\mathcal{T}_h$ von $\Omega$ definiert mit dem Ziel, kleine Träger bei den Basisfunktionen zu erreichen. Eine Triangulierung in zwei Raumdimensionen bestehend aus Dreiecken wurde schon in Definition (2.24) definiert. Die Verallgemeinerung in $d$ Raumdimensionen lautet:

**Definition 3.19** Eine *Triangulierung* $\mathcal{T}_h$ einer Menge $\Omega \subset \mathbb{R}^d$ besteht aus endlich vielen Teilmengen $K$ von $\Omega$, mit folgenden Eigenschaften:

(T1) Jedes $K \in \mathcal{T}_h$ ist abgeschlossen.

(T2) Für jedes $K \in \mathcal{T}_h$ ist sein nichtleeres Inneres $\text{int}(K)$ ein Lipschitz-Gebiet.

(T3) $\overline{\Omega} = \cup_{K \in \mathcal{T}_h} K$.

(T4) Für verschiedene $K_1$ und $K_2$ aus $\mathcal{T}_h$ ist der Schnitt von $\text{int}(K_1)$ und $\text{int}(K_2)$ leer.

Die Mengen $K \in \mathcal{T}_h$, im Folgenden etwas ungenau auch *Elemente* genannt, bilden also eine Zerlegung von $\overline{\Omega}$, ohne sich zu überlappen. Die Formulierung ist hier so allgemein gewählt, weil in Abschn. 3.8 auch krummlinig berandete Elemente behandelt werden. Es fehlt in Definition 3.19 noch eine Bedingung, die der Eigenschaft (3) aus Definition (2.24) entspricht. Wir werden diese konkret für die einzelnen Elementtypen im Folgenden formulieren. Der Parameter $h$ ist ein Maß für die Größe aller Elemente und wird meistens als

$$h = \max \left\{ \text{diam}(K) \mid K \in \mathcal{T}_h \right\}$$

gewählt, das heißt zum Beispiel bei Dreiecken ist $h$ die Länge der größten auftretenden Dreiecksseite.

Für einen gegebenen Vektorraum $V_h$ sei

$$P_K := \{v|_K \mid v \in V_h\} \quad \text{für } K \in \mathcal{T}_h , \tag{3.37}$$

das heißt

$$V_h \subset \{v : \Omega \to \mathbb{R} \mid v|_K \in P_K \text{ für alle } K \in \mathcal{T}_h\} .$$

Im Beispiel der „linearen Dreiecke" aus (2.26) ff ist $P_K = \mathcal{P}_1$, die Polynome 1. Grades. Bei den nachfolgenden Definitionen wird immer der Raum $P_K$ aus Polynomen oder aus glatten, „polynomähnlichen" Funktionen bestehen, so dass wir von $P_K \subset H^1(K) \cap C(K)$ ausgehen können. Hierbei ist $H^1(K)$ eine Kurzschreibweise für $H^1(\text{int}(K))$. Gleiches gilt für ähnliche Bezeichnungen. Wie der folgende Satz zeigt, müssen daher für einen konformen Ansatzraum $V_h \subset V$ dessen Elemente $v \in V_h$ stetig sein:

**Satz 3.20** *Sei $P_K \subset H^1(K) \cap C(K)$ für alle $K \in \mathcal{T}_h$, dann gilt:*

$$V_h \subset C(\bar{\Omega}) \iff V_h \subset H^1(\Omega)$$

*bzw. für $V_{0h} := \{v \in V_h \mid v = 0 \text{ auf } \partial\Omega\} \subset H_0^1(\Omega)$*

$$V_{0h} \subset C(\bar{\Omega}) \iff V_{0h} \subset H_0^1(\Omega) .$$

**Beweis:** Siehe zum Beispiel [5, Satz 5.2(S. 60)], bzw. [7, Thm. 5.1(S. 62)] oder auch Übungsaufgabe 3.6.    □

Gilt $V_h \subset C(\bar{\Omega})$, so spricht man auch von $C^0$-*Elementen*, wobei man damit also nicht nur die $K \in \mathcal{T}_h$ meint, sondern diese versehen denkt mit dem lokalen Ansatzraum $P_K$ (und den noch einzuführenden Freiheitsgraden). Für eine Randwertaufgabe 4. Ordnung ist für einen konformen Finite-Element-Ansatz $V_h \subset H^2(\Omega)$ und so die Forderung $V_h \subset C^1(\bar{\Omega})$ nötig. Dies erfordert analog zu Satz 3.20 also sogenannte $C^1$-*Elemente*. Unter *Freiheitsgraden* verstehen wir endlich viele Werte, die sich für ein $v \in P_K$ durch Auswertung linearer Funktionale auf $P_K$ ergeben. Die Menge dieser Funktionale wird mit $\Sigma_K$ bezeichnet. Im Folgenden werden dies im Wesentlichen, wie auch im Beispiel aus (2.26) ff Funktionswerte an festen Punkten des Elements $K$ sein. Wir nennen diese Punkte *Knoten*. (Manchmal wird dieser Begriff nur für die Ecken der Elemente benutzt, die zumindest in unseren Beispielen immer Knoten sind.) Sind die Freiheitsgrade nur Funktionswerte, spricht man von *Lagrange-Elementen* und gibt $\Sigma$ durch die betreffenden Knoten des Elements an. Andere mögliche Freiheitsgrade sind Werte von Ableitungen an festen Knoten oder auch Integrale. Ableitungswerte sind notwendig, wenn man $C^1$-Elemente erhalten will.

Wie für das Beispiel aus (2.26) ff (vgl. Lemma 2.10) wird $V_h$ durch Angabe von $P_K$ und von Freiheitsgraden auf $K$ für $K \in \mathcal{T}_h$ definiert. Diese müssen so sein, dass sie zum einen die Stetigkeit von $v \in V_h$ und zum anderen das Erfüllen von homogenen Dirichlet-Randbedingungen aus Bedingungen an den Knoten erzwingen. Dazu ist eine Kompatibilität von Dirichlet-Randbedingung und Triangulierung nötig, wie sie in (T6) gefordert wird.

Wie aus dem Beweis von Lemma 2.10 ersichtlich wird, ist wesentlich,

(F1)    dass die durch die Freiheitsgrade auf $K \in \mathcal{T}_h$ lokal definierte Interpolationsaufgabe in $P_K$ eindeutig lösbar ist,    (3.38)

(F2)    dass dies auch auf den $(d-1)$-dimensionalen Randflächen $F$ von $K \in \mathcal{T}_h$ für die Freiheitsgrade aus $F$ und $v|_F$ für $v \in P_K$ gilt; dies sichert dann die Stetigkeit von $v \in V_h$, wenn $P_K$ und $P_{K'}$ für die in $F$ zusammenstoßenden $K, K' \in \mathcal{T}_h$ zusammenpassen im Sinn von $P_K|_F = P_{K'}|_F$.    (3.39)

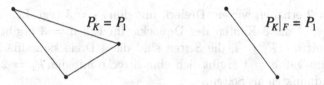

$$P_K = P_1 \qquad\qquad P_K|_F = P_1$$

**Abb. 3.2.** Verträglichkeit von Ansatzraum auf Randfläche und Freiheitsgraden dort

Die folgenden *finiten Elemente*, definiert durch ihr Grundgebiet $K (\in \mathcal{T}_h)$, den lokalen Ansatzraum $P_K$ und die Freiheitsgrade $\Sigma_K$, erfüllen diese Eigenschaften.

Dazu sei $\mathcal{P}_k(K)$ die Menge der Abbildungen $p : K \to \mathbb{R}$ der folgenden Gestalt:

$$p(x) = p(x_1, \ldots, x_d) = \sum_{|\alpha| \le k} \gamma_{\alpha_1 \ldots \alpha_d} x_1^{\alpha_1} \cdots x_d^{\alpha_d} = \sum_{|\alpha| \le k} \gamma_\alpha x^\alpha, \qquad (3.40)$$

also die Polynome $k$-ten Grades in $d$ Variablen. Die Menge $\mathcal{P}_k(K)$ bildet einen Vektorraum, und da $p \in \mathcal{P}_k(K)$ beliebig oft differenzierbar ist, ist $\mathcal{P}_k(K)$ Teilraum aller bisher eingeführten Funktionenräume (sofern nicht Randbedingungen zu deren Definition gehören).

Für die folgenden Mengen $K$ gilt, da ihr Inneres nicht leer ist

$$\dim \mathcal{P}_k(K) = \dim \mathcal{P}_k(\mathbb{R}^d) = \binom{d+k}{k}. \qquad (3.41)$$

(siehe Übungsaufgabe 3.9). Wir schreiben daher auch kurz $\mathcal{P}_1 = \mathcal{P}_1(K)$, wenn die Dimension des Grundraums feststeht.

Wir beginnen mit *simplizialen finiten Elementen*, das heißt Elementen, deren Grundgebiet ein reguläres $d$-Simplex des $\mathbb{R}^d$ ist. Damit ist Folgendes gemeint:

**Definition 3.21** Eine Menge $K \subset \mathbb{R}^d$ heißt *reguläres $d$-Simplex*, wenn es $d+1$ verschiedene Punkte $a_1, \ldots, a_{d+1} \in \mathbb{R}^d$ gibt, die Ecken von $K$, so dass

$$a_2 - a_1, \ldots, a_{d+1} - a_1 \qquad \text{linear unabhängig sind} \qquad (3.42)$$

(das heißt $a_1, \ldots, a_{d+1}$ liegen nicht in einer Hyperebene) und

$$K = \text{conv}\,\{a_1, \ldots, a_{d+1}\}$$

$$:= \left\{ x = \sum_{i=1}^{d+1} \lambda_i a_i \;\Big|\; 0 \le \lambda_i (\le 1),\; \sum_{i=1}^{d+1} \lambda_i = 1 \right\} \tag{3.43}$$

$$= \left\{ x = a_1 + \sum_{i=2}^{d+1} \lambda_i (a_i - a_1) \;\Big|\; \lambda_i \ge 0,\; \sum_{i=2}^{d+1} \lambda_i \le 1 \right\}.$$

Eine *Seite* von $K$ ist ein durch $d$ Punkte aus $\{a_1, \ldots, a_{d+1}\}$ definierter $(d-1)$-Simplex.

Im Fall $d = 2$ erhalten wir ein Dreieck mit $\dim \mathcal{P}_1 = 3$ (vgl. Lemma 2.10). Die Seiten sind die 3 Kanten des Dreiecks. Im Fall $d = 3$ ergibt sich ein Tetraeder mit $\dim \mathcal{P}_1 = 4$, die Seiten sind die 4 Dreiecksrandflächen, und schließlich im Fall $d = 1$ ergibt sich eine Strecke mit $\dim \mathcal{P}_1 = 2$ mit den beiden Randpunkten als Seiten.

Genau genommen wird also eine Seite nicht als Teilmenge von $\mathbb{R}^d$ aufgefasst, sondern von einem $(d-1)$-dimensionalen Raum, der zum Beispiel bei den definierenden Punkten $a_1, \ldots, a_d$ von den Vektoren $a_2 - a_1, \ldots, a_d - a_1$ aufgespannt wird.

Manchmal betrachten wir auch *degenerierte d-Simplizes*, bei denen die Forderung der linearen Unabhängigkeit (3.42) wegfällt. Wir betrachten zum Beispiel eine Strecke im zweidimensionalen Raum, wie sie als Randkante eines Dreieckselements auftritt. In einer eindimensionalen Parametrisierung ist sie ein reguläres 1-Simplex, im $\mathbb{R}^2$ aber ein degeneriertes 2-Simplex.

Die eindeutigen Koeffizienten $\lambda_i = \lambda_i(x)$, $i = 1, \ldots, d+1$, in (3.43) heißen *baryzentrische Koordinaten* von $x$. Dies definiert Abbildungen $\lambda_i : K \to \mathbb{R}$, $i = 1, \ldots, d+1$.

Wir fassen $a_j$ als Spalte einer Matrix auf, das heißt für $j = 1, \ldots, d$: $a_j = (a_{ij})_{i=1,\ldots,d}$. Die definierenden Bedingungen für die $\lambda_i = \lambda_i(x)$ lassen sich dann als $(d+1) \times (d+1)$ Gleichungssystem schreiben:

$$\left. \begin{array}{l} \displaystyle\sum_{j=1}^{d+1} a_{ij} \lambda_j = x_i \\[2mm] \displaystyle\sum_{j=1}^{d+1} \lambda_j = 1 \end{array} \right\} \Leftrightarrow B\lambda = \begin{pmatrix} x \\ 1 \end{pmatrix} \quad \text{für} \tag{3.44}$$

$$B = \begin{pmatrix} a_{11} & \cdots & a_{1,d+1} \\ \vdots & \ddots & \vdots \\ a_{d1} & \cdots & a_{d,d+1} \\ 1 & \cdots & 1 \end{pmatrix}. \tag{3.45}$$

Die Matrix $B$ ist wegen der Voraussetzung (3.42) nichtsingulär, das heißt $\lambda(\dot{x}) = B^{-1} \binom{x}{1}$ und damit

$$\lambda_i(x) = \sum_{j=1}^{d} c_{ij}x_j + c_{i,d+1} \quad \text{für alle} \quad i = 1, \dots, d+1\,,$$

wobei $C = (c_{ij})_{ij} := B^{-1}$.

Somit sind die $\lambda_i$ affin-linear, also $\lambda_i \in \mathcal{P}_1$. Die Niveauflächen $\{x \in K \mid \lambda_i(x) = \mu\}$ entsprechen den Schnitten von Hyperebenen mit dem Simplex $K$. Die Niveauflächen für verschiedene $\mu_1$ und $\mu_2$ sind parallel zueinander, das heißt insbesondere zu der Niveaufläche zu $\mu = 0$, die der durch die Ecken mit Auslassung von $a_i$ definierten Seite entspricht.

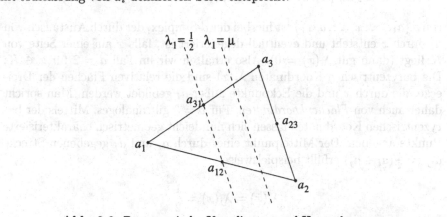

**Abb. 3.3.** Baryzentrische Koordinaten und Hyperebenen

Die baryzentrischen Koordinaten können mittels (3.44) für beliebige $x \in \mathbb{R}^d$ definiert werden (bezogen auf einen festen $d$-Simplex $K$). Dann gilt

$$x \in K \iff 0 \le \lambda_i(x) \le 1 \quad \text{für alle } i = 1, \dots, d+1\,.$$

Indem wir die Cramer'sche Regel auf das Gleichungssystem $B\lambda = \binom{x}{1}$ anwenden, erhalten wir für die $i$-te Koordinate der baryzentrischen Koordinaten

$$\lambda_i(x) = \frac{1}{\det(B)} \det \begin{pmatrix} a_{11} & \cdots & x_1 & \cdots & a_{1,d+1} \\ \vdots & & \vdots & & \vdots \\ a_{d1} & \cdots & x_d & \cdots & a_{d,d+1} \\ 1 & \cdots & 1 & \cdots & 1 \end{pmatrix}.$$

Hierbei ist also in der i-ten Spalte $a_i$ durch $x$ ersetzt worden. Da allgemein

$$\mathrm{vol}\,(K) = \mathrm{vol}\,(\hat{K})\,|\det(B)| \tag{3.46}$$

gilt (vgl. (2.49)), folgt für das Volumen des $d$-Simplex $K = \mathrm{conv}\,\{a_1, \dots, a_{d+1}\}$

$$\mathrm{vol}\,(K) = \frac{1}{d!} \left| \det \begin{pmatrix} a_{11} & \cdots & a_{1,d+1} \\ \vdots & \ddots & \vdots \\ a_{d1} & \cdots & a_{d,d+1} \\ 1 & \cdots & 1 \end{pmatrix} \right|$$

und hieraus

$$\lambda_i(x) = \pm \frac{\text{vol}\,(\text{conv}\,\{a_1, \ldots, x, \ldots, a_{d+1}\})}{\text{vol}\,(\text{conv}\,\{a_1, \ldots, a_i, \ldots, a_{d+1}\})}\,. \tag{3.47}$$

Das Vorzeichen wird durch die Anordnung der Koordinaten bestimmt.
In $d = 2$ gilt etwa

$$\text{vol}\,(K) = \det(B)/2$$

$\iff$ $a_1, a_2, a_3$ positiv (das heißt gegen den Uhrzeigersinn) angeordnet .

conv $\{a_1, \ldots, x, \ldots, a_{d+1}\}$ ist hierbei der $d$-Simplex, der durch Austausch von $a_i$ durch $x$ entsteht und eventuell degeneriert ist, falls $x$ auf einer Seite von $K$ liegt (dann gilt $\lambda_i(x) = 0$). Also erhalten wir im Fall $d = 2$ für $x \in K$: Die baryzentrischen Koordinaten $\lambda_i(x)$ sind die relativen Flächen der Dreiecke, die durch $x$ und die Eckpunkte außer $a_i$ gebildet werden. Man spricht daher auch von *Flächenkoordinaten*. Für $d = 3$ gilt analoges. Mittels der baryzentrischen Koordinaten lassen sich nun leicht geometrisch charakterisierte Punkte angeben. Der Mittelpunkt einer durch $a_i$ und $a_j$ gegebenen Strecke $a_{ij} := \frac{1}{2}\,(a_i + a_j)$ erfüllt beispielsweise

$$\lambda_i(x) = \lambda_j(x) = \frac{1}{2}\,.$$

Unter dem *Schwerpunkt* eines $d$-Simplex versteht man

$$a_S := \frac{1}{d+1}\sum_{i=1}^{d+1} a_i\,, \quad \text{also } \lambda_i(a_S) = \frac{1}{d+1}\ \text{für alle } i = 1, \ldots, d+1\,. \tag{3.48}$$

Die geometrische Interpretation ergibt sich sofort aus obigen Überlegungen.

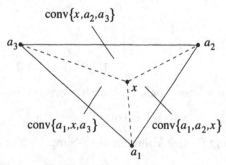

**Abb. 3.4.** Baryzentrische Koordinaten als Flächenkoordinaten

Sei im Folgenden conv $\{a_1, \ldots, a_{d+1}\}$ ein reguläres $d$-Simplex. Wir definieren

**Finites Element: Linearer Ansatz im Simplex:**

$$K = \text{conv}\ \{a_1, \ldots, a_{d+1}\}$$
$$P = \mathcal{P}_1(K) \tag{3.49}$$
$$\Sigma = \{p(a_i),\ i = 1, \ldots, d+1\}\ .$$

Die *lokale Interpolationsaufgabe auf P, gegeben durch die Freiheitsgrade* $\Sigma$:

Finde zu $u_1, \ldots, u_{d+1} \in \mathbb{R}$ ein $p \in P$, so dass

$$p(a_i) = u_i \quad \text{für alle} \quad i = 1, \ldots, d+1\ ,$$

lässt sich auffassen als die Frage nach dem Urbild einer linearen Abbildung von $P$ nach $\mathbb{R}^{|\Sigma|}$. Wegen (3.41) gilt:

$$|\Sigma| = d + 1 = \dim P\ .$$

Da also beide Vektorräume gleiche Dimension haben, ist die Lösbarkeit der Interpolationsaufgabe äquivalent mit der Eindeutigkeit der Lösung. Diese Überlegung gilt unabhängig von der Art der Freiheitsgrade (solange diese lineare Funktionale auf $P$ sind). Wir brauchen also nur die Lösbarkeit der Interpolationsaufgabe zu klären. Diese erhält man durch Angabe von

$$N_1, \ldots, N_{d+1} \in P \quad \text{mit } N_i(a_j) = \delta_{ij} \quad \text{für alle } i, j = 1, \ldots, d+1\ ,$$

den sogenannten *Formfunktionen* (siehe (2.28) für $d = 2$). Die Lösung der Interpolationsaufgabe ist dann nämlich

$$p(x) = \sum_{i=1}^{d+1} u_i N_i(x) \tag{3.50}$$

und analog im Folgenden, das heißt die Formfunktionen bilden eine Basis von $P$ und die Koeffizienten in der Darstellung der interpolierenden Funktion sind gerade die Freiheitsgrade $u_1, \ldots, u_{d+1}$.
Die Angabe von Formfunktionen ist nach obigen Betrachtungen aber leicht möglich durch Wahl von

$$N_i = \lambda_i\ .$$

**Finites Element: Quadratischer Ansatz im Simplex:** Hier gilt

$$K = \text{conv}\ \{a_1, \ldots, a_{d+1}\}$$
$$P = \mathcal{P}_2(K) \tag{3.51}$$
$$\Sigma = \{p(a_i), p(a_{ij}), \quad i = 1, \ldots, d+1,\ i < j \le d+1\}\ ,$$

wobei die $a_{ij}$ die Seitenmitten bezeichnen.
Da auch hier gilt

$$|\Sigma| = \frac{(d+1)(d+2)}{2} = \dim P \,,$$

reicht die Angabe von Formfunktionen. Diese ergeben sich als

$$\lambda_i \,(2\lambda_i - 1) \,, \quad i = 1, \ldots, d+1 \,,$$
$$4\lambda_i \lambda_j \quad , \quad i, j = 1, \ldots, d+1, \ i < j \,.$$

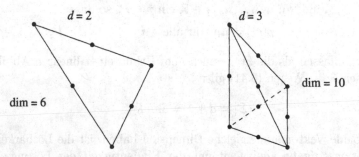

**Abb. 3.5.** Quadratische simpliziale Elemente

Möchte man Polynome höheren Grades als lokale Ansatzfunktionen haben, aber weiterhin ein Lagrange-Element haben, treten auch Freiheitsgrade im Inneren von $K$ auf:

**Finites Element: Kubischer Ansatz im Simplex:**

$$K = \text{conv} \{a_1, \ldots, a_{d+1}\}$$
$$P = \mathcal{P}_3(K) \tag{3.52}$$
$$\Sigma = \{p(a_i), p(a_{i,i,j}), p(a_{i,j,k})\} \,,$$

wobei

$$a_{i,i,j} := \frac{2}{3}a_i + \frac{1}{3}a_j \qquad \text{für} \quad i,j = 1, \ldots, d+1, \ i \neq j \,,$$

$$a_{i,j,k} := \frac{1}{3}(a_i + a_j + a_k) \quad \text{für} \quad i,j,k = 1, \ldots, d+1, \ i < j < k \,.$$

Da auch hier $|\Sigma| = \dim P$ gilt, reicht die Angabe von Formfunktionen, was möglich ist durch

$$\frac{1}{2}\lambda_i(3\lambda_i - 1)(3\lambda_i - 2) \,, \quad i = 1, \ldots, d+1 \,,$$

$$\frac{9}{2}\lambda_i \lambda_j(3\lambda_i - 1) \quad , \quad i,j = 1, \ldots, d+1, \ i \neq j \,,$$

$$27\lambda_i \lambda_j \lambda_k \quad , \quad i,j,k = 1, \ldots, d+1, \ i < j < k \,.$$

Für $d = 2$ tritt also der Wert im Schwerpunkt als Freiheitsgrad auf. Auf diesen bzw. allgemein auf die bei $a_{i,j,k}, i < j < k$, kann aber verzichtet werden, wenn der Ansatzraum $P$ verkleinert wird (siehe [7, S. 70 ff.]).

Alle bisher besprochenen finiten Elemente haben Freiheitsgrade, die an Konvexkombinationen von Ecken definiert sind. Zwei reguläre $d$-Simplizes können andererseits durch ein eindeutiges affin-lineares $F$, das heißt $F \in \mathcal{P}_1$, bijektiv aufeinander abgebildet werden, so dass als definierende Bedingung die Ecken der Simplizes aufeinander abgebildet werden. Wählen wir neben einem allgemeinen Simplex $K$ das *Referenzelement* $\hat{K}$, definiert durch

$$\hat{K} = \mathrm{conv}\,\{\hat{a}_1, \ldots, \hat{a}_{d+1}\} \text{ mit } \hat{a}_1 = 0,\ \hat{a}_{i+1} = e_i,\ i = 1, \ldots, d\,, \quad (3.53)$$

dann ist $F = F_K : \hat{K} \to K$ definiert durch

$$F(\hat{x}) = B\hat{x} + a_1 \quad (3.54)$$

mit $B = (a_2 - a_1, \ldots, a_{d+1} - a_1)$.

Da für $F$ gilt

$$F\left(\sum_{i=1}^{d+1} \lambda_i \hat{a}_i\right) = \sum_{i=1}^{d+1} \lambda_i F(\hat{a}_i) \quad \text{für} \quad \lambda_i \geq 0,\ \sum_{i=1}^{d+1} \lambda_i = 1\,,$$

ist $F$ tatsächlich eine Bijektion, die auch die Knoten der Freiheitsgrade aufeinander abbildet und ebenso die Seiten der Simplizes. Da auch die Ansatzräume $P$ und $\hat{P}$ unter der Transformation $F_K$ unverändert bleiben, sind also die bisher eingeführten finiten Elemente (in ihrer jeweiligen Klasse) *affin-äquivalent* zueinander bzw. zu dem *Referenzelement*:

**Definition 3.22** Zwei Lagrange-Elemente $(K, P, \Sigma), (\hat{K}, \hat{P}, \hat{\Sigma})$ heißen *äquivalent*, wenn ein bijektives $F : \hat{K} \to K$ existiert, so dass

$$\begin{aligned} \left\{F(\hat{a}) \mid \hat{a} \in \hat{K} \text{ erzeugt Freiheitsgrad auf } \hat{K}\right\} \\ = \left\{a \mid a \in K \text{ erzeugt Freiheitsgrad auf } K\right\} \\ \text{und} \\ P = \left\{p : K \to \mathbb{R} \mid p \circ F \in \hat{P}\right\}. \end{aligned} \quad (3.55)$$

Sie heißen *affin-äquivalent*, wenn $F$ affin-linear ist.

Wir haben die Definition hier allgemeiner gefasst, da in Abschn. 3.8 Elemente mit allgemeineren $F$ eingeführt werden: Bei *isoparametrischen* Elementen werden die gleichen Funktionen $F$ wie im Ansatzraum für die Transformation zugelassen. Von den bisher diskutierten Elementen ist also nur das Simplex mit linearem Ansatz isoparametrisch. Im (affin-)äquivalenten Fall wird also nicht nur eine Transformation der Punkte durch

$$\hat{x} = F^{-1}(x)\,,$$

sondern auch der auf K bzw. $\hat{K}$ definierten Abbildungen (nicht nur aus $P$ bzw. $\hat{P}$) definiert durch

$$\hat{v} : \hat{K} \to \mathbb{R}\,, \quad \hat{v}(\hat{x}) := v(F(\hat{x}))$$

für $v : K \to \mathbb{R}$ und vice versa.

Den entwickelten Sachverhalt kann man sich auch dahingehend zu nutze machen, dass man nur das Referenzelement definiert und dann ein allgemeines Element durch eine (affin-lineare) Transformation daraus hervorgeht. Als Beispiel dafür betrachten wir Elemente auf dem Quader.

Sei $\hat{K} := [0,1]^d = \{x \in \mathbb{R}^d \mid 0 \le x_i \le 1, i = 1, \ldots, d\}$ der Einheitsquader. Die *Seiten* von $\hat{K}$ werden durch Festlegen einer Koordinate auf 0 oder 1 definiert, also zum Beispiel

$$\prod_{i=1}^{j-1}[0,1] \times \{0\} \times \prod_{j+1}^{d}[0,1]\,.$$

$Q_k(K)$ sei die Menge der Polynome auf $K$ der Form

$$p(x) = \sum_{\substack{1 \le \alpha_i \le k \\ i=1,\ldots,d}} \gamma_{\alpha_1,\ldots,\alpha_d} x_1^{\alpha_1} \cdots x_d^{\alpha_d}\,.$$

Also gilt $\mathcal{P}_k \subset Q_k \subset \mathcal{P}_{dk}$.
Damit definiert man das Referenzelement allgemein für $k \in \mathbb{N}$ wie folgt:

**Finites Element: $d$-polynomialer Ansatz im Quader:**

$$\begin{aligned}
\hat{K} &= [0,1]^d \\
\hat{P} &= Q_k(\hat{K}) \\
\hat{\Sigma} &= \left\{ p(\hat{x}) \;\middle|\; \hat{x} = \left(\frac{i_1}{k}, \ldots, \frac{i_d}{k}\right),\; i_j \in \{0,\ldots,k\},\; j = 1,\ldots,d \right\}\,.
\end{aligned}$$ (3.56)

Wieder gilt $|\hat{\Sigma}| = \dim \hat{P}$, so dass zur eindeutigen Lösbarkeit der lokalen Interpolationsaufgabe nur die Angabe der Formfunktionen nötig ist. Diese ergeben sich auf $\hat{K}$ als Produkt der entsprechenden Formfunktionen für den Fall $d = 1$, also der *Lagrange-Basispolynome*:

$$p_{i_1,\ldots,i_d}(\hat{x}) := \prod_{j=1}^{d} \left( \prod_{\substack{i_j'=0 \\ i_j' \ne i_j}}^{k} \frac{k\hat{x}_j - i_j'}{i_j - i_j'} \right).$$

Ab $k = 2$ entstehen innere Freiheitsgrade.
Der Ansatzraum auf dem allgemeinen Element $K$ ist also definitionsgemäß

$$P = \left\{ \hat{p} \circ F_K^{-1} \mid \hat{p} \in Q_k(\hat{K}) \right\}.$$

Für den Fall eines allgemeinen rechteckigen Quaders, wenn also $B$ aus (3.54) eine Diagonalmatrix ist, gilt analog zu den Simplizes $P = Q_k(K)$. Für ein allgemeines $B$ kommen aber polynomiale Terme hinzu, die nicht in $Q_k$ enthalten sind (siehe Übungsaufgabe 3.11).

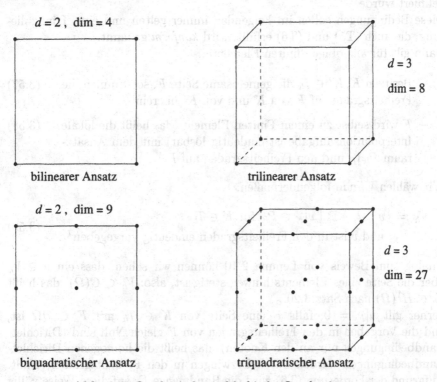

$d = 2$, dim = 4

bilinearer Ansatz

$d = 3$
dim = 8

trilinearer Ansatz

$d = 2$, dim = 9

biquadratischer Ansatz

$d = 3$
dim = 27

triquadratischer Ansatz

**Abb. 3.6.** Quadratische und kubische Quaderelemente

Durch eine affin-lineare Transformation entstehen keine allgemeinen Quader, sondern $d$-Epipede, also für $d = 3$ Parallelepipede und für $d = 2$ nur Parallelogramme. Um das Einheitsquadrat auf ein beliebiges konvexes Viereck abzubilden, braucht man eine Transformation aus $Q_1$, das heißt isoparametrische Elemente (siehe (3.135)).

Sei $\mathcal{T}_h$ eine Triangulierung aus $d$-Simplizes oder aus affin-transformierten $d$-Einheitsquadern. Insbesondere ist also $\Omega = \cup_{K \in \mathcal{T}_h} K$ polygonal berandet. Die Forderung (F1) aus (3.38) ist immer erfüllt. Um auch die Forderung (F2) aus (3.39) erfüllen zu können, muss an die Triangulierung zu (T1) bis (T4) noch eine Bedingung aufgenommen werden:

(T5) Jede Seite eines $K \in \mathcal{T}_h$ ist entweder Teilmenge des Randes $\Gamma$ von $\Omega$ oder identisch mit einer Seite eines anderen $\tilde{K} \in \mathcal{T}_h$.

Um auch die Gültigkeit der homogenen Dirichlet-Randbedingung auf $\Gamma_3$ für die zu definierenden $v_h \in V_h$ sicherzustellen, wird zusätzlich gefordert:

(T6)  Die Randmengen $\overline{\Gamma_1}, \overline{\Gamma_2}, \Gamma_3$ zerfallen in Seiten von Elementen $K \in \mathcal{T}_h$.

Eine in $\partial\Omega$ liegende Seite $F$ von $K \in \mathcal{T}_h$ darf also nur dann einen Punkt aus dem Durchschnitt $\overline{\Gamma_i} \cap \overline{\Gamma_j}$ für $i \neq j$ enthalten, wenn dieser ein Randpunkt von $F$ ist. Es sei daran erinnert, dass die Menge $\Gamma_3$ als abgeschlossen in $\partial\Omega$ definiert wurde.

Diese Bedingungen sollen im Folgenden immer gelten und eine Triangulierung, die auch (T5) und (T6) erfüllt, wird *konform* genannt.

Dann gilt für alle obigen finiten Elemente:

- Besitzen $K, K' \in \mathcal{T}_h$ die gemeinsame Seite $F$, so stimmen die $\qquad$ (3.57) Freiheitsgrade auf $F$ von $K$ und von $K'$ überein.

- $F$ wird selbst zu einem Finiten Element (das heißt die lokale $\qquad$ (3.58) Interpolationsaufgabe ist eindeutig lösbar) mit dem Ansatzraum $P_K|_F$ und den Freiheitsgraden auf $F$.

Wir wählen $V_h$ nun folgendermaßen:

$$V_h := \{v : \Omega \to \mathbb{R} \mid v|_K \in P_K \text{ für } K \in \mathcal{T}_h$$
$$\text{und } v \text{ ist in den Freiheitsgraden eindeutig vorgegeben}\} . \tag{3.59}$$

Analog zum Beweis von Lemma 2.10 können wir sehen, dass ein $v \in V_h$ über die Seite eines Elements hinweg stetig ist, also: $V_h \subset C(\bar{\Omega})$, das heißt $V_h \subset H^1(\Omega)$ nach Satz 3.20.

Ferner gilt $u|_F = 0$, falls $F$ eine Seite von $K \in \mathcal{T}_h$ mit $F \subset \partial\Omega$ ist, und die Vorgaben in den Freiheitsgraden von $F$ gleich Null sind (Dirichlet-Randbedingungen nur an den Knoten), das heißt die homogenen Dirichlet-Randbedingungen werden durch Erzwingen in den Freiheitsgraden erfüllt. Aufgrund der Forderung (T6) wird die Randmenge $\Gamma_3$ auf diese Weise völlig erfasst.

Somit erhalten wir:

**Satz 3.23** *Sei $\mathcal{T}_h$ eine konforme Triangulierung aus d-Simplizes oder d-Epipeden eines Gebietes $\Omega \subset \mathbb{R}^d$. Die Elemente sind wie in einem der Beispiele (3.49), (3.51), (3.52), (3.56) definiert.*
*Die Freiheitsgrade seien in den Knoten $a_1, \ldots, a_M$ vorgegeben. Diese seien so nummeriert, dass $a_1, \ldots, a_{M_1} \in \Omega \cup \Gamma_1 \cup \Gamma_2$ und $a_{M_1+1}, \ldots, a_M \in \Gamma_3$. Wird der Ansatzraum $V_h$ durch (3.59) definiert, dann gilt: Ein $v \in V_h$ ist eindeutig bestimmt durch die Vorgabe von $v(a_i), i = 1, \ldots, M$, und*

$$v \in H^1(\Omega) .$$

*Gilt $v(a_i) = 0$ für $i = M_1 + 1, \ldots, M$, dann gilt auch*

$$v = 0 \quad \text{auf } \Gamma_3 .$$

Genau wie in Abschn. 2.2 (siehe (2.31)) sind Funktionen $\varphi_i \in V_h$ eindeutig festgelegt durch die Interpolationsforderung

$$\varphi_i(a_j) = \delta_{ij}, \quad i, j = 1, \ldots, M \; .$$

Mit der gleichen Überlegung wie dort bzw. wie für die Formfunktionen (siehe (3.50)) sieht man, dass die $\varphi_i$ eine Basis von $V_h$ bilden, die *nodale Basis*, da jedes $v \in V_h$ die eindeutige Darstellung hat:

$$v(x) = \sum_{i=1}^{M} v(a_i)\varphi_i(x) \; . \tag{3.60}$$

Falls für Dirichlet-Randbedingungen die Werte in den Randknoten $a_i, i = M_1 + 1, \ldots, M$, zu Null vorgegeben werden, ist der Index nur bis $M_1$ zu erstrecken.

Der Träger $\operatorname{supp} \varphi_i$ der Basisfunktion besteht also aus allen Elementen die den Knoten $a_i$ enthalten, da in allen anderen Elementen $\varphi_i$ in den Freiheitsgraden der Wert 0 hat und somit identisch verschwindet. Insbesondere gilt für einen inneren Freiheitsgrad, das heißt für ein $a_i$ mit $a_i \in \operatorname{int}(K)$ für ein Element $K \in \mathcal{T}_h : \operatorname{supp} \varphi_i = K$.

Es können auch verschiedene Elementtypen kombiniert werden, wenn nur (3.57) erfüllt ist, so zum Beispiel für $d = 2$ (3.56), $k = 1$, mit (3.49) bzw. (3.56), $k = 2$, mit (3.51).

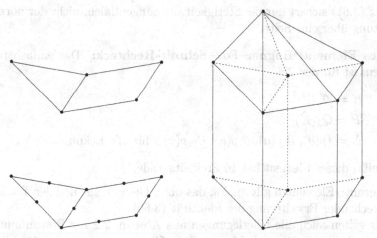

**Abb. 3.7.** Konforme Kombination verschiedener Elementtypen

Für $d = 3$ ist eine Kombination von Simplizes und Parallelepipeden nicht möglich, da sie verschiedenartige Seiten besitzen. Tetraeder können mit Prismen mit zwei Dreiecks- und drei Vierecksflächen (siehe Aufgabe 3.14), und diese mit Parallelepipeden kombiniert werden. Eventuell sind als Übergans-elemente auch Pyramiden notwendig (siehe [51]).

Bisher waren die Freiheitsgrade immer Funktionswerte (*Lagrange-Elemente*). Werden zusätzlich Ableitungswerte vorgegeben, spricht man von *Hermite-Elementen*. Als Beispiel sei genannt

**Finites Element: Kubischer Hermite-Ansatz im $d$-Simplex:**

$$K = \text{conv}\{a_1, \ldots, a_{d+1}\}$$
$$P = \mathcal{P}_3(K) \tag{3.61}$$
$$\Sigma = \{p(a_i),\ i = 1, \ldots, d+1,\ p(a_{i,j,k}),\ i,j,k = 1, \ldots, d+1,\ i < j < k,$$
$$\nabla p(a_i) \cdot (a_j - a_i),\ i,j = 1, \ldots, d+1,\ i \neq j\}\,.$$

Statt der Richtungableitungen hätte man auch die partiellen Ableitungen als Freiheitsgrade wählen können, hätte aber so keine affin-äquivalenten Elemente erzeugen können. Damit durch die Transformation Richtungsableitungen in Richtung $\xi$ bzw. $\hat{\xi}$ ineinander übergehen, müssen die Richtungen erfüllen:

$$\xi = B\hat{\xi}\,,$$

wobei $B$ nach (3.54) der lineare Anteil der Transformation $F$ ist. Dies ist für (3.61) erfüllt, wäre aber für die partiellen Ableitungen, das heißt $\xi = \hat{\xi} = e_i$ verletzt. Dies ist auch zu berücksichtigen bei der Frage, welche Freiheitsgrade für Dirichlet-Randbedingungen festzulegen sind (siehe Übungsaufgabe 3.16). Es geht hier also die wünschenswerte Eigenschaft verloren, dass die Freiheitsgrade „global" definiert sind. Dennoch liegt kein $C^1$-Element vor: Der Ansatz (3.61) sichert nur die Stetigkeit der tangentialen, nicht der normalen Ableitung über eine Seite.

**Finites Element: Bogner–Fox–Schmit-Rechteck:** Das einfachste $C^1$-*Element* ist für $d = 2$:

$$\hat{K} = [0,1]^2$$
$$\hat{P} = Q_3(\hat{K}) \tag{3.62}$$
$$\hat{\Sigma} = \{p(a),\ \partial_1 p(a),\ \partial_2 p(a),\ \partial_{12} p(a) \quad \text{für alle Eckpunkte } a\}\,,$$

das heißt, dieses Element hat 16 Freiheitsgrade.

Bei Hermite-Elementen gilt analog das oben Gesagte zur nodalen Basis, mit entsprechender Erweiterung der Identität (3.60).

Weiter gelten auch alle Überlegungen aus Abschn. 2.2 zur Bestimmung der Galerkin-Approximation als Lösung eines Gleichungssystems (2.33), da dort nur (Bi-)Linearität der Formen eingeht. Bei Benutzung der nodalen Basis ist also als $(i,j)$-ter Matrixeintrag für das aufzubauende Gleichungssystem für die Bilinearform $a$ die Größe $a(\varphi_j, \varphi_i)$ zu bestimmen. Die Form der Bilinearform (3.31) zeigt, dass die Überlegung aus Abschn. 2.2 weiterhin gilt, die besagte, dass der Eintrag höchstens dann von Null verschieden ist, wenn

$$\text{supp}\,\varphi_i \cap \text{supp}\,\varphi_j \neq \emptyset\,. \tag{3.63}$$

Da in den besprochenen Beispielen supp $\varphi_i$ höchstens aus den Elementen besteht, die den Knoten $a_i$ enthalten, müssen also für die Gültigkeit von (3.63) die Knoten *benachbart* sein, das heißt sie müssen zu einem gemeinsamen Element gehören. Insbesondere ist also ein innerer Freiheitsgrad eines Elements nur mit Knoten desselben Elements verknüpft: Dies kann ausgenutzt werden, um solche Freiheitsgrade von vornherein zu eliminieren (*statische Kondensation*).

Folgende Überlegung kann bei der Auswahl des Elementtyps helfen:

Eine Erhöhung des polynomialen Ansatzraumes steigert den (Rechen-)Aufwand durch Erhöhung der Knotenanzahl und eine Erhöhung der Besetztheit. Wir betrachten als Beispiel für $d = 2$ Dreiecke mit linearem (a) und mit quadratischem Anatz (b).

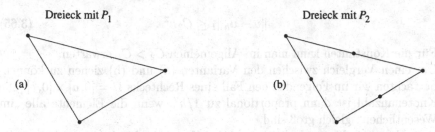

Dreieck mit $P_1$        Dreieck mit $P_2$

(a)        (b)

**Abb. 3.8.** Vergleich zwischen linearem und quadratischem Dreieck

Um eine gleiche Knotenanzahl zu haben, vergleichen wir (b) mit dem Diskretisierungsparameter $h$ mit (a) mit dem Diskretisierungsparameter $h/2$ (ein Schritt der „roten Verfeinerung").

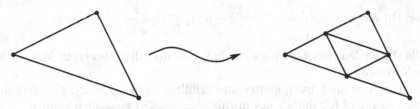

**Abb. 3.9.** Herstellung gleicher Knotenanzahl

Es zeigt sich aber, dass man bei (b) eine dichtere Besetzung hat als bei (a). Um dennoch einen Vorteil durch den höheren Polynomgrad zu haben, muss der Ansatz (b) eine bessere Konvergenzordnung aufweisen. In Satz 3.29 werden wir folgende Aussagen für eine reguläre Familie von Triangulierungen $\mathcal{T}_h$ (siehe Definition 3.28) beweisen:

- Falls $u \in H^2(\Omega)$, so gilt für (a) und für (b) jeweils die Abschätzung

$$\|u - u_h\|_1 \leq C_1 h \, . \tag{3.64}$$

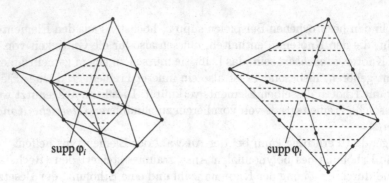

**Abb. 3.10.** Träger der Basisfunktionen

- Falls $u \in H^3(\Omega)$, so gilt für (b), aber nicht für (a) die Abschätzung

$$\|u - u_h\|_1 \leq C_2 h^2 . \tag{3.65}$$

Für die Konstanten kann man im Allgemeinen $C_2 > C_1$ erwarten.

Um einen Vergleich zwischen den Varianten (a) und (b) ziehen zu können, betrachten wir im Folgenden den Fall eines Rechtecks $\Omega = [0, a] \times [0, b]$. Die Knotenanzahl ist dann proportional zu $1/h^2$, wenn die Elemente alle „im Wesentlichen" gleich groß sind.

Betrachten wir hingegen die Anzahl der Variablen $M$ als vorgegeben, so ist $h$ proportional zu $1/\sqrt{M}$.

Setzen wir dies in die Abschätzung (3.64) ein, so erhalten wir für eine Lösung $u \in H^2(\Omega)$:

bei (a) für $h/2$:     $\|u - u_{h/2}\|_1 \leq C_1 \dfrac{1}{2\sqrt{M}}$ ,

bei (b) für $h$:     $\|u - u_h\|_1 \leq \bar{C}_1 \dfrac{1}{\sqrt{M}}$ .

Falls die beiden Konstanten gleich sind, bedeutet dies also einen Vorteil für die Variante (a).

Ist dagegen die Lösung glatter und erfüllt auch $u \in H^3(\Omega)$, so liefert die Abschätzung (3.65) die wir nur für die Variante (b) anwenden können:

bei (a) für $h/2$:     $\|u - u_{h/2}\|_1 \leq C_1 \dfrac{1}{2\sqrt{M}}$ ,

bei (b) für $h$:     $\|u - u_h\|_1 \leq C_2 \dfrac{1}{M}$ .

Aus der elementaren Umformung

$$C_2 \frac{1}{M} < (<)C_1 \frac{1}{2\sqrt{M}} \iff M > (>) 4 \frac{C_2^2}{C_1^2}$$

ergibt sich hier also ein Vorteil für (b), falls abhängig von $C_2/C_1$ die Anzahl der Variablen $M$ groß genug gewählt wird. Dem ist aber die dichtere Besetzung der Matrix bei (b) gegenüberzustellen.

Höherpolynomiale Ansätze bringen nur dann einen Vorteil, wenn die Glattheit der Lösung zu einer besseren Konvergenzordnung führt. Gerade bei nichtlinearen Problemen mit nur wenig glatten Lösungen ist also ein möglicher Vorteil höherer Ansätze kritisch zu prüfen.

## 3.4 Konvergenzordnungsabschätzungen

In diesem Abschnitt soll weiterhin eine Finite-Element-Approximation in dem im vorigen Abschnitt abgesteckten Rahmen betrachtet werden: Das beschränkte Grundgebiet $\Omega \subset \mathbb{R}^d$ der Randwertaufgabe ist zerlegt in konforme Triangulierungen $\mathcal{T}_h$, die auch aus verschiedenen Elementtypen bestehen dürfen. Hierbei ist mit Element nicht nur die Menge $K \in \mathcal{T}_h$ gemeint, sondern diese versehen mit Ansatzraum $P(K)$ und Freiheitsgraden $\Sigma(K)$. Die Elemente sollen aber in eine feste, von $h$ unabhängige Anzahl von Teilmengen zerfallen, die jeweils aus zueinander affin-äquivalenten Elementen bestehen. Verschiedene Elemente sollen miteinander verträglich sein, so dass der nach (3.59) definierte Ansatzraum $V_h$ wohldefiniert ist. Die Glattheit der so entstehenden Funktionen soll konform mit der Randwertaufgabe sein, insofern gilt $V_h \subset V$. Im Folgenden soll explizit nur von einem Elementtyp ausgegangen werden, die Verallgemeinerung auf die allgemeinere Situation wird offensichtlich sein. Ziel ist der Nachweis von *a priori-Fehlerabschätzungen* der Form

$$\|u - u_h\| \leq C|u|h^\alpha \tag{3.66}$$

mit Konstanten $C > 0$, $\alpha > 0$ und Normen bzw. Halbnormen $\|\cdot\|$ und $|\cdot|$. Es wird nicht angestrebt, die Konstante $C$ explizit anzugeben, obwohl dies prinzipiell (mit anderen Beweistechniken) möglich ist. Insbesondere wird im Folgenden $C$ generisch zu verstehen sein, das heißt, es werden damit an verschiedenen Stellen verschiedene Werte bezeichnet, die aber von $h$ unabhängig sind. Die Abschätzung (3.66) dient also weniger dazu, den Fehler für eine feste Triangulierung $\mathcal{T}_h$ numerisch abzuschätzen, als eine Aussage darüber machen zu können, welcher Genauigkeitsgewinn bei Erhöhung des Aufwandes, der einer Reduktion von $h$ durch Verfeinerung entspricht, zu erwarten ist (siehe (3.64) ff). Unabhängig von der *Konvergenzordnung* $\alpha$ gibt (3.66) erst die Gewissheit, dass eine beliebige Genauigkeit in der gewünschten Norm $\|\cdot\|$ überhaupt erreichbar ist. Im Folgenden werden geometrische Bedingungen an die Familie $(\mathcal{T}_h)_h$ zu stellen sein, die immer gleichmäßig in $h$ zu verstehen sind. Für eine feste Triangulierung sind diese Bedingungen immer trivial erfüllt, da es sich um endlich viele Elemente handelt. Für eine Familie $(\mathcal{T}_h)_h$ mit $h \to 0$, also bei fortschreitender Verfeinerung, wird diese Anzahl unbeschränkt. Bei den folgenden Abschätzungen ist also zu unterscheiden zwischen „variablen"

Größen, wie etwa der Knotenanzahl $M = M(h)$ von $\mathcal{T}_h$, und „festen" Größen, wie etwa der Dimension $d$ oder der Dimension von $P(K)$ oder Äquivalenzkonstanten bei der Umnormierung von $P(K)$, die alle in die generische Konstante $C$ einfließen dürfen.

### 3.4.1 Energienorm-Abschätzungen

Sollen Abschätzungen in der Norm des der Variationsgleichung der Randwertaufgabe zugrunde liegenden Hilbertraums $V$ erzielt werden, konkret also in der Norm von Sobolevräumen, so zeigt das Lemma von Céa (Satz 2.17), dass dazu nur die Angabe eines Vergleichselements $v_h \in V_h$ nötig ist, für das

$$\|u - v_h\| \leq C |u| h^\alpha \qquad (3.67)$$

gilt. Für $\|\cdot\| = \|\cdot\|_1$ heißen solche Abschätzungen wegen der Äquivalenz von $\|\cdot\|_1$ und von $\|\cdot\|_a$ (vgl. (2.45)) im symmetrischen Fall auch *Energienorm-Abschätzungen*. Das Vergleichselement $v_h$ sollte also $u$ möglichst gut approximieren und wird im Allgemeinen als Bild eines linearen Operators $I_h$ angegeben:

$$v_h = I_h(u) \ .$$

Der klassische Zugang besteht darin, für $I_h$ den *Interpolationsoperator* zu den Freiheitsgraden zu wählen. Zur Vereinfachung der Notation beschränken wir uns im Folgenden auf Lagrange-Elemente, die Verallgemeinerung auf Hermite-Elemente ist aber auch leicht möglich.
Die Triangulierung $\mathcal{T}_h$ habe also ihre Freiheitsgrade in den Knoten $a_1, \ldots, a_M$ mit der zugehörigen nodalen Basis $\varphi_1, \ldots, \varphi_M$. Dann sei

$$I_h(u) := \sum_{i=1}^{M} u(a_i)\varphi_i \ \in V_h \ . \qquad (3.68)$$

Damit $I_h(u)$ wohldefiniert ist, muss also $u \in C(\bar{\Omega})$ sein, um an den Knoten ausgewertet werden zu können. Dies bedeutet eine Glattheitsforderung an die Lösung $u$, die formuliert werden soll als

$$u \in H^{k+1}(\Omega) \ .$$

Setzen wir wieder zur Vereinfachung $d \leq 3$ voraus, so sichert also der Einbettungssatz Satz 3.10 die Wohldefiniertheit von $I_h$ auf $H^{k+1}(\Omega)$ für $k \geq 1$. Für die betrachteten $C^0$-Elemente ist $I_h(u) \in H^1(\Omega)$ nach Satz 3.20. Die erwünschte Abschätzung (3.67) kann also konkretisiert werden zu

$$\|u - I_h(u)\|_1 \leq C h^\alpha |u|_{k+1} \ . \qquad (3.69)$$

Sobolev(halb)normen lassen sich über Teilmengen von $\Omega$, also etwa den Elementen von $\mathcal{T}_h$ zerlegen:

$$|u|_l^2 = \int_\Omega \sum_{|\alpha|=l} |\partial^\alpha u|^2 \, dx = \sum_{K \in \mathcal{T}_h} \int_K \sum_{|\alpha|=l} |\partial^\alpha u|^2 \, dx = \sum_{K \in \mathcal{T}_h} |u|_{l,K}^2$$

und entsprechend

$$\|u\|_l^2 = \sum_{K \in \mathcal{T}_h} \|u\|_{l,K}^2 \,,$$

wobei bei Abweichungen von $\Omega$ als Grundgebiet dieses mit in die Indizierung der Norm aufgenommen wird. Da Elemente $K$ als abgeschlossen aufgefasst werden, müsste genauer $K$ durch int $(K)$ ersetzt werden. Auf Grund dieser Zerlegung reicht es also, (3.69) jeweils auf den Elementen $K$ nachzuweisen. Dies hat Analogie zur in Abschn. 2.4.2 beschriebene (elementweisen) Assemblierung, die sich auch im Folgenden fortsetzt. Auf $K$ reduziert sich $I_h$ auf den analog definierten lokalen Interpolationsoperator. Die Knoten der Freiheitsgrade auf $K$ seien $a_{i_1}, \ldots, a_{i_L}$, wobei $L \in \mathbb{N}$ wegen der Äquivalenz der Elemente für alle $K \in \mathcal{T}_h$ gleich ist. Dann gilt

$$I_h(u)|_K = I_K(u|_K) \quad \text{für } u \in C(\bar{\Omega}) \,,$$

wobei

$$I_K(u) := \sum_{j=1}^L u(a_{i_j}) \varphi_{i_j} \quad \text{für } u \in C(K) \,,$$

da beide Funktionen aus $P(K)$ auf $K$ die gleiche Interpolationsaufgabe lösen (vgl. Lemma 2.10). Da eine (affin-)äquivalente Triangulierung vorliegt, erfolgt der Nachweis der lokalen Abschätzung

$$\|u - I_K(u)\|_{m,K} \le C h^\alpha |u|_{k+1,K} \tag{3.70}$$

im Allgemeinen in drei Schritten:

- Transformation auf ein Referenzelement $\hat{K}$,
- Nachweis von (3.70) auf $\hat{K}$,
- Rücktransformation auf das Element $K$.

Genaugenommen wird also die Abschätzung (3.70) sogar mit $h_K$ statt mit $h$ gezeigt, wobei

$$h_K := \text{diam}\,(K) \quad \text{für } K \in \mathcal{T}_h \,,$$

und beim zweiten Schritt wird die feste Größe $h_{\hat{K}}$ in die Konstante inkorporiert. Die Potenzen von $h_K$ entstehen durch die Transformationsschritte. Es sei also ein Referenzelement $\hat{K}$ mit den Knoten $\hat{a}_1, \ldots, \hat{a}_L$ fest gewählt. Nach Voraussetzung existiert eine bijektive, affin-lineare Abbildung

$$\begin{aligned} F = F_K : \hat{K} &\to K \,, \\ F(\hat{x}) &= B\hat{x} + d \,, \end{aligned} \tag{3.71}$$

(vgl. (2.29) und (3.54)). Mittels dieser Transformation gehen Funktionen $v : K \to \mathbb{R}$ über in Funktionen $\hat{v} : \hat{K} \to \mathbb{R}$ durch

$$\hat{v}(\hat{x}) := v(F(\hat{x})) \, . \qquad (3.72)$$

Diese Transformation ist auch *verträglich* mit dem lokalen Interpolationsoperator in folgendem Sinne:

$$\widehat{I_K(v)} = I_{\hat{K}}(\hat{v}) \quad \text{für } v \in C(K) \, . \qquad (3.73)$$

Dies folgt daraus, dass sowohl die Knoten der Elemente als auch die Formfunktionen durch $F$ aufeinander abgebildet werden.

Für eine klassisch differenzierbare Funktion liefert die Kettenregel (siehe (2.48))

$$\nabla_x v(F(\hat{x})) = B^{-T} \nabla_{\hat{x}} \hat{v}(\hat{x}) \qquad (3.74)$$

und entsprechende Formeln für höhere Ableitungen, etwa

$$D_x^2 v(F(\hat{x})) = B^{-T} D_{\hat{x}}^2 \hat{v}(\hat{x}) B^{-1} \, ,$$

wobei $D_x^2 v(x)$ die Matrix der zweiten Ableitungen bezeichnet. Diese Kettenregeln gelten auch für entsprechende $v \in H^l(K)$ (Übungsaufgabe 3.19).

Die Situation wird besonders einfach in einer Raumdimension ($d = 1$). Die behandelten Elemente reduzieren sich auf einen polynomialen Ansatz auf Simplizes, die hier Teilintervalle sind, also

$$F : \hat{K} = [0,1] \to K = [a_{i_1}, a_{i_2}] \, ,$$
$$\hat{x} \mapsto h_K \hat{x} + a_{i_1} \, ,$$

wobei $h_K := a_{i_2} - a_{i_1}$ die Elementlänge ist. Damit gilt für $l \in \mathbb{N}$:

$$\partial_x^l v(F(\hat{x})) = h_K^{-l} \partial_{\hat{x}}^l \hat{v}(\hat{x}) \, .$$

Durch die Transformationsformel für Integrale (vgl. (2.49)) kommt noch der Faktor $|\det(B)| = h_k$ hinzu, so dass $v \in H^l(K)$:

$$|v|_{l,K}^2 = \left( \frac{1}{h_K} \right)^{2l-1} |\hat{v}|_{l,\hat{K}}^2 \, .$$

Für $0 \leq m \leq k + 1$ folgt also mit (3.73)

$$|v - I_K(v)|_{m,K}^2 = \left( \frac{1}{h_K} \right)^{2m-1} \left| \hat{v} - I_{\hat{K}}(\hat{v}) \right|_{m,\hat{K}}^2 \, .$$

Was also fehlt ist eine Abschätzung der Art

$$\left| \hat{v} - I_{\hat{K}}(\hat{v}) \right|_{m,\hat{K}} \leq C |\hat{v}|_{k+1,\hat{K}} \qquad (3.75)$$

für $\hat{v} \in H^{k+1}(\hat{K})$. In konkreten Fällen kann diese zum Teil direkt nachgewiesen werden, im Folgenden soll aber ein allgemeiner, auch von $d = 1$ unabhängiger Beweis skizziert werden. Dazu wird die Abbildung

$$G : H^{k+1}(\hat{K}) \to H^m(\hat{K}) \,, \tag{3.76}$$
$$\hat{v} \mapsto \hat{v} - I_{\hat{K}}(\hat{v}) \,,$$

betrachtet. Diese Abbildung ist linear, aber auch stetig, denn es gilt:

$$\left\| I_{\hat{K}}(\hat{v}) \right\|_{m,\hat{K}} \le \left\| \sum_{i=1}^L \hat{v}(\hat{a}_i)\hat{\varphi}_i \right\|_{k+1,\hat{K}}$$
$$\le \sum_{i=1}^L \|\hat{\varphi}_i\|_{k+1,\hat{K}} \, \|\hat{v}\|_{\infty,\hat{K}} \le C\|\hat{v}\|_{k+1,\hat{K}} \,, \tag{3.77}$$

wobei die Stetigkeit der Einbettung von $H^{k+1}(\hat{K})$ nach $H^m(\hat{K})$ (siehe (3.8)) und von $H^{k+1}(\hat{K})$ nach $C(\hat{K})$ (Satz 3.10) eingegangen ist, und der Normanteil aus den festen Basisfunktionen $\hat{\varphi}_i$ in die Konstante einfließt.
Ist der Ansatzraum $\hat{P}$ so gewählt, dass $\mathcal{P}_k \subset \hat{P}$ gilt, hat $G$ zusätzlich die Eigenschaft

$$G(p) = 0 \quad \text{für } p \in \mathcal{P}_k \,,$$

da diese Polynome exakt interpoliert werden. Solche Abbildungen erfüllen das Bramble–Hilbert-Lemma, das für weitere Verwendung gleich allgemeiner formuliert wird.

**Satz 3.24 (Bramble–Hilbert-Lemma)**
*Sei $K \subset \mathbb{R}^d$ offen, $k \in \mathbb{N}_0$, $1 \le p \le \infty$ und $G : W_p^{k+1}(K) \to \mathbb{R}$ ein stetiges lineares Funktional, für das gilt:*

$$G(q) = 0 \quad \text{für alle } q \in \mathcal{P}_k \,. \tag{3.78}$$

*Dann gibt es eine Konstante $C > 0$, so dass für alle $v \in W_p^{k+1}(K)$ gilt:*

$$|G(v)| \le C \, \|G\| \, |v|_{k+1,p,K} \,.$$

**Beweis:** Siehe [7, Thm. 28.1].     □

Dabei ist $\|G\|$ die Operatornorm von $G$ (siehe (A4.25)). Die Abschätzung mit der vollen Norm $\|\cdot\|_{k+1,p,K}$ auf der rechten Seite (und $C = 1$) wäre also nur deren Definition gewesen. Die Bedingung (3.78) erlaubt die Reduktion auf die höchste Halbnorm. Angewandt auf $G$ nach (3.76), zeigt die Abschätzung (3.77), dass die Operatornorm $\|Id - I_{\hat{K}}\|$ unabhängig von $m$ (aber abhängig von $k$ und den $\hat{\varphi}_i$) abgeschätzt und in die Konstante inkorporiert werden kann, woraus sich (3.75) allgemein ergibt.
Wir können also im eindimensionalen Fall die Abschätzung fortsetzen und erhalten

$$|v - I_K(v)|_{m,K}^2 \le \left(\frac{1}{h_K}\right)^{2m-1} C|\hat{v}|_{k+1,\hat{K}}^2 \le C(h_K)^{1-2m+2(k+1)-1}|v|_{k+1,K}^2 \,.$$

Da wegen $I_h(v) \in H^1(\Omega)$ für $m = 0, 1$

$$\sum_{K \in \mathcal{T}_h} |v - I_K(v)|^2_{m,K} = |v - I_h(v)|^2_m$$

gilt, wurde damit bewiesen:

**Satz 3.25** *Betrachtet werde in einer Raumdimension $\Omega = (a, b)$ der polynomiale Lagrange-Ansatz auf Teilintervallen mit maximaler Länge $h$ und es gelte für die jeweiligen lokalen Ansatzräume $P$ die Inklusion $\mathcal{P}_k \subset P$ für ein $k \in \mathbb{N}$. Dann gibt es eine Konstante $C > 0$, so dass für alle $v \in H^{k+1}(\Omega)$ und $0 \le m \le k + 1$ gilt:*

$$\left( \sum_{K \in \mathcal{T}_h} |v - I_K(v)|_{m,K} \right)^{1/2} \le C h^{k+1-m} |v|_{k+1} \, .$$

*Liegt die Lösung $u$ der Randwertaufgabe (3.12), (3.18)–(3.20) in $H^{k+1}(\Omega)$, so folgt für die Finite-Element–Approximation $u_h$ nach (3.36):*

$$\|u - u_h\|_1 \le C h^k |u|_{k+1} \, .$$

Man beachte aber, dass bei $d = 1$ auch ein direkter Beweis möglich ist (siehe Aufgabe 3.18).

Wir kehren nun zur allgemeinen $d$-dimensionalen Situation zurück: Die $|\cdot|_1$ Halbnorm transformiert sich beispielsweise wie folgt (vgl. (2.49))

$$|v|^2_{1,K} = \int_K |\nabla_x v|^2 \, dx = \int_{\hat{K}} B^{-T} \nabla_{\hat{x}} \hat{v} \cdot B^{-T} \nabla_{\hat{x}} \hat{v} \, |\det(B)| \, d\hat{x} \, . \qquad (3.79)$$

Daraus folgt für $\hat{v} \in H^1(\hat{K})$:

$$|v|_{1,K} \le C \, \|B^{-1}\| \, |\det(B)|^{1/2} \, |\hat{v}|_{1,\hat{K}} \, .$$

Da $d$ eine der angesprochenen „festen" Größen ist und alle Normen auf $\mathbb{R}^{d,d}$ äquivalent sind, kann die Matrixnorm $\|\cdot\|$ beliebig gewählt werden und es kann auch zwischen diesen gewechselt werden. Bei den obigen Überlegungen waren $K$ und $\hat{K}$ gleichberechtigt, es gilt also ebenso für $v \in H^1(K)$

$$|\hat{v}|_{1,\hat{K}} \le C \, \|B\| \, |\det(B)|^{-1/2} \, |v|_{1,K} \, .$$

Allgemein ergibt sich so folgender Satz:

**Satz 3.26** *Seien $K$ und $\hat{K}$ beschränkte Gebiete im $\mathbb{R}^d$, die durch eine affin-lineare Abbildung $F$ nach (3.71) bijektiv aufeinander abgebildet werden. Ist $v \in W^l_p(K)$ für $l \in \mathbb{N}$ und $p \in [1, \infty]$, dann gilt für $\hat{v}$ (definiert in (3.72)) $\hat{v} \in W^l_p(\hat{K})$ und für eine von $v$ unabhängige Konstante $C > 0$:*

$$|\hat{v}|_{l,p,\hat{K}} \le C \, \|B\|^l \, |\det(B)|^{-1/p} \, |v|_{l,p,K} \, , \qquad (3.80)$$

$$|v|_{l,p,K} \le C \, \|B^{-1}\|^l \, |\det(B)|^{1/p} \, |\hat{v}|_{l,p,\hat{K}} \, . \qquad (3.81)$$

**Beweis:** Siehe [7, Thm 15.1].                                              □

Auch dieser Satz wurde für weitere Verwendung allgemeiner formuliert als es
hier nötig wäre. Hier ist vorerst nur der Fall $p = 2$ von Bedeutung.
Wird also die Abschätzung aus Satz 3.24 benutzt, muss die Größe $\|B\|$ (für
irgend eine Matrix-Norm) zur Geometrie von $K$ in Bezug gesetzt werden.
Dazu sein für $K \in \mathcal{T}_h$

$$\varrho_K := \sup\left\{\mathrm{diam}\,(S) \mid S \text{ ist eine Kugel in } \mathbb{R}^d \text{ und } S \subset K\right\}.$$

Für ein Dreieck ist also $h_K$ die längste Seite und $\varrho_K$ der Inkreisdurchmesser.
Ebenso hat das Referenzelement seine (festen) Kenngrößen $\hat{h}$ und $\hat{\varrho}$. Für das
Referenzdreieck mit den Eckpunkten $\hat{a}_1 = (0,0)$, $\hat{a}_2 = (1,0)$, $\hat{a}_3 = (0,1)$ gilt
zum Beispiel $\hat{h} = 2^{1/2}$ und $\hat{\varrho} = 2 - 2^{1/2}$. Es gilt:

**Satz 3.27** *Für $F = F_K$ nach (3.71) gilt in der Spektralnorm $\|\cdot\|_2$:*

$$\|B\|_2 \leq \frac{h_K}{\hat{\varrho}} \quad und \quad \|B^{-1}\|_2 \leq \frac{\hat{h}}{\varrho_K}.$$

**Beweis:** Da $K$ und $\hat{K}$ in dieser Aussage gleichberechtigt sind, reicht es, eine
der Aussagen zu zeigen: Es gilt (vgl. (A4.25)):

$$\|B\|_2 = \sup_{|\xi|_2 = \hat{\varrho}} \left| B\left(\frac{1}{\hat{\varrho}}\xi\right) \right|_2 = \frac{1}{\hat{\varrho}} \sup_{|\xi|_2 = \hat{\varrho}} |B\xi|_2.$$

Zu einem beliebigen $\xi \in \mathbb{R}^d$ mit $|\xi|_2 = \hat{\varrho}$ gibt es Punkte $\hat{y}, \hat{z} \in \hat{K}$, so dass
$\hat{y} - \hat{z} = \xi$. Wegen $B\xi = F(\hat{y}) - F(\hat{z})$ und $F(\hat{y}), F(\hat{z}) \in K$ ist also $|B\xi|_2 \leq h_K$.
Mit der obigen Identität folgt somit die erste Ungleichung.       □

Fügt man die lokalen Abschätzungen aus (3.75), Satz 3.26 und Satz 3.27
zusammen, folgt für $v \in H^{k+1}(K)$ und $0 \leq m \leq k + 1$:

$$|v - I_K(v)|_{m,K} \leq C \left(\frac{h_K}{\varrho_K}\right)^m h_K^{k+1-m} |v|_{k+1,K}, \tag{3.82}$$

wobei $\hat{\varrho}$ und $\hat{h}$ in die Konstante $C$ eingeflossen sind. Um daraus eine
Konvergenzordnungsaussage zu gewinnen, ist eine Kontrolle des Ausdrucks
$h_K/\varrho_K$ nötig. Ist dieser (gleichmäßig für alle Triangulierungen) beschränkt,
ergibt sich die gleiche Abschätzung wie im eindimensionalen Fall (wo sogar
$h_K/\varrho_K = 1$ gilt). Es würden aber auch Bedingungen der Form

$$\varrho_K \geq \sigma h_K^{1+\alpha}$$

für ein $\sigma > 0$ und $0 \leq \alpha < \frac{k+1}{m} - 1$ für $m \geq 1$ zu Konvergenzordnungsaussagen
führen. Hier soll nur der Fall $\alpha = 0$ weiterverfolgt werden.

**Definition 3.28** Eine Familie von Triangulierungen $(\mathcal{T}_h)_h$ heißt *regulär*, wenn es ein $\sigma > 0$ gibt, so dass für alle $h > 0$ und alle $K \in \mathcal{T}_h$ gilt:

$$\varrho_K \geq \sigma h_K \ .$$

Aus der Abschätzung (3.82) folgt sofort:

**Satz 3.29** *Es werde eine Familie von Lagrange-Finite-Element-Diskretisierungen im $\mathbb{R}^d$ für $d \leq 3$ auf einer regulären Familie von Triangulierungen $(\mathcal{T}_h)_h$ in der eingangs beschriebenen Allgemeinheit betrachtet. Für die jeweiligen lokalen Ansatzräume $P$ gelte $\mathcal{P}_k \subset P$ für ein $k \in \mathbb{N}$.*
*Dann gibt es eine Konstante $C > 0$, so dass für alle $v \in H^{k+1}(\Omega)$ und $0 \leq m \leq k + 1$ gilt:*

$$\left( \sum_{K \in \mathcal{T}_h} |v - I_K(v)|^2_{m,K} \right)^{1/2} \leq Ch^{k+1-m}|v|_{k+1} \ . \tag{3.83}$$

*Liegt die Lösung $u$ der Randwertaufgabe (3.12), (3.18)–(3.20) in $H^{k+1}(\Omega)$, so folgt für die Finite-Element-Approximation $u_h$ nach (3.36):*

$$\|u - u_h\|_1 \leq Ch^k|u|_{k+1} \ . \tag{3.84}$$

**Bemerkung 3.30** Tatsächlich wurde hier und auch in Satz 3.25 eine schärfere Aussage gezeigt, die zum Beispiel für (3.84) die folgende Gestalt hat:

$$\|u - u_h\|_1 \leq C \left( \sum_{K \in \mathcal{T}_h} h_K^{2k}|u|^2_{k+1,K} \right)^{1/2} \ . \tag{3.85}$$

Im Folgenden soll diskutiert werden, was die Forderung der Regularität in den zwei einfachsten Fällen bedeutet:
Für ein Rechteck bzw. einen Quader $K$, deren Seitenlängen ohne Beschränkung der Allgemeinheit in der Ordnung $h_1 \leq h_2[\leq h_3]$ angenommen werden, berechnet sich sofort

$$\frac{h_K}{\varrho_K} = \left( 1 + \left( \frac{h_2}{h_1} \right)^2 \left[ + \left( \frac{h_3}{h_1} \right)^2 \right] \right)^{1/2} \ .$$

Diese Größe ist genau dann gleichmäßig beschränkt, wenn es eine Konstante $\alpha(\geq 1)$ gibt, so dass

$$\begin{aligned} h_1 \leq h_2 \leq \alpha h_1 \ , \\ h_1 \leq h_3 \leq \alpha h_1 \ . \end{aligned} \tag{3.86}$$

Um diese Bedingung zu erfüllen, muss also eine Verfeinerung in eine Raumrichtung eine entsprechende in die anderen nach sich ziehen, obwohl in gewissen *anisotropen* Situationen nur die Verfeinerung in eine Raumrichtung

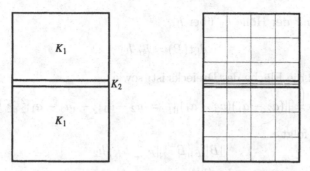

**Abb. 3.11.** Schichtung und anisotrope Triangulierung

empfehlenswert ist. Wird zum Beispiel die Randwertaufgabe (3.12), (3.18)–(3.20) mit $c = r = 0$, aber ortsabhängiger Leitfähigkeit $K$, als einfachstes Grundwassermodell aufgefasst (siehe (0.9)), so ist es typisch, dass sich $K$ unstetig gemäß einer *Schichtung* oder komplexeren geologischen Gegebenheiten ändert (siehe Abb. 3.11).

Treten dabei dünne Schichten auf, so müssen diese zum einen *aufgelöst* werden, das heißt, die Triangulierung muss mit der Schichtung verträglich sein und es müssen hinreichend viele Elemente in der Schicht liegen. Zum anderen wird sich die Lösung oft in Schichtrichtung weniger stark ändern als über die Schichtgrenzen hinweg, was eine *anisotrope*, das heißt stark unterschiedliche Dimensionierung der Elemente nahelegt. Die Einschränkung (3.86) ist damit nicht verträglich, sie ist bei Rechteckselementen aber nur beweistechnisch bedingt. In dieser einfachen Situation kann die lokale Interpolationsfehlerabschätzung zumindest für $P = Q_1(K)$ ohne Transformation direkt durchgeführt werden, so dass sich Abschätzung (3.84) (für $k = 1$) ohne Einschränkungen wie (3.86) ergibt.

Das nächst einfache Beispiel ist ein Dreieck $K$: Der kleinste Winkel $\alpha_{\min} = \alpha_{\min}(K)$ liegt an der längsten Seite $h_K$ an und ohne Beschränkung der Allgemeinheit sei die Situation wie in Abb. 3.12.

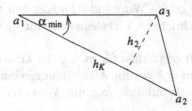

**Abb. 3.12.** Dreieck mit längster Seite und Höhe als Kenngröße

Für die $2 \times 2$ Matrix $B$ gilt in der Frobenius-Norm $\| \cdot \|_F$ (siehe (A3.5))

$$\|B^{-1}\|_F = \frac{1}{|\det(B)|}\|B\|_F$$

und weiter mit der Höhe $h_2$ über $h_K$:

$$\det(B) = h_K h_2 ,\tag{3.87}$$

da $\det(B)/2$ die Fläche des Dreiecks ist, sowie

$$\|B\|_F^2 = \|(a_2 - a_1)(a_3 - a_1)\|_F^2 = |a_2 - a_1|_2^2 + |a_3 - a_1|_2^2 \geq h_K^2 ,$$

so dass also folgt

$$\|B\|_F \|B^{-1}\|_F \geq h_K/h_2$$

und so wegen $\cot \alpha_{\min} < h_K/h_2$:

$$\|B\|_F \|B^{-1}\|_F > \cot \alpha_{\min} .$$

Da man mit analogen Abschätzungen

$$\|B\|_F \|B^{-1}\|_F \leq 4 \cot \alpha_{\min}$$

erhält, beschreibt also $\cot \alpha_{\min}$ das asymptotische Verhalten von $\|B\|\|B^{-1}\|$ für eine beliebige Norm. Damit folgt aus Satz 3.27 die Existenz einer von $h$ unabhängigen Konstante $C > 0$, so dass für alle $K \in \mathcal{T}_h$ gilt:

$$\frac{h_K}{\varrho_K} \geq C \cot \alpha_{\min}(K) .\tag{3.88}$$

Eine Familie von Triangulierungen $(\mathcal{T}_h)_h$ aus Dreiecken kann also nur dann regulär sein, wenn alle Winkel der Dreiecke durch eine positive Konstante gleichmäßig nach unten beschränkt sind. In der Situation von Abb. 3.11 wäre es also nicht erlaubt, die flachen Rechtecke in der dünnen Schicht im Sinn einer Friedrichs–Keller-Triangulierung zu zerlegen.

### 3.4.2 Die Maximalwinkelbedingung bei Dreiecken

Im Folgenden soll gezeigt werden, dass die Bedingung (3.88) nur beweistechnischer Natur ist und zumindest bei linearem Ansatz tatsächlich sichergestellt werden muss, dass der größte Winkel gleichmäßig von $\pi$ wegbeschränkt ist. Dies lässt also die beschriebene Vorgehensweise für das Schichtungsbeispiel aus Abb. 3.11 zu.

Die Abschätzung (3.82) zeigt, dass für $m = 0$ der kritische Anteil nicht auftritt, also sind nur für $m = k = 1$ die Abschätzungen einer Prüfung zu unterziehen. Es erweist sich als nützlich, folgende Verschärfung der Abschätzung (3.75) zu zeigen:

**Satz 3.31** *Für das Referenzdreieck $\hat{K}$ mit linearen Ansatzfunktionen gibt es eine Konstante $C > 0$, so dass für alle $\hat{v} \in H^2(\hat{K})$ und $j = 1, 2$ gilt:*

$$\left\| \frac{\partial}{\partial \hat{x}_j}(\hat{v} - I_{\hat{K}}(\hat{v})) \right\|_{0,\hat{K}} \leq C \left| \frac{\partial}{\partial \hat{x}_j} \hat{v} \right|_{1,\hat{K}} .$$

**Beweis:** Zur Vereinfachung der Notation wird für den Beweis $\hat{\;}$ zur Kennzeichnung der Referenzsituation weggelassen. Es ist also $K = \mathrm{conv}\,\{a_1, a_2, a_3\}$ mit $a_1 = (0,0)^T$, $a_2 = (1,0)^T$ und $a_3 = (0,1)^T$. Wir betrachten folgende lineare Abbildungen: $F_1 : H^1(K) \to L^2(K)$ sei definiert durch

$$F_1(w) := \int_0^1 w(s,0)\,ds\;,$$

und analog $F_2$ als das Integral über das Randstück $\mathrm{conv}\,\{a_1, a_3\}$. Das Bild wird dabei als konstante Funktion auf $K$ aufgefasst. Nach dem Spursatz Satz 3.5 und der stetigen Einbettung von $L^2(0,1)$ nach $L^1(0,1)$ sind die $F_i$ wohldefiniert und stetig. Da für $w \in \mathcal{P}_0(K)$ gilt:

$$F_i(w) = w\;,$$

impliziert das Bramble–Hilbert-Lemma (Satz 3.24) die Existenz einer Konstante $C > 0$, so dass für $w \in H^1(K)$ gilt:

$$\|F_i(w) - w\|_{0,K} \le C|w|_{1,K}\;. \tag{3.89}$$

Dies kann man folgendermaßen einsehen: Sei $v \in H^1(K)$ beliebig, aber fest gewählt, und man betrachte dazu das Funktional auf $H^1(K)$

$$G(w) := \langle F_i(w) - w, F_i(v) - v \rangle \quad \text{für } w \in H^1(K)\;.$$

Es ist $G(w) = 0$ für $w \in \mathcal{P}_0(K)$ und

$$|G(w)| \le \|F_i(w) - w\|_{0,K} \|F_i(v) - v\|_{0,K} \le C\|F_i(v) - v\|_{0,K} \|w\|_{1,K}$$

nach obiger Überlegung, also nach Satz 3.24

$$|G(w)| \le C\,\|F_i(v) - v\|_{0,K}\,|w|_{1,K}\;.$$

Für $v = w$ folgt daraus (3.89).
Für $w := \partial_1 v$ ergibt sich andererseits:

$$F_1(\partial_1 v) = v(1,0) - v(0,0) = (I_K(v))(1,0) - (I_K(v))(0,0) = \partial_1(I_K(v))(x_1, x_2)$$

für $(x_1, x_2) \in K$ und analog $F_2(\partial_2 v) = \partial_2(I_K(v))(x_1, x_2)$. Dies eingesetzt in (3.89) liefert die Behauptung. $\qquad\square$

Im Vergleich zur Abschätzung (3.75) tritt also zum Beispiel für $j = 1$ der Term $\frac{\partial^2}{\partial \hat{x}_2^2}\hat{v}$ auf der rechten Seite nicht auf: Die Ableitungen und damit die Raumrichtungen werden also „separierter" behandelt.
Als nächstes soll die Auswirkung der Transformation genauer abgeschätzt werden. Dazu sei $\alpha_{\max} = \alpha_{\max}(K)$ der größte in $K \in \mathcal{T}_h$ auftretende Winkel, der am Knoten $a_1$ anliege, und es sei $h_1 = h_{1K} := |a_2 - a_1|_2$, $h_2 = h_{2K} := |a_3 - a_1|$ (siehe Abb. 3.13).

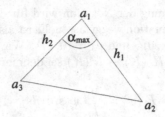

**Abb. 3.13.** Allgemeines Dreieck

Als Variante von (3.81) (für $l = 1$) gilt:

**Satz 3.32** *Sei $K$ ein allgemeines Dreieck. In obiger Notation gilt für $v \in H^1(K)$ und das transformierte $\hat{v} \in H^1(\hat{K})$:*

$$|v|_{1,K} \leq \sqrt{2}\,|\det(B)|^{-1/2} \left( h_2^2 \left\| \frac{\partial}{\partial \hat{x}_1} \hat{v} \right\|_{0,\hat{K}}^2 + h_1^2 \left\| \frac{\partial}{\partial \hat{x}_2} \hat{v} \right\|_{0,\hat{K}}^2 \right)^{1/2}.$$

**Beweis:** Es ist

$$B = (a_2 - a_1, a_3 - a_1) =: \begin{pmatrix} b_{11} & b_{12} \\ b_{21} & b_{22} \end{pmatrix}$$

und damit

$$\left| \begin{pmatrix} b_{11} \\ b_{21} \end{pmatrix} \right| = h_1\,, \quad \left| \begin{pmatrix} b_{12} \\ b_{22} \end{pmatrix} \right| = h_2\,. \tag{3.90}$$

Aus

$$B^{-T} = \frac{1}{\det(B)} \begin{pmatrix} b_{22} & -b_{21} \\ -b_{12} & b_{11} \end{pmatrix}$$

und (3.79) folgt also:

$$|v|_{1,K}^2 = \frac{1}{|\det(B)|} \int_{\hat{K}} \left| \begin{pmatrix} b_{22} \\ -b_{12} \end{pmatrix} \frac{\partial}{\partial \hat{x}_1} \hat{v} + \begin{pmatrix} -b_{21} \\ b_{11} \end{pmatrix} \frac{\partial}{\partial \hat{x}_2} \hat{v} \right|^2 d\hat{x}$$

und daraus die Behauptung.    $\square$

In Modifikation der Abschätzung (3.80) (für $l = 2$) zeigen wir:

**Satz 3.33** *Sei $K$ ein allgemeines Dreieck mit Durchmesser $h_K = \operatorname{diam}(K)$. In obiger Notation gilt für $\hat{v} \in H^2(\hat{K})$ und das transformierte $v \in H^2(K)$:*

$$\left| \frac{\partial}{\partial \hat{x}_i} \hat{v} \right|_{1,\hat{K}} \leq 4\,|\det(B)|^{-1/2} h_i h_K |v|_{2,K} \quad \text{für } i = 1, 2\,.$$

**Beweis:** Nach (3.79) gilt bei Vertauschung von $K$ und $\hat{K}$

$$|\hat{w}|^2_{1,\hat{K}} = \int_K B^T \nabla_x w \cdot B^T \nabla_x w \, dx \, |\det(B)|^{-1}$$

und somit für $\hat{w} = \frac{\partial}{\partial \hat{x}_i} \hat{v}$, also nach (3.74) für $w = (B^T \nabla_x v)_i$:

$$\left| \frac{\partial}{\partial \hat{x}_i} \hat{v} \right|^2_{1,\hat{K}} = \int_K \left| B^T \nabla_x \left( (B^T \nabla_x v)_i \right) \right|^2 dx \, |\det(B)|^{-1} \, .$$

Nach (3.90) ist die Norm des $i$-ten Zeilenvektors von $B^T$ betragsmäßig gleich $h_i$, woraus sich die Behauptung ergibt. □

Anstelle der Regularität der Familie von Triangulierungen und damit der gleichmäßigen Schranke an $\cot \alpha_{\min}(K)$ (siehe (3.88)) fordern wir:

**Definition 3.34** Eine Familie von Triangulierungen $(\mathcal{T}_h)_h$ aus Dreiecken erfüllt die *Maximalwinkelbedingung*, wenn eine Konstante $\overline{\alpha} < \pi$ existiert, so dass für alle $h > 0$ und $K \in \mathcal{T}_h$ für den maximalen Winkel $\alpha_{\max}(K)$ von $K$ gilt:

$$\alpha_{\max}(K) \leq \overline{\alpha} \, .$$

Da immer $\alpha_{\max}(K) \geq \pi/3$ gilt, ist also die Maximalwinkelbedingung äquivalent mit der Existenz einer Konstanten $\tilde{s} > 0$, so dass

$$\sin(\alpha_{\max}(K)) \geq \tilde{s} \quad \text{für alle } K \in \mathcal{T}_h \text{ und } h > 0 \, . \tag{3.91}$$

Der Bezug dieser Bedingung zu den obigen Abschätzungen ergibt sich durch (vgl. (3.87))

$$\det(B) = h_1 h_2 \sin \alpha_{\max} \, . \tag{3.92}$$

Durch ineinander Einsetzen der Abschätzungen von Satz 3.32 (für $v - I_K(v)$), Satz 3.31 und Satz 3.33 unter Beachtung von (3.91), (3.92) folgt also mit dem Lemma von Céa (Satz 2.17):

**Satz 3.35** *Auf einer Familie von Triangulierungen $(\mathcal{T}_h)_h$ aus Dreiecken, die die Maximalwinkelbedingung erfüllt, werde der lineare Ansatz (3.49) betrachtet. Dann gibt es eine Konstante $C > 0$, so dass für $v \in H^2(\Omega)$ folgt*

$$\|v - I_h(v)\|_1 \leq C \, h \, |v|_2 \, .$$

*Liegt die Lösung $u$ der Randwertaufgabe (3.12), (3.18)–(3.20) in $H^2(\Omega)$, dann folgt für die Finite-Element-Approximation $u_h$ nach (3.36):*

$$\|u - u_h\|_1 \leq C h |u|_2 \, . \tag{3.93}$$

Aufgabe 3.23 zeigt eine gewisse Notwendigkeit der Maximalwinkelbedingung. Wieder gilt eine zu Bemerkung 3.30 analoge Aussage. Für eine analoge Untersuchung von Tetraedern verweisen wir auf [52].

Mit einer Modifikation der obigen Überlegungen und einer Zusatzbedingung lassen sich auch *anisotrope Fehlerabschätzungen* der Form

$$|v - I_h(v)|_1 \leq C \sum_{i=1}^{d} h_i |\partial_i v|_1$$

für $v \in H^2(\Omega)$ zeigen, wobei die $h_i$ vom Elementtyp abhängige Längenkenngrößen sind. Im Fall des Dreiecks handelt es sich wie in Abb. 3.12 um die längste Seite ($h_1 = h_K$) und die Höhe darauf (siehe [37]).

### 3.4.3 $L^2$-Abschätzungen

Die Fehlerabschätzung (3.84) beinhaltet zwar auch Aussagen über die Approximation des Gradienten (und damit des Flusses), sie ist aber für $k = 1$ nur linear im Gegensatz zu der Fehlerabschätzung aus Kap. 1 (Satz 1.6). Es stellt sich die Frage, ob eine Verbesserung der Konvergenzordnung möglich ist, wenn nur eine Abschätzung für die Funktionswerte selbst angestrebt wird. Das *Dualitätsargument* von Aubin und Nitsche zeigt, dass dies richtig ist, wenn die adjungierte Randwertaufgabe regulär ist, wobei:

**Definition 3.36** Die zu (3.12), (3.18)–(3.20) *adjungierte Randwertaufgabe* ist definiert durch die Bilinearform

$$(u, v) \mapsto a(v, u) \quad \text{für } u, v \in V$$

mit $V$ nach (3.30). Sie heißt *regulär*, wenn zu jedem $f \in L^2(\Omega)$ die Lösung $u = u_f \in V$ der adjungierten Randwertaufgabe

$$a(v, u) = \langle f, v \rangle_0 \quad \text{für alle } v \in V$$

eindeutig existiert und sogar $u_f \in H^2(\Omega)$ erfüllt, und für eine Konstante $C > 0$ eine Stabilitätsabschätzung der Form

$$|u_f|_2 \leq C\|f\|_0 \quad \text{für gegebenes } f \in L^2(\Omega)$$

gilt.

Die $V$-Elliptizität und Stetigkeit der Bilinearform (3.2), (3.3) überträgt sich von (3.31) sofort auf die adjungierte Randwertaufgabe, so dass die eindeutige Existenz von $u_f \in V$ in dem Fall gesichert ist. Konkret entsteht die adjungierte Randwertaufgabe durch Vertauschen der Argumente in der Bilinearform, was in deren symmetrischen Anteilen keine Veränderung nach sich zieht. Der nichtsymmetrische Anteil von (3.31) lautet $\int_\Omega c \cdot \nabla u \, v \, dx$, aus dem $\int_\Omega c \cdot \nabla v \, u \, dx$ wird. Wegen

$$\int_\Omega c \cdot \nabla v \, u \, dx = - \int_\Omega \nabla \cdot (cu) \, v \, dx + \int_{\partial\Omega} c \cdot \nu \, uv \, d\sigma$$

bedeutet also der Übergang zur adjungierten Randwertaufgabe den Austausch des konvektiven Anteils $c \cdot \nabla u$ durch einen konvektiven Anteil, nun in Divergenzform, in umgekehrte Stromrichtung $-c$, nämlich $\nabla \cdot (-cu)$, mit entsprechender Modifikation der Randbedingung. Es ist also im Allgemeinen ein ähnliches Regularitätsverhalten wie bei der ursprünglichen Randwertaufgabe zu erwarten, das in Abschn. 3.2.3 diskutiert wurde. Bei regulärem adjungiertem Problem gibt es eine Ordnungsverbesserung in $\|\cdot\|_0$:

**Satz 3.37 (von Aubin und Nitsche)**
*Betrachtet werde die Situation von Satz 3.29 oder von Satz 3.35 und die Lösung der adjungierten Randwertaufgabe sei regulär. Dann gibt es eine Konstante $C > 0$, so dass für die Lösung $u$ der Randwertaufgabe (3.12), (3.18)– (3.20) und ihre Finite-Element-Approximation $u_h$ nach (3.36) gilt:*

*1)*          $\|u - u_h\|_0 \le Ch\|u - u_h\|_1$ ,

*2)*          $\|u - u_h\|_0 \le Ch\|u\|_1$ ,

*3)*          $\|u - u_h\|_0 \le Ch^{k+1}|u|_{k+1}$ ,     *falls $u \in H^{k+1}(\Omega)$.*

**Beweis:** Die Aussagen 2) und 3) folgen sofort aus 1). Zum einen unter Ausnutzung von $\|u - u_h\|_1 \le \|u\|_1 + \|u_h\|_1$ und der Stabilitätsabschätzung (2.43), zum anderen direkt aus (3.84) bzw. (3.93).
Zum Beweis von 1) betrachte man die Lösung $u_f$ der adjungierten Gleichung zur rechten Seite $f = u - u_h \in V \subset L^2(\Omega)$. Einsetzen der Testfunktion $u - u_h$ und Ausnutzen der Fehlergleichung (2.38) liefert

$$\|u - u_h\|_0^2 = \langle u - u_h, u - u_h \rangle_0 = a(u - u_h, u_f) = a(u - u_h, u_f - v_h)$$

für alle $v_h \in V_h$. Wählt man speziell $v_h = I_h(u_f)$, so folgt aus der Stetigkeit der Bilinearform, Satz 3.29 bzw. Satz 3.35 und der Regularitätsannahme:

$$\|u - u_h\|_0^2 \le C\|u - u_h\|_1\|u_f - I_h(u_f)\|_1$$
$$\le C\|u - u_h\|_1 h|u_f|_2 \le C\|u - u_h\|_1 h\|u - u_h\|_0 .$$

Division durch $\|u - u_h\|_0$ ergibt die Behauptung, die im Fall $\|u - u_h\|_0 = 0$ trivial ist.                                                                                    □

Wenn also eine rauhe rechte Seite in (3.12) verhindert, dass über Satz 3.29 bzw. Satz 3.35 Konvergenz gesichert werden kann, kann die Aussage 2) noch zu einer Konvergenzaussage (mit verminderter Ordnung) genutzt werden.
Im Licht der Überlegungen von Abschn. 1.2 ist das Ergebnis von Satz 3.37 erstaunlich, liegt doch nur (punktweise) Konsistenz der Ordnung 1 vor. Andererseits wirft Satz 1.6 auch die Frage nach Konvergenzordnungsaussagen

in $\|\cdot\|_\infty$ auf, die dann eine in mehrfacher Hinsicht schärfere Aussage als Satz 1.6 liefern würden. Obwohl auch hier (wie etwa in Abschn. 3.9) dargestellte Überlegungen Ausgangspunkt für solche $L^\infty$-Abschätzungen sein können, erhält man die weitreichendsten Aussagen mit der Technik der gewichteten Normen (siehe [7, S. 155 ff.]), auf deren Darstellung hier verzichtet werden soll.

Die obigen Sätze enthalten Konvergenzordnungsaussagen unter Regularitäts-annahmen, die oft, wenn auch nur lokal, verletzt sein können. Zwar gibt es auch (schwächere) Aussagen mit geringeren Regularitätsforderungen, doch scheint uns folgende Beobachtung bedeutsam zu sein: Abschätzung (3.85) deutet an, dass auf Teilgebieten, in denen die Lösung geringere Regularität besitzt, auf denen die (Halb-)Normen der Lösung also groß werden, lokale Verfeinerung vorteilhaft ist (ohne dass die Ordnungsaussage dadurch verbessert wird). Die Gitteradaptionsstrategien auf der Basis von a posteriori-Fehlerschätzern in Kap. 4 liefern einen systematischen Weg in diese Richtung.

## 3.5 Die Implementierung der Finite-Element-Methode – 2. Teil

### 3.5.1 Einbringen von Dirichlet-Randbedingungen – 2. Teil

Bisher wurde in der theoretischen Analyse von Randwertproblemen mit inhomogenen Dirichlet-Randbedingungen $u = g_3$ auf $\Gamma_3$ die Existenz einer Funktion $w \in H^1(\Omega)$ mit $w = g_3$ auf $\Gamma_3$ vorausgesetzt. Die Lösung $u \in V$ (mit homogenen Dirichlet-Randbedingungen) ist dann nach (3.31) so definiert, dass $\tilde{u} = u + w$ die Variationsgleichung mit Testfunktionen in $V$ erfüllt:

$$a(u + w, v) = b(v) \quad \text{für alle } v \in V . \tag{3.94}$$

Das bedeutet für die in Abschn. 3.4 analysierte Galerkin-Approximation $u_h$, dass in die rechte Seite des Gleichungssystems (2.33) die Anteile $-a(w, \varphi_i)$ mit den nodalen Basisfunktionen $\varphi_i$, $i = 1, \ldots, M_1$, mit einfließen und als Lösung des inhomogenen Problems dann $\tilde{u}_h := u_h + w$ aufzufassen ist:

$$a(u_h + w, v) = b(v) \quad \text{für alle } v \in V_h . \tag{3.95}$$

Ergänzen wir die Basis von $V_h$ um die Basisfunktionen $\varphi_{M_1+1}, \ldots, \varphi_M$ zu den Dirichlet-Randknoten $a_{M_1+1}, \ldots, a_M$ und nennen den erzeugten Raum $X_h$:

$$X_h = \text{span}\,\{\varphi_1, \ldots, \varphi_{M_1}, \varphi_{M_1+1}, \ldots, \varphi_M\} , \tag{3.96}$$

also den Ansatzraum ohne Berücksichtigung von Randbedingungen, so gilt insbesondere im Allgemeinen nicht $\tilde{u}_h \in X_h$. Diese Vorgehensweise entspricht nicht der in Abschn. 2.4.3 beschriebenen Praxis. Diese, übertragen auf eine allgemeinere Variationsgleichung, lautet folgendermaßen:

Zu allen Freiheitsgraden $1, \ldots, M_1, M_1 + 1, \ldots, M$ werde das Gleichungssystem aufgebaut mit den Einträgen

$$a(\varphi_j, \varphi_i), \quad i, j = 1, \ldots, M, \tag{3.97}$$

für die Steifigkeitsmatrix und

$$b(\varphi_i), \quad i = 1, \ldots, M, \tag{3.98}$$

für den Lastvektor. Der Vektor der Unbekannten sei also

$$\tilde{\xi} = \begin{pmatrix} \xi \\ \hat{\xi} \end{pmatrix} \quad \text{mit} \quad \xi \in \mathbb{R}^{M_1}, \hat{\xi} \in \mathbb{R}^{M_2}.$$

Für die Dirichlet-Freiheitsgrade werden die Gleichungen $M_1 + 1, \ldots, M$ ersetzt durch

$$\tilde{\xi}_i = g_3(a_i), \quad i = M_1 + 1, \ldots, M,$$

und die betrachtenden Variablen in den Gleichungen $1, \ldots, M_1$ damit eliminiert. Dabei wird natürlich vorausgesetzt, dass $g_3 \in C(\Gamma_3)$ gilt. Diese Prozedur kann auch so interpretiert werden: Setzen wir

$$A_h := (a(\varphi_j, \varphi_i))_{i,j=1,\ldots,M_1}, \quad \hat{A}_h := (a(\varphi_j, \varphi_i))_{i=1,\ldots,M_1, j=M_1+1,\ldots,M},$$

dann lauten die ersten $M_1$ Gleichungen des aufgestellten Gleichungssystems

$$A_h \xi + \hat{A}_h \hat{\xi} = \mathbf{q}_h,$$

wobei $\mathbf{q}_h \in \mathbb{R}^{M_1}$ aus den ersten $M_1$ Einträgen nach (3.98) besteht. Die Elimination führt also zu

$$A_h \xi = \mathbf{q}_h - \hat{A}_h \hat{\xi} \tag{3.99}$$

mit $\hat{\xi} = (g_3(a_{M_1+i}))_{i=1,\ldots,M_2}$. Sei

$$w_h := \sum_{i=M_1+1}^{M} g_3(a_i) \varphi_i \in X_h \tag{3.100}$$

eine Ansatzfunktion, die in den Dirichlet-Knoten die Randbedingung erfüllt und an allen anderen Knoten den Wert 0 annimmt. Das Gleichungssystem (3.99) ist dann äquivalent zu

$$a(\breve{u}_h + w_h, v) = b(v) \quad \text{für alle } v \in V_h \tag{3.101}$$

für $\breve{u}_h = \sum_{i=1}^{M_1} \xi_i \varphi_i \in V_h$ (das heißt die „reale" Lösung) im Gegensatz zu der bei der Analyse zu Grunde gelegten Variationsgleichung (3.95). Diese Überlegung gilt auch, wenn bei der Assemblierung eine andere $h$-abhängige Bilinearform $a_h$ und analog statt $b$ eine Linearform $b_h$ benutzt wird. Im Weiteren sei vorausgesetzt, dass eine Funktion $w \in C(\bar{\Omega})$ existiere, die die Randbedingung auf $\Gamma_3$ erfülle. Anstelle von (3.101) betrachten wir das endlich-dimensionale Hilfsproblem der Bestimmung von $\breve{u}_h \in V_h$, so dass gilt

$$a(\breve{u}_h + \bar{I}_h(w), v) = b(v) \quad \text{für alle } v \in V_h \ . \tag{3.102}$$

Dabei ist $\bar{I}_h : C(\bar{\Omega}) \to X_h$ der Interpolationsoperator zu allen Freiheitsgraden,

$$\bar{I}_h(v) := \sum_{i=1}^{M_1+M_2} v(a_i)\varphi_i \ ,$$

während in Abschn. 3.4 der Interpolationsoperator $I_h$ für Funktionen betrachtet wurde, die auf $\Gamma_3$ verschwinden. Im Folgenden werden wir bei der Analyse des Einflusses von Quadratur zeigen, dass – auch bei Approximation von $a$ und $b$ –

$$\tilde{u}_h := \breve{u}_h + \bar{I}_h(w) \in X_h \ , \tag{3.103}$$

eine Approximation an $u+w$ in der in Satz 3.29 gezeigten Güte darstellt (Satz 3.42). Es ist $w_h - \bar{I}_h(w) \in V_h$ und damit auch $\breve{u}_h + w_h - \bar{I}_h(w) \in V_h$. Ist (3.102) eindeutig lösbar, was aus der allgemeinen Voraussetzung der $V$-Elliptizität von $a$ (3.3) folgt, ergibt sich:

$$\breve{u}_h + w_h - \bar{I}_h(w) = \breve{u}_h$$

und damit für $\tilde{u}_h$ nach (3.103)

$$\tilde{u}_h = \breve{u}_h + w_h \ . \tag{3.104}$$

Auf diese Weise ist die beschriebene Implementierungspraxis für Dirichlet-Randbedingungen gerechtfertigt.

### 3.5.2 Numerische Quadratur

Es wird wieder eine Randwertaufgabe in der variationellen Formulierung (3.31) und eine Finite-Element-Diskretisierung in der in Abschn. 3.3 und 3.4 zu Grunde gelegten Allgemeinheit betrachtet werden. Geht man den Abschn. 2.4.2 zur Assemblierung im Rahmen eines Finite-Element-Programms durch, so stellt man fest, dass die allgemeine elementweise Vorgehensweise mit Transformation auf das Referenzelement auch hier möglich ist, nur dass wegen der allgemeinen Koeffizientenfunktionen $K, c, r$ und $f$, die entstehenden Integrale im Allgemeinen nicht exakt auswertbar sind. Ist $K_m$ ein allgemeines Element mit den Freiheitsgraden in $a_{r_1}, \ldots, a_{r_L}$, so lauten die Beiträge in der Element-Steifigkeitsmatrix für $i, j = 1, \ldots, L$:

$$
\begin{aligned}
A_{ij}^{(m)} &= \int_{K_m} K \nabla \varphi_{r_j} \cdot \nabla \varphi_{r_i} + c \cdot \nabla \varphi_{r_j} \varphi_{r_i} + r \varphi_{r_j} \varphi_{r_i} \, dx + \int_{K_m \cap \Gamma_2} \alpha \varphi_{r_j} \varphi_{r_i} d\sigma \\
&=: \int_{K_m} v_{ij}(x) \, dx + \int_{K_m \cap \Gamma_2} w_{ij}(\sigma) \, d\sigma \\
&= \int_{\hat{K}} \hat{v}_{ij}(\hat{x}) \, d\hat{x} \, |\det(B)| + \int_{\hat{K}'} \hat{w}_{ij}(\hat{\sigma}) \, d\hat{\sigma} \, |\det(\tilde{B})| \ .
\end{aligned}
\tag{3.105}
$$

Dabei ist $K_m$ über die Abbildung $F(\hat{x}) = B\hat{x} + d$ affin-äquivalent zum Referenzelement $\hat{K}$. Das Randstück $K_m \cap \Gamma_2$ besteht wegen der Konformität der Triangulierung (T6) aus keiner, einer oder mehreren vollständigen Seiten von $K_m$. Der Einfachheit halber beschränken wir uns hier auf den Fall einer Seite, die über eine Abbildung $\tilde{F}(\hat{\sigma}) = \tilde{B}\hat{\sigma} + \tilde{d}$ affin-äquivalent zu einem Referenzelement $\hat{K}'$ ist (vgl. (3.39)). Die Verallgemeinerung auf die anderen Fälle ist offensichtlich. Die Funktionen $\hat{v}_{ij}$ und analog $\hat{w}_{ij}$ sind die nach (3.72) definierten transformierten Funktionen.

Entsprechend ergibt sich als Beitrag für die rechte Seite des Gleichungssystems, das heißt für die Elementlastvektor: Sei $i = 1, \dots, L$ :

$$\left(\mathbf{q}^{(m)}\right)_i = \int_{\hat{K}} \hat{f}(\hat{x}) N_i(\hat{x}) \, d\hat{x} \, |\det(B)| \tag{3.106}$$

$$+ \int_{\hat{K}'_1} \hat{g}_1(\hat{\sigma}) N_i(\hat{\sigma}) \, d\hat{\sigma} \, |\det(\tilde{B}_1)| + \int_{\hat{K}'_2} \hat{g}_2(\hat{\sigma}) N_i(\hat{\sigma}) \, d\hat{\sigma} \, |\det(\tilde{B}_2)| \, .$$

Die $N_i$, $i = 1, \dots, L$, sind dabei die Formfunktionen, also die lokalen nodalen Basisfunktionen auf $\hat{K}$.

Wenn die transformierten Integranden Ableitungen nach $x$ enthalten, können diese transformiert werden in Ableitungen nach $\hat{x}$. Zum Beispiel ergibt sich für den ersten Summanden in $A_{ij}^{(m)}$ in Erweiterung von (2.49)

$$\int_{\hat{K}} K(F(\hat{x})) B^{-T} \nabla_{\hat{x}} N_j(\hat{x}) \cdot B^{-T} \nabla_{\hat{x}} N_i(\hat{x}) \, d\hat{x} \, |\det(B)| \, .$$

Die Formfunktionen bzw. ihre Ableitungen und deren Integrale über $\hat{K}$ sind bekannt, was in (2.51) ff zur exakten Integration ausgenutzt wurde. Durch das Auftreten einer allgemeinen Koeffizientenfunktion ist dies aber im Allgemeinen nicht mehr möglich bzw. für spezielle, zum Beispiel polynomiale $K(x)$, auch nicht empfehlenswert wegen des damit verbundenen Aufwandes. Stattdessen sollte man diese Integrale (und analog auch die Randintegrale) durch Anwendung einer *Quadraturformel* approximieren.

Eine Quadraturformel auf $\hat{K}$ zur Approximation von $\int_{\hat{K}} \hat{v}(\hat{x}) \, d\hat{x}$ hat die Gestalt

$$\sum_{i=1}^{R} \hat{\omega}_i \, \hat{v}(\hat{b}_i) \tag{3.107}$$

mit *Gewichten* $\hat{\omega}_i$ und *Quadratur- oder Integrationspunkten* $\hat{b}_i \in \hat{K}$. Die Anwendung von (3.107) setzt also die Auswertbarkeit von $\hat{v}$ an $\hat{b}_i$ voraus, was im Folgenden durch die Stetigkeit von $\hat{v}$ gesichert wird. Dies impliziert die gleiche Anforderung an die Koeffizientenfunktionen, da die Formfunktionen $N_i$ und ihre Ableitungen stetig sind. Um die numerische Stabilität einer Quadraturformel sicherzustellen, wird im Allgemeinen gefordert:

$$\hat{\omega}_i > 0 \quad \text{für alle} \quad i = 1, \dots, R \, , \tag{3.108}$$

was wir auch tun werden. Da alle betrachteten finiten Elemente so sind, dass ihre Seiten mit den darin enthaltenen Freiheitsgraden wieder ein finites Element (in $\mathbb{R}^{d-1}$) ergeben (siehe (3.39)), sind die Randintegrale in einer allgemeinen Diskussion mit einbezogen. Im Prinzip können für jeden der obigen Integralanteile verschiedene Quadraturformeln zu Grunde gelegt werden, doch soll hier (mit Ausnahme der Unterscheidung Volumen- und Randintegral wegen der verschiedenen Dimension) davon abgesehen werden.

Eine Quadraturformel auf $\hat{K}$ erzeugt eine solche auf einem allgemeinen Element $K$ unter Beachtung von

$$\int_K v(x)\,dx = \int_{\hat{K}} \hat{v}(\hat{x})\,d\hat{x}\,|\det(B)|$$

durch

$$\sum_{i=1}^R \omega_{i,K}\,v(b_{i,K})\,,$$

wobei $\omega_i = \omega_{i,K} = \hat{\omega}_i|\det(B)|$ und $b_i = b_{i,K} := F(\hat{b}_i)$ von $K$ abhängig sind. Die Positivität der Gewichte bleibt erhalten. Dabei ist wieder $F(\hat{x}) = B\hat{x} + d$ die affin-lineare Transformation von $\hat{K}$ auf $K$. Die Fehler der Quadraturformeln

$$\hat{E}(\hat{v}) := \int_{\hat{K}} \hat{v}(\hat{x})\,d\hat{x} - \sum_{i=1}^R \hat{\omega}_i\,\hat{v}(\hat{b}_i)\,,$$

$$E_K(v) := \int_K v(x)\,dx - \sum_{i=1}^R \omega_i\,v(b_i) \tag{3.109}$$

ergeben sich auseinander durch

$$E_K(v) = |\det(B)|\hat{E}(\hat{v})\,. \tag{3.110}$$

Die *Genauigkeit* einer Quadraturformel soll dadurch definiert werden, dass sie für ein möglichst großes $l$

$$\hat{E}(\hat{p}) = 0 \quad \text{für } \hat{p} \in \mathcal{P}_l(\hat{K})\,,$$

erfüllt, was sich sofort auf die Integration über $K$ überträgt. Eine Quadraturformel sollte zudem eine gewünschte Genauigkeit mit möglichst wenigen Quadraturpunkten realisieren, da die Auswertung der Koeffizientenfunktionen oft aufwendig ist. Bei den Formfunktionen und ihren Ableitungen reicht dagegen eine einmalige Auswertung. Im Folgenden sollen einige Beispiele von Quadraturformeln für die in Abschn. 3.3 eingeführten Elemente besprochen werden.

Der naheliegendste Zugang sind *nodale Quadraturformeln*, die also die Knoten $\hat{a}_1, \ldots, \hat{a}_L$ des Referenzelements $(\hat{K}, \hat{P}, \hat{\Sigma})$ als Quadraturpunkte haben. Die Forderung der Exaktheit auf $\hat{P}$ ist dann äquivalent zu

$$\hat{\omega}_i = \int_{\hat{K}} N_i(\hat{x}) \, d\hat{x} \,, \tag{3.111}$$

so dass die Frage nach der Gültigkeit von (3.108) bleibt.

Wir beginnen mit dem **Einheitssimplex $\hat{K}$** nach (3.53). Hier können die Gewichte der Quadraturformeln direkt auf dem allgemeinen Simplex $K$ angegeben werden. Werden die Formfunktionen über die baryzentrischen Koordinaten $\lambda_i$ ausgedrückt, können die Integrale nämlich mittels

$$\int_K \lambda_1^{\alpha_1} \lambda_2^{\alpha_2} \cdots \lambda_{d+1}^{\alpha_{d+1}}(x) \, dx = \frac{\alpha_1! \alpha_2! \cdots \alpha_{d+1}!}{(\alpha_1 + \alpha_2 + \cdots + \alpha_{d+1} + d)!} \, \frac{\mathrm{vol}\,(K)}{\mathrm{vol}\,(\hat{K})} \tag{3.112}$$

berechnet werden (siehe Übungsaufgabe 3.25).

Ist $P = \mathcal{P}_1(K)$ und sind also die Quadraturpunkte die Eckknoten, so folgt

$$\omega_i = \int_K \lambda_i(x) \, dx = \frac{1}{d+1} \, \mathrm{vol}\,(K) \quad \text{für alle } i = 1, \ldots, d+1 \,. \tag{3.113}$$

Für $P = \mathcal{P}_2(K)$ und $d = 2$ ergeben sich mittels der Formfunktionen $\lambda_i(2\lambda_i - 1)$ zu den Knoten $a_i$ die Gewichte 0 und mittels der Formfunktionen $4\lambda_i\lambda_j$ zu den Knoten $a_{ij}$ die Gewichte

$$\omega_i = \frac{1}{3} \mathrm{vol}\,(K) \quad \text{zu} \quad b_i = a_{ij}, \ i,j = 1, \ldots, 3, \ i > j \,,$$

so dass man hier eine zu (3.113) (für $d = 2$) überlegene Quadraturformel erhält. Für $d \geq 3$ führt dieser Ansatz aber zu negativen Gewichten und ist unbrauchbar. Die Exaktheit für $\mathcal{P}_1(K)$ kann man auch schon mittels eines Quadraturpunktes erreichen und zwar mit dem Schwerpunkt (siehe (3.48)):

$$\omega_1 = \mathrm{vol}\,(K) \quad \text{und} \quad b_1 = a_S = \frac{1}{d+1} \sum_{i=1}^{d+1} a_i \,,$$

was wieder mit (3.112) einzusehen ist.

Als für $\mathcal{P}_2(K)$ und $d = 3$ exakte Formel sei angegeben (siehe [46]):
$R = 4$, $\omega_i = \frac{1}{4} \mathrm{vol}\,(K)$ und die $b_i$ entstehen durch zyklische Vertauschung der baryzentrischen Koordinaten:

$$\left( \frac{5 - \sqrt{5}}{20}, \frac{5 - \sqrt{5}}{20}, \frac{5 - \sqrt{5}}{20}, \frac{5 + 3\sqrt{5}}{20} \right).$$

Auf dem **Einheitsquader $\hat{K}$** ergeben sich nodale Quadraturformeln, die für $Q_k(\hat{K})$ exakt sind, aus den geschlossenen Newton–Côtes-Formeln der eindimensionalen Situation mit

$$\hat{\omega}_{i_1 \ldots i_d} = \hat{\omega}_{i_1} \cdots \hat{\omega}_{i_d} \quad \text{zu} \quad \hat{b}_{i_1 \ldots i_d} = \left( \frac{i_1}{k}, \ldots, \frac{i_d}{k} \right) \tag{3.114}$$

$$\text{für } i_j \in \{0, \ldots, k\} \text{ und } j = 1, \ldots, d \,.$$

Dabei sind die $\hat{\omega}_{i_j}$ die Gewichte der Newton–Côtes-Formeln für $\int_0^1 f(x)dx$ (siehe [29, S. 140]). Wie in (3.113) liegt also für $k = 1$ eine Verallgemeinerung der *Trapezregel* (vgl. (2.37), (7.31)) vor, hier mit den Gewichten $2^{-d}$ in den $2^d$ Eckknoten. Ab $k = 8$ treten negative Gewichte auf. Das lässt sich vermeiden und die Genauigkeit bei gegebener Punktanzahl steigern, wenn die Newton–Côtes- durch die *Gauß–(Legendre)-Integration* ersetzt wird: In (3.114) ist also $i_j/k$ durch den $j$-ten Stützpunkt der $k$-ten Gauß–Legendre-Formel zu ersetzen (siehe [29, S. 169]), dort auf $[-1, 1]$) und entsprechend $\hat{\omega}_{i_j}$. Auf diese Weise wird mit $(k + 1)^d$ Quadraturpunkten Exaktheit in $Q_{2k+1}(\hat{K})$, nicht nur in $Q_k(\hat{K})$, erreicht.

Es stellt sich die Frage, welche Quadraturformel gewählt werden soll. Dazu können verschiedene Kriterien zu Grunde gelegt werden (siehe auch (7.29) ff). Hier soll gefordert werden, dass die in Satz 3.29 gezeigte Konvergenzordnungsaussage nicht verschlechtert wird. Um dies zu untersuchen, muss geklärt werden, welches Problem die mit Quadratur bestimmte Näherung $\bar{u}_h \in V_h$ löst. Zur Vereinfachung der Notation werden ab jetzt die Randintegrale nicht weiter berücksichtigt, also nur Dirichlet- und homogene Fluss-Randbedingungen zugelassen. Die Verallgemeinerung sollte aber klar sein. Das Ersetzen der Integrale in (3.105) und (3.106) durch Quadraturformeln $\sum_{i=1}^R \hat{\omega}_i \hat{v}(\hat{b}_i)$ führt zu einer Approximation $\bar{A}_h$ der Steifigkeitsmatrix und $\bar{\mathbf{q}}_\mathbf{h}$ des Lastvektors in der Form

$$\bar{A}_h = \left(a_h(\varphi_j, \varphi_i)\right)_{i,j}, \quad \bar{\mathbf{q}}_h = \left(b_h(\varphi_i)\right)_i,$$

für $i, j = 1, \ldots, M$. Dabei sind die $\varphi_i$ die Basisfunktionen aus $X_h$ (siehe (3.96)) ohne Berücksichtigung der Dirichlet-Randbedingung und

$$a_h(v, w) := \sum_{K \in \mathcal{T}_h} \sum_{l=1}^R \omega_{l,K} (K \nabla v \cdot \nabla w)(b_{l,K}) + \sum_{K \in \mathcal{T}_h} \sum_{l=1}^R \omega_{l,K} (c \cdot \nabla v w)(b_{l,K})$$

$$+ \sum_{K \in \mathcal{T}_h} \sum_{l=1}^R \omega_{l,K} (rvw)(b_{l,K}) \qquad \text{für } v, w \in X_h, \qquad (3.115)$$

$$b_h(v) := \sum_{K \in \mathcal{T}_h} \sum_{l=1}^R \omega_{l,K} (fv)(b_{l,K}) \qquad \text{für } v \in X_h.$$

Die so definierten Abbildungen $a_h$ und $b_h$ sind wohldefiniert auf $X_h \times X_h$ bzw. $X_h$, wenn die Koeffizientenfunktionen in den Quadraturpunkten auswertbar sind. Dabei ist zu berücksichtigen, dass $\nabla v$ für $v \in X_h$ über $\partial K$ für ein Element $K$ eine Sprungunstetigkeit haben kann. Es ist also für Quadraturpunkte $b_{l,K} \in \partial K$ bei $\nabla v(b_{l,K})$ der „zu $b_{l,K}$ gehörige" Wert zu wählen, der dem Grenzwert für Folgen im Inneren von $K$ entspricht. Man beachte, dass $a_h$ und $b_h$ im Allgemeinen nicht für Funktionen aus $V$ definiert sind. Offensichtlich ist $a_h$ bilinear und $b_h$ linear. Berücksichtigt man die Analyse des Einbringens der Dirichlet-Randbedingung in (3.94)–(3.101), so entsteht ein

Gleichungssystem für die Freiheitsgrade $\bar{\boldsymbol{\xi}} = (\xi_1, \ldots, \xi_{M_1})^T$, das äquivalent ist zur Variationsgleichung auf $V_h$ für $\bar{u}_h = \sum_{i=1}^{M_1} \bar{\xi}_i \varphi_i \in V_h$ :

$$a_h(\bar{u}_h, v) = b_h(v) - a_h(w_h, v) \quad \text{für alle } v \in V_h \qquad (3.116)$$

mit $w_h$ nach (3.100). Wie in (3.104) gezeigt wurde, ist (3.116) im Sinn der Gesamtapproximation $\bar{u}_h + w_h$ an $u + w$ äquivalent zur Variationsgleichung für $\bar{\bar{u}}_h \in V_h$ :

$$a_h(\bar{\bar{u}}_h, v) = \bar{b}_h(v) := b_h(v) - a_h(\bar{I}_h(w), v) \quad \text{für alle } v \in V_h , \qquad (3.117)$$

falls dieses Gleichungssystem eindeutig lösbar ist.

## 3.6 Konvergenzordnungsaussagen bei Quadratur und Interpolation

Das Ziel dieses Abschnitts ist es, die Approximationsgüte einer Lösung $\bar{\bar{u}}_h + \bar{I}_h(w)$ nach (3.117) und damit von $\bar{u}_h + w_h$ nach (3.116) für die Randwertaufgabe (3.12), (3.18)–(3.20) zu untersuchen.
Wir haben also den Bereich der Galerkin-Verfahren verlassen und müssen dem Einfluss der Fehler

$$a - a_h , \quad b - a(w, \cdot) - b_h + a_h(\bar{I}_h(w), \cdot)$$

untersuchen. Dazu betrachten wir allgemein auf einem normierten Raum $(V, \|\cdot\|)$ die Variationsgleichung

$$u \in V \text{ erfüllt}: \quad a(u, v) = l(v) \quad \text{für alle } v \in V \qquad (3.118)$$

und die Approximation auf Teilräumen $V_h \subset V$ für $h > 0$:

$$u_h \in V_h \text{ erfüllt}: \quad a_h(u_h, v) = l_h(v) \quad \text{für alle } v \in V_h . \qquad (3.119)$$

Dabei sind $a$ und $a_h$ Bilinearformen auf $V \times V$ bzw. $V_h \times V_h$ und $l, l_h$ Linearformen auf $V$ bzw. $V_h$. Dann gilt:

**Satz 3.38 (erstes Lemma von Strang)**
*Es gebe ein $\alpha > 0$, so dass für alle $h > 0$ und $v \in V_h$ gilt:*

$$\alpha \|v\|^2 \leq a_h(v, v) , \qquad (3.120)$$

*und $a$ sei stetig auf $V \times V$.*
*Dann gibt es eine Konstante $C$ unabhängig von $V_h$, so dass gilt:*

$$\|u - u_h\| \leq C \left\{ \inf_{v \in V_h} \left\{ \|u - v\| + \sup_{w \in V_h} \frac{|a(v, w) - a_h(v, w)|}{\|w\|} \right\} \right. $$
$$\left. + \sup_{w \in V_h} \frac{|l(w) - l_h(w)|}{\|w\|} \right\} . \qquad (3.121)$$

**Beweis:** Sei $v \in V_h$ beliebig, dann folgt aus (3.118)–(3.120)

$$\alpha\|u_h - v\|^2 \le a_h(u_h - v, u_h - v)$$
$$= a(u - v, u_h - v) + \big(a(v, u_h - v) - a_h(v, u_h - v)\big)$$
$$+ \big(l_h(u_h - v) - l(u_h - v)\big)$$

und damit wegen der Stetigkeit von $a$ (vgl. (3.2))

$$\alpha\|u_h - v\| \le M\|u - v\| + \sup_{w \in V_h} \frac{|a(v, w) - a_h(v, w)|}{\|w\|}$$
$$+ \sup_{w \in V_h} \frac{|l_h(w) - l(w)|}{\|w\|} \quad \text{für } v \in V_h.$$

Mittels $\|u - u_h\| \le \|u - v\| + \|u_h - v\|$ und Infimumbildung über $v \in V_h$ folgt die Behauptung. $\qquad \square$

Für $a_h = a$ und $l_h = l$ reduziert sich die Aussage auf das Lemma von Céa (Satz 2.17), das den Ausgangspunkt für die Konvergenzordnungsaussagen von Abschn. 3.4 bildete. Analog kann hier verfahren werden. Dazu muss zusätzlich

- die *gleichmäßige $V_h$-Elliptizität* der $a_h$ nach (3.120) gesichert werden
- für die *Konsistenzfehler*

$$A_h(v) := \sup_{w \in V_h} \frac{|a(v, w) - a_h(v, w)|}{\|w\|} \tag{3.122}$$

für eine frei wählbare Vergleichsfunktion $v \in V_h$, und für

$$\sup_{w \in V_h} \frac{|l(w) - l_h(w)|}{\|w\|}$$

das Verhalten in $h$ untersucht werden.

Der erste Punkt ist nicht kritisch, wenn nur $a$ selbst $V$-elliptisch ist und $A_h$ geeignet gegen 0 strebt für $h \to 0$:

**Lemma 3.39** *Die Bilinearform $a$ sei $V$-elliptisch, und es gebe eine Funktion $C(h)$ mit $C(h) \to 0$ für $h \to 0$, so dass*

$$A_h(v) \le C(h)\|v\| \quad \text{für } v \in V_h.$$

*Dann gibt es ein $\bar{h} > 0$, so dass die $a_h$ für $h \le \bar{h}$ gleichmäßig $V_h$-elliptisch sind.*

**Beweis:** Nach Voraussetzung gibt es ein $\alpha > 0$, so dass für $v \in V_h$ gilt:

$$\alpha\|v\|^2 \le a_h(v, v) + a(v, v) - a_h(v, v)$$

und
$$|a(v,v) - a_h(v,v)| \leq A_h(v)\|v\| \leq C(h)\|v\|^2 .$$

Man wähle also zum Beispiel $\bar{h}$ so, dass $C(h) \leq \alpha/2$ für $h \leq \bar{h}$.     □

Wir wenden uns konkret der Untersuchung des Einflusses numerischer Quadratur zu, das heißt, $a_h$ ist definiert wie in (3.115) und $l_h$ entspricht $\bar{b}_h$ aus (3.117) mit der approximativen Linearform $b_h$ nach (3.115). Da es um eine Erweiterung der Konvergenzordnungsaussage (in $\|\cdot\|_1$) aus Abschn. 3.4 geht, sind die Voraussetzungen an die Finite-Element-Diskretisierung wie dort zu Beginn zusammengestellt. Insbesondere bestehen die Triangulierungen $\mathcal{T}_h$ aus zueinander affin-äquivalenten Elementen. Weiter ist zur Vereinfachung der Notation wieder $d \leq 3$, und es werden nur Lagrange-Elemente behandelt. Für die Randwertaufgaben gelten insbesondere die am Ende von Abschn. 3.2.1 gegebenen Generalvoraussetzungen.
Nach Satz 3.38 ist die gleichmäßige $V_h$-Elliptizität der $a_h$ sicherzustellen und die Konsistenzfehler (für ein geeignetes Vergleichselement $v \in V_h$) müssen das richtige Konvergenzverhalten zeigen. Falls die Schrittweite $h$ klein genug ist, wird die erste Aussage von der zweiten nach Lemma 3.39 impliziert. Es seien noch einfache, davon unabhängige Kriterien angegeben. Die Quadraturformeln erfüllen die in Abschn. 3.5 eingeführten Eigenschaften (3.107), (3.108), insbesondere sind also die Gewichte positiv.

**Lemma 3.40** *Die Koeffizientenfunktion $K$ erfülle (3.16) und $c = 0$ in $\Omega$, $|\Gamma_3|_{d-1} > 0$ und $r \geq 0$ in $\Omega$. Gilt für den Ansatzraum $P = \mathcal{P}_k(K)$ und ist die Quadraturformel exakt auf $\mathcal{P}_{2k-2}(K)$, dann ist $a_h$ gleichmäßig $V_h$-elliptisch.*

**Beweis:** Sei $\alpha > 0$ die Konstante der gleichmäßigen Positivdefinitheit von $K(x)$, dann gilt für $v \in V_h$:

$$a_h(v,v) \geq \alpha \sum_{K \in \mathcal{T}_h} \sum_{l=1}^{R} \omega_{l,K} |\nabla v|^2 (b_{l,K}) = \alpha \int_{\Omega} |\nabla v|^2 (x)\, dx = \alpha |v|_1^2 ,$$

da $|\nabla v|^2 \big|_K \in \mathcal{P}_{2k-2}(K)$. Aus Folgerung 3.14 ergibt sich die Behauptung.     □

Weitere Aussagen dieser Art finden sich in [7, S. 194 ff.]. Um den Konsistenzfehler zu untersuchen, kann sehr ähnlich zur Interpolationsfehlerabschätzung in Abschn. 3.4 vorgegangen werden: Er wird zerlegt in die Summe der Fehler über den Elementen $K \in \mathcal{T}_h$ und dort mittels (3.110) auf den Fehler über das Referenzelement $\hat{K}$ transformiert. Die bei der Fehlerabschätzung über $\hat{K}$ auftretenden Ableitungen (in $\hat{x}$) werden mittels Satz 3.26 und Satz 3.27 zurücktransformiert, wodurch die gewünschten $h_K$-Potenzen entstehen. Man beachte aber, dass keine Potenz von $\|B^{-1}\|$ oder ähnliches auftritt. Wenn sich die in beiden Transformationsschritten auftretenden Potenzen von $\det(B)$ heben (was der Fall sein wird), ergibt sich also auf diese Weise keine Forderung an die geometrische Qualität der Familie von Triangulierungen. Natürlich sind diese Aussagen zu kombinieren mit Abschätzungen des Approximationsfehlers von $V_h$, wofür aber insbesondere beide Wege aus Abschn. 3.4 (Regularität oder Maximalwinkelbedingung) zulässig sind.

Zur Vereinfachung beschränken wir uns im Folgenden auf den Fall des polynomialen Ansatzraums $P = \mathcal{P}_k(K)$. Allgemeinere Aussagen ähnlicher Art, insbesondere für Triangulierungen mit dem Quaderelement und $\hat{P} = Q_k(\hat{K})$ als Referenzelement sind in [7, S. 207 f.] zusammengestellt.

Es sei an die in (3.109), (3.110) eingeführten Bezeichnungen und Beziehungen für die lokalen Fehler erinnert. Die folgenden Sätze benutzen die Sobolevräume $W_\infty^l$ über $\Omega$ und über $K$ mit den Normen $\| \cdot \|_{l,\infty}$ bzw. $\| \cdot \|_{l,\infty,K}$ und Halbnormen $| \cdot |_{l,\infty}$ bzw. $| \cdot |_{l,\infty,K}$ Die wesentliche lokale Aussage lautet:

**Satz 3.41** *Sei $k \in \mathbb{N}$ und $\hat{P} = \mathcal{P}_k(\hat{K})$ und die Quadratur sei exakt auf $\mathcal{P}_{2k-2}(\hat{K})$:*

$$\hat{E}(\hat{v}) = 0 \quad \text{für alle } \hat{v} \in \mathcal{P}_{2k-2}(\hat{K}) \ . \tag{3.123}$$

*Dann gibt es eine Konstante $C > 0$, unabhängig von $h > 0$ und von $K \in \mathcal{T}_h$, so dass gilt für $l \in \{1, k\}$ gilt:*

1)
$$|E_K(apq)| \le C h_K^l \|a\|_{k,\infty,K} \|p\|_{l-1,K} \|q\|_{0,K}$$

*für $a \in W_\infty^k(K)$, $p, q \in \mathcal{P}_{k-1}(K)$ ,*

2)
$$|E_K(cpq)| \le C h_K^l \|c\|_{k,\infty,K} \|p\|_{l-1,K} \|q\|_{1,K}$$

*für $c \in W_\infty^k(K)$, $p \in \mathcal{P}_{k-1}(K)$, $q \in \mathcal{P}_k(K)$ ,*

3)
$$|E_K(rpq)| \le C h_K^l \|r\|_{k,\infty,K} \|p\|_{l,K} \|q\|_{1,K}$$

*für $r \in W_\infty^k(K)$, $p, q \in \mathcal{P}_k(K)$ ,*

4)
$$|E_K(fq)| \le C h_K^k \|f\|_{k,\infty,K} \mathrm{vol}\,(K)^{1/2} \|q\|_{1,K}$$

*für $f \in W_\infty^k(K)$, $q \in \mathcal{P}_k(K)$ .*

In der (unnötig variierenden) Bezeichnung der Koeffizienten ist schon das Anwendungsgebiet der jeweiligen Abschätzung angedeutet. Die Glattheitsvoraussetzung an die Koeffizienten in 1)–3) kann zum Teil abgeschwächt werden. Wir zeigen nur Aussage 1). Eine direkte Übertragung dieses Beweises führt aber zu einem Ordnungsverlust (oder höheren Exaktheitsforderungen an die Quadratur) in den Aussagen 2)–4). Hier sind recht technische Überlegungen unter Zwischenschieben von Projektionen nötig, die sich zum Teil in [7, S. 201–203] finden. In dem folgenden Beweis wird intensiv von der Tatsache Gebrauch gemacht, dass auf dem „festen" endlich-dimensionalen Ansatzraum $\mathcal{P}_k(\hat{K})$ alle Normen äquivalent sind. Die Voraussetzung (3.123) ist äquivalent zu der gleichen Aussage auf einem allgemeinen Element. Die Formulierung deutet aber eine Bedingung an, die auch für allgemeinere Situationen hinreichend ist.

**Beweis von Satz 3.41, 1):** Betrachtet werden ein allgemeines Element $K \in \mathcal{T}_h$ und darauf Abbildungen $a \in W_\infty^k(K)$, $p, q \in \mathcal{P}_{k-1}(K)$ und dazu die nach (3.72) definierten Abbildungen $\hat{a} \in W_\infty^k(\hat{K})$, $\hat{p}, \hat{q} \in \mathcal{P}_{k-1}(\hat{K})$. Der Beweis werde zuerst für $l = k$ geführt. Auf dem Referenzelement $\hat{K}$ gilt für $\hat{v} \in W_\infty^k(\hat{K})$ (und $\hat{q} \in \mathcal{P}_{k-1}(\hat{K})$):

$$\left| \hat{E}(\hat{v}\hat{q}) \right| = \left| \int_{\hat{K}} \hat{v}\hat{q} \, d\hat{x} - \sum_{l=1}^R \hat{\omega}_l \, (\hat{v}\hat{q})(\hat{b}_l) \right| \leq C \left\| \hat{v}\hat{q} \right\|_{\infty, \hat{K}} \leq C \left\| \hat{v} \right\|_{\infty, \hat{K}} \left\| \hat{q} \right\|_{\infty, \hat{K}} \, ,$$

wobei die Stetigkeit der Einbettung von $W_\infty^k(\hat{K})$ nach $C(\hat{K})$ eingeht (siehe [1, S. 319]). Also folgt unter Ausnutzung der Äquivalenz von $\| \cdot \|_{\infty, \hat{K}}$ und $\| \cdot \|_{0, \hat{K}}$ auf $\mathcal{P}_{k-1}(\hat{K})$:

$$\left| \hat{E}(\hat{v}\hat{q}) \right| \leq C \left\| \hat{v} \right\|_{k, \infty, \hat{K}} \left\| \hat{q} \right\|_{0, \hat{K}} \, .$$

Wählt man also ein festes $\hat{q} \in \mathcal{P}_{k-1}(\hat{K})$, so wird durch $\hat{v} \mapsto \hat{E}(\hat{v}\hat{q})$ ein lineares, stetiges Funktional $G$ auf $W_\infty^k(\hat{K})$ definiert mit den Eigenschaften:

$$\|G\| \leq C \|\hat{q}\|_{0, \hat{K}} \quad \text{und} \quad G(\hat{v}) = 0 \quad \text{für} \quad \hat{v} \in \mathcal{P}_{k-1}(\hat{K})$$

auf Grund von (3.123).
Nach dem Bramble–Hilbert-Lemma (Satz 3.24) folgt also:

$$\left| \hat{E}(\hat{v}\hat{q}) \right| \leq C \left| \hat{v} \right|_{k, \infty, \hat{K}} \left\| \hat{q} \right\|_{0, \hat{K}} \, .$$

Gemäß der Behauptung wählen wir nun

$$\hat{v} = \hat{a}\hat{p} \quad \text{für} \quad \hat{a} \in W^{k, \infty}(\hat{K}), \, \hat{p} \in \mathcal{P}_{k-1}(\hat{K})$$

und müssen $\left| \hat{a}\hat{p} \right|_{k, \infty \hat{K}}$ (dank des Bramble–Hilbert-Lemmas nicht $\|\hat{a}\hat{p}\|_{k, \infty, \hat{K}}$) abschätzen. Die Leibniz'sche Regel zur Differentiation von Produkten impliziert die folgende Abschätzung

$$\left| \hat{a}\hat{p} \right|_{k, \infty, \hat{K}} \leq C \sum_{j=0}^k \left| \hat{a} \right|_{k-j, \infty, \hat{K}} \left| \hat{p} \right|_{j, \infty, \hat{K}} \, . \tag{3.124}$$

Dabei hängt die Konstante $C$ nur von $k$, nicht aber vom Gebiet $\hat{K}$ ab.
Wegen $\hat{p} \in \mathcal{P}_{k-1}(\hat{K})$ fällt hier der letzte Summand in (3.124) weg, womit wir die folgende für $\hat{a} \in W_\infty^k(\hat{K})$, $\hat{p}, \hat{q} \in \mathcal{P}_{k-1}(\hat{K})$ gültige Abschätzung erhalten haben:

$$\begin{aligned}
\left| \hat{E}(\hat{a}\hat{p}\hat{q}) \right| &\leq C \left\{ \sum_{j=0}^{k-1} \left| \hat{a} \right|_{k-j, \infty, \hat{K}} \left| \hat{p} \right|_{j, \infty, \hat{K}} \right\} \|\hat{q}\|_{0, \hat{K}} \\
&\leq C \left\{ \sum_{j=0}^{k-1} \left| \hat{a} \right|_{k-j, \infty, \hat{K}} \left| \hat{p} \right|_{j, \hat{K}} \right\} \|\hat{q}\|_{0, \hat{K}} \, .
\end{aligned} \tag{3.125}$$

Die letzte Abschätzung nutzt die Äquivalenz von $\|\cdot\|_\infty$ und $\|\cdot\|_0$ auf $\mathcal{P}_{k-1}(\hat{K})$. Die Transformation $F$ von $\hat{K}$ auf das allgemeine Element $K$ habe wie üblich den linearen Anteil $B$.

Der erste Transformationsschritt liefert zum einen den Faktor $|\det(B)|$ nach (3.110), für die Rücktransformation folgt aus Satz 3.26 und Satz 3.27:

$$|\hat{a}|_{k-j,\infty,\hat{K}} \leq C\, h_K^{k-j}\, |a|_{k-j,\infty,K}\ ,$$

$$|\hat{p}|_{j,\hat{K}} \leq C\, h_K^j\, |\det(B)|^{-1/2}\, |p|_{j,K}\ , \qquad (3.126)$$

$$\|\hat{q}\|_{0,\hat{K}} \leq C\, |\det(B)|^{-1/2}\, \|q\|_{0,K}$$

für $0 \leq j \leq k-1$. Dabei sind $a, p, q$ die nach (3.72) (rück)transformierten Abbildungen $\hat{a}, \hat{p}, \hat{q}$. Einsetzen dieser Abschätzungen in (3.125) liefert also

$$|E_K(apq)| \leq C\, h_K^k \left\{ \sum_{j=0}^{k-1} |a|_{k-j,\infty,K}\, |p|_{j,K} \right\} \|q\|_{0,K}$$

und daraus folgt die Behauptung 1) für $l = k$.

Für den Beweis für $l = 1$ nehme man folgende Modifikationen vor: In (3.125) wird wieder unter Ausnutzung der Normäquivalenz so abgeschätzt

$$|\hat{E}(\hat{a}\hat{p}\hat{q})| \leq C \left\{ \sum_{j=0}^{k-1} |\hat{a}|_{k-j,\infty,\hat{K}}\, \|\hat{p}\|_{j,\infty,\hat{K}} \right\} \|\hat{q}\|_{0,\hat{K}}$$

$$\leq C \left\{ \sum_{j=0}^{k-1} |\hat{a}|_{k-j,\infty,\hat{K}} \right\} \|\hat{p}\|_{0,\hat{K}}\, \|\hat{q}\|_{0,\hat{K}}\ .$$

Von den Abschätzungen in (3.126) bleiben die erste und die dritte verwendbar, die zweite werde ersetzt durch die dritte, so dass folgt

$$|E_K(apq)| \leq C\, h_K \left\{ \sum_{j=0}^{k-1} |a|_{k-j,\infty,K} \right\} \|p\|_{0,K}\, \|q\|_{0,K}\ ,$$

da sich die niedrigste $h_K$-Potenz für $j = k-1$ einstellt. Aus dieser Abschätzung folgt die Behauptung 1) für $l = 1$.  $\square$

Nun können schließlich die Voraussetzungen von Satz 3.38 verifiziert werden mit dem Ergebnis:

**Satz 3.42** *Es werde eine Familie von affin-äquivalenten Lagrange-Finite-Element-Diskretisierungen im $\mathbb{R}^d$, $d \leq 3$, mit dem lokalen Ansatzraum $P = \mathcal{P}_k$ für ein $k \in \mathbb{N}$ betrachtet. Die Familie der Triangulierungen sei regulär oder erfülle im Fall des Dreiecks mit $k = 1$ die Maximalwinkelbedingung. Die verwendeten Quadraturformeln seien exakt auf $\mathcal{P}_{2k-2}$.*

*Die die Randvorgabe erfüllende Funktion w und die Lösung u der Randwert-aufgabe (3.12), (3.18)–(3.20) liegen in $H^{k+1}(\Omega)$.*
*Dann gibt es Konstanten $C > 0$, $\bar{h} > 0$ unabhängig von u und w, so dass für die Finite-Element-Approximation $\bar{u}_h + w_h$ nach (3.100), (3.116) für $h \leq \bar{h}$ folgt:*

$$\|u + w - (\bar{u}_h + w_h)\|_1 \leq C h^k \left\{ |u|_{k+1} + |w|_{k+1} + \right.$$

$$\left. \left( \sum_{i,j=1}^{d} \|k_{ij}\|_{k,\infty} + \sum_{i=1}^{d} \|c_i\|_{k,\infty} + \|r\|_{k,\infty} \right) \left( \|u\|_{k+1} + \|w\|_{k+1} \right) + \|f\|_{k,\infty} \right\}.$$

**Beweis:** Nach (3.103) ist die Abschätzung von $\|u + w - (\bar{u}_h + \bar{I}_h(w))\|_1$ das Ziel, wobei $\bar{u}_h$ (3.117) erfüllt.
Nach Satz 3.29 bzw. Satz 3.35 (man setze dabei formal $\Gamma_3 = \emptyset$) ist

$$\|w - \bar{I}_h(w)\|_1 \leq C h^k |w|_{k+1}. \tag{3.127}$$

Für die Bilinearformen $a_h$ nach (3.115) folgt aus Satz 3.41 für $v, w \in V_h$ und $l \in \{0, k\}$:

$$|a(v,w) - a_h(v,w)| \leq \sum_{K \in \mathcal{T}_h} \left\{ \sum_{i,j=1}^{d} \left| E_K(k_{ij} \partial_j (v|_K) \partial_i (w|_K)) \right| \right. \tag{3.128}$$

$$\left. + \sum_{i=1}^{d} \left| E_K(c_i \partial_i (v|_K) w) \right| + \left| E_K(rvw) \right| \right\}$$

$$\leq C \sum_{K \in \mathcal{T}_h} h_K^l \left\{ \sum_{i,j=1}^{d} \|k_{ij}\|_{k,\infty,K} + \sum_{i=1}^{d} \|c_i\|_{k,\infty,K} + \|r\|_{k,\infty,K} \right\} \|v\|_{l,K} \|w\|_{1,K}$$

$$\leq C h^l \left\{ \sum_{i,j=1}^{d} \|K_{i,j}\|_{k,\infty} + \sum_{i=1}^{d} \|c_i\|_{k,\infty} + \|r\|_{k,\infty} \right\} \left( \sum_{K \in \mathcal{T}_h} \|v\|_{l,K}^2 \right)^{1/2} \|w\|_1,$$

indem die $\| \cdot \|_{k,\infty}$-Normen durch Übergang zum Gebiet $\Omega$ abgeschätzt werden und dann die Cauchy–Schwarz'sche Ungleichung im „Index" $K \in \mathcal{T}_h$ angewendet wird.
Für $l = 1$ wird daraus eine Abschätzung der Gestalt

$$|a(v,w) - a_h(v,w)| \leq C h \|v\|_1 \|w\|_1,$$

so dass die in Lemma 3.39 geforderte Abschätzung (mit $C(h) = C \cdot h$) gilt. Also gibt es ein $\bar{h} > 0$, so dass die $a_h$ für $h \leq \bar{h}$ gleichmäßig $V_h$-elliptisch sind. Die Abschätzung (3.121) ist also anwendbar und der erste Summand, der Approximationsfehler, verhält sich nach Satz 3.29 bzw. Satz 3.35 (man wähle wieder $v = I_h(u)$ als Vergleichselement) wie behauptet.

Zur Abschätzung des Konsistenzfehlers der $a_h$ muss ein Vergleichselement $v \in V_h$ gefunden werden, für das gleichmäßige Beschränktheit des betreffenden Normanteils in (3.128) vorliegt. Für die Wahl $v = I_h(u)$ ist dies erfüllt, da:

$$\left( \sum_{K \in \mathcal{T}_h} \|I_h(u)\|_{k,K}^2 \right)^{1/2} \leq \|u\|_k + \left\{ \sum_{K \in \mathcal{T}_h} \|u - I_h(u)\|_{k,K}^2 \right\}^{1/2}$$

$$\leq \|u\|_k + Ch|u|_{k+1} \leq \|u\|_{k+1}$$

nach Satz 3.29 bzw. Satz 3.35.

Damit verhält sich auch der Konsistenzfehler in $a$ nach (3.128) wie behauptet, so dass es noch den Konsistenzfehler in $l$ zu untersuchen gilt: Es ist

$$l - l_h = b - b_h - a(w, \cdot) + a_h(\bar{I}_h(w), \cdot) \,,$$

wobei $b_h$ in (3.115) definiert ist.

Ist $v \in V_h$, dann

$$\left| a(w,v) - a_h(\bar{I}_h(w), v) \right| \leq \left| a(w,v) - a(\bar{I}_h(w), v) \right| + \left| a(\bar{I}_h(w), v) - a_h(\bar{I}_h(w), v) \right| \,.$$

Die Stetigkeit von $a$ impliziert für den ersten Summanden:

$$\left| a(w,v) - a(\bar{I}_h(w), v) \right| \leq C \left\| w - \bar{I}_h(w) \right\|_1 \|v\|_1 \,,$$

so dass sich also der zugehörige Konsistenzfehleranteil wie $\left\| w - \bar{I}_h(w) \right\|_1$ verhält, was schon in (3.127) abgeschätzt wurde. Der zweite Summand entspricht gerade der für den Konsistenzfehler in $a$ gewählten Abschätzung (der Unterschied zwischen $I_h$ und $\bar{I}_h$ ist hier irrelevant), so dass der gleiche Konvergenzordnungsanteil mit $\|u\|_{k+1}$ ersetzt durch $\|w\|_{k+1}$ entsteht. Schließlich liefert Satz 3.41, 4) für $v \in V_h$ :

$$|b(v) - b(v_h)| \leq \sum_{K \in \mathcal{T}_h} |E_K(fv)| \leq C \sum_{K \in \mathcal{T}_h} h_K^k \operatorname{vol}(K)^{1/2} \|f\|_{k,\infty,K} \|v\|_{1,K}$$

$$\leq C h^k |\Omega|^{1/2} \|f\|_{k,\infty} \|v\|_1 \,.$$

bei gleicher Vorgehensweise wie bei (3.128). Damit ergibt sich der letzte Anteil der behaupteten Abschätzung. □

Ist die gleichmäßige $V_h$-Elliptizität der $a_h$ anderweitig gesichert (etwa über Lemma 3.40), so kann auf die Kleinheitsforderung für $h$ verzichtet werden. Stehen auch Aussagen wie Satz 3.41 für andere Elementtypen zur Verfügung, können auch Triangulierungen betrachtet werden, die Kombinationen verschiedener Elemente enthalten.

## 3.7 Die Kondition von Finite-Element-Matrizen

Die Stabilität von Lösungsverfahren für lineare Gleichungssysteme wie in Abschn. 2.5 hängt von der Konditionszahl der Systemmatrix ab (siehe [27, Kap. 3]). Auch für das Konvergenzverhalten der in Kap. 5 zu beschreibenden iterativen Verfahren wird sie eine wesentliche Rolle spielen. Daher soll in diesem Abschnitt die spektrale Konditionszahl (siehe Anhang A.3) der Steifigkeitsmatrix

$$A = \big(a(\varphi_j, \varphi_i)\big)_{i,j=1,\ldots,M} \qquad (3.129)$$

und auch der bei zeitabhängigen Problemen wichtigen Massenmatrix (siehe (6.8))

$$B = \big(\langle \varphi_j, \varphi_i \rangle_0\big)_{i,j=1,\ldots,M} \qquad (3.130)$$

abgeschätzt werden. Zu Grunde gelegt werde wieder eine Finite-Element-Diskretisierung in der Allgemeinheit von Abschn. 3.4 unter Beschränkung auf Lagrange-Elemente, wobei zur Vereinfachung der Notation weiterhin von der Affin-Äquivalenz aller Elemente ausgegangen wird. Außerdem gelte:

- Die Familie $(\mathcal{T}_h)_h$ von Triangulierungen ist regulär.

Die variationelle Formulierung der Randwertaufgabe führe auf eine Bilinearform $a$, die $V$-elliptisch und stetig auf $V \subset H^1(\Omega)$ sei.

In Modifizierung der Definition (1.17) sei folgende Norm (die auch durch ein Skalarprodukt erzeugt wird) auf dem Ansatzraum $V_h = \mathrm{span}\{\varphi_1, \ldots, \varphi_M\}$ definiert:

$$\|v\|_{0,h} := \left( \sum_{K \in \mathcal{T}_h} h_K^d \sum_{a_i \in K} |v(a_i)|^2 \right)^{1/2}.$$

Dabei seien $a_1, \ldots, a_M$ die Knoten der Freiheitsgrade, wobei zur Vereinfachung der Notation $M$ statt $M_1$ für die Anzahl der Freiheitsgrade gewählt wurde. Die Normeigenschaften ergeben sich sofort aus den entsprechenden Eigenschaften von $|\cdot|_2$ mit Ausnahme der Definitheit. Diese folgt aber aus der Eindeutigkeit der Interpolationsaufgabe auf $V_h$ in den Freiheitsgraden $a_i$. Es gilt:

**Satz 3.43** *1) Es gibt von $h$ unabhängige Konstanten $C_1, C_2 > 0$, so dass für $v \in V_h$ gilt:*

$$C_1 \|v\|_0 \leq \|v\|_{0,h} \leq C_2 \|v\|_0 .$$

*2) Es gibt eine von $h$ unabhängige Konstante $C > 0$, so dass für $v \in V_h$ gilt:*

$$\|v\|_1 \leq C \left( \min_{K \in \mathcal{T}_h} h_K \right)^{-1} \|v\|_0 .$$

**Beweis:** Wie schon aus den Abschnitten 3.4 und 3.6 bekannt, wird der Beweis lokal auf $K \in \mathcal{T}_h$ geführt und dort auf das Referenzelement $\hat{K}$ mittels $F(\hat{x}) = B\hat{x} + d$ transformiert.

Zu 1): Auf dem lokalen Ansatzraum $\hat{P}$ sind alle Normen äquivalent, also auch $\|\cdot\|_{0,\hat{K}}$ und die euklidische Norm auf den Freiheitsgraden. Es gibt somit $\hat{C}_1, \hat{C}_2 > 0$, so dass für $\hat{v} \in \hat{P}$:

$$\hat{C}_1 \|\hat{v}\|_{0,\hat{K}} \leq \left( \sum_{i=1}^{L} |\hat{v}(\hat{a}_i)|^2 \right)^{1/2} \leq \hat{C}_2 \|\hat{v}\|_{0,\hat{K}} .$$

Dabei sind $\hat{a}_1, \ldots, \hat{a}_L$ die Freiheitsgrade auf $\hat{K}$. Nach (3.46) gilt:

$$\mathrm{vol}(K) = \mathrm{vol}(\hat{K}) \, |\det(B)|$$

und nach Definition von $h_K$ bzw. der Regularität der Familie $(\mathcal{T}_h)_h$ gibt es von $h$ unabhängige Konstanten $\tilde{C}_i > 0$, so dass

$$\tilde{C}_1 \, h_K^d \leq \tilde{C}_3 \, \varrho_K^d \leq |\det(B)| \leq \tilde{C}_2 \, h_K^d .$$

Somit folgt für $v \in P(K)$, dem Ansatzraum auf $K$, nach der Transformationsformel

$$\hat{C}_1 \|v\|_{0,K} = \hat{C}_1 \, |\det(B)|^{1/2} \, \|\hat{v}\|_{0,\hat{K}} \leq \left( \tilde{C}_2 \, h_K^d \right)^{1/2} \left( \sum_{i=1}^{L} |\hat{v}(\hat{a}_i)|^2 \right)^{1/2}$$

$$= \tilde{C}_2^{1/2} \left( \sum_{a_i \in K} h_K^d |v(a_i)|^2 \right)^{1/2} = \left( \tilde{C}_2 \, h_K^d \right)^{1/2} \left( \sum_{i=1}^{L} |\hat{v}(\hat{a}_i)|^2 \right)^{1/2}$$

$$\leq \left( \tilde{C}_2 \, h_K^d \right)^{1/2} \hat{C}_2 \, \|\hat{v}\|_{0,\hat{K}} = \left( \tilde{C}_2 \, h_K^d \right)^{1/2} \hat{C}_2 \, |\det(B)|^{-1/2} \, \|v\|_{0,K}$$

$$\leq \tilde{C}_2^{1/2} \, \hat{C}_2 \, \tilde{C}_1^{-1/2} \, \|v\|_{0,K}$$

und daraus Behauptung 1).

Zu 2): Bei gleicher Argumentation, jetzt unter Ausnutzung der Äquivalenz von $\|\cdot\|_{1,\hat{K}}$ und $\|\cdot\|_{0,\hat{K}}$ auf $\hat{P}$ folgt mittels (3.81) für $v \in P(K)$ (mit der generischen Konstante $C$):

$$\|v\|_{1,K} \leq C \, |\det(B)|^{1/2} \, \|B^{-1}\|_2 \, \|\hat{v}\|_{0,K} \leq C \, \|B^{-1}\|_2 \, \|v\|_{0,K} \leq C \, h_K^{-1} \, \|v\|_{0,K}$$

nach Satz 3.27 und der Regularität der $(\mathcal{T}_h)_h$ und daraus Behauptung 2). $\square$

Um die Norm $\|\cdot\|_{0,h}$ mit der (gewichteten) euklidischen Norm vergleichbar zu machen, setzen wir voraus:

- Es gibt eine von $h$ unabhängige Konstante $C_A > 0$, so dass für jeden Knoten aus $\mathcal{T}_h$ die Anzahl der Elemente, zu denen dieser Knoten gehört, durch $C_A$ beschränkt ist.    (3.131)

Diese Bedingung ist (teilweise) redundant: Für $d = 2$ und Dreiecke als Elemente folgt sie aus der gleichmäßigen unteren Schranke (3.88) für den kleinsten Winkel als Folgerung der Regularität. Man beachte, dass die Bedingung nicht erfüllt zu sein braucht, wenn nur die Maximalwinkelbedingung gefordert wird.

Allgemein gilt:

Ist $C \in \mathbb{R}^{M,M}$ eine Matrix mit reellen Eigenwerten $\lambda_1 \leq \cdots \leq \lambda_M$ und einer Basis aus Eigenvektoren $\boldsymbol{\xi}_1, \ldots, \boldsymbol{\xi}_M$, die als orthonormal gewählt werden, also zum Beispiel eine symmetrische Matrix, dann folgt für $\boldsymbol{\xi} \in \mathbb{R}^M \setminus \{\mathbf{0}\}$:

$$\lambda_1 \leq \frac{\boldsymbol{\xi}^T C \boldsymbol{\xi}}{\boldsymbol{\xi}^T \boldsymbol{\xi}} \leq \lambda_M \,, \tag{3.132}$$

und die Schranken werden für $\boldsymbol{\xi} = \boldsymbol{\xi}_1$ bzw. $\boldsymbol{\xi} = \boldsymbol{\xi}_M$ angenommen.

**Satz 3.44** *Es gibt eine von $h$ unabhängige Konstante $C > 0$, so dass für die spektrale Konditionszahl der Massenmatrix $B$ (3.130) gilt:*

$$\kappa(B) \leq C \left( \frac{h}{\min\limits_{K \in \mathcal{T}_h} h_K} \right)^d .$$

**Beweis:** Zu bestimmen ist $\kappa(B) = \lambda_M / \lambda_1$. Für beliebiges $\boldsymbol{\xi} \in \mathbb{R}^M \setminus \{\mathbf{0}\}$ ist:

$$\frac{\boldsymbol{\xi}^T B \boldsymbol{\xi}}{\boldsymbol{\xi}^T \boldsymbol{\xi}} = \frac{\boldsymbol{\xi}^T B \boldsymbol{\xi}}{\|v\|_{0,h}^2} \, \frac{\|v\|_{0,h}^2}{\boldsymbol{\xi}^T \boldsymbol{\xi}} \,,$$

wobei $v := \sum_{i=1}^M \xi_i \varphi_i \in V_h$. Wegen $\boldsymbol{\xi}^T B \boldsymbol{\xi} = \langle v, v \rangle_0$ ist der erste Faktor nach Satz 3.43 gleichmäßig nach oben und nach unten beschränkt. Wegen (3.131) und $\boldsymbol{\xi} = (v(a_1), \ldots, v(a_M))^T$ folgt ferner:

$$\min_{K \in \mathcal{T}_h} h_K^d \, |\boldsymbol{\xi}|^2 \leq \|v\|_{0,h}^2 \leq C_A \, h^d \, |\boldsymbol{\xi}|^2 \,,$$

und damit ist der zweite Faktor nach oben und nach unten abgeschätzt. Dies führt zu Abschätzungen der Art

$$\lambda_1 \geq C_1 \min_{K \in \mathcal{T}_h} h_K^d \,, \quad \lambda_M \leq C_2 \, h^d \,,$$

und daraus folgt die Behauptung.                                                          □

Ist also die Familie von Triangulierungen $(\mathcal{T}_h)_h$ *quasi-uniform* in folgendem Sinn:

Es gibt eine von $h$ unabhängige Konstante $C > 0$, so dass

$$h \leq C \, h_K \quad \text{für } K \in \mathcal{T}_h \,, \tag{3.133}$$

dann ist $\kappa(B)$ gleichmäßig beschränkt.

Um auch für die Steifigkeitsmatrix so argumentieren zu können, setzen wir voraus, dass wir nahe am symmetrischen Fall bleiben:

**Satz 3.45** *Die Steifigkeitsmatrix $A$ (3.129) besitze reelle Eigenwerte und eine Basis aus Eigenvektoren. Dann gibt es eine von $h$ unabhängige Konstante $C > 0$, so dass für die spektrale Konditionszahl $\kappa$ gilt:*

$$\kappa(B^{-1}A) \leq C \left( \min_{K \in \mathcal{T}_h} h_K \right)^{-2} ,$$

$$\kappa(A) \leq C \left( \min_{K \in \mathcal{T}_h} h_K \right)^{-2} \kappa(B) .$$

**Beweis:** In der Notation von (3.132) wird analog zum Beweis von Satz 3.44 verfahren. Wegen

$$\frac{\boldsymbol{\xi}^T A \boldsymbol{\xi}}{\boldsymbol{\xi}^T \boldsymbol{\xi}} = \frac{\boldsymbol{\xi}^T A \boldsymbol{\xi}}{\boldsymbol{\xi}^T B \boldsymbol{\xi}} \frac{\boldsymbol{\xi}^T B \boldsymbol{\xi}}{\boldsymbol{\xi}^T \boldsymbol{\xi}}$$

reicht es, nur den ersten Faktor nach oben und nach unten zu beschränken. Dies liefert auch eine Aussage über die die Eigenwerte von $B^{-1}A$, denn in der Variable $\boldsymbol{\eta} := B^{1/2}\boldsymbol{\xi}$ gilt:

$$\frac{\boldsymbol{\xi}^T A \boldsymbol{\xi}}{\boldsymbol{\xi}^T B \boldsymbol{\xi}} = \frac{\boldsymbol{\eta}^T B^{-1/2} A B^{-1/2} \boldsymbol{\eta}}{\boldsymbol{\eta}^T \boldsymbol{\eta}}$$

und die Matrix $B^{-1/2}AB^{-1/2}$ hat wegen $B^{-1/2}(B^{-1/2}AB^{-1/2})B^{1/2} = B^{-1}A$ die gleichen Eigenwerte wie $B^{-1}A$. Dabei ist $B^{1/2}$ die symmetrische, positiv definite Matrix, die $B^{1/2}B^{1/2} = B$ erfüllt und $B^{-1/2}$ ihre Inverse.
Wegen $\boldsymbol{\xi}^T A \boldsymbol{\xi}/\boldsymbol{\xi}^T B \boldsymbol{\xi} = a(v,v)/\langle v,v\rangle_0$ und

$$a(v,v) \geq \alpha\|v\|_1^2 \geq \alpha\|v\|_0^2 ,$$

$$a(v,v) \leq M\|v\|_1^2 \leq M \left( \min_{K \in \mathcal{T}_h} h_K \right)^{-2} \|v\|_0^2 \qquad (3.134)$$

(die letzte Abschätzung nach Satz 3.43, 2)), folgt

$$\alpha \leq \frac{a(v,v)}{\langle v,v\rangle_0} = \frac{\boldsymbol{\xi}^T A \boldsymbol{\xi}}{\boldsymbol{\xi}^T B \boldsymbol{\xi}} = \frac{a(v,v)}{\langle v,v\rangle_0} \leq M \left( \min_{K \in \mathcal{T}_h} h_K \right)^{-2}$$

und daraus die Behauptungen.    □

Die Analyse der Eigenwerte des Modellproblems aus Beispiel 2.12 zeigt, dass die obigen Abschätzungen nicht zu pessimistisch sind.

## 3.8 Allgemeine Gebiete und isoparametrische Elemente

Alle bisher betrachteten Elemente sind durch Geradenstücke bzw. Flächen berandet, es können also nur Polyeder als Grundgebiete exakt mittels einer

Triangulierung zerlegt werden. Je nach Anwendung können auch Gebiete mit
gekrümmtem Rand auftreten. Mit den vorliegenden Elementen besteht die
naheliegende Vorgehensweise darin, für Elemente $K$ in Randnähe nur die
Knoten einer Seite von $K$ auf den Rand $\partial\Omega$ zu legen und dadurch einen
Gebietsapproximationsfehler in Kauf zu nehmen: Für $\Omega_h := \bigcup_{K\in\mathcal{T}_h} K$ gilt im
Allgemeinen weder $\Omega \subset \Omega_h$ noch $\Omega_h \subset \Omega$ (siehe Abbildung 3.14).

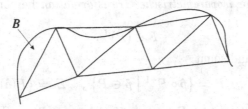

**Abb. 3.14.** $\Omega$ und $\Omega_h$

Wir betrachten als einfachstes *Beispiel* homogene Dirichlet-Randbedingun-
gen, also $V = H_0^1(\Omega)$, auf einem konvexen Gebiet, für das somit $\Omega_h \subset \Omega$ gilt.
Definiert man einen Ansatzraum $V_h$ wie in Abschn. 3.3 eingeführt, entstehen
Funktionen auf $\Omega_h$. Diese müssen daher so auf $\Omega$ fortgesetzt werden, dass
sie auf $\partial\Omega$ verschwinden, und somit für den entstehenden Funktionenraum
$\tilde{V}_h$ gilt: $\tilde{V}_h \subset V$. Dies soll dadurch geschehen, dass die durch ein Randstück
eines $K \in \mathcal{T}_h$ und durch eine Teilmenge von $\partial\Omega$ beranderten Mengen $B$ mit zu
den Elementen aufgenommen werden mit dem Ansatzraum $P(B) = \{0\}$. Das
Lemma von Céa (Satz 2.17) ist weiterhin anwendbar, so dass sich für eine
Fehlerabschätzung in $\|\cdot\|_1$ die Frage nach einem Vergleichselement $v \in \tilde{V}_h$
ergibt. Der Ansatz $v = \tilde{I}_h(u)$, wobei $\tilde{I}_h(u)$ die mit 0 auf die Mengen $B$
fortgesetzte Interpolierende auf $\Omega_h$ darstellt, ist nur für den (multi-)linearen
Ansatz zulässig: Nur dann liegen alle Knoten einer „randnahen" Seite auf $\partial\Omega$
und haben somit homogene Freiheitsgrade, so dass die Stetigkeit über diese
Seite sichergestellt ist. Beschränken wir uns vorerst auf diese Situation, ist
also $\|u - \tilde{I}_h(u)\|_1$ für die Lösung $u$ der Randwertaufgabe abzuschätzen.
Die Vorgehensweise von Abschn. 3.4 ist auf alle $K \in \mathcal{T}_h$ anwendbar und liefert
unter den dortigen Voraussetzungen an die Triangulierung:

$$\|u - u_h\|_1 \leq C\left(\|u - I_h(u)\|_{1,\Omega_h} + \|u\|_{1,\Omega\setminus\Omega_h}\right)$$
$$\leq C\left(h|u|_{2,\Omega_h} + \|u\|_{1,\Omega\setminus\Omega_h}\right).$$

Falls $\partial\Omega \in C^2$, gilt für den neuen Fehleranteil durch die Gebietsapproximation die Abschätzung:

$$\|u\|_{1,\Omega\setminus\Omega_h} \leq Ch\|u\|_{2,\Omega}$$

und somit bleibt die Ordnung der Konvergenzaussage erhalten. Schon bei
quadratischem Ansatz ist das nicht mehr der Fall, wo nur noch

$$\|u - u_h\|_1 \leq Ch^{3/2}\|u\|_3$$

statt der Ordnung $O(h^2)$ aus Satz 3.29 gilt (siehe [30, S. 194 ff.]). Es ist zwar zu erwarten, dass diese Verschlechterung der Approximationsgüte nur lokal in Randnähe auftritt, doch kann man auch versuchen, mittels krummlinig berandeter Elemente eine bessere Gebietsapproximation zu erreichen. Solche Elemente erhält man auf der Basis der in Abschn. 3.3 eingeführten Referenzelemente $(\hat{K}, \hat{P}, \hat{\Sigma})$ vom Lagrange-Typ, wenn ein allgemeines Element daraus durch eine *isoparametrische Transformation* hervorgeht, das heißt, man wähle ein

$$F \in (\hat{P})^d \,, \tag{3.135}$$

das injektiv ist, und somit

$$K := F(\hat{K}) \,, \quad P := \{\hat{p} \circ F^{-1} \mid \hat{p} \in \hat{P}\} \,, \quad \Sigma := \{F(\hat{a}) \mid \hat{a} \in \hat{\Sigma}\} \,.$$

Wenn die Bijektivität von $F : \hat{K} \to K$ sichergestellt wird, entsteht so ein finites Element nach (3.55). Wegen der eindeutigen Lösbarkeit der Interpolationsaufgabe kann $F$ durch die Vorgabe von $a_1, \ldots, a_L$, $L = |\hat{\Sigma}|$, und die Forderung

$$F(\hat{a}_i) = a_i \,, \quad i = 1, \ldots, L \,,$$

definiert werden, die Injektivität ist damit aber im Allgemeinen nicht gewährleistet. Da andererseits Elemente im Gittergenerierungsprozess durch Setzen der Knoten entstehen (siehe Abschn. 4.1), sind geometrische Bedingungen an ihre Lage wünschenswert, die die Injektivität von $F$ charakterisieren. Ein typisches krummlinig berandetes Element, das zur Randapproximation eingesetzt werden kann, entsteht auf der Basis des Einheitssimplex mit $\hat{P} = \mathcal{P}_2(\hat{K})$ (siehe Abb. 3.15).

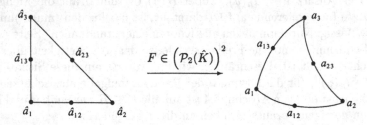

**Abb. 3.15.** Isoparametrisches Element: Quadratischer Ansatz im Dreieck

Für das Problem der Randapproximation würden sich also solche Elemente mit im Allgemeinen einer krummlinigen und ansonsten geraden Seiten anbieten, die im Innern des Gebiets mit affinen „quadratischen Dreiecken" kombiniert werden. Analog zu den *isoparametrischen Elementen* entstehen *subparametrische Elemente*, wenn in (3.135) die (Komponenten der) Transformationen auf einen Teilraum $\hat{P}_T \subset \hat{P}$ eingeschränkt werden. Für $\hat{P}_T = \mathcal{P}_1(\hat{K})$ erhält man wieder die affin-äquivalenten Elemente.

Isoparametrische Elemente sind aber auch von Bedeutung, wenn zum Beispiel der Einheitsquader das Referenzelement sein soll. Erst die isoparametrische Transformation erlaubt „allgemeine" Vierecke bzw. Hexaeder, die in einer anisotropen Situation (etwa in Verallgemeinerung von Abb. 3.11) wegen ihrer Anpassungsfähigkeit an lokale Koordinaten vorzuziehen sind. Im Folgenden sei also $\hat{K} = [0,1]^d$, $\hat{P} = Q_1(\hat{K})$.

Allgemein gilt: Da auch für jede Seite $\hat{S}$ von $\hat{K}$ mit $\hat{P}|_{\hat{S}}$ und $\hat{\Sigma}|_{\hat{S}}$ ein finites Element (in $\mathbb{R}^{d-1}$) definiert wird, sind die „Seiten" von $K$, das heißt die $F[\hat{S}]$ durch die darin enthaltenen Knoten schon eindeutig festgelegt.

Damit sind also für $d = 2$ die Seiten des allgemeinen Vierecks Geraden (siehe Abb. 3.16), für $d = 3$ ist aber mit gekrümmten Flächen (hyperbolischen Paraboloiden) für das allgemeine Hexaeder zu rechnen.

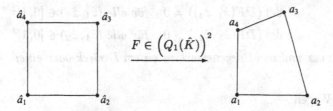

**Abb. 3.16.** Isoparametrisches Element: Bilinearer Ansatz im Rechteck

Während für $d = 3$ eine geometrische Charakterisierung für die Injektivität von $F$ (nach unserem Wissen) noch unbekannt ist, ist sie für $d = 2$ einfach herzuleiten: Von den gegen den Uhrzeigersinn nummerierten Knoten $a_1, a_2, a_3, a_4$ wird angenommen, dass sie nicht auf einer Geraden liegen, und somit (durch Umordnung) $T = \text{conv}(a_1, a_2, a_4)$ ein Dreieck bildet, so dass

$$2\,\text{vol}(T) = \det(B) > 0\,.$$

Dabei ist $F_T(\hat{x}) = B\hat{x} + d$ die affin-lineare Abbildung, die das Referenzdreieck conv$(\hat{a}_1, \hat{a}_2, \hat{a}_4)$ bijektiv auf $T$ abbildet. Ist $\tilde{a}_3 := F_T^{-1}(a_3)$, dann wird das Viereck $\tilde{K}$ mit den Ecken $\hat{a}_1, \hat{a}_2, \tilde{a}_3, \hat{a}_4$ durch $F_T$ bijektiv auf $K$ abgebildet. Die Transformation $F$ läßt sich also zerlegen in

$$F = F_T \circ F_Q\,,$$

wobei $F_Q \in \left(Q_1(\hat{K})\right)^2$ die durch

$$F_Q(\hat{a}_i) = \hat{a}_i\,, \quad i = 1, 2, 4\,, \quad F_Q(\hat{a}_3) = \tilde{a}_3$$

definierte Abbildung bezeichnet (siehe Abb. 3.17).

Die Bijektivität von $F$ ist also äquivalent zur Bijektivität von $F_Q$.

Wir charakterisieren eine „gleichmäßige" Bijektivität in Form der Forderung $\det\left(DF(\hat{x}_1, \hat{x}_2)\right) \neq 0$ für die Funktionalmatrix $DF(\hat{x}_1, \hat{x}_2)$:

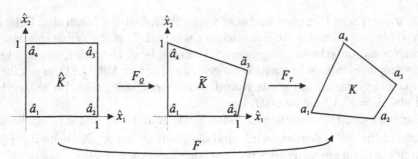

**Abb. 3.17.** Zerlegung der bilinearen isoparametrischen Abbildung

**Satz 3.46** *Sei $Q$ ein Viereck mit den Eckpunkten $a_1, \ldots, a_4$ (gegen den Uhrzeigersinn nummeriert). Dann gilt*

$$\det\left(DF(\hat{x}_1, \hat{x}_2)\right) \neq 0 \quad \text{für alle } (\hat{x}_1, \hat{x}_2) \in [0,1]^2 \quad \Longleftrightarrow$$

$$\det\left(DF(\hat{x}_1, \hat{x}_2)\right) > 0 \quad \text{für alle } (\hat{x}_1, \hat{x}_2) \in [0,1]^2 \quad \Longleftrightarrow$$

*$Q$ ist konvex und nicht degeneriert zu einem Dreieck oder einer Gerade.*

**Beweis:** Wegen

$$\det\left(DF(\hat{x}_1, \hat{x}_2)\right) = \det(B)\det\left(DF_Q(\hat{x}_1, \hat{x}_2)\right)$$

und $\det(B) > 0$ kann $F$ in der Behauptung durch $F_Q$ ersetzt werden. Da

$$F_Q(\hat{x}_1, \hat{x}_2) = \begin{pmatrix} \hat{x}_1 \\ \hat{x}_2 \end{pmatrix} + \begin{pmatrix} \tilde{a}_{3,1} - 1 \\ \tilde{a}_{3,2} - 1 \end{pmatrix} \hat{x}_1 \hat{x}_2 \,,$$

folgt durch einfache Rechnung, dass

$$\det\left(DF_Q(\hat{x}_1, \hat{x}_2)\right) = 1 + (\tilde{a}_{3,2} - 1)\hat{x}_1 + (\tilde{a}_{3,1} - 1)\hat{x}_2$$

eine affin-lineare Abbildung ist, weil sich die quadratischen Anteile gerade heben. Diese nimmt auf $[0,1]^2$ ihre Extrema in den 4 Ecken an, wo folgende Werte vorliegen:

$$(0,0) : 1\,, \quad (1,0) : \tilde{a}_{3,2}\,, \quad (0,1) : \tilde{a}_{3,1}\,, \quad (1,1) : \tilde{a}_{3,1} + \tilde{a}_{3,2} - 1\,.$$

Ein einheitliches Vorzeichen liegt also genau dann vor, wenn die Funktion überall positiv ist und dies ist genau dann der Fall, wenn gilt:

$$\tilde{a}_{3,1}\,, \, \tilde{a}_{3,2}\,, \, \tilde{a}_{3,1} + \tilde{a}_{3,2} - 1 > 0\,,$$

was gerade die Konvexität und Nichtdegeneriertheit von $\tilde{K}$ charakterisiert. Durch $F_T$ überträgt sich dies auf $K$.                                   $\square$

Es ist also nach diesen Satz nicht erlaubt, dass ein Viereck zu einem Dreieck (dann mit linearem Ansatz) degeneriert. Eine genauere Analyse [49] zeigt aber, dass dies keine negativen Auswirkungen auf die Approximationsgüte hat.

Allgemein gilt für isoparametrische Elemente:
Vom Standpunkt der Implementierung sind nur geringe Änderungen vorzunehmen: In den auf das Referenzelement transformierten Integralen (3.105), (3.106) bzw. ihrer Approximation durch Quadratur (3.115) ist $|\det B|$ durch $|\det(DF(\hat{x}))|$ (im Integranden) zu ersetzen.

Die Konvergenzordnungsanalyse kann auf dem in Abschn. 3.4 (und 3.6) entwickelten Weg erfolgen, doch werden die Transformationsregeln für Integrale komplizierter (siehe [7, S. 237 ff.]).

## 3.9 Das Maximumprinzip für Finite-Element-Methoden

In diesem Abschnitt sollen die für die Finite-Differenzen-Methode vorgestellten Maximum- bzw. Vergleichsprinzipien für die Finite-Element-Methode skizziert werden.

Dabei ist die Situation im Fall zweidimensionaler Gebiete $\Omega$ für lineare elliptische Randwertaufgaben zweiter Ordnung und lineare Elemente gut untersucht. Für höherdimensionale Probleme $(d > 2)$ sowie andere Elementtypen werden die entsprechenden Voraussetzungen wesentlich komplizierter oder es liegt auch nicht notwendig ein Maximumprinzip vor.

Es sei also $\Omega \subset \mathbb{R}^2$ ein polygonal berandetes Gebiet und $X_h$ der Finite-Element-Raum stetiger, stückweise linearer Funktionen zu einer konformen Triangulierung $\mathcal{T}_h$ von $\Omega$ unter Einbeziehung der Funktionswerte an den Knoten des Dirichlet-Randes $\Gamma_3$ als Freiheitsgrade. Wir betrachten zunächst die für die Poisson-Gleichung $-\Delta u = f$ mit $f \in L^2(\Omega)$ erzeugte Diskretisierung. Die Algebraisierung der Methode erfolgt nach dem in Unterabschnitt 2.4.3 erläuterten Schema. Dementsprechend werden zuerst alle in $\Omega$ und auf $\Gamma_1$ sowie $\Gamma_2$ liegenden Knoten von 1 bis zu einer Zahl $M_1$ durchgängig numeriert. Die Knotenwerte $u_h(a_r)$ mit $r = 1, \ldots M_1$ werden in dem (Teil-)Vektor $\mathbf{u}_h$ angeordnet. Danach werden die zum Dirichlet-Rand gehörenden Knoten von $M_1 + 1$ bis zu einer Zahl $M_1 + M_2$ numeriert – die entsprechenden Knotenwerte bilden den (Teil-)Vektor $\hat{\mathbf{u}}_h$. Die Zusammenfassung von $\mathbf{u}_h$ und $\hat{\mathbf{u}}_h$ ergibt den Vektor aller Knotenwerte $\tilde{\mathbf{u}}_h = \binom{\mathbf{u}_h}{\hat{\mathbf{u}}_h} \in \mathbb{R}^M$, $M = M_1 + M_2$. Dies führt zu einem linearen Gleichungssystem der in Abschn. 1.4 beschriebenen Form (1.27):

$$A_h \mathbf{u}_h = -\hat{A}_h \hat{\mathbf{u}}_h + \mathbf{f}$$

mit $A_h \in \mathbb{R}^{M_1, M_1}$, $\hat{A}_h \in \mathbb{R}^{M_1, M_2}$, $\mathbf{u}_h, \mathbf{f} \in \mathbb{R}^{M_1}$ und $\hat{\mathbf{u}}_h \in \mathbb{R}^{M_2}$.

Unter Beachtung der Trägereigenschaften der Basisfunktionen $\varphi_i, \varphi_j \in X_h$ gilt dann für ein allgemeines Element der (erweiterten) Steifigkeitsmatrix $\tilde{A}_h := \left(A_h \mid \hat{A}_h\right) \in \mathbb{R}^{M_1, M}$

$$(\tilde{A}_h)_{ij} = \int_\Omega \nabla\varphi_j \cdot \nabla\varphi_i \, dx = \int_{\text{supp}\,\varphi_i \cap \text{supp}\,\varphi_j} \nabla\varphi_j \cdot \nabla\varphi_i \, dx \,.$$

Für $i \neq j$ besteht also das effektive Integrationsgebiet aus höchstens zwei Dreiecken. Daher ist es sinnvoll, zunächst nur ein Dreieck als Integrationsgebiet zu betrachten.

**Lemma 3.47** *Es sei $\mathcal{T}_h$ eine konforme Triangulierung von $\Omega$. Dann gilt für ein beliebiges Dreieck $K \in \mathcal{T}_h$, welches die Eckpunkte $a_i, a_j$ ($i \neq j$) besitzt, die Beziehung*

$$\int_K \nabla\varphi_j \cdot \nabla\varphi_i \, dx = -\frac{1}{2} \cot \alpha_{ij}^K \,,$$

*wobei $\alpha_{ij}^K$ denjenigen Innenwinkel von $K$ bezeichnet, welcher der Dreiecksseite mit den Randpunkten $a_i, a_j$ gegenüberliegt.*

**Beweis:** Das Dreieck $K$ habe die Eckpunkte $a_i, a_j, a_k$. Auf der dem Punkt $a_j$ gegenüberliegenden Seite gilt

$$\varphi_j \equiv 0 \,,$$

also besitzt $\nabla\varphi_j$ die Richtung der Normalen zu dieser Seite, bzw. – unter Beachtung der Richtung des Wachstums von $\varphi_j$ – die zur äußeren Normalen $\nu_{ki}$ entgegengesetzte Orientierung, das heißt

$$\nabla\varphi_j = -|\nabla\varphi_j|\,\nu_{ki} \quad \text{mit} \quad |\nu_{ki}| = 1 \,. \tag{3.136}$$

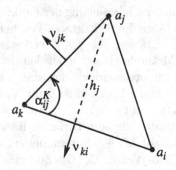

**Abb. 3.18.** Bezeichnungen zum Beweis von Lemma 3.47

Um $|\nabla\varphi_j|$ auszurechnen, bedienen wir uns folgender Überlegung: Aus (3.136) folgt

$$|\nabla\varphi_j| = -\nabla\varphi_j \cdot \nu_{ki} \,,$$

das heißt wir müssen eine Richtungsableitung berechnen. Wegen $\varphi_j(a_j) = 1$ gilt daher

$$\nabla \varphi_j \cdot \nu_{ki} = \frac{0-1}{h_j} = -\frac{1}{h_j} \, ,$$

wobei $h_j$ die Höhe von $K$ bzgl. der $a_j$ gegenüberliegenden Seite bezeichnet. Damit haben wir nun die Beziehung

$$\nabla \varphi_j = -\frac{1}{h_j} \nu_{ki}$$

gewonnen. Also ist

$$\nabla \varphi_j \cdot \nabla \varphi_i = \frac{\nu_{ki} \cdot \nu_{jk}}{h_j \, h_i} = -\frac{\cos \alpha_{ij}^K}{h_j \, h_i} \, .$$

Wegen

$$2 \, |K| = h_j \, |a_k - a_i| = h_i \, |a_j - a_k| = |a_k - a_i| \, |a_j - a_k| \sin \alpha_{ij}^K$$

ergibt sich

$$\nabla \varphi_j \cdot \nabla \varphi_i = -\frac{\cos \alpha_{ij}^K}{4 \, |K|^2} \, |a_k - a_i| \, |a_j - a_k| = -\frac{1}{2} \cot \alpha_{ij}^K \, \frac{1}{|K|} \, ,$$

so dass nach der Integration die Behauptung folgt. □

**Folgerung 3.48** *Sind $K$ und $K'$ zwei Dreiecke aus $\mathcal{T}_h$, die eine gemeinsame, durch die Knoten $a_i, a_j$ bestimmte Seite haben, so gilt*

$$(\tilde{A}_h)_{ij} = \int_{K \cup K'} \nabla \varphi_j \cdot \nabla \varphi_i \, dx = -\frac{1}{2} \frac{\sin(\alpha_{ij}^K + \alpha_{ij}^{K'})}{(\sin \alpha_{ij}^K)(\sin \alpha_{ij}^{K'})} \, .$$

**Beweis:** Die Formel ergibt sich aus dem Additionstheorem für die cot-Funktion. □

Lemma 3.47 bzw. Folgerung 3.48 stellen den Schlüssel zum Nachweis der Voraussetzungen $(1.28)^*$ an die erweiterte Systemmatrix $\tilde{A}_h$ dar. Allerdings sind noch zusätzliche Voraussetzungen an die Triangulierung $\mathcal{T}_h$ erforderlich:

*Winkelbedingung:* Für zwei beliebige Dreiecke aus $\mathcal{T}_h$, welche eine Seite gemeinsam haben, übersteige die Summe der dieser Seite gegenüberliegenden Innenwinkel nicht den Wert $\pi$. Besitzt ein Dreieck eine Seite, die auf dem Randteil $\Gamma_1$ oder $\Gamma_2$ liegt, so darf der dieser Seite gegenüberliegende Winkel nicht stumpf sein.

*Zusammenhangsbedingung:* Zu jedem Paar von Knoten, die beide in $\Omega \cup \Gamma_1 \cup \Gamma_2$ liegen, existiere ein diese beiden Knoten verbindender Polygonzug entlang solcher Dreiecksseiten, deren Randpunkte ebenfalls in $\Omega \cup \Gamma_1 \cup \Gamma_2$ enthalten sind.

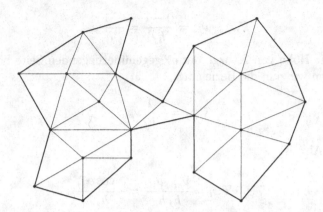

**Abb. 3.19.** Beispiel einer nicht zusammenhängenden Triangulierung ($\Gamma_3 = \partial\Omega$)

Diskussion der Voraussetzung $(1.28)^*$: Der Nachweis von $(1),(2),(5),(6)^*$ ist recht elementar. So gilt für die „Diagonalelemente"

$$(A_h)_{rr} = \int_\Omega |\nabla\varphi_r|^2\, dx = \sum_{K \subset \mathrm{supp}\,\varphi_r} \int_K |\nabla\varphi_r|^2\, dx > 0\,, \quad r = 1,\ldots,M_1\,,$$

dies ist schon (1). Die Überprüfung der Vorzeichenbedingungen (2) und (5) an die „Außerdiagonalelemente" von $\tilde{A}_h$ erfordert die Betrachtung von zwei Fällen:

(i) Für $r = 1,\ldots,M_1$ und $s = 1,\ldots,M$ mit $r \neq s$ existieren zwei Dreiecke, welche die gemeinsamen Eckpunkte $a_r, a_s$ besitzen.

(ii) Es gibt nur ein Dreieck, welches sowohl $a_r$ als auch $a_s$ als Eckpunkt besitzt.

Im Fall (i) kann Folgerung 3.48 angewendet werden, denn bezeichnen $K, K'$ gerade jene zwei Dreiecke mit einer gemeinsamen, durch $a_r, a_s$ begrenzten Seite, so gilt $0 < \alpha_{rs}^K + \alpha_{rs}^{K'} \leq \pi$ und damit $(\tilde{A}_h)_{rs} \leq 0$, $r \neq s$. Im Fall (ii) kommt Lemma 3.47 direkt zur Anwendung, so dass der die Randdreiecke betreffende Passus der Winkelbedingung die Behauptung liefert.
Weiter gilt wegen $\sum_{s=1}^M \varphi_s = 1$ in $\Omega$ die Beziehung

$$\sum_{s=1}^M (\tilde{A}_h)_{rs} = \sum_{s=1}^M \int_\Omega \nabla\varphi_s \cdot \nabla\varphi_r\, dx = \int_\Omega \nabla\left(\sum_{s=1}^M \varphi_s\right) \cdot \nabla\varphi_r\, dx = 0\,,$$

dies ist $(6)^*$.
Die Vorzeichenbedingung aus (3) folgt nun aus $(6)^*$ und (5), denn es gilt

$$\sum_{s=1}^{M_1} (A_h)_{rs} = \underbrace{\sum_{s=1}^M (\tilde{A}_h)_{rs}}_{=0} - \sum_{s=M_1+1}^M (\hat{A}_h)_{rs} \geq 0\,. \tag{3.137}$$

Der schwierige Teil des Beweises von (3) besteht darin zu zeigen, dass
wenigstens eine dieser Ungleichungen (3.137) streng ist. Dies ist gleichbedeutend damit, dass wenigstens ein Element $(\hat{A}_h)_{rs}$, $r = 1, \ldots, M_1$ und
$s = M_1 + 1, \ldots, M$ negativ ist, welches mittels eines indirekten Beweises
unter Verwendung von Lemma 3.47 und Folgerung 3.48 geschehen kann, hier
aber aus Platzgründen nicht ausgeführt werden soll. Damit wäre auch gleichzeitig die Bedingung (7) nachgewiesen.

Ähnlich verhält es sich mit der verbleibenden Bedingung (4)\*. Wegen der
Zusammenhangsbedingung ist zunächst die Existenz geometrischer Verbindungen der Knotenpaare mittels Kantenpolygonzügen klar. Schwieriger ist es
nachzuweisen, dass man unter den möglichen Verbindungen ein solche finden
kann, entlang derer die zugehörigen Matrixelemente nicht verschwinden. Dies
kann mit der gleichen Beweistechnik wie beim zweiten Teil von (3) geschehen,
wird aber ebenfalls hier unterlassen.

Ersetzt man die obige Winkelbedingung durch eine stärkere Winkelbedingung, indem gestreckte Winkel bzw. rechte Winkel nicht zugelassen werden,
so ist der Nachweis von (3) und (4)\* trivial.

Unter Beachtung der für lineare Elemente gültigen Beziehungen

$$\max_{x \in \overline{\Omega}} u_h(x) = \max_{r \in \{1, \ldots, M\}} (\tilde{\mathbf{u}}_h)_r$$

bzw.

$$\max_{x \in \Gamma_3} u_h(x) = \max_{r \in \{M_1+1, \ldots, M\}} (\hat{\mathbf{u}}_h)_r$$

kann aus Satz 1.10 folgendes Ergebnis abgeleitet werden.

**Satz 3.49** *Genügt die Triangulierung $\mathcal{T}_h$ der Winkelbedingung und der Zusammenhangsbedingung, so gilt für die Finite-Element-Lösung $u_h$ aus dem
Raum der linearen Elemente zu einer nichtpositiven rechten Seite $f \in L^2(\Omega)$
der Poisson-Gleichung folgender Abschätzung:*

$$\max_{x \in \overline{\Omega}} u_h(x) \leq \max_{x \in \Gamma_3} u_h(x).$$

Den Schluss dieses Abschnittes sollen noch zwei Bemerkungen zum Fall allgemeinerer Differentialgleichungen bilden.

Wird statt der Poisson-Gleichung eine Gleichung mit einem variablen skalaren Diffusionskoeffizienten $k : \Omega \to \mathbb{R}$ betrachtet, so verliert die Beziehung
aus Folgerung 3.48 ihren rein geometrischen Charakter. Selbst unter der Annahme, dass der Diffusionskoeffizient elementweise konstant ist, ergäbe sich
die datenabhängige Beziehung

$$(\tilde{A}_h)_{ij} = -\frac{1}{2} \left\{ k_K \cot \alpha_{ij}^K + k_{K'} \cot \alpha_{ij}^{K'} \right\},$$

wobei $k_K$ bzw. $k_{K'}$ die konstante Einschränkung von $k$ auf die Dreiecke $K$
bzw. $K'$ bezeichnen. Noch problematischer ist der Fall matrixwertiger Koeffizienten $K : \Omega \to \mathbb{R}^{d,d}$.

Die zweite Bemerkung betrifft Differentialausdrücke, die auch Terme niedrigerer Ordnung, also konvektive und reaktive Glieder, enthalten. Kann nämlich der diffusive Teil  $-\nabla \cdot (K\nabla u)$  so diskretisiert werden, dass dafür ein Maximumprinzip gilt, so bleibt dieses erhalten, wenn die Diskretisierung der übrigen Terme auf Matrizen führt, deren „Diagonalelemente" nichtnegativ und deren „Außerdiagonalelemente" nichtpositiv sind. Diese Matrixeigenschaften sind zwar im Vergleich zu den Bedingungen (1.28) bzw. (1.28)* weitaus einfacher, denoch bereitet ihre Erfüllung in bestimmten Situationen – z.B. bei konvektionsdominierten Gleichungen (siehe Kapitel 9) – Schwierigkeiten, sofern nicht einschränkende Zusatzbedingungen hinzugenommen oder spezielle Diskretisierungsverfahren verwendet werden.

# Übungen

**3.1** Man beweise den Satz von Lax-Milgram auf dem folgenden Weg:

a) Unter Benutzung des Riesz'schen Darstellungssatzes zeige man die Äquivalenz von (3.5) mit der Operatorgleichung

$$A\bar{u} = f$$

für ein $A \in L[V,V]$ und $f \in V$.

b) Für $T_\varepsilon \in L[V,V]$, $T_\varepsilon v := v - \varepsilon(Av - f)$ für $\varepsilon > 0$, zeige man, dass für ein $\varepsilon > 0$ der Operator $T_\varepsilon$ eine Kontraktion auf $V$ ist. Mit Hilfe des Banach'schen Fixpunktsatzes (in der Banachraum-Fassung, vgl. Bemerkung 7.5) schließe man auf die Behauptung.

**3.2** Man beweise die Abschätzung (3.9), indem man für ein $v \in H^1(a,b)$ sogar zeige:

$$|v(x) - v(y)| \le |v|_1 |x - y|^{1/2} \quad \text{für } x, y \in (a,b) .$$

**3.3** Es sei $\Omega \subset \mathbb{R}^2$ die offene Kreisscheibe vom Radius $1/2$ mit dem Mittelpunkt 0. Man beweise, dass für die Funktion $u(x) := \big| \ln|x| \big|^\alpha$, $x \in \Omega \setminus \{0\}$, $\alpha \in (0, 1/2)$, gilt: $u \in H^1(\Omega)$, jedoch ist $u$ nicht stetig in $x = 0$ fortsetzbar.

**3.4** Es sei $\Omega \subset \mathbb{R}^2$ die offene Einheitskreisscheibe. Man zeige, dass jedes $u \in H^1(\Omega)$ eine Spur $u|_{\partial\Omega} \in L_2(\partial\Omega)$ mit $\|u\|_{0,\partial\Omega} \le \sqrt[4]{8}\,\|u\|_{1,\Omega}$ besitzt.

**3.5** Betrachtet werde die Randwertaufgabe (1.1), (1.2) für $f = 0$ auf dem Kreissektor $\Omega := \big\{ (x,y) \in \mathbb{R}^2 \mid x = r\cos\varphi,\ y = r\sin\varphi \text{ mit } 0 < r < 1,\ 0 < \varphi < \alpha \big\}$ für ein $0 < \alpha < 2\pi$, also mit dem Innenwinkel $\alpha$. Mit dem Ansatz $w(z) := z^{1/\alpha}$ entwickele man wie in (1.22) eine Lösung $u(x,y) = \Im w(x + iy)$ für eine geeignete Randvorgabe $g$. Man untersuche die Regularität von $u$, also $u \in H^k(\Omega)$, in Abhängigkeit von $\alpha$.

**3.6** Man beweise die Implikation „⇒" in Satz 3.20.
*Hinweis:* Für $v \in V_h$ definiere man $w_i|_{\text{int}(K)} := \partial_i v$, $i = 1, \ldots, d$, und zeige, dass $w_i$ die schwache $i$-te partielle Ableitung von $v$ ist.

**3.7** Man betrachte das Problem (1.25) mit Transmissionsbedingung (1.26) und zum Beispiel Dirichlet-Randbedingung und leite dafür eine variationelle Formulierung her.

**3.8** Man stelle die Element-Steifigkeitsmatrix auf, die sich bei Behandlung der Poisson-Gleichung auf dem Rechteck mit quadratischen bilinearen Rechteckselementen ergibt. Man verifiziere dadurch, dass diese Finite-Element-Diskretisierung des Laplace-Operators interpretiert werden kann als Finite-Differenzen-Methode mit dem Differenzenstern nach (1.21).

**3.9** Man zeige:

a) $\dim \mathcal{P}_k(\mathbb{R}^d) = \binom{d+k}{k}$.

b) $\mathcal{P}_k(\mathbb{R}^d)|_K = \mathcal{P}_k(K)$, falls $\text{int}(K) \neq \emptyset$.

**3.10** Für Vektoren $a_1, \ldots, a_{d+1} \in \mathbb{R}^d$ zeige man:
$a_2 - a_1, \ldots, a_{d+1} - a_1$ sind linear unabhängig genau dann, wenn
$a_1 - a_i, \ldots, a_{i-1} - a_i, a_{i+1} - a_i, \ldots, a_{d+1} - a_i$ linear unabhängig sind für ein $i \in \{2, \ldots, d\}$.

**3.11** Für den polynomialen Ansatz auf dem Quader als Referenzelement (3.56) bestimme man den Ansatzraum $P$, der sich durch affin-lineare Transformation auf ein $d$-Epiped ergibt.

**3.12** Es sei $K$ ein Rechteck mit den (im Gegenuhrzeigersinn nummerierten) Ecken $a_1, \ldots, a_4$ und den entsprechenden Seitenmittelpunkten $a_{12}$, $a_{23}$, $a_{34}$, $a_{41}$. Man zeige, dass durch die Freiheitsgrade $f(a_{12}), f(a_{23}), f(a_{34}), f(a_{41})$ die Elemente $f$ von $Q_1(K)$ nicht eindeutig bestimmt werden.

**3.13** Man überprüfe die angegebenen Formfunktionen zu (3.51) und (3.52).

**3.14** Man definiere ein Referenzelement in $\mathbb{R}^3$ durch

$$\hat{K} = \text{conv}\{\hat{a}_1, \hat{a}_2, \hat{a}_3\} \times [0,1] \quad \text{mit} \quad \hat{a}_1 = \begin{pmatrix} 0 \\ 0 \end{pmatrix}, \ \hat{a}_2 = \begin{pmatrix} 1 \\ 0 \end{pmatrix}, \ \hat{a}_3 = \begin{pmatrix} 0 \\ 1 \end{pmatrix},$$

$$\hat{P} = \left\{ p_1(x_1, x_2)\, p_2(x_3) \mid p_1 \in \mathcal{P}_1(\mathbb{R}^2),\ p_2 \in \mathcal{P}_1(\mathbb{R}) \right\},$$

$$\hat{\Sigma} = \left\{ p(\hat{x}) \mid \hat{x} = (\hat{a}_i, j),\ i = 0, 1, 2,\ j = 0, 1 \right\}.$$

Man zeige die eindeutige Lösbarkeit der lokalen Interpolationsaufgabe und beschreibe die durch affin-lineare Transformation erhältlichen Elemente.

**3.15** Es seien $d+1$ Punkte $a_j$, $j = 1, \ldots, d+1$, in $\mathbb{R}^d$ mit der Eigenschaft wie in Aufgabe 3.10 gegeben. Dazu werden wie in (3.44), (3.45) die baryzentrischen Koordinaten $\lambda_j = \lambda_j(x; S)$ von $x$ bezüglich des durch die Punkte $a_j$ aufgespannten $d$-Simplex $S$ definiert. Man zeige, dass für jede bijektive affin-lineare Abbildung $\ell : \mathbb{R}^d \to \mathbb{R}^d$ gilt: $\lambda_j(x; S) = \lambda_j(\ell(x); \ell(S))$, das heißt, die baryzentrischen Koordinaten sind invariant gegenüber solchen Transformationen.

**3.16** Für den kubischen Hermite-Ansatz (3.61) diskutiere man die bei Dirichlet-Randbedingungen festzulegenden Freiheitsgrade, abhängig davon, ob zwei Randelementkanten im Winkel $\alpha \neq 2\pi$ oder $\alpha = 2\pi$ zusammenstoßen.

**3.17** Man gebe eine nodale Basis für das Bogner–Fox–Schmit-Element aus (3.62) an.

**3.18** Für den linearen Finite-Element-Ansatz (3.49) in einer Raumdimension zeige man für $K \in \mathcal{T}_h$ und $v \in H^2(K)$ die Abschätzung

$$|v - I_K(v)|_{1,K} \leq h_K |v|_{2,K} \, .$$

*Hinweis:* Satz von Rolle und Aufgabe 2.5 b) (Poincaré-Ungleichung).
Man verallgemeinere die Überlegung für einen beliebigen polynomialen Ansatz $P = \mathcal{P}_k$ in einer Raumdimension zu

$$|v - I_K(v)|_{1,K} \leq h_K^k |v|_{k+1,K} \quad \text{für } v \in H^{k+1}(K) \, .$$

**3.19** Man zeige die Kettenregel (3.74) für $v \in H^1(K)$.

**3.20** Man zeige eine Konvergenzordnungsaussage analog zu Satz 3.29 für die Hermite-Elemente (3.61) und (3.62) (Bogner–Fox–Schmit-Element) für die Randwertaufgabe (3.12) mit Dirichlet-Randbedingung.

**3.21** Man zeige eine Konvergenzordnungsaussage analog zu Satz 3.29 für das Bogner–Fox–Schmit-Element (3.62) und die Randwertaufgabe (3.35).

**3.22** Gegeben seien ein Dreieck $K$ mit den Ecken $a_1, a_2, a_3$ und eine Funktion $u \in C^2(K)$.
Man zeige: Wird $u$ durch ein lineares Polynom $I_K(u)$ mit $(I_K(u))(a_i) = u(a_i)$, $i = 1, 2, 3$, interpoliert, so gilt für den Fehler die Abschätzung

$$\sup_{x \in K} |u(x) - (I_K(u))(x)| + h \sup_{x \in K} |\nabla(u - I_K(u))(x)| \leq 2M \frac{h^2}{\cos(\alpha/2)} \,,$$

wobei $h$ den Durchmesser und $\alpha$ den größten Innenwinkel von $K$ bezeichnet und $M$ eine obere Schranke für das Maximum der Norm der Hesse-Matrix von $u$ über $K$ ist.

**3.23** Betrachtet werde ein Dreieck $K$ mit den Ecken $a_1 := (-h, 0), a_2 := (h, 0), a_3 := (0, \varepsilon)$ und $h, \varepsilon > 0$. Die Funktion $u(x) := x_1^2$ soll auf $K$ linear interpoliert werden, so dass $(I_h(u))(a_i) = u(a_i)$ für $i = 1, 2, 3$ gilt.
Man berechne $\|\partial_2(I_h(u) - u)\|_{2,K}$ sowie $\|\partial_2(I_h(u) - u)\|_{\infty,K}$ und diskutiere die Konsequenzen für verschiedene Größenverhältnisse von $h$ und $\varepsilon$.

**3.24** Für die Lösung $u \in V$ der Randwertaufgabe (3.12), (3.18)–(3.20) seien keine weiteren Regularitätseigenschaften bekannt. Unter den Annahmen von Abschn. 3.4 zeige man, dass für die Finite-Element-Approximation $u_h \in V_h$ gilt:

$$\|u - u_h\|_1 \to 0 \quad \text{für } h \to 0 \,.$$

**3.25** Man zeige Gleichung (3.112), indem man sie erst für $K = \hat{K}$ beweist und daraus mittels Aufgabe 3.15 die Aussage für das allgemeine Simplex ableitet.

**3.26** Gegeben sei ein Dreieck $K$ mit den Eckpunkten $a_1, a_2, a_3$. Weiterhin seien $a_{12}, a_{13}, a_{23}$ die jeweiligen Seitenmittelpunkte, $a_{123}$ der Schwerpunkt und $|K|$ der Flächeninhalt von $K$.
Man überprüfe, dass die Quadraturformel

$$Q_h(u) := \frac{|K|}{60}\left[ 3\sum_{i=1}^{3} u(a_i) + 8\sum_{i<j} u(a_{ij}) + 27u(a_{123}) \right]$$

für Polynome dritten Grades das Integral $Q(u) := \int_K u \, dx$ exakt berechnet.

# 4. Gittergenerierung und a posteriori-Fehlerabschätzungen

## 4.1 Gittergenerierung

Die Implementierung der Finite-Element-Methode wie auch der später in Kap. 8 beschriebenen Finite-Volumen-Methode erfordert zunächst eine „geometrische Diskretisierung" des Grundgebietes $\Omega$.

Dieser Programmteil ist üblicherweise Bestandteil des sogenannten *Präprozessors* (vgl. hierzu auch Abschn. 2.4.1), eines Finite-Element-Programmes, welches ferner den eigentlichen Kern (Erzeugung (*Assemblierung*) des endlich-dimensionalen algebraischen Problemes, ggf. Reorganisation der Daten, Lösung des algebraischen Problemes) und den *Postprozessor* (Aufbereitung der Ergebnisse, Extraktion mittelbarer Resultate, graphische Darstellung, a posteriori-Fehlerschätzung) enthält.

### 4.1.1 Klassen von Gittern

Neben der Unterscheidung nach der geometrischen Form der Elemente (Dreiecke, Vierecke, Tetraeder, Hexaeder, Prismen, Pyramiden, teilweise auch mit gekrümmten Rändern) werden grob die Klassen der strukturierten und unstrukturierten Gitter unterschieden. Daneben finden sich noch diverse Mischformen als Kombinationen von Gittern beider Klassen.

Ein *strukturiertes Gitter im engeren Sinne* ist durch eine regelmäßige Anordnung der Knoten charakterisiert, das heißt, die Nachbarschaftsbeziehungen zwischen den Knoten folgen einem festem Muster, welches höchstens am Rand des Gebietes durch Fehlstellen gestört sein kann. Typisch sind Rechtecksbzw. Quadergitter, wie sie auch bei den in Kap. 1 betrachteten Differenzenverfahren benutzt werden (siehe zum Beispiel Abb. 1.1).

Ein *strukturiertes Gitter im weiteren Sinne* erhält man aus glatten, eineindeutigen Abbildungen strukturierter Gitter im engeren Sinne. Solche Gitter heißen auch logisch strukturiert, weil nur noch die Zusammenhangsbeziehungen fest vorgegeben sind. Die Kanten bzw. Seitenflächen der geometrischen Elemente eines logisch strukturierten Gitters sind aber nicht notwendig gerade bzw. eben.

Der Vorteil logisch strukturierter Gitter besteht in der relativ einfachen Programmierung, da bereits durch das Muster die Nachbarn eines Knoten festgelegt sind. Zudem existieren sehr effiziente Methoden für die Lösung des algebraischen Gleichungssystemes bis hin zur Parallelisierung des Lösungsalgorithmus.

Im Gegensatz zu den strukturierten Gittern existiert bei unstrukturierten Gittern kein sich generell wiederholendes Muster der Knotenanordnung. Zudem können in unstrukturierten Gittern sogar unterschiedliche Elementtypen kombiniert werden. Die Vorzüge unstrukturierter Gitter bestehen darin, komplizierte Gebietsgeometrien gut modellieren sowie das Gitter selbst an die numerische Lösung anpassen zu können (lokale Gitteradaption).

In den folgenden Abschnitten sollen einige Methoden zur Erzeugung unstrukturierter Gitter skizziert werden. Verfahren zur Erzeugung strukturierter Gitter sind beispielsweise in [20] oder [31] zu finden.

### 4.1.2 Erzeugung simplizialer Gitter

Simpliziale Gitter bestehen im zweidimensionalen Fall aus Dreiecken und im dreidimensionalen Fall aus Tetraedern. Zur Erzeugung solcher Gitter werden hauptsächlich drei Grundverfahren benutzt:

- Belegungsmethoden,
- Delaunay-Triangulierungen,
- Gebietsreduktionsmethoden.

**Belegungsmethoden** Die Methoden dieser Gruppe zeichnen sich grob dadurch aus, dass das Grundgebiet zunächst von einem strukturierten Gitter überdeckt (belegt) wird, welches danach in Randnähe gewisse Anpassungen erfährt. Ein typischer Vertreter ist der sogenannte *Quadtree-* bzw. *Octree-Ansatz,* bei dem das strukturierte Ausgangsgitter ein relativ „weitmaschiges" Rechteck- bzw. Quadergitter ist. Der eigentliche Algorithmus besteht dann aus Randanpassungsprozeduren sowie simplizialen Verfeinerungen der entstandenen geometrischen Elemente. Die Randanpasssungsprozeduren führen rekursive Verfeinerungen der randnahen Rechtecke bzw. Quader mit dem Ziel durch, dass letztlich jedes geometrische Element höchstens noch einen geometriebestimmenden Punkt (das heißt einen Eckpunkt von $\Omega$ oder einen Punkt von $\partial\Omega$, in dem der Typ der Randbedingung wechselt) enthält. Anschließend kann noch ein sogenannter *Glättungsschritt* folgen, der das Gitter im Hinblick auf ein bestimmtes Regularitätskriterium optimiert, siehe Abschn. 4.1.4. Belegungsmethoden generieren üblicherweise im Inneren des Gebietes Gitter, die strukturierten Gittern nahe kommen. In Randnähe sind sie hingegen weit weniger strukturiert. Details können beispielsweise den Arbeiten [62] oder [66] entnommen werden.

**Delaunay-Triangulierungen** Der Kernalgorithmus dieser Methoden generiert für eine vorgegebene Menge isolierter Punkte (Knoten) eine Triangulierung ihrer konvexen Hülle. Ein darauf aufbauender Gittergenerator muss daher noch eine Prozedur zur Erzeugung dieser Punktmenge (zum Beispiel die aus einer Belegungsmethode resultierende Knotenmenge) sowie gewisse Anpassungsprozeduren enthalten.

Die Delaunay-Triangulierung der konvexen Hülle einer gegebenen Knotenmenge des $\mathbb{R}^d$ ist dadurch charakterisiert, dass jede offene $d$-Kugel, auf deren Rand $d + 1$ Knoten liegen, keine anderen Knoten enthält (*Kugelkriterium*). Sie lässt sich prinzipiell aus der sogenannten *Voronoi-Überdeckung* des $\mathbb{R}^d$ zur

**Abb. 4.1.** Kugelkriterium im Fall $d = 2$

gegebenen Knotenmenge erzeugen. Dies wird für zweidimensionale Probleme im Kap. 8 über Finite-Volumen-Methoden (Abschn. 8.2.1) beschrieben. Praktische Algorithmen ([43] oder [65]) basieren aber direkter auf dem erwähnten Kugelkriterium.

Eine der Ursachen für die „Popularität" der Delaunay-Triangulierung besteht in deren interessanten theoretischen Eigenschaften. So zeichnet sich im Fall $d = 2$ die Delaunay-Triangulierung der konvexen Hülle $\overline{G}$ einer gegebenen Menge isolierter Punkte unter allen möglichen Triangulierungen von $\overline{G}$ (mit den gleichen Knoten) gerade dadurch aus, dass sie den größten minimalen Innenwinkel besitzt. Im dreidimensionalen Fall ist diese Aussage nicht mehr richtig, sondern es können sogar recht unförmige Tetraeder, sogenannte sliver, entstehen. Eine weitere wichtige Eigenschaft einer Delaunay-Triangulierung im Fall $d = 2$ besteht darin, dass die Summe jener Innenwinkel, die einer zwei Dreiecken gemeinsamen Seite gegenüberliegen, den Wert $\pi$ nicht übersteigt. Eine solche Forderung ist beispielsweise Bestandteil der Winkelbedingung aus Abschn. 3.9.

**Methoden der sukzessiven Gebietsreduktion** Diese Methoden sind aus der Literatur (zum Beispiel [44], [50], [54], [56]) vor allem unter den Namen *advancing front methods* oder *moving front methods* bekannt. Die Grundidee besteht hierbei darin, sukzessiv, vom Rand ausgehend ins Gebietsinnere hinein, geometrische Elemente zu erzeugen. Dabei wird zunächst der Rand von $G_0 := \Omega$ trianguliert. Für $d = 2$ ist diese „Startfront" ein Polygonzug, für $d = 3$ hingegen die Triangulierung einer gekrümmten Fläche. In den nachfolgenden Schritten wird nun ausgehend von einem Element der Startfront (Strecke bzw. Dreieck) durch Erzeugung eines neuen gebietsinneren Punktes oder durch Verwendung eines bereits vorhandenen Punktes ein neuer Simplex $K_1$ definiert, der in $\overline{G}_0$ liegt. Dieser Simplex wird danach formal aus $\overline{G}_0$ entfernt, wodurch ein kleineres Gebiet $G_1$ mit einem neuen Rand $\partial G_1$ (einer neuen „Front") entsteht. Dies wird solange durchgeführt, bis die aktuelle Front leer ist. Häufig schließt sich auch hier noch ein Glättungsschritt an.

**Abb. 4.2.** $j$-ter Schritt der Gebietsreduktionsmethode: $K_j$ wird aus dem Gebiet $G_{j-1}$ entfernt

### 4.1.3 Erzeugung quadrilateraler und hexaedraler Gitter

Für diese Aufgaben stehen ebenfalls Belegungsmethoden (zum Beispiel [60]) oder *advancing front methods* (zum Beispiel [42], [41]) zur Verfügung. Eine interessante Anwendung simplizialer *advancing front methods* findet sich in der Arbeit [67]. Darin wird für den Fall $d = 2$ vorgeschlagen, je zwei Dreiecke mit gemeinsamer Kante zu einem Viereck zusammenzufassen. Neben dem Problem, dass das Dreiecksgitter deshalb eine gerade Anzahl von Dreiecken enthalten muss, bereitet vor allem die Übertragung auf den dreidimensionalen Fall Schwierigkeiten, da eine große Zahl benachbarter Tetraeder zu einem Hexaeder zusammenzufassen sind.

**Multiblock-Methoden** Die Grundidee dieser Methoden besteht darin, das Gebiet zunächst in verhältnismäßig wenige Teilgebiete („Blöcke") einfacherer Gestalt (Dreiecke, Vierecke, Tetraeder, Hexaeder, Prismen, Pyramiden usw.) zu zerlegen und dann in jedem dieser Blöcke (zumindest logisch) strukturierte Gitter zu erzeugen (zum Beispiel [20], [31]).
Im Multiblock-Gitter ist besonderes Augenmerk auf die Behandlung von gemeinsamen Grenzen benachbarter Blöcke zu richten. Sofern nicht spezielle Diskretisierungsverfahren, zum Beispiel die sogenannte *Mortar-Finite-*

*Element-Methode* (siehe hierzu [40]), benutzt werden, stehen die Kompatibilitätsforderungen an den Blockübergängen jenen lokalen, blockinternen Verfeinerungen entgegen, die als Resultat von Fehlerschätzungsstrategien gefordert werden könnten.

**Hierarchisch strukturierte Gitter**    Eine weitere, allerdings noch nicht sehr verbreitete Mischform strukturierter und unstrukturierter Gitter sind hierarchisch strukturierte Gitter. Diese werden ausgehend von einem (zumindest logisch) strukturierten Gitter dadurch gewonnen, dass gewisse Teilgebiete weiter logisch strukturiert verfeinert werden. Auch hier bedarf die Übergangszone zwischen Gitterbereichen unterschiedlicher Feinheit besonderer Beachtung.

**Kombinierte Gitter**    Da die Erzeugung „reiner" Hexaedergitter für komplizierte Gebietsgeometrien sehr aufwendig ist, werden auch Gitter benutzt, die in geometrisch einfachen Teilgebieten aus Hexaedergittern bestehen und die schwierigeren Zonen mit Tetraedern, Prismen usw. füllen.

### 4.1.4 Gitteroptimierung

Viele Algorithmen zur Gittererzeugung enthalten „Glättungsprozeduren", die das Gitter hinsichtlich bestimmter Regularitätskriterien optimieren. Üblich ist dabei die sogenannte *r-Methode,* welche eine Verschiebung („relocation") der Knoten unter Beibehaltung der Zusammenhangsstruktur des Gitters beinhaltet, sowie die Optimierung der Zusammenhangsstruktur selbst.
Ein typischer Vertreter der r-Methoden ist die sogenannte *Laplace-Glättung,* bei der jeder innere Knoten in den geometrischen Schwerpunkt aller seiner Nachbarn gerückt wird (vgl. [44]). Eine lokale Wichtung der Glättung ist ebenso möglich. Formal gesehen ist die Anwendung des Laplace'schen Glätters gleichzusetzen mit der Lösung eines linearen Gleichungssystemes, welches entsteht, wenn die entsprechenden Beziehungen für das arithmetische (oder anderweitig gewichtete) Mittel der Knotenkoordinaten aufgeschrieben werden. Die Systemmatrix ist groß, aber blockstrukturiert (bei geeigneter Nummerierung der Unbekannten) und schwach besetzt. Strukturell gleichen die Diagonalblöcke sehr stark jenen Matrizen, die bei der in Abschn. 8.2 beschriebenen Finite-Volumen-Diskretisierung der Poisson-Gleichung entstehen (vgl. den entsprechenden Spezialfall von (8.6)). Dieses Gleichungssystem wird jedoch im Allgemeinen nicht exakt gelöst, sondern es werden – zum Beispiel mit den Verfahren aus Abschn. 5.1 – lediglich einige Iterationsschritte durchgeführt.
Unter den Methoden zur Optimierung der Zusammenhangsstruktur sind vor allem die sogenannte *2:1-Regel* und im Fall $d = 2$ besonders der *Kantenwechsel* (*edge swap* oder *diagonal swap*, [53]) bekannt. Die 2:1-Regel wird bei der Quadtree- bzw. Octree-Methode benutzt, um durch zusätzliche Verfeine-

rungen die Differenz der Verfeinerungsniveaus benachbarter Rechtecke bzw. Quader auf Eins zu begrenzen.

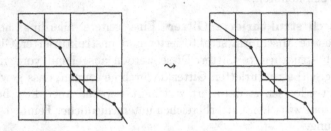

**Abb. 4.3.** 2:1-Regel

Bei der Methode des Kantenwechsels wird jeweils ein durch zwei Dreiecke gebildetes konvexes Viereck betrachtet. Unter den zwei möglichen Diagonalen wird dann jene ausgewählt, für welche die besseren Elementeigenschaften resultieren.

Daneben gibt es noch Methoden, die Knoten oder ganze Elemente entfernen.

### 4.1.5 Gitterverfeinerung

In Abschn. 2.4.1 wurde bereits für den Fall $d = 2$ ein typischer Gitterverfeinerungsalgorithmus, die sogenannte *Rot/Grün-Verfeinerung*, für Triangulierungen beschrieben. Eine andere Verfahrensklasse beruht auf dem Verfeinern durch Bisektion, das heißt, ein Dreieck wird durch das Einfügen einer Seitenhalbierenden geteilt. Die einzelnen Bisektionsverfahren werden dahingehend unterschieden, wieviele Bisektionen ein Verfeinerungsschritt besitzt (*Stufenzahl des Bisektionsverfahrens*) und nach welchem Kriterium die zu halbierende Seite ausgewählt wird. Eine der Strategien besteht darin, grundsätzlich die längste der drei Seiten auszuwählen. Der allgemeine (rekursive) Verfeinerungsschritt für ein Dreieck $K$ hat dann folgende Form:

(i) Bestimme die längste Seite von $K$ und füge die zugehörige Seitenhalbierende ein.

(ii) Ist der dadurch entstehende Knoten kein Eckpunkt eines schon existierenden Dreiecks oder kein Randpunkt des Grundgebietes $\Omega$, so verfeinere auch das Nachbarelement.

Wird nach diesem Schema fortlaufend verfeinert, so ergibt sich eine Triangulierung, die im Allgemeinen nicht konform ist. Abhilfe kann dann etwa dadurch geschaffen werden, dass zunächst alle Dreiecke bestimmt werden, die solche, in Teilschritt (ii) des Algorithmus bezeichnete Knoten (sogenannte

*nichtkonforme Knoten*) besitzen. Anschließend werden die gefundenen Dreiecke mit Hilfe gewisser Abschlussregeln (je nach Zahl der nichtkonformen
Knoten) „konformisiert".

Sowohl die Rot/Grün-Verfeinerung wie auch die Bisektionsverfahren besitzen
direkte Erweiterungen für den dreidimensionalen Fall. Da hier jedoch die Zahl
der zu betrachtenden Möglichkeiten erheblich größer als im Fall $d = 2$ ist,
müssen wir uns auf illustrierende Beispiele beschränken.

Die Rot/Grün-Verfeinerung eines Tetraeders $K$ (siehe Abb. 4.4) liefert eine
Zerlegung in acht Tetraeder mit folgenden Eigenschaften: Alle Eckpunkte der
neuen Tetraeder stimmen entweder mit Ecken oder Kantenmittelpunkten von
$K$ überein und auf den Seitenflächen von $K$ entsteht das zweidimensionale
Rot/Grün-Verfeinerungsschema.

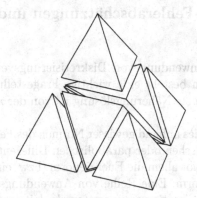

**Abb. 4.4.** Explosivdarstellung der Rot/Grün-Verfeinerung eines Tetraeders

Die (einstufige) Bisektion, angewendet auf die längste Kante, liefert zusätzlich
zu den schon im zweidimensionalen Fall auftretenden Effekten auch Seitenflächen, welche die Konformitätsbedingungen verletzen, so dass die entsprechenden Abschlussregeln bedeutend komplizierter sind. Daher werden mehr-
stufige (meist dreistufige) Bisektionsverfahren benutzt, welche diese Schwierigkeit konstruktiv umgehen.

Verfeinerung wird unter anderem dort nötig sein, wo die Regularität der
Lösung gering ist. So zeigt die Titelgraphik [64] das Grundgebiet für ein
(dichtegetriebenes) Strömungsproblem, bei dem Zufluss (und Abfluss) durch
fast punktförmige kleine Flächen stattfindet. Die gezeigte Verfeinerung ist
das Ergebnis einer Gitteradaptionsstrategie auf der Basis von a posteriori-
Fehlerschätzern (siehe Abschn. 4.2). Bei zeitabhängigen Problemen, bei denen
sich durch die Änderung der Lösung die Teilgebiete, in denen ein feines Gitter
benötigt wird, ändern, braucht man auch Möglichkeiten zur *Gittervergröbe-
rung*, um nicht unnötigen Aufwand zu betreiben. Dies ist dadurch möglich,
dass frühere Verfeinerungsschritte wieder konform zurückgenommen werden.

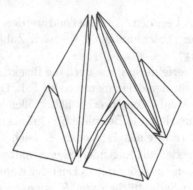

**Abb. 4.5.** Explosivdarstellung der Verfeinerung eines Tetraeders mittels Bisektion

## 4.2 A posteriori-Fehlerabschätzungen und Gitteradaption

In der praktischen Anwendung von Diskretisierungsverfahren für partielle Differentialgleichungen besteht eine wichtige Fragestellung darin, wie stark tatsächlich die berechnete Näherungslösung $u_h$ von der zu approximierenden Lösung $u$ abweicht.

Typischerweise wird dies anhand gewisser Normen des Fehlers $u - u_h$ beurteilt (gemessen). Bei elliptischen oder parabolischen Differentialgleichungen zweiter Ordnung sind das vor allem die Energienorm (bzw. eine zu ihr äquivalente Norm) oder die $L^2$-Norm. Eine Reihe von Anwendungsaufgaben beinhaltet zudem auch die Approximation sogenannter *abgeleiteter* Größen, die sich mathematisch als Werte linearer Funktionale, die von der Lösung $u$ abhängen, interpretieren lassen. In solch einem Fall ist dann natürlich auch die Frage nach der Werteabweichung dieser Größen von Interesse.

**Beispiel 4.1**

$$J(u) = \int_{\Gamma_0} \nu \cdot \nabla u \, d\sigma \quad \text{Fluss von } u \text{ durch Teilstück } \Gamma_0 \subset \partial\Omega,$$
$$J(u) = \int_{\Omega_0} u \, dx \qquad \text{Mittelwert von } u \text{ über Teilgebiet } \Omega_0 \subset \Omega.$$

Im Folgenden sollen zunächst Abschätzungen für eine Norm $\|\cdot\|$ des Fehlers $u - u_h$ betrachtet und einige Sprechweisen erläutert werden. Sinngemäß gilt dies aber auch, wenn $\|u - u_h\|$ durch $|J(u) - J(u_h)|$ ersetzt wird.

Die in den vorherigen Kapiteln angegebenen Fehlerabschätzungen zeichnen sich dadurch aus, dass keinerlei Information über die berechnete Näherungslösung $u_h$ benötigt wird. Derartige Abschätzungen heißen daher auch *a priori*-Abschätzungen.

Beispielsweise gilt für den linearen Ansatz auf Dreiecken nach dem Lemma von Céa (Satz 2.17) für eine Variationsgleichung, deren Bilinearform die Voraussetzungen (2.41), (2.42) mit $H_0^1(\Omega) \subset V \subset H^1(\Omega)$ und $\|\cdot\| := \|\cdot\|_1$ erfüllt, unter Verwendung der Interpolationsfehlerabschätzung aus Satz 3.29 die Beziehung

$$\|u - u_h\|_1 \le \frac{M}{\alpha} \|u - I_h(u)\|_1 \le \frac{M}{\alpha} Ch \,, \tag{4.1}$$

wobei die Konstante $C$ von der Lösung $u$ der Variationsgleichung abhängt. Hier besitzt $C$ die Form

$$C = \bar{C} \left\{ \int_\Omega \sum_{|\alpha|=2} |\partial^\alpha u|^2 \, dx \right\}^{1/2} \tag{4.2}$$

mit $\bar{C} > 0$ unabhängig von $u$. Aufgrund dieser Struktur (4.2) ist die Abschätzung (4.1) nicht numerisch auswertbar. Selbst wenn $C$ abgeschätzt werden könnte und (4.1) zur Bestimmung des globalen Diskretisierungsparameters $h$ (maximaler Elementdurchmesser) benutzt würde, um ein gewisses Fehlerniveau zu garantieren, führte dies im Allgemeinen zu einer zu feinen Diskretisierung, das heißt zu einem zu großen diskreten Problem. Die Ursache hierfür liegt darin begründet, dass der Fehler lösungsabhängig lokal unterschiedlich groß sein kann und sich die resultierende Diskretisierung global an der schlechtesten Situation orientiert.

Wünschenswert sind also Fehlerabschätzungen der Form

$$\|u - u_h\| \le D\eta \tag{4.3}$$

bzw. beidseitig

$$D_1 \eta \le \|u - u_h\| \le D_2 \eta \tag{4.4}$$

mit von Diskretisierungsparametern unabhängigen Konstanten $D, D_1, D_2 > 0$ und

$$\eta = \left\{ \sum_{K \in \mathcal{T}_h} \eta_K^2 \right\}^{1/2}, \tag{4.5}$$

wobei die Größen $\eta_K$ mit nicht zu großem Aufwand alleinig aus solchen Daten – eventuell unter Benutzung von $u_h|_K$ – berechenbar sein sollen, die auf dem jeweiligen Element $K$ bekannt sind.

Sind diese Schranken $\eta$ (bzw. die Terme $\eta_K$) in (4.3) (bzw. (4.4)) abhängig von $u_h$, das heißt also nur nach Berechnung von $u_h$ auswertbar, so spricht man von einem (lokalen) a *posteriori-Fehlerschätzer* im weiteren Sinne. Vielfach hängen die Schranken aber auch noch von der Lösung $u$ selbst ab, so dass man sie nicht wirklich berechnen kann. Daher müssen solche Schranken noch durch berechenbare (und somit nicht unmittelbar von $u$ abhängige) Terme approximiert werden. Sind die Schranken $\eta$ (bzw. die Terme $\eta_K$) in (4.3) (bzw. (4.4)) also berechenbar ohne Kenntnis von $u$ unter eventueller Benutzung von $u_h$, so heißen sie (lokale) a posteriori-Fehlerschätzer im engeren Sinne.

Abschätzungen der Form (4.3) garantieren, dass aus $\eta \le \varepsilon$ für eine vorgegebene Toleranz $\varepsilon > 0$ folgt, dass der Fehler bis auf einen Faktor ebenfalls nicht größer als $\varepsilon$ ist. In diesem Sinne spricht man von *Zuverlässigkeit* des Fehlerschätzers $\eta$. Praktisch gibt es dann zwei Möglichkeiten: Die berechnete

Näherung ist im beschriebenen Sinne genau genug oder sie ist es nicht. Im ersten Fall kann man zufrieden sein, im zweiten Fall muss man sich hingegen fragen, wie die Diskretisierung zu modifizieren ist, um die Genauigkeit zu erreichen oder – bei nahezu ausgeschöpften Rechnerressourcen – wenigstens möglichst wenig zu überschreiten. Dies bedeutet, die durch die Berechnung der Schranke vorhandenen Informationen auszuwerten, eine entsprechende Modifikation der Diskretisierung vorzunehmen und dann eine erneute Rechnung durchzuführen. Eine solche Modifikation könnte beispielsweise in einer Anpassung des Gitters durch Verfeinerung oder Vergröberung der Elemente bestehen.

Fehlerschätzer können den tatsächlichen Fehler stark überschätzen, so dass zum Beispiel eine darauf aufbauende Gitteranpassung durch eigentlich unnötige Verfeinerungsschritte einen zu hohen Aufwand (das heißt ein zu großes diskretes Problem) erzeugt.

Dieser Effekt kann reduziert oder gar vermieden werden, wenn es gelingt, beidseitige Abschätzungen der Form (4.4) zu gewinnen. Der Quotient $D_2/D_1$ ist dann ein Maß für die *Effizienz* des Fehlerschätzers.

Ein Fehlerschätzer $\eta$ heißt *asymptotisch exakt*, wenn für eine beliebige konvergente Folge von Näherungen $\{u_h\}$ mit $\|u - u_h\| \to 0$ gilt:

$$\frac{\eta}{\|u - u_h\|} \to 1 \, .$$

Da a posteriori-Fehlerschätzer gewöhnlich für bestimmte Klassen von Randwert- oder Anfangs-Randwert-Aufgaben konstruiert werden, ensteht die Frage nach der Abhängigkeit der Konstanten $D$ in (4.3) bzw. $D_1, D_2$ in (4.4) von den konkreten Daten (zum Beispiel Koeffizienten, Inhomogenitäten, Geometrie des Grundgebietes, Gittergeometrie,...). Ist diese Abhängigkeit innerhalb einer bestimmten Klasse gering ausgeprägt, so spricht man von einem *robusten* Fehlerschätzer für diese Klasse.

**Gitteradaption**  Nimmt man an, dass die lokalen Fehlerschätzer $\eta_K$ eines effizienten Fehlerschätzers $\eta$ den Fehler in dem betreffenden Element $K$ widerspiegeln und kann dieser lokale Fehler durch Verfeinerung der Elemente (etwa nach den Regeln von Abschn. 4.1.5) verbessert werden, so sind ausgehend von einer konkreten Näherung $u_h$ zu einem konkreten Gitter $\mathcal{T}_h$ folgende Gitteradaptionsstrategien möglich, die solange durchgeführt werden, bis entweder die vorgegebene Toleranz $\varepsilon$ erreicht ist oder die Rechnerressourcen ausgeschöpft sind.

*Gleichverteilungskriterium:* Die Anpassung des Gitters (Verfeinerung oder Vergröberung von Elementen) erfolgt mit dem Ziel, dass die lokalen Fehlerschätzer $\eta_K^{\mathrm{neu}}$ für das angestrebte neue Gitter $\mathcal{T}_h^{\mathrm{neu}}$ den gleichen Wert über alle Elemente $K$ annehmen. Es soll also gelten (vgl. (4.5)):

$$\eta_K^{\mathrm{neu}} \approx \frac{\varepsilon}{\sqrt{|\mathcal{T}_h^{\mathrm{neu}}|}} \quad \text{für alle } K \in \mathcal{T}_h^{\mathrm{neu}} \, .$$

Da in dieses Kriterium bereits die neue Diskretisierung eingeht, handelt es sich um eine implizite Strategie, die in der praktischen Anwendung iterativ approximiert wird.

*Abschneidekriterium:* Es werden nur jene Elemente $K$ verfeinert, deren lokaler Schätzer $\eta_K$ einen gewissen Mindestbeitrag zum Gesamtschätzer $\eta$ liefert. Dieser Beitrag wird festgelegt in der Form $\kappa\eta$ mit $\kappa \in (0,1)$ als Parameter.

*Reduktionskriterium:* Es wird $\varepsilon_\eta := \kappa\eta$ mit $\kappa \in (0,1)$ als Parameter gesetzt. Danach werden einige Anpassungsschritte nach dem Gleichverteilungskriterium mit der Toleranz $\varepsilon_\eta$ durchgeführt.

Die Gleichverteilungsstrategie kann sich als relativ langsam erweisen und somit die Effizienz des gesamten Lösungsprozesses in Frage stellen. Die Abschneidestrategie lässt in der beschriebenen Form keine Vergröberungen des Gitters zu und ist recht sensibel in Bezug auf die Wahl des Parameters $\kappa$. Unter den drei Strategien hat sich die Reduktionsstrategie in vielen Anwendungen am besten bewährt.

**Konstruktion von a posteriori-Fehlerschätzern**  Wir wollen im Folgenden drei Konstruktionsprinzipien näher betrachten. Um die wesentlichen Gedanken herauszuarbeiten und um eher technische Schwierigkeiten zu umgehen, sollen die Methoden für die Diffusions-Reaktions-Gleichung auf einem beschränkten, polygonal berandeten Gebiet $\Omega \subset \mathbb{R}^2$ unter homogenen Dirichlet-Randbedingungen dargestellt werden:

$$\begin{cases} -\Delta u + ru = f & \text{in } \Omega\,, \\ \qquad u = 0 & \text{auf } \partial\Omega\,; \end{cases}$$

hierbei ist $f \in L^2(\Omega)$ und $r \in C(\overline{\Omega})$ mit $r(x) \geq 0$ für alle $x \in \Omega$. Die Diskretisierung erfolgt mit Hilfe stetiger, stückweise linearer Elemente wie in Abschn. 2.2 beschrieben.

Mit $a(u,v) := \int_\Omega (\nabla u \cdot \nabla v + ruv)\,dx$ für $u,v \in V := H_0^1(\Omega)$ haben wir folgende variationelle (schwache) Formulierung:
   Finde $u \in V$ mit $a(u,v) = \langle f,v\rangle_0$ für alle $v \in V$.
Die entsprechende Finite-Element-Methode lautet:
   Finde $u_h \in V_h$ mit $a(u_h,v_h) = \langle f,v_h\rangle_0$ für alle $v_h \in V_h$.

**Residuenbasierte Fehlerschätzer**  Ähnlich wie bei der Gewinnung der a priori-Fehlerabschätzung im Beweis des Lemmas von Céa (Satz 2.17) folgt aus der $V$-Elliptizität von $a$ (2.42) zunächst

$$\alpha\|u - u_h\|_1^2 \leq a(u - u_h, u - u_h)\,.$$

Da $u - u_h \in V \setminus \{0\}$ vorausgesetzt werden kann, haben wir weiter

$$\|u - u_h\|_1 \leq \frac{1}{\alpha}\frac{a(u - u_h, u - u_h)}{\|u - u_h\|_1} \leq \sup_{v \in V}\frac{1}{\alpha}\frac{a(u - u_h, v)}{\|v\|_1}\,. \tag{4.6}$$

Nun ist aber der Term

$$a(u - u_h, v) = a(u, v) - a(u_h, v) = \langle f, v \rangle_0 - a(u_h, v) \qquad (4.7)$$

nichts anderes als das *Residuum* der Variationsgleichung, weshalb sich die rechte Seite in der Ungleichung (4.6) als eine gewisse Norm des variationellen Residuums interpretieren lässt.

Damit diese nun praktisch, das heißt berechenbar, abgeschätzt werden kann, wird das Residuum erst einmal elementweise aufgespalten und mittels partieller Integration umgeformt. Für beliebiges $v \in V$ gilt wegen (4.7)

$$a(u - u_h, v) = \sum_{K \in \mathcal{T}_h} \left\{ \int_K f v \, dx - \int_K (\nabla u_h \cdot \nabla v + r u_h v) \, dx \right\}$$

$$= \sum_{K \in \mathcal{T}_h} \left\{ \int_K [f - (-\Delta u_h + r u_h)] v \, dx - \int_{\partial K} \nu \cdot \nabla u_h v \, d\sigma \right\} .$$

Der erste Faktor im Integranden der Integrale über die Elemente $K$ stellt das elementweise klassische Residuum der Differentialgleichung dar:

$$r_K(u_h) := [f - (-\Delta u_h + r u_h)]\big|_K .$$

Alle darin eingehenden Größen sind bekannt. Im Fall der verwendeten linearen Elemente gilt über jedem Dreieck $K$ sogar $-\Delta u_h = 0$, also ist $r_K(u_h) = [f - r u_h]\big|_K$.

Die Integrale über den Rand der Elemente $K$ werden noch weiter aufgespalten in eine Summe über die Integrale entlang der Elementkanten $E \subset \partial K$ :

$$\int_{\partial K} \nu \cdot \nabla u_h v \, d\sigma = \sum_{E \subset \partial K} \int_E \nu \cdot \nabla u_h v \, d\sigma .$$

Wegen $u_h = 0$ auf $\partial \Omega$ müssen aber nur die in $\Omega$ liegenden Kanten von $K$ berücksichtigt werden. Bezeichnet $\mathcal{E}_h$ gerade die Menge der in $\Omega$ liegenden Kanten der Elemente $K \in \mathcal{T}_h$ und wird jeder dieser Kanten $E \in \mathcal{E}_h$ eine Normale $\nu_E$ fest zugeordnet, so folgt aus der Tatsache, dass bei der Summation der aufgespaltenen Randintegrale über alle $K \in \mathcal{T}_h$ genau zwei Integrale über ein und dieselbe Kante $E \in \mathcal{E}_h$ vorkommen, die Beziehung

$$\sum_{K \in \mathcal{T}_h} \int_{\partial K} \nu \cdot \nabla u_h v \, d\sigma = \sum_{E \in \mathcal{E}_h} \int_E [\nu_E \cdot \nabla u_h]_E \, v \, d\sigma ,$$

wobei für elementweise stetige Funktionen $w : \Omega \to \mathbb{R}$ der Ausdruck

$$[w]_E(x) := \lim_{\varrho \to +0} w(x + \varrho \nu_E) - \lim_{\varrho \to +0} w(x - \varrho \nu_E) , \quad x \in E ,$$

den *Sprung* der Funktion $w$ beim Überschreiten von $E$ bezeichnet. Dieser Sprung ist für den Spezialfall einer Richtungsableitung in Richtung $\nu_E$, das heißt hier $w = \nu_E \cdot \nabla u_h$, unabhängig von der Orientierung von $\nu_E$ (siehe Aufgabe 4.4).

Insgesamt gilt also die Beziehung

$$a(u - u_h, v) = \sum_{K \in \mathcal{T}_h} \int_K r_K(u_h) v \, dx - \sum_{E \in \mathcal{E}_h} \int_E [\nu_E \cdot \nabla u_h]_E \, v \, d\sigma \, .$$

Unter Ausnutzung der Fehlergleichung (2.38) folgt dann für ein beliebiges Element $v_h \in V_h$ die grundlegende Identität

$$a(u - u_h, v) = a(u - u_h, v - v_h)$$

$$= \sum_{K \in \mathcal{T}_h} \int_K r_K(u_h)(v - v_h) \, dx - \sum_{E \in \mathcal{E}_h} \int_E [\nu_E \cdot \nabla u_h]_E \, (v - v_h) \, d\sigma \, ,$$

die als Ausgangspunkt für weitere Abschätzungen dient.

Die Cauchy–Schwarz'sche Ungleichung liefert nämlich sogleich

$$a(u - u_h, v - v_h) \leq \sum_{K \in \mathcal{T}_h} \|r_K(u_h)\|_{0,K} \|v - v_h\|_{0,K}$$
$$+ \sum_{E \in \mathcal{E}_h} \left\| [\nu_E \cdot \nabla u_h]_E \right\|_{0,E} \|v - v_h\|_{0,E} \, . \tag{4.8}$$

Um diese Schranke nun möglichst klein zu halten, wählt man die bislang beliebige Funktion $v_h \in V_h$ so, dass die Funktion $v$ sowohl in den Räumen $L^2(K)$ als auch $L^2(E)$ möglichst gut durch $v_h$ approximiert wird. Naheliegend wäre die Verwendung einer Interpolierenden von $v$ gemäß (2.46). Diese ist aber wegen der relativ schwachen Forderung $v \in V$ und $V \not\subseteq C(\overline{\Omega})$ nicht definiert, weshalb andere Approximationsprinzipien benutzt werden müssen. Die dafür geeigneten Verfahren nach Clément [45] oder Scott und Zhang [61] beruhen, grob ausgedrückt, auf lokalen integralen Mittelungstechniken. Wir wollen aber an dieser Stelle nicht näher auf die Details eingehen und verweisen auf die angegebene Literatur. Es ist hier eigentlich nur wichtig, dass eine geeignete Approximation existiert. Die genaue Form spielt eine eher untergeordnete Rolle.

Wir formulieren diese Tatsache zusammen mit den relevanten Eigenschaften in einem Hilfssatz. Dazu sind noch einige Bezeichnungen erforderlich (vgl. Abb. 4.6):

Dreiecksumgebung eines Dreiecks $K$ :    $\Delta(K) := \bigcup_{K': K' \cap K \neq \emptyset} K'$,

Dreiecksumgebung einer Kante $E$ :    $\Delta(E) := \bigcup_{K': K' \cap E \neq \emptyset} K'$.

$\Delta(K)$ besteht also aus der Vereinigung der Träger jener drei nodalen Basisfunktionen, die den Eckpunkten von $K$ zugeordnet sind, wohingegen $\Delta(E)$ aus der Vereinigung der Träger der zu den Endpunkten von $E$ gehörenden nodalen Basisfunktionen besteht. Ferner sei $h_E := |E|$ die Länge der Kante $E$.

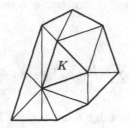 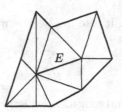

**Abb. 4.6.** Dreiecksumgebungen $\Delta(K)$ (links) und $\Delta(E)$

**Lemma 4.2** *Es sei $(\mathcal{T}_h)$ eine reguläre Familie von Triangulierungen des Gebietes $\Omega$. Für jedes $v \in V$ existiert ein Element $Q_h v \in V_h$ so, dass für alle Dreiecke $K \in \mathcal{T}_h$ und alle Kanten $E \in \mathcal{E}_h$ die Abschätzungen*

$$\|v - Q_h v\|_{0,K} \leq C h_K |v|_{1,\Delta(K)} \,,$$

$$\|v - Q_h v\|_{0,E} \leq C \sqrt{h_E} |v|_{1,\Delta(E)}$$

*mit einer nur von der Familie von Triangulierungen abhängigen Konstanten $C > 0$ gelten.*

Wird jetzt in der Beziehung (4.8) $v_h = Q_h v$ gewählt, so folgt aus der diskreten Cauchy–Schwarz'schen Ungleichung

$$a(u - u_h, v) \leq C \sum_{K \in \mathcal{T}_h} h_K \|r_K(u_h)\|_{0,K} |v|_{1,\Delta(K)}$$

$$+ C \sum_{E \in \mathcal{E}_h} \sqrt{h_E} \|[\nu_E \cdot \nabla u_h]_E\|_{0,E} |v|_{1,\Delta(E)}$$

$$\leq C \left\{ \sum_{K \in \mathcal{T}_h} h_K^2 \|r_K(u_h)\|_{0,K}^2 \right\}^{1/2} \left\{ \sum_{K \in \mathcal{T}_h} |v|_{1,\Delta(K)}^2 \right\}^{1/2}$$

$$+ C \left\{ \sum_{E \in \mathcal{E}_h} h_E \|[\nu_E \cdot \nabla u_h]_E\|_{0,E}^2 \right\}^{1/2} \left\{ \sum_{E \in \mathcal{E}_h} |v|_{1,\Delta(E)}^2 \right\}^{1/2} \,.$$

Eine Betrachtung der zweiten Faktoren zeigt, dass bei einer Zerlegung der Integrale über $\Delta(K)$ bzw. $\Delta(E)$ gemäß

$$\int_{\Delta(K)} \ldots = \sum_{K' \subset \Delta(K)} \int_{K'} \ldots \qquad \text{bzw.} \qquad \int_{\Delta(E)} \ldots = \sum_{K' \subset \Delta(E)} \int_{K'} \ldots$$

die Integrale über die einzelnen Elemente mehrfach summiert werden. Allerdings ist diese Vielfachheit als Folge der Regularität der Familie von Triangulierungen unabhängig von der konkreten Triangulierung beschränkt (vgl. (3.88)). Somit gelten die Abschätzungen

$$\sum_{K \in \mathcal{T}_h} |v|_{1,\Delta(K)}^2 \leq C|v|_1^2 \qquad \text{bzw.} \qquad \sum_{E \in \mathcal{E}_h} |v|_{1,\Delta(E)}^2 \leq C|v|_1^2 \,,$$

also insgesamt unter Benutzung der Ungleichung $a + b \leq \sqrt{2(a^2 + b^2)}$ für $a, b \in \mathbb{R}$

$$a(u - u_h, v)$$

$$\leq C \left\{ \sum_{K \in \mathcal{T}_h} h_K^2 \|r_K(u_h)\|_{0,K}^2 + \sum_{E \in \mathcal{E}_h} h_E \|[\nu_E \cdot \nabla u_h]_E\|_{0,E}^2 \right\}^{1/2} |v|_1 \,.$$

Unter Verwendung von (4.6) schließen wir somit auf

$$\|u - u_h\|_1 \leq D\eta \qquad \text{mit} \qquad \eta^2 := \sum_{K \in \mathcal{T}_h} \eta_K^2$$

und

$$\eta_K^2 := h_K^2 \|f - r u_h\|_{0,K}^2 + \frac{1}{2} \sum_{E \subset \partial K \setminus \partial \Omega} h_E \|[\nu_E \cdot \nabla u_h]_E\|_{0,E}^2 \,. \qquad (4.9)$$

Dabei haben wir beim Umformen der Summe über die Kanten

$$\sum_{E \in \mathcal{E}_h} \dots \qquad \text{in die Doppelsumme} \qquad \sum_{K \in \mathcal{T}_h} \sum_{E \subset \partial K \setminus \partial \Omega} \dots$$

berücksichtigt, dass bei dieser Zählung jede innere Kante genau zweimal vorkommt.

Wir erhalten somit eine a posteriori-Fehlerabschätzung der Form (4.3). Mit einer verfeinerten Technik ist es auch möglich, untere Schranken für $\|u - u_h\|_1$ zu gewinnen. Hierzu verweisen wir auf die Literatur, zum Beispiel [32].

**Fehlerschätzung mittels Gradientenrekonstruktion** Wenn wir uns für die Abschätzung des Fehlers $u - u_h \in V = H_0^1(\Omega)$ in der $H^1$- oder Energienorm $\|\cdot\|$ interessieren, so kann diese Aufgabe zunächst unter Verwendung der bereits bekannten Tatsache vereinfacht werden, dass diese Normen in $V$ zur $H^1$-Seminorm

$$|u - u_h|_1 = \left\{ \int_\Omega |\nabla u - \nabla u_h|^2 \, dx \right\}^{1/2}$$

als Konsequenz der Normdefinitionen und der Poincaré-Ungleichung (vgl. Satz 2.18) äquivalent sind. Das heißt, es existieren Konstanten $C_1, C_2 > 0$ unabhängig von $h$ mit

$$C_1 |u - u_h|_1 \leq \|u - u_h\| \leq C_2 |u - u_h|_1 \,. \qquad (4.10)$$

Damit verbleibt $\nabla u$ als die einzige unbekannte Größe in den Schranken.

Die Idee der Fehlerschätzung mittels Gradientenrekonstruktion besteht nun darin, diesen unbekannten Gradienten der variationellen Lösung $u$ durch eine geeignete, aus der Näherungslösung $u_h$ mit moderatem Aufwand berechenbare Größe (*Rekonstruktion*) $R_h u_h$ zu ersetzen. Eine solche Technik ist zum Beispiel unter dem Namen $Z^2$-*Schätzung* recht populär geworden. Wir wollen hier eine einfache Variante beschreiben. Weitere Anwendungen können den Originalarbeiten von Zienkiewicz und Zhu [68] entnommen werden.

In Anlehnung an die im vorherigen Unterabschnitt eingeführten Symbole bezeichne für einen Knoten $a$ die Menge

$$\Delta(a) := \bigcup_{K':a\in\partial K'} K'$$

die Dreiecksumgebung von $a$ (siehe Abb. 4.7). Diese Menge ist identisch mit

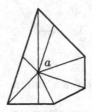

**Abb. 4.7.** Dreiecksumgebung $\Delta(a)$

dem Träger der zu diesem Knoten gehörenden nodalen Basisfunktion.

Da der Gradient $\nabla u_h$ im Falle der linearen finiten Elemente auf jedem Dreieck $K$ konstant ist, liegt die Idee nahe, in jedem Knoten $a$ der Triangulierung $\mathcal{T}_h$ eine Mittelung $R_h u_h(a)$ aus den Werten der Gradienten über jenen Elementen, die $a$ als Ecke besitzen, zu bilden:

$$R_h u_h(a) := \frac{1}{|\Delta(a)|} \sum_{K\subset\Delta(a)} \nabla u_h|_K \, |K| \, .$$

Die so gewonnenen Knotenwerte werden nun noch komponentenweise in $V_h$ linear interpoliert, das heißt, die Gradientenrekonstruktion ist eine Abbildung $R_h : V_h \to V_h \times V_h$.

Eine schöne Einsicht in die Eigenschaften des aus der simplen Einschränkung von $\bar{\eta} := \|R_h u_h - \nabla u_h\|_0$ auf die einzelnen Elemente $K$ resultierenden lokalen Schätzers

$$\bar{\eta}_K := \|R_h u_h - \nabla u_h\|_{0,K}$$

lieferte Rodríguez ([58], siehe auch [32]) durch einen Vergleich mit dem entsprechenden residuenbasierten Schätzer (4.9). Wird nämlich aus diesem der Anteil des Residuums herausgenommen, das heißt

$$\tilde{\eta}_K^2 := \frac{1}{2} \sum_{E \subset \partial K \backslash \partial \Omega} h_E \| [\nu_E \cdot \nabla u_h]_E \|_{0,E}^2 \quad \text{und} \quad \tilde{\eta}^2 := \sum_{K \in \mathcal{T}_h} \tilde{\eta}_K^2 \,,$$

so gilt folgendes Resultat.

**Satz 4.3** *Es existieren zwei nur von der Familie von Triangulierungen abhängige Konstanten $c_1, c_2 > 0$ mit*

$$c_1 \tilde{\eta} \le \overline{\eta} \le c_2 \tilde{\eta} \,.$$

Das eigentliche Motiv für die Fehlerabschätzung mittels Gradientenrekonstruktion ist aber in den speziellen Konvergenzeigenschaften von $R_h u_h$ verankert. Es erweist sich nämlich, dass – natürlich unter bestimmten Voraussetzungen – der rekonstruierte Gradient $R_h u_h$ asymptotisch schneller gegen $\nabla u$ konvergiert als es $\nabla u_h$ selbst vermag. In solch einem Fall sagt man auch, dass $R_h u_h$ eine *superkonvergente* Approximation zu $\nabla u$ ist. Liegt Superkonvergenz tatsächlich vor, so zeigt die Aufspaltung

$$\nabla u - \nabla u_h = R_h u_h - \nabla u_h + \nabla u - R_h u_h \,,$$

dass die erste Differenz auf der rechten Seite den asymptotisch dominierenden, berechenbaren Term des Gradientenfehlers $\nabla u - \nabla u_h$ darstellt. Anders ausgedrückt: Gelänge es, für die jeweils betrachtete Problemklasse eine superkonvergente Rekonstruktion $R_h u_h$ zu definieren, welche mit erträglichem Aufwand berechenbar ist, so sind die oben definierten Schätzer $\overline{\eta}_K$ bzw. $\overline{\eta}$ zur a posteriori-Fehlerabschätzung einsetzbar.

Allerdings sind solche Superkonvergenzresultate nur unter recht einschränkenden Voraussetzungen (vor allem an das Gitter und die Glattheit der Lösung $u$) nachweisbar, so dass praktisch die strenge mathematische Begründung vieler solcher Fehlerschätzer fehlt. Trotzdem werden die Fehlerschätzer häufig angewendet und sie liefern in vielen Situationen überraschend gute Resultate.

Wie sehr man unter Umständen danebenliegen kann, zeigt die Tatsache, dass ein aus einer Näherung rekonstruierter Gradient gar nicht das Fehlerverhalten widerspiegeln muss. Das folgende Beispiel geht auf Repin [57] zurück.

**Beispiel 4.4** Wir betrachten für $d = 1$ und $\Omega = (0,1)$ die Randwertaufgabe

$$-u'' = f \quad \text{in } \Omega \,, \quad u(0) = u(1) - 1 = 0 \,.$$

Ist $f$ eine Konstante, so lautet die exakte Lösung $u(x) = x(2 + (1 - x)f)/2$. Angenommen, wir hätten als Näherung die Funktion $v_h = x$ gewonnen, die für eine beliebige Intervallteilung von $\Omega$ stückweise linear ist und den Randbedingungen genügt. Ist ferner $R_h$ irgendeine Gradientenrekonstruktion, die zumindest Konstanten reproduziert, so gilt wegen $v_h' = 1$ gerade $v_h' - R_h v_h = 0$, wohingegen der echte Fehler $v_h' - u' = (x - \frac{1}{2})f$ ist.

Eine Deutung dieses Effektes besteht darin, dass in diesem Beispiel die Funktion $v_h$ nicht die Lösung der entsprechenden Galerkin-Gleichungen ist. Diese Eigenschaft von $u_h$ wird aber benutzt, wenn Superkonvergenzeigenschaften nachgewiesen werden sollen. Auch bei der Herleitung der residuenbasierten Fehlerschätzer wird sie verlangt, nämlich durch die Ausnutzung der Fehlergleichung.

**Dual-gewichtete residuenbasierte Fehlerschätzer** Die bisher betrachteten a posteriori-Fehlerabschätzungen hatten einerseits den Mangel, dass gewisse, im Allgemeinen unbekannte globale Konstanten (zum Beispiel $\alpha^{-1}$ in (4.6) oder die Konstanten $C_1, C_2$ der Normäquivalenz in (4.10)) in die Schranken eingingen, andererseits ergaben sich die Skalierungsfaktoren $h_K$ bzw. $\sqrt{h_E}$ recht willkürlich aus der Verwendung eines bestimmten Approximationsoperators.

Diese Nachteile versucht eine Methode zu umgehen, die besonders für die Abschätzung von Fehlern lösungsabhängiger linearer Funktionale geeignet ist.

Es sei also $J : V \to \mathbb{R}$ ein lineares, stetiges Funktional. Wir interessieren uns für eine Abschätzung von $|J(u) - J(u_h)|$.

Dazu wird folgendes *duales* Hilfsproblem betrachtet:

Finde $w \in V$ mit $a(v, w) = J(v)$ für alle $v \in V$.

Wenn wir $v = u - u_h$ setzen, so folgt sofort

$$J(u) - J(u_h) = J(u - u_h) = a(u - u_h, w) \ .$$

Bezeichnet $w_h \in V_h$ ein beliebiges Element, so gilt unter Beachtung der Fehlergleichung (2.38) weiter

$$J(u) - J(u_h) = a(u - u_h, w - w_h) \ .$$

Die rechte Seite besitzt offenbar die gleiche Struktur wie bei der Herleitung von Abschätzung (4.8), das heißt, wir erhalten sofort

$$|J(u) - J(u_h)| \leq \sum_{K \in \mathcal{T}_h} \|r_K(u_h)\|_{0,K} \|w - w_h\|_{0,K}$$

$$+ \sum_{E \in \mathcal{E}_h} \left\| [\nu_E \cdot \nabla u_h]_E \right\|_{0,E} \|w - w_h\|_{0,E} \ .$$

Jedoch werden hier die Normen von $w - w_h$ nicht weiter theoretisch verarbeitet, sondern numerisch approximiert. Dies geschieht durch Approximation der dualen Lösung $w$, wofür es mehrere, eher heuristische Wege gibt, die im Folgenden skizziert werden sollen.

1) Abschätzung des Approximationsfehlers: Hierbei werden die Normen von $w - w_h$ wie im Falle der residuenbasierten Fehlerschätzer zunächst weiter abgeschätzt. Da als Resultat die unbekannte $H^1$-Seminorm von $w$, die der $L^2$-Norm von $\nabla w$ äquivalent ist, verbleibt, wird $\nabla w$ unter Benutzung der

Finite-Element-Lösung $w_h \in V_h$ des Hilfsproblemes approximiert. Der Nachteil hierbei ist, dass durch die Abschätzung des Approximationsfehlers wieder globale Konstanten in die Gesamtabschätzung eingehen und dass das Hilfsproblem, welches in etwa von der gleichen Komplexität wie das ursprüngliche Problem ist, numerisch gelöst werden muss.

2) Diskretisierung des Hilfsproblemes mit Methoden höherer Ordnung:   Es ist auch denkbar, das Hilfsproblem mit einer genaueren Methode als zur Bestimmung einer Näherung aus $V_h$ numerisch zu lösen, $w$ dann durch diese Lösung und $w_h \in V_h$ durch eine Interpolierende dieser Lösung zu ersetzen. Hier entsteht allerdings ein recht hoher Aufwand, da das diskrete Problem entsprechend größer ausfällt.

3) Approximation durch Rekonstruktion höherer Ordnung: Hierbei wird eine Methode ähnlich wie im vorherigen Unterabschnitt benutzt, das heißt, $w$ wird durch eine Rekonstruktion aus der Finite-Element-Lösung $w_h \in V_h$ des Hilfsproblemes ersetzt, welche $w$ von höherer Ordnung in den beiden Normen approximiert als $w_h$. Neben dem Problem der Lösung des Hilfsproblemes muss noch die genannte Superkonvergenzeigenschaft garantiert werden, was sich als schwierig erweisen kann.

Den Schluss dieses kurzen Abschnittes soll eine Bemerkung dazu bilden, wie mit der Methode auch bestimmte Normen des Fehlers abschätzbar sind. Formal gesehen ist dies zum Beispiel dann möglich, wenn die interessierenden Normen durch Skalarprodukte generiert werden. So gilt für die $L^2$-Norm etwa nach Definition

$$\|u - u_h\|_0 = \frac{\langle u - u_h, u - u_h \rangle_0}{\|u - u_h\|_0}.$$

Werden $u, u_h$ jetzt festgehalten, so ergibt sich mit der Festlegung

$$J(v) := \frac{\langle v, u - u_h \rangle_0}{\|u - u_h\|_0}$$

ein lineares, stetiges Funktional $J : H^1(\Omega) \to \mathbb{R}$ mit der Eigenschaft $J(u) - J(u_h) = \|u - u_h\|_0$.

Das Problem dieses Zuganges besteht jedoch darin, dass zumindest zur Approximation der Lösung $w$ des Hilfsproblemes die Werte von $J$ bekannt sein müssen, was aber nicht der Fall ist. Somit wird eine Approximation dieser Werte erforderlich. Diese verursacht einerseits zusätzlichen Aufwand und andererseits erweist es sich als schwierig, den Einfluss des dadurch entstehenden zusätzlichen Fehlers auf die gewonnene Fehlerschranke zu analysieren.

# Übungen

**4.1** Es sei $\Omega \subset \mathbb{R}^2$ ein beschränktes Gebiet mit polygonalem, Lipschitzstetigem Rand, $V := H_0^1(\Omega)$. Ferner seien eine $V$-elliptische, stetige Bilinearform $a$ und eine stetige Linearform $b$ gegeben. Die Aufgabe

$$u \in V : \quad a(u,v) = b(v) \quad \text{für alle } v \in V$$

werde unter Verwendung stetiger, stückweise linearer finiter Elemente diskretisiert.

Man zeige, dass die (auf den Träger $E_i$ der Standard-Basisfunktionen des Ansatzraumes $V_h$ bezogenen) abstrakten lokalen Fehlerindikatoren

$$\eta_i := \sup_{v \in H_0^1(E_i)} \frac{a(e,v)}{\|v\|}$$

unter Verwendung der Lösungen $e_i \in H_0^1(E_i)$ der jeweiligen lokalen Randwertprobleme

$$e_i \in H_0^1(E_i) : \quad a(e_i, v) = b(v) - a(u_h, v) \quad \text{für alle } v \in H_0^1(E_i)$$

folgendermaßen abgeschätzt werden können ($M$ und $\alpha$ bezeichnen die jeweiligen Konstanten in der Stetigkeits- bzw. Elliptizitätsbedingung):

$$\alpha \|e_i\| \leq \eta_i \leq M \|e_i\|.$$

Dabei werden im Bedarfsfall die Elemente aus $H_0^1(E_i)$ durch Null auf ganz $\Omega$ fortgesetzt.

**4.2** Ein lineares Polynom über einem Dreieck kann sowohl durch die Funktionswerte in den Ecken wie auch durch die Funktionswerte in den Seitenmittelpunkten eindeutig bestimmt werden. Auf diese Weise werden – für eine vorgegebene Triangulierung eines beschränkten, polygonal berandeten, einfach zusammenhängenden Gebietes $\Omega \subset \mathbb{R}^2$, die aus wenigstens zwei Dreiecken besteht – durch Identifikation gemeinsamer Freiheitsgrade aneinander grenzender Dreiecke zwei Finite-Element-Räume gebildet.

a) Man zeige, dass die Dimension des ersten Raumes (Funktionswerte in den Ecken) kleiner ist als die des anderen Raumes.

b) Wie ist dieser „Verlust von Freiheitsgraden" zu erklären?

**4.3** Es seien $K_1, K_2$ zwei Dreiecke mit einer gemeinsamen Seite, die ein konvexes Viereck bilden.

a) Man zeige, dass folgende Kantenwechselkriterien äquivalent sind:
   *Winkelkriterium:* Wähle jene Diagonale des Vierecks aus, die ein Maximum des minimalen Winkels unter den jeweils sechs Innenwinkeln garantiert.
   *Kreiskriterium* (Kugelkriterium für $d = 2$): Wähle jene Diagonale des Vierecks aus, für welche die offenen Umkreisscheiben der resultierenden Dreiecke den jeweils für ihre Definition nicht benötigten Eckpunkt nicht enthalten.

b) Bezeichnen $\alpha_1, \alpha_2$ die zwei der gemeinsamen Dreiecksseite gegenüberliegenden Innenwinkel von $K_1$ bzw. $K_2$, so impliziert das Kreiskriterium, dass ein Kantenwechsel durchzuführen ist, wenn

$$\alpha_1 + \alpha_2 > \pi$$

gilt. Man beweise diese Aussage.

c) Das Kriterium aus b) ist numerisch aufwendig. Man zeige, dass folgender Test äquivalent ist:

$$[(a_{1,1} - a_{3,1})(a_{2,1} - a_{3,1}) + (a_{1,2} - a_{3,2})(a_{2,2} - a_{3,2})]$$
$$*[(a_{2,1} - a_{4,1})(a_{1,2} - a_{4,2}) - (a_{1,1} - a_{4,1})(a_{2,2} - a_{4,2})]$$
$$< [(a_{2,1} - a_{4,1})(a_{1,1} - a_{4,1}) + (a_{2,2} - a_{4,2})(a_{1,2} - a_{4,2})]$$
$$*[(a_{2,1} - a_{3,1})(a_{1,2} - a_{3,2}) - (a_{1,1} - a_{3,1})(a_{2,2} - a_{3,2})].$$

Hierbei bezeichnen $a_i = (a_{i,1}, a_{i,2})^T$, $i \in \{1,2,3\}$, die im Uhrzeigersinn angeordneten Eckpunkte eines Dreiecks und $a_4 = (a_{4,1}, a_{4,2})^T$ den verbleibenden Eckpunkt des Vierecks, dessen Lage bezüglich des durch $a_1, a_2, a_3$ definierten Umkreises getestet wird.
*Hinweis:* Additionstheorem für Sinus-Funktion.

**4.4** Es sei $\mathcal{T}_h$ eine Triangulierung des Gebietes $\Omega \subset \mathbb{R}^d$. Man zeige, dass für eine elementweise stetig differenzierbare Funktion $v : \Omega \to \mathbb{R}$ der Sprung $[\nu_E \cdot \nabla v]_E$ der Normalenableitung von $v$ über eine Elementseite $E$ nicht von der Orientierung der Normalen $\nu_E$ abhängt.

**4.5** Es sei $\{\mathcal{T}_h\}$ eine reguläre Familie von Triangulierungen des Gebietes $\Omega \subset \mathbb{R}^2$. Man zeige, dass es Konstanten $C > 0$ gibt, die nur von der Familie $\{\mathcal{T}_h\}$ abhängen, mit

$$\sum_{K \in \mathcal{T}_h} |v|^2_{0, \Delta(K)} \leq C \|v\|^2_0 \qquad \text{für alle } v \in L^2(\Omega),$$
$$\sum_{E \in \mathcal{E}_h} |v|^2_{0, \Delta(E)} \leq C \|v\|^2_0 \qquad \text{für alle } v \in L^2(\Omega).$$

**4.6** Es sei $\Omega \subset \mathbb{R}^d$ ein beschränktes Gebiet. Man weise nach, dass es Konstanten $C_1, C_2 > 0$ gibt, so dass für alle $v \in H^1_0(\Omega)$ gilt:

$$C_1 |v|_1 \leq \|v\|_1 \leq C_2 |v|_1.$$

# 5. Iterationsverfahren
# für lineare Gleichungssysteme

Wir betrachten wieder das lineare Gleichungssystem

$$Ax = b \tag{5.1}$$

mit nichtsingulärer Matrix $A \in \mathbb{R}^{m,m}$, rechter Seite $b \in \mathbb{R}^m$ und Lösung $x \in \mathbb{R}^m$. Wie in Kapitel 2 und 3 entwickelt, entstehen solche Gleichungssysteme durch die Finite-Element-Diskretisierung von elliptischen Randwertaufgaben. Die Matrix $A$ ist dann die Steifigkeitsmatrix und damit dünn besetzt, wie aus (2.36) ersichtlich ist. Unter einer *dünnbesetzten* Matrix versteht man vage eine Matrix mit so vielen verschwindenden Einträgen, dass die Ausnutzung dieser Struktur bei der Auflösung von (5.1) von Vorteil ist. Die Ausnutzung einer Band- oder Hüllenstruktur wurde in Abschn. 2.5 diskutiert. Genauer ist bei der Finite-Element-Diskretisierung nicht nur das Verhalten des Lösungsverfahrens für (5.1) für ein festes $m$, gegeben durch eine Triangulierung, von Interesse, sondern für eine Sequenz wachsender Dimensionen $m$, wie sie durch Verfeinerung von Triangulierungen entstehen. Enger gefasst kann man deshalb unter *dünnbesetzten Matrizen* eine Sequenz von Matrizen verstehen, bei denen die Anzahl der Einträge pro Zeile unabhängig von der Dimension beschränkt ist. Dies ist bei Steifigkeitsmatrizen wegen (2.36) der Fall, wenn die zugrunde liegende Sequenz von Triangulierungen beispielsweise regulär im Sinne von Definition 3.28 ist. Auch bei der Finite-Element-Diskretisierung von zeitabhängigen Problemen (Kap. 6) und bei Finite-Volumen-Diskretisierungen (Kap. 8) entstehen Gleichungssysteme gleicher Eigenschaften, so dass die folgenden Überlegungen auch dort Anwendung finden.

Die beschriebene Matrix-Struktur ist am besten durch iterative Verfahren ausnutzbar, die als wesentlichen Baustein die Operation Matrix $*$ Vektor beinhalten, wobei es sich dabei entweder um die Systemmatrix $A$ oder um eine abgeleitete Matrix ähnlicher Besetzungsstruktur handelt. Ist die Matrix dünnbesetzt im engeren Sinn, benötigt dies $O(m)$ Elementaroperationen. Insbesondere bieten sich listenorientierte Speicherstrukturen an, wie sie in Abschn. 2.5 angesprochen worden sind.

Der Gesamtaufwand zur approximativen Lösung von (5.1) durch ein iteratives Verfahren wird bestimmt durch die Anzahl der Elementaroperationen pro Iterationsschritt und die Anzahl der Iterationen $k$, die nötig sind, um ein gewünschtes *relatives Fehlerniveau* $\varepsilon > 0$ zu erreichen, das heißt, die Forderung

$$\|x^{(k)} - x\| \leq \varepsilon \|x^{(0)} - x\| \tag{5.2}$$

zu erfüllen. Dabei bezeichnet $\left(x^{(k)}\right)_k$ die Folge der Iterierten zur Startiterierten $x^{(0)}$, $\|\cdot\|$ eine feste Norm auf $\mathbb{R}^m$ und $x = A^{-1}b$ die exakte Lösung von (5.1).

Für alle zu besprechenden Verfahren wird sich ein *lineares Konvergenzverhalten* von der Gestalt

$$\|x^{(k)} - x\| \leq \varrho^k \|x^{(0)} - x\| \tag{5.3}$$

herausstellen mit einer *Kontraktionszahl* $\varrho$ mit $0 < \varrho < 1$, die im Allgemeinen von der Dimension $m$ abhängt. Zur Erfüllung von (5.2) sind also $k$ Iterationen hinreichend, wobei

$$k \geq \left(\ln \frac{1}{\varepsilon}\right) \Big/ \left(\ln \frac{1}{\varrho}\right) . \tag{5.4}$$

In die Bestimmung des Aufwandes eines Verfahrens geht also offensichtlich die Größe von $\varepsilon$ ein, dieses wird aber als fest betrachtet und nur die Abhängigkeit von der Dimension $m$ betrachtet, $\varepsilon$ „verschwindet" oft in den benutzten Landau'schen Symbolen. Verfahren unterscheiden sich also durch ihr Konvergenzverhalten, beschrieben durch die Kontraktionszahl $\varrho$ und insbesondere durch deren Abhängigkeit von $m$ (für spezifische Klassen von Matrizen bzw. Randwertaufgaben). Ein Verfahren ist *(asymptotisch) optimal*, wenn die Kontraktionszahlen unabhängig von $m$ beschränkt sind:

$$\varrho(m) \leq \overline{\varrho} < 1 . \tag{5.5}$$

In diesem Fall ist der Gesamtaufwand für eine dünnbesetzte Matrix $O(m)$ Elementaroperation, ebenso wie für einen Matrix $*$ Vektor Schritt. Für einen genaueren Vergleich sind natürlich die jeweiligen Konstanten, die auch den Aufwand eines Iterationsschritts widerspiegeln, genau abzuschätzen.

Während direkte Verfahren das Gleichungssystem (5.1) bis auf Maschinengenauigkeit lösen, falls es stabil lösbar ist, ist die Genauigkeit bei iterativen Verfahren frei wählbar. Wenn (5.1) durch die Diskretisierung einer Randwertaufgabe entsteht, empfiehlt es sich, dies nur mit der Genauigkeit zu lösen, mit der (5.1) die Randwertaufgabe approximiert. Asymptotische Aussagen dazu sind unter anderem in (3.84), (6.13) entwickelt worden und geben eine Abschätzung des Approximationsfehlers durch einen Ausdruck $Ch^\alpha$, mit Konstanten $C, \alpha > 0$, wobei $h$ die Feinheit der zugrunde liegenden Triangulierung ist. Da die Konstanten in diesen Abschätzungen im Allgemeinen unbekannt sind, kann das Fehlerniveau so nur asymptotisch in $m$ angepasst werden, um neben dem Approximationsfehler einen *Verfahrensfehler* gleicher Asymptotik zu erhalten. Dies steht im Gegensatz zu der oben beschriebenen Betrachtungsweise eines konstanten Fehlerniveaus, ändert aber nichts am Vergleich der Verfahren: Zum jeweiligen Aufwand tritt immer ein Term

$O(\ln m)$ als Faktor hinzu, wenn in $d$ Raumdimensionen $m \sim h^{-d}$ gilt, die Relationen zwischen den Verfahren bleiben gleich.

Des Weiteren wird die Wahl des Fehlerniveaus $\varepsilon$ durch die Güte der Start-iterierten beeinflusst. Im Allgemeinen sind darüber nur im konkreten Kontext Aussagen möglich: Bei parabolischen Anfangs-Randwert-Aufgaben zum Beispiel (Kap. 6) und Einschritt-Zeitdiskretisierungen empfiehlt es sich, die Approximation für die alte Zeitschicht als Startiterierte zu benutzen. Liegt allerdings eine Hierarchie von (Orts-)Diskretisierungen vor, ist eine *geschach-telte Iteration* möglich (Abschn. 5.6), bei der sich die Startiterierten natürlich ergeben.

## 5.1 Linear stationäre Iterationsverfahren

### 5.1.1 Allgemeine Theorie

Wir beginnen mit der Betrachtung der folgenden Klasse von affin-linearen Iterationsfunktionen

$$\Phi(x) := Mx + Nb \qquad (5.6)$$

mit noch zu spezifizierenden Matrizen $M, N \in \mathbb{R}^{m,m}$. Mittels $\Phi$ soll eine Iterationsfolge $x^{(0)}, x^{(1)}, x^{(2)}, \ldots$ durch *Fixpunktiteration*

$$x^{(k+1)} := \Phi\big(x^{(k)}\big), \quad k = 0, 1, \ldots, \qquad (5.7)$$

aus einer Startnäherung $x^{(0)}$ bestimmt werden. Verfahren dieser Art heißen *linear stationär* wegen der Gestalt (5.6) mit einer festen *Iterationsmatrix M*. $\Phi$ ist stetig auf $\mathbb{R}^m$, so dass bei Konvergenz von $x^{(k)}$ für $k \to \infty$ für den Grenzwert $x$ gilt:

$$x = \Phi(x) = Mx + Nb \,.$$

Damit die durch (5.6) definierte Fixpunktiteration *konsistent* mit $Ax = b$ ist, das heißt jede Lösung von (5.1) auch Fixpunkt ist, muss gelten

$$A^{-1}b = MA^{-1}b + Nb \quad \text{für beliebige } b \in \mathbb{R}^m \,,$$

also $A^{-1} = MA^{-1} + N$, und somit

$$I = M + NA \,. \qquad (5.8)$$

Ist andererseits $N$ nichtsingulär, was im Folgenden immer gilt, so impliziert (5.8) auch, dass ein Fixpunkt von (5.6) das Gleichungssystem löst.

Bei Gültigkeit von (5.8) lässt sich die Fixpunktiteration zu (5.6) auch schreiben als

$$x^{(k+1)} = x^{(k)} - N\big(Ax^{(k)} - b\big) \,, \qquad (5.9)$$

da

$$Mx^{(k)} + Nb = (I - NA)\, x^{(k)} + Nb \,.$$

Ist $N$ nichtsingulär, dann ist mit $W := N^{-1}$ eine wiederum äquivalente Form gegeben durch

$$W\big(x^{(k+1)} - x^{(k)}\big) = -\big(Ax^{(k)} - b\big) \,. \tag{5.10}$$

Die *Korrektur* $x^{(k+1)} - x^{(k)}$ für $x^{(k)}$ ergibt sich also aus dem *Defekt*

$$g^{(k)} := Ax^{(k)} - b$$

durch (5.9) oder (5.10), das heißt eventuell durch Lösen eines Gleichungssystems. Um konkurrenzfähig zu den direkten Verfahren zu sein, sollte die Auflösung in (5.10) um eine Größenordnung in $m$ weniger Elementaroperationen benötigen. Bei vollbesetzten Matrizen sollten also nicht mehr als $O(m^2)$ Operationen anfallen, wie sie schon für die Berechnung von $g^{(k)}$ benötigt werden. Analoges gilt bei dünnbesetzten Matrizen, zum Beispiel Bandmatrizen. Andererseits sollte das Verfahren konvergieren und zwar möglichst schnell. In der Form (5.6) ist $\varPhi$ Lipschitz-stetig bzgl. einer gegebenen Norm $\|\cdot\|$ auf $\mathbb{R}^m$ mit Lipschitz-Konstante $\|M\|$, wobei $\|\cdot\|$ eine Norm auf $\mathbb{R}^{m,m}$ ist, die mit der Vektornorm verträglich ist (siehe (A3.9)).

Genauer erfüllt der *Fehler*

$$e^{(k)} := x^{(k)} - x \,,$$

wobei weiterhin $x = A^{-1}b$ die exakte Lösung bezeichnet, bei einer konsistenten Iteration sogar

$$e^{(k+1)} = Me^{(k)} \,,$$

da wegen (5.7) und (5.8) gilt:

$$e^{(k+1)} = x^{(k+1)} - x = Mx^{(k)} + Nb - Mx - NAx = Me^{(k)} \,. \tag{5.11}$$

Der *Spektralradius von $M$*, das heißt das Maximum der Beträge der (komplexen) Eigenwerte von $M$, werde mit $\varrho(M)$ bezeichnet.

Es gilt der allgemeine Konvergenzsatz:

**Satz 5.1** *Eine durch (5.6) gegebene Fixpunktiteration zur Lösung von $Ax = b$ ist global und linear konvergent, wenn*

$$\varrho(M) < 1 \,. \tag{5.12}$$

*Hinreichend dafür ist, dass bzgl. einer von einer Norm $\|\cdot\|$ auf $\mathbb{R}^m$ erzeugten Matrixnorm $\|\cdot\|$ auf $\mathbb{R}^{m,m}$ gilt:*

$$\|M\| < 1 \,. \tag{5.13}$$

*Gilt die Konsistenzbedingung (5.8) und sind verwendete Matrix- und Vektornormen verträglich, dann ist die Konvergenz monoton in folgendem Sinn*

$$\|e^{(k+1)}\| \le \|M\|\|e^{(k)}\| \,. \tag{5.14}$$

**Beweis:** Bei Gültigkeit von (5.12) gibt es zu $\varepsilon = (1 - \varrho(M))\,/2 > 0$ eine Norm $\|\cdot\|_S$ auf $\mathbb{R}^m$, so dass für die davon erzeugte Norm $\|\cdot\|_S$ auf $\mathbb{R}^{m,m}$

$$\|M\|_S \leq \varrho(M) + \varepsilon < 1$$

gilt (vgl. [14, S. 48]). Die Abbildung $\Phi$ ist also bzgl. dieser speziellen Norm auf $\mathbb{R}^m$ kontrahierend, auf $X = (\mathbb{R}^m, \|\cdot\|_S)$ ist also der Banach'sche Fixpunktsatz (Satz 7.4) anwendbar und sichert die globale Konvergenz der Folge $\left(x^{(k)}\right)_k$ gegen einen Fixpunkt $\bar{x}$ von $\Phi$.

Bei Gültigkeit von (5.13) ist $\Phi$ sogar kontrahierend bzgl. der auf $\mathbb{R}^m$ vorgegebenen Norm $\|\cdot\|$, da $\|M\|$ die Lipschitz-Konstante darstellt.

(5.14) folgt schließlich aus (5.11). $\qquad\qquad\qquad\qquad\qquad\qquad\qquad\qquad$ □

In jedem Falle liegt also Konvergenz in einer beliebig gewählten Norm auf $\mathbb{R}^m$ vor, da diese alle äquivalent sind. Lineare Konvergenz gilt bei (5.12) nur in der im Allgemeinen nicht zugänglichen Norm $\|\cdot\|_S$ mit $\|M\|_S$ als Kontraktionszahl.

Als Abbruchkriterium für die einzuführenden konkreten Iterationsverfahren wird oft

$$\left\|g^{(k)}\right\| \leq \delta \left\|g^{(0)}\right\| \tag{5.15}$$

mit einem Steuerparameter $\delta > 0$ benutzt, kurz „$\left\|g^{(k)}\right\| = 0$" geschrieben. Der Zusammenhang zu der gewünschten Reduktion des relativen Fehlers nach (5.2) ist gegeben durch

$$\frac{\left\|e^{(k)}\right\|}{\left\|e^{(0)}\right\|} \leq \kappa(A)\,\frac{\left\|g^{(k)}\right\|}{\left\|g^{(0)}\right\|}\,, \tag{5.16}$$

wobei die Konditionszahl $\kappa(A) = \|A\|\|A^{-1}\|$ in einer zur gewählten Vektornorm verträglichen Matrixnorm gebildet werde. Es gilt nämlich

$$\left\|e^{(k)}\right\| = \left\|A^{-1}g^{(k)}\right\| \leq \left\|A^{-1}\right\|\left\|g^{(k)}\right\|\,,$$
$$\left\|g^{(0)}\right\| = \left\|Ae^{(0)}\right\| \leq \|A\|\left\|e^{(0)}\right\|\,.$$

Bei der Wahl von $\delta$ in (5.15) ist also das Verhalten der Konditionszahl zu berücksichtigen.

Für die Iterationsmatrix $M$ gilt nach (5.8)

$$M = I - NA$$

bzw. nach (5.10) mit nichtsingulärem $W$

$$M = I - W^{-1}A\,.$$

Zur Verbesserung der Konvergenz, das heißt zur Verkleinerung von $\varrho(M)$ (oder $\|M\|$), sollte also

$$N \approx A^{-1} \text{ bzw. } W \approx A$$

sein, was im Widerspruch zur leichten Auflösung von (5.10) steht.

## 5.1.2 Klassische Verfahren

Die leichte Auflösung von (5.10) (in $O(m)$ Operationen) ist gesichert bei der Wahl

$$W := D \,, \tag{5.17}$$

wobei $A = L + D + R$ die eindeutige Zerlegung von $A$ in ihre strikte untere Dreiecksmatrix $L$, strikte obere Dreiecksmatrix $R$ und Diagonalmatrix $D$ darstellt:

$$L := \begin{pmatrix} 0 & \cdots & \cdots & 0 \\ a_{2,1} & 0 & \cdots & 0 \\ \vdots & \ddots & \ddots & \vdots \\ a_{m,1} & \cdots & a_{m,m-1} & 0 \end{pmatrix} \,, \quad R := \begin{pmatrix} 0 & a_{1,2} & \cdots & a_{1,m} \\ \vdots & \ddots & \ddots & \vdots \\ 0 & \cdots & 0 & a_{m-1,m} \\ 0 & \cdots & \cdots & 0 \end{pmatrix} \,,$$

$$D := \begin{pmatrix} a_{11} & & & \\ & a_{22} & & 0 \\ & & \ddots & \\ 0 & & & a_{mm} \end{pmatrix} \,. \tag{5.18}$$

Es sei $a_{ii} \neq 0$ für alle $i = 1, \ldots, m$ vorausgesetzt, das heißt $D$ sei nichtsingulär, was durch Zeilen- und Spaltenpermutation erreicht werden kann.

Die Wahl (5.17) heißt *Gesamtschritt-* oder *Jacobi-Verfahren*. In der Form (5.6) ist dann

$$N = D^{-1} \,,$$
$$M_{\mathrm{J}} = I - NA = I - D^{-1}A = -D^{-1}(L + R) \,,$$

das heißt die Iteration lässt sich auch schreiben als

$$D\big(x^{(k+1)} - x^{(k)}\big) = -\big(Ax^{(k)} - b\big)$$

bzw.

$$x^{(k+1)} = D^{-1}\big(-Lx^{(k)} - Rx^{(k)} + b\big) \tag{5.19}$$

oder

$$x_i^{(k+1)} = \frac{1}{a_{ii}} \left( -\sum_{j=1}^{i-1} a_{ij} x_j^{(k)} - \sum_{j=i+1}^{m} a_{ij} x_j^{(k)} + b_i \right) \quad \text{für alle } i = 1, \ldots, m \,.$$

Es ist naheliegend, auf der rechten Seite dort, wo die neue Iterierte $x^{(k+1)}$ schon vorliegt, das heißt in der ersten Summe, diese auch zu benutzen. Dies führt auf die Iteration

$$x^{(k+1)} = D^{-1}\big(-Lx^{(k+1)} - Rx^{(k)} + b\big) \tag{5.20}$$

bzw.

$$(D + L) x^{(k+1)} = -Rx^{(k)} + b$$

oder

$$(D + L) \left( x^{(k+1)} - x^{(k)} \right) = - \left( Ax^{(k)} - b \right), \qquad (5.21)$$

das sogenannte *Einzelschritt-* oder *Gauß–Seidel-Verfahren.* Nach (5.21) handelt es sich hierbei also um eine konsistente Iteration mit

$$W = D + L.$$

$W$ ist nichtsingulär, da $D$ nichtsingulär ist. Das Verfahren lautet in der Form (5.6):

$$N = W^{-1} = (D + L)^{-1},$$

$$M_{\mathrm{GS}} = I - NA = I - (D + L)^{-1} A = - (D + L)^{-1} R.$$

Die Gauß–Seidel-Iteration hängt also im Gegensatz zur Jacobi-Iteration von der Reihenfolge der Gleichungen ab. Die Herleitung (5.20) zeigt aber, dass die Anzahl der Operationen pro Iterationsschritt genau gleich ist:

Jacobi geht über in Gauß–Seidel,

wenn $x^{(k+1)}$ auf den gleichen Vektor wie $x^{(k)}$ gespeichert wird.

Hinreichend für die Konvergenz ist die folgende Bedingung:

**Satz 5.2** *Das Jacobi-Verfahren und das Gauß–Seidel-Verfahren konvergieren global und monoton bzgl.* $\| \cdot \|_\infty$, *wenn das starke Zeilensummenkriterium erfüllt ist:*

$$\sum_{\substack{j=1 \\ j \neq i}}^{m} |a_{ij}| < |a_{ii}| \quad \text{für alle } i = 1, \dots, m. \qquad (5.22)$$

**Beweis** : Der Beweis erfolgt hier nur für die Jacobi-Iteration. Für die anderen Aussage siehe zum Beispiel [27, S. 106].
Wegen $M_{\mathrm{J}} = -D^{-1} (L + R)$ ist (5.22) äquivalent zu $\|M_{\mathrm{J}}\|_\infty < 1$, wenn $\| \cdot \|_\infty$ die von $\| \cdot \|_\infty$ erzeugte Matrixnorm, also die Zeilensummennorm bezeichnet (siehe (A3.6)). □

Es kann auch gezeigt werden, dass wie zu erwarten das Gauß–Seidel-Verfahren „besser" als das Jacobi-Verfahren konvergiert: Unter der Voraussetzung (5.22) gilt für die jeweiligen Iterationsmatrizen

$$\|M_{\mathrm{GS}}\|_\infty \leq \|M_{\mathrm{J}}\|_\infty < 1$$

(siehe zum Beispiel [27, S. 106]).

**Satz 5.3** *Ist A symmetrisch und positiv definit, so konvergieren das Jacobi- und das Gauß–Seidel-Verfahren global. Die Konvergenz ist monoton in der Energienorm* $\| \cdot \|_A$, *wobei* $\|x\|_A := \left( x^T A x \right)^{1/2}$ *für* $x \in \mathbb{R}^m$.

**Beweis:** Siehe [27, S. 107] oder [14, S. 96].                              □

Ist der Differentialoperator und damit die Bilinearform symmetrisch, das heißt, gilt (3.12) mit $c = 0$, dann ist Satz 5.3 anwendbar. Hinsichtlich der Anwendbarkeit von Satz 5.2 sind selbst für die Poisson-Gleichung mit Dirichlet-Randbedingungen (1.1), (1.2) Bedingungen an die Finite-Element-Diskretisierung nötig, um nicht (5.22), sondern nur eine Abschwächung erfüllen zu können. Dieses Beispiel genügt nur dem *schwachen* Zeilensummenkriterium in folgendem Sinne:

$$\sum_{\substack{j=1 \\ j \neq i}}^{m} |a_{ij}| \leq |a_{ii}| \quad \text{für alle } i = 1, \ldots, m \,,$$

$$\text{„}<\text{“ gilt für mindestens ein } i \in \{1, \ldots, m\} \,. \tag{5.23}$$

Im Fall der Finite-Differenzen-Methode (1.7) für das Rechtecksgebiet bzw. der die identische Diskretisierungsmatrix liefernden Finite-Element-Methode aus Abschn. 2.2 ist (5.23) erfüllt. Für eine allgemeine Triangulierung mit linearem Ansatz müssen Bedingungen an die Winkel der Elemente gestellt werden (siehe die Winkelbedingung in 3.9).
Dies ist auch ausreichend, wenn $A$ irreduzibel ist (vgl. Anhang A.3).

**Satz 5.4** *Erfüllt $A$ die Bedingung* (5.23) *und ist irreduzibel, dann konvergiert das Jacobi-Verfahren global.*

**Beweis:** Siehe [27, S. 111].                                             □

Die qualitative Konvergenzaussage sagt wenig über die Brauchbarkeit von Jacobi- bzw. Gauß–Seidel-Verfahren bei Finite-Element-Diskretisierungen. Als Beispiel untersuchen wir die Poisson-Gleichung auf einem Rechtecksgebiet wie in (1.5), mit der in Abschn. 1.2 eingeführten 5-Punkte-Stern-Diskretisierung. Die Beschränkung auf die gleiche Anzahl von Knoten in beiden Raumrichtungen dient ausschließlich zur Vereinfachung der Notation. Diese Anzahl wird – abweichend von Kap. 1 – mit $n + 1$ bezeichnet. Es ist also $A \in \mathbb{R}^{m,m}$ nach (1.14), wobei $m = (n - 1)^2$ die Anzahl der inneren Knoten bezeichnet. Der Faktor $h^{-2}$ kann weggelassen werden durch Multiplikation der Gleichung mit $h^2$.
In diesem Beispiel können die Eigenwerte und damit die Spektralradien explizit berechnet werden. Wegen $D = 4I$ gilt für das Jacobi-Verfahren

$$M = -\frac{1}{4}(A - 4I) = I - \frac{1}{4}A \,,$$

und damit haben $A$ und $M$ die gleichen Eigenvektoren, nämlich:

$$\left(z^{k,l}\right)_{ij} = \sin \frac{ik\pi}{n} \sin \frac{jl\pi}{n} \,, \quad \begin{array}{l} 1 \leq k, l \leq n - 1 \\ 1 \leq i, j \leq n - 1 \end{array} \,,$$

mit den Eigenwerten

$$2 \left( 2 - \cos \frac{k\pi}{n} - \cos \frac{l\pi}{n} \right) \tag{5.24}$$

für $A$ bzw.

$$\frac{1}{2} \cos \frac{k\pi}{n} + \frac{1}{2} \cos \frac{l\pi}{n} \tag{5.25}$$

für $M$, wobei $1 \leq k, l \leq n - 1$. Dies lässt sich direkt mit Hilfe der trigonometrischen Identitäten überprüfen (siehe zum Beispiel auch [13, S. 57]). Also gilt:

$$\varrho(M) = - \cos \frac{(n-1)\pi}{n} = \cos \frac{\pi}{n} = 1 - \frac{\pi^2}{2n^2} + O\left(n^{-4}\right). \tag{5.26}$$

Mit wachsendem $n$ wird die Konvergenzrate immer schlechter. Der Aufwand zur approximativen Lösung, das heißt zur Reduzierung des Fehlerniveaus unter eine vorgegebene Schranke $\varepsilon$, verhält sich aufgrund der Überlegungen zu Beginn des Kapitels wie Anzahl der Iterationen $*$ Operationen für eine Iteration. Wegen (5.4) und (5.12), errechnet sich also die Gesamtzahl der nötigen Operationen zu

$$\frac{\ln(1/\varepsilon)}{-\ln(\varrho(M))} \cdot O(m) = \ln \frac{1}{\varepsilon} \cdot O\left(n^2\right) \cdot O(m) = \ln \frac{1}{\varepsilon} O(m^2).$$

Dabei geht $\ln(1 + x) = x + O(x^2)$ in die Identifizierung des führenden Terms von $-1/(\ln(\varrho(M)))$ ein. Ein analoges Ergebnis mit besseren Konstanten gilt für das Gauß–Seidel-Verfahren.

Im Vergleich dazu benötigt das Eliminations- bzw. das Cholesky-Verfahren

$$O\left(\text{Bandbreite}^2 \cdot m\right) = O(m^2)$$

Operationen; es besitzt also die gleiche Komplexität. Beide Verfahren sind damit nur für moderat großes $m$ geeignet.

Ein iteratives Verfahren hat also dann eine bessere Komplexität als das Cholesky-Verfahren, wenn

$$\varrho(M) = 1 - O(n^{-\alpha}) \tag{5.27}$$

mit $\alpha < 2$ gilt. Im Idealfall gilt (5.5); dann braucht das Verfahren $O(m)$ Operationen, was asymptotisch optimal ist.

Im Folgenden sollen sukzessive Verfahren mit immer besserem Konvergenzverhalten für die bei Finite-Element-Diskretisierungen entstehenden Gleichungssysteme entwickelt werden.

Die einfachste Iteration ist die *Richardson-Iteration*, definiert durch

$$M = I - A, \quad \text{das heißt} \quad N = W = I. \tag{5.28}$$

Für sie gilt

$$\varrho(M) = \max\left\{|1 - \lambda_{\max}(A)|, |1 - \lambda_{\min}(A)|\right\},$$

wobei $\lambda_{\max}(A)$ bzw. $\lambda_{\min}(A)$ der größte bzw. kleinste Eigenwert von $A$ sei, und daher ist sie nur für spezielle Matrizen konvergent.

Bei nichtsingulärem $D$ ist das Richardson-Verfahren für das transformierte Gleichungssystem

$$D^{-1}Ax = D^{-1}b$$

äquivalent zum Jacobi-Verfahren.

Allgemeiner lässt sich die folgende Aussage beweisen: Ist durch $M, N$ mit $I = M + NA$ ein konsistentes Verfahren mit nichtsingulärem $N$ definiert, so ist dies äquivalent zur Anwendung des Richardson-Verfahrens auf

$$NAx = Nb. \tag{5.29}$$

Das Richardson-Verfahren für 5.29 hat nämlich die Form

$$x^{(k+1)} - x^{(k)} = -\tilde{N}\left(NAx^{(k)} - Nb\right)$$

mit $\tilde{N} = I$, das heißt es gilt (5.9), und umgekehrt.

Die Form (5.29) kann auch als *Vorkonditionierung* des Gleichungssystems (5.1) aufgefasst werden, mit dem Ziel die spektrale Konditionszahl $\kappa(A)$ der Systemmatrix zu reduzieren, da diese wesentlich für das Konvergenzverhalten ist – dies wird in den folgenden Überlegungen (5.33), (5.73) noch ausgeführt. Wie aber schon aus den obigen Verfahren ersichtlich ist, wird man die Matrix $NA$ nicht explizit aufbauen, da $N$ im Allgemeinen vollbesetzt ist, selbst wenn $N^{-1}$ dünnbesetzt ist. Auswerten von $y = NAx$ bedeutet also Lösen des Hilfsgleichungssystems

$$N^{-1}y = Ax.$$

Es gilt offensichtlich:

**Lemma 5.5** *Ist die Matrix $A$ symmetrisch und positiv definit, dann sind für das Richardson-Verfahren alle Eigenwerte von $M$ reell und kleiner als 1.*

### 5.1.3 Relaxation

Es werde weiter vorausgesetzt, dass $A$ symmetrisch und positiv definit ist. Divergenz des Verfahrens wird also eventuell durch negative Eigenwerte von $I - A$ kleiner oder gleich $-1$ verursacht. Allgemein können schlecht oder gar nicht konvergente Iterationsverfahren in ihrem Konvergenzverhalten durch *Relaxation* verbessert werden, wenn sie gewisse Bedingungen erfüllen.

Das zu einem Iterationsverfahren, gegeben in der Form (5.6), (5.7), gehörige *Relaxationsverfahren* mit Relaxationsparameter $\omega > 0$ ist definiert durch

$$x^{(k+1)} := \omega\left(Mx^{(k)} + Nb\right) + (1 - \omega)x^{(k)}, \tag{5.30}$$

das heißt    $$M_\omega := \omega M + (1 - \omega)I, \quad N_\omega := \omega N, \tag{5.31}$$

bzw. bei Gültigkeit der Konsistenzbedingung $M = I - NA$

$$x^{(k+1)} = \omega\left(x^{(k)} - N\left(Ax^{(k)} - b\right)\right) + (1-\omega)x^{(k)}$$
$$= x^{(k)} - \omega N\left(Ax^{(k)} - b\right) .$$

Sei nun das Verfahren (5.6) so, dass alle Eigenwerte von $M$ reell sind und für den kleinsten $\lambda_{\min}$ und den größten $\lambda_{\max}$ gilt:

$$\lambda_{\min} \le \lambda_{\max} < 1 ,$$

was zum Beispiel für das Richardson-Verfahren erfüllt ist. Dann sind auch die Eigenwerte von $M_\omega$ reell und es gilt

$$\lambda_i(M_\omega) = \omega\lambda_i(M) + 1 - \omega = 1 - \omega\left(1 - \lambda_i(M)\right) ,$$

wenn $\lambda_i(B)$ die Eigenwerte von $B$ in einer beliebigen Reihenfolge bezeichnet. Also folgt

$$\varrho(M_\omega) = \max\left\{ |1 - \omega\left(1 - \lambda_{\min}(M)\right)| , |1 - \omega\left(1 - \lambda_{\max}(M)\right)| \right\} ,$$

da $f(\lambda) := 1 - \omega(1 - \lambda)$ für festes $\omega$ eine Gerade ist (mit $f(1) = 1$ und $f(0) = 1 - \omega$).

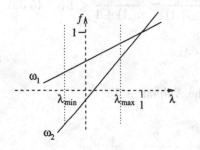
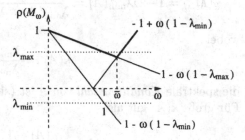

$f(\lambda)$ für $\omega_1 < 1$ und $\omega_2 > 1$

**Abb. 5.1.** Bestimmung von $\bar\omega$

Insbesondere gilt also für das *optimale* $\bar\omega$, das heißt $\bar\omega$ mit

$$\varrho(M_{\bar\omega}) = \min_{\omega>0} \varrho(M_\omega)$$

wie man in Abb. 5.1 erkennen kann,

$$1 - \bar\omega\left(1 - \lambda_{\max}(M)\right) = -1 + \bar\omega\left(1 - \lambda_{\min}(M)\right)$$
$$\iff \bar\omega = \frac{2}{2 - \lambda_{\max}(M) - \lambda_{\min}(M)} .$$

Es ist also $\bar\omega > 0$ und

$$\varrho(M_{\bar{\omega}}) = 1 - \bar{\omega}(1 - \lambda_{\max}(M)) < 1 \ ;$$

das Verfahren konvergiert bei optimalem $\omega$ also auch dann, wenn es für $\omega = 1$ nicht konvergieren würde. Allerdings benötigt man zur Bestimmung von $\bar{\omega}$ die Eigenwerte von $M$. Außerdem gilt:

$$\bar{\omega} < 1 \quad \Leftrightarrow \quad \lambda_{\max}(M) + \lambda_{\min}(M) < 0 \ .$$

Sofern $\lambda_{\min}(M) \neq -\lambda_{\max}(M)$, also $\bar{\omega} \neq 1$ ist, ergibt sich eine Verbesserung durch Relaxation:

$$\varrho(M_{\bar{\omega}}) < \varrho(M) \ .$$

Im Fall $\omega < 1$ spricht man von *Unterrelaxation* und im Fall $\omega > 1$ von *Überrelaxation*.

Speziell folgt für die Richardson-Iteration mit der Iterationsmatrix $M = I - A$: Wegen $\lambda_{\min}(M) = 1 - \lambda_{\max}(A)$ und $\lambda_{\max}(M) = 1 - \lambda_{\min}(A)$ berechnet sich das optimale $\bar{\omega}$ zu

$$\bar{\omega} = \frac{2}{\lambda_{\min}(A) + \lambda_{\max}(A)} \ . \tag{5.32}$$

Damit ergibt sich

$$\varrho(M_{\bar{\omega}}) = 1 - \bar{\omega}\lambda_{\min}(A) = \frac{\lambda_{\max}(A) - \lambda_{\min}(A)}{\lambda_{\min}(A) + \lambda_{\max}(A)} = \frac{\kappa(A) - 1}{\kappa(A) + 1} < 1 \ , \tag{5.33}$$

wobei

$$\kappa(A) := \frac{\lambda_{\max}(A)}{\lambda_{\min}(A)}$$

die spektrale *Konditionszahl* von $A$ ist (siehe Anhang A.3).
Für große $\kappa(A)$ gilt also

$$\varrho(M_{\bar{\omega}}) = \frac{\kappa(A) - 1}{\kappa(A) + 1} \approx 1 - \frac{2}{\kappa(A)} \ .$$

Die Variable der Proportionalität ist dabei $\kappa(A)$. Für das Beispiel der 5-Punkte-Stern-Diskretisierung gilt wegen (5.24)

$$\lambda_{\min}(A) + \lambda_{\max}(A) = 4\left(2 - \cos\frac{n-1}{n}\pi - \cos\frac{\pi}{n}\right) = 8$$

und somit wegen (5.32)

$$\bar{\omega} = \frac{1}{4} \ .$$

Also ist die Iterationsmatrix $M_{\bar{\omega}} = I - \frac{1}{4}A$ mit der der Jacobi-Iteration identisch: Wir haben also das Jacobi-Verfahren wieder erhalten.
Mittels (5.33) können wir die Kontraktionszahl abschätzen, da wegen (5.24) gilt:

$$\kappa(A) = \frac{4\left(1 - \cos\frac{n-1}{n}\pi\right)}{4\left(1 - \cos\frac{\pi}{n}\right)} = \frac{1 + \cos\frac{\pi}{n}}{1 - \cos\frac{\pi}{n}} \approx \frac{4n^2}{\pi^2} \ . \tag{5.34}$$

Dies zeigt die Schärfe der Aussage von Satz 3.45 und damit folgt nochmal

$$\varrho(M_{\bar{\omega}}) = \cos\frac{\pi}{n} \approx 1 - \frac{\pi^2}{2n^2} \ . \tag{5.35}$$

Wegen Satz 3.45 gilt also das am Modellproblem gesehene Konvergenzverhalten auch allgemein für quasi-uniforme Triangulierungen.

### 5.1.4 SOR- und Block-Iterations-Verfahren

Im Folgenden sei $A$ wieder eine allgemeine nichtsinguläre Matrix.
Bei der Relaxation des Gauß–Seidel-Verfahrens verwendet man statt der aufgelösten Form (5.20) die Darstellung

$$Dx^{(k+1)} = -Lx^{(k+1)} - Rx^{(k)} + b \ .$$

Das relaxierte Verfahren lautet dann

$$Dx^{(k+1)} = \omega\left(-Lx^{(k+1)} - Rx^{(k)} + b\right) + (1-\omega)Dx^{(k)} \tag{5.36}$$

mit einem Relaxationsparameter $\omega > 0$. Dies ist gleichbedeutend mit

$$(D + \omega L)\,x^{(k+1)} = (-\omega R + (1-\omega)D)\,x^{(k)} + \omega b \ . \tag{5.37}$$

Also

$$M_\omega := (D + \omega L)^{-1}\left(-\omega R + (1-\omega)D\right) \ ,$$
$$N_\omega := (D + \omega L)^{-1}\,\omega \ .$$

Bei der Anwendung auf Diskretisierungen von Randwertaufgaben ist im Allgemeinen $\omega > 1$ zu wählen, das heißt zu überrelaxieren. Dies erklärt die Bezeichnung *SOR-Verfahren* als Abkürzung für *successive overrelaxation*. Der Aufwand zur Durchführung eines Iterationsschrittes ist kaum höher als beim Gauß–Seidel-Verfahren. Zwar kommen zur Auswertung der rechten Seite von (5.36) noch $3m$ Operationen hinzu, die Vorwärtssubstitution zur Auflösung des Hilfsgleichungssystems in (5.37) ist aber schon in der Form (5.36) enthalten.
Die Bestimmung des optimalen $\bar{\omega}$ ist hierbei schwieriger, denn $\omega$ geht nichtlinear in $M_\omega$ ein. Nur für spezielle Klassen von Matrizen kann das optimale $\bar{\omega}$, welches $\varrho(M_\omega)$ minimiert, explizit bestimmt werden, und zwar in Abhängigkeit von $\varrho(M_1)$, der Konvergenzrate des (nicht relaxierten) Gauß–Seidel-Verfahrens. Bevor dies skizziert wird, sollen einige weitere Verfahrensvarianten angesprochen werden:
Die Matrix $N_\omega$ ist auch für symmetrische $A$ unsymmetrisch. Ein symmetrisches $N_\omega$ erhält man, wenn nach einem SOR-Schritt ein weiterer durchgeführt

wird, bei dem die Indizes in der umgekehrten Reihenfolge $m, m-1, \ldots, 2, 1$ durchlaufen, das heißt $L$ und $R$ vertauscht werden. Die zwei Halbschritte

$$Dx^{(k+\frac{1}{2})} = \omega\left(-Lx^{(k+\frac{1}{2})} - Rx^{(k)} + b\right) + (1-\omega)Dx^{(k)}$$

$$Dx^{(k+1)} = \omega\left(-Lx^{(k+\frac{1}{2})} - Rx^{(k+1)} + b\right) + (1-\omega)Dx^{(k+\frac{1}{2})}$$

ergeben zusammen einen Schritt des *symmetrischen SOR-*, kurz SSOR-Verfahrens. Ein Spezialfall ist das *symmetrische Gauß–Seidel-Verfahren* für $\omega = 1$.

Wir notieren das Verfahren für symmetrische $A$, das heißt $R = L^T$ in der Form (5.6), woraus die Symmetrie von $N$ ersichtlich ist:

$$M = \left(D + \omega L^T\right)^{-1}\left[(1-\omega)D - \omega L\right]\left(D + \omega L\right)^{-1}\left[(1-\omega)D - \omega L^T\right],$$

$$N = \omega(2-\omega)\left(D + \omega L^T\right)^{-1}D\left(D + \omega L\right)^{-1}. \qquad (5.38)$$

Der Aufwand von SSOR steigt gegenüber dem von SOR nur unwesentlich, wenn die in den Halbschritten schon berechneten Vektoren, wie zum Beispiel $Lx^{(k+1/2)}$, gespeichert und wiederverwendet werden.

Weitere Varianten der eingeführten Verfahren entstehen, wenn sie nicht auf die Matrix selbst, sondern auf Blockpartitionierungen

$$A = (A_{ij})_{i,j} \quad \text{mit } A_{ij} \in \mathbb{R}^{m_i, m_j}, \quad i, j = 1, \ldots, p, \qquad (5.39)$$

wobei $\sum_{i=1}^{p} m_i = m$, angewendet werden. Das so entstehende *Block-Jacobi-Verfahren* hat in Analogie zu (5.19) die Gestalt:

$$\xi_i^{(k+1)} = A_{ii}^{-1}\left(-\sum_{j=1}^{i-1} A_{ij}\xi_j^{(k)} - \sum_{j=i+1}^{p} A_{ij}\xi_j^{(k)} + \beta_i\right) \quad \text{für alle } i = 1, \ldots, p.$$

$$(5.40)$$

Dabei sind $x = (\xi_1, \ldots, \xi_p)^T$ und $b = (\beta_1, \ldots, \beta_p)^T$ entsprechende Partitionierungen der Vektoren. Durch Austausch von $\xi_j^{(k)}$ durch $\xi_j^{(k+1)}$ in der ersten Summe erhält man das *Block-Gauß–Seidel-Verfahren* und analog die relaxierten Varianten. Die Iterationsvorschrift (5.40) beinhaltet $p$ Vektorgleichungen, für die jeweils Gleichungssysteme mit den Systemmatrizen $A_{ii}$ zu lösen sind. Um einen Vorteil gegenüber den punktweisen Verfahren erlangen zu können, muss das mit deutlich geringerem Aufwand möglich sein als die Lösung des Gesamtsystems. Dies kann – wenn überhaupt – nur nach einer Umordnung von Variablen und Gleichungen möglich sein. Die entsprechenden Permutationen sollen hier nicht explizit notiert werden. Anwendung finden solche Verfahren, wenn bei Finite-Differenzen-Verfahren oder sonst bei der Verwendung strukturierter Gitter (siehe Abschn. 4.1) eine Anordnung der Knoten möglich ist, so dass die Matrizen $A_{ii}$ diagonal oder tridiagonal sind und somit die Gleichungssysteme mit $O(m_i)$ Operationen lösbar sind.

Als Beispiel betrachten wir wieder die 5-Punkte-Stern-Diskretisierung der Poisson-Gleichung auf einem Quadrat mit $n + 1$ Knoten pro Raumdimension. Die Matrix $A$ hat dann die Gestalt (1.14) mit $l = m = n$. Werden die Knoten etwa zeilenweise nummeriert und wählt man für jede Zeile einen Block, das heißt $p = n - 1$ und $m_i = n - 1$ für alle $i = 1, \ldots, p$, so sind die Matrizen $A_{ii}$ tridiagonal. Wählt man dagegen eine Partitionierung der Knotenindizes in Teilmengen $S_i$, so dass ein Knoten mit Index in $S_i$ nur Nachbarn in anderen Indexmengen hat, so wird bei entsprechender Anordnung und beliebiger Reihenfolge innerhalb der Indexmengen die Matrix $A_{ii}$ diagonal. Unter einem *Nachbarn* verstehen wir hier die am Differenzenstern beteiligten Knoten bzw. allgemeiner diejenigen, die einen Beitrag in der zu dem betrachteten Knoten gehörigen Zeile der Diskretisierungsmatrix liefern. Beim Beispiel des 5-Punkte-Sterns kann man etwa ausgehend von der zeilenweisen Nummerierung alle ungeraden Indizes zu einem Block $S_1$ (die „roten" Knoten) und alle geraden Indizes zu einem Block $S_2$ (die „schwarzen" Knoten) zusammenfassen, es ist also hier $p = 2$. Man spricht daher von einer *Rot-Schwarz-Einfärbung* bzw. *-Anordnung* (siehe Abb. 5.2). Sollten zwei „Farben" nicht ausreichen, kann auch $p > 2$ gewählt werden.

$$
\begin{pmatrix}
4 & -1 & 0 & -1 & 0 & 0 & 0 & 0 & 0 \\
-1 & 4 & -1 & 0 & -1 & 0 & 0 & 0 & 0 \\
0 & -1 & 4 & 0 & 0 & -1 & 0 & 0 & 0 \\
-1 & 0 & 0 & 4 & -1 & 0 & -1 & 0 & 0 \\
0 & -1 & 0 & -1 & 4 & -1 & 0 & -1 & 0 \\
0 & 0 & -1 & 0 & -1 & 4 & 0 & 0 & -1 \\
0 & 0 & 0 & -1 & 0 & 0 & 4 & -1 & 0 \\
0 & 0 & 0 & 0 & -1 & 0 & -1 & 4 & -1 \\
0 & 0 & 0 & 0 & 0 & -1 & 0 & -1 & 4
\end{pmatrix}
$$

$m = 3 \times 3:$    Zeilenweise Anordnung

$$
\left(
\begin{array}{ccccc|cccc}
4 & 0 & 0 & 0 & 0 & -1 & -1 & 0 & 0 \\
0 & 4 & 0 & 0 & 0 & -1 & 0 & -1 & 0 \\
0 & 0 & 4 & 0 & 0 & -1 & -1 & -1 & -1 \\
0 & 0 & 0 & 4 & 0 & 0 & -1 & 0 & -1 \\
0 & 0 & 0 & 0 & 4 & 0 & 0 & -1 & -1 \\
\hline
-1 & -1 & -1 & 0 & 0 & 4 & 0 & 0 & 0 \\
-1 & 0 & -1 & -1 & 0 & 0 & 4 & 0 & 0 \\
0 & -1 & -1 & 0 & -1 & 0 & 0 & 4 & 0 \\
0 & 0 & -1 & -1 & -1 & 0 & 0 & 0 & 4
\end{array}
\right)
$$

Rot-Schwarz-Anordnung:
rot: Knoten 1, 3, 5, 7, 9 aus zeilenweiser Anordnung
schwarz: Knoten 2, 4, 6, 8 aus zeilenweiser Anordnung

**Abb. 5.2.** Vergleich von Anordnungen

Wir kommen zurück zum SOR-Verfahren und seinem Konvergenzverhalten: Die Iterationsmatrix wird im Folgenden mit $M_{\text{SOR}(\omega)}$ für den Relaxationsparameter $\omega$ bezeichnet. Entsprechend bezeichnen $M_{\text{J}}$ bzw. $M_{\text{GS}}$ die Iterationsmatrizen des Jacobi- bzw. Gauß–Seidel-Verfahrens. Allgemeine Aussagen sind zusammengefasst in

**Satz 5.6 (von Kahan bzw. von Ostrowski und Reich)**
1) $\varrho\left(M_{\text{SOR}(\omega)}\right) \geq |1 - \omega|$ *für* $\omega \neq 0$.
2) *Ist $A$ symmetrisch und positiv definit, dann gilt*

$$\varrho\left(M_{\text{SOR}(\omega)}\right) < 1 \quad \textit{für } \omega \in (0,2) .$$

**Beweis:** Siehe [14, S. 96 f.].    □

Wir beschränken uns daher auf $\omega \in (0,2)$. Für ein brauchbares Verfahren sollten aber Informationen über den optimalen Relaxationsparameter $\omega_{\text{opt}}$, wobei

$$\varrho\left(M_{\text{SOR}(\omega_{\text{opt}})}\right) = \min_{0 < \omega < 2} \varrho\left(M_{\text{SOR}(\omega)}\right) ,$$

und über die Größe der Kontraktionszahl vorliegen. Dies ist nur möglich, wenn Anordnungen von Gleichungen und Unbekannten gewählt werden mit gewissen Eigenschaften:

**Definition 5.7** $A \in \mathbb{R}^{m,m}$ heißt *konsistent geordnet*, wenn für die Zerlegung (5.18) gilt: $D$ ist nichtsingulär und

$$C(\alpha) := \alpha^{-1} D^{-1} L + \alpha D^{-1} R$$

hat für $\alpha \in \mathbb{C}$, $\alpha \neq 0$, Eigenwerte, die unabhängig von $\alpha$ sind.

Ein Zusammenhang zur Möglichkeit einer Mehrfarbeneinfärbung besteht dadurch, dass eine Matrix in der Blockform (5.39) konsistent geordnet ist, wenn sie blocktridiagonal ist (das heißt $A_{ij} = 0$ für $|i - j| > 1$) und die Diagonalblöcke $A_{ii}$ nichtsinguläre Diagonalmatrizen sind (siehe [6, S. 133 f.]).
Im Fall einer konsistent geordneten Matrix kann man eine Beziehung herleiten zwischen den Eigenwerten von $M_{\text{J}}$, $M_{\text{GS}}$ und $M_{\text{SOR}(\omega)}$. Daraus folgt zum einen eine Quantifizierung, um wie viel das Gauß–Seidel-Verfahren schneller konvergiert als das Jacobi-Verfahren:

**Satz 5.8** *Ist $A$ konsistent geordnet, dann gilt:*

$$\varrho(M_{\text{J}})^2 = \varrho(M_{\text{GS}}) .$$

**Beweis:** Siehe [6, S. 135].    □

Wegen (5.4) können wir also eine Halbierung der Iterationsschritte erwarten, das ändert aber nichts an der asymptotischen Aussage (5.27).
Schließlich gilt folgende Aussage für den Fall, dass das Jacobi-Verfahren konvergiert:

**Satz 5.9** *Sei A konsistent geordnet mit nichtsingulärer Diagonalmatrix D,
die Eigenwerte von $M_J$ seien reell und es sei $\beta := \varrho(M_J) < 1$. Dann gilt für
das SOR-Verfahren:*

1) $\omega_{opt} = \dfrac{2}{1 + (1 - \beta^2)^{1/2}}$ ,

2) $\varrho(M_{SOR(\omega)}) = \begin{cases} 1 - \omega + \dfrac{1}{2}\omega^2\beta^2 + \omega\beta\left(1 - \omega + \dfrac{\omega^2\beta^2}{4}\right)^{1/2} \\ \qquad\qquad\qquad\qquad\qquad\qquad \text{für } 0 < \omega < \omega_{opt} \\[2ex] \omega - 1 \qquad\qquad\qquad\qquad\quad \text{für } \omega_{opt} \leq \omega < 2 \,, \end{cases}$

3) $\varrho\left(M_{SOR(\omega_{opt})}\right) = \dfrac{\beta^2}{(1 + (1 - \beta^2)^{1/2})^2}$ .

**Beweis:** Siehe [15, S. 216] oder [6, S. 135 f.]. □

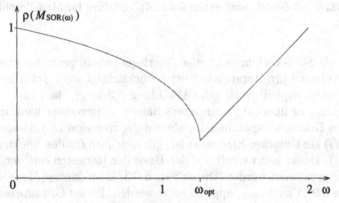

**Abb. 5.3.** Abhängigkeit von $\varrho\left(M_{SOR(\omega)}\right)$ von $\omega$

Ist also für das Jacobi-Verfahren $\varrho(M_J)$ bekannt, lässt sich $\omega_{opt}$ bestimmen.
Das trifft auf das Beispiel der 5-Punkte-Stern-Diskretisierung auf einem Quadrat zu: Aus (5.26) und Satz 5.8 folgt

$$\varrho(M_{GS}) = \left(\cos\frac{\pi}{n}\right)^2 = 1 - \frac{\pi^2}{n^2} + O(n^{-4})$$

und so

$$\omega_{opt} = 2 / \left(1 + \sin\frac{\pi}{n}\right)$$

$$\varrho\left(M_{SOR(\omega_{opt})}\right) = \omega_{opt} - 1 = 1 - 2\frac{\pi}{n} + O(n^{-2}) \,.$$

Damit hat das optimale SOR-Verfahren eine bessere Komplexität als die bisher betrachteten Verfahren. Dementsprechend reduziert sich die Anzahl der
Operationen zur Erreichung des relativen Fehlerniveau $\varepsilon > 0$ auf $\ln\frac{1}{\varepsilon}O(m^{3/2})$

Operationen im Vergleich zu $\ln \frac{1}{\varepsilon} O(m^2)$ Operationen bei den bisherigen Verfahren.

Einen Eindruck vom Konvergenzverhalten für das Modellproblem vermittelt Tabelle 5.1. Dort sind die theoretisch zu erwartenden Werte für die Anzahl der Iterationen des Gauß–Seidel-Verfahrens ($m_{GS}$), sowie des SOR-Verfahrens mit optimalem Relaxationsparameter ($m_{SOR}$) angegeben. Dabei wurde das sehr moderate Abbruchkriterium $\varepsilon = 10^{-3}$ gemessen in der euklidischen Norm verwendet.

| $n$ | $m_{GS}$ | $m_{SOR}$ |
|---|---|---|
| 8 | 43 | 8 |
| 16 | 178 | 17 |
| 32 | 715 | 35 |
| 64 | 2865 | 70 |
| 128 | 11466 | 140 |
| 256 | 45867 | 281 |

**Tabelle 5.1.** Gauß–Seidel- bzw. optimales SOR-Verfahren für Modellproblem (aus [22, S. 312])

Das optimale SOR-Verfahren ist also überlegen, auch wenn der knapp verdoppelte Aufwand pro Iterationsschritt berücksichtigt wird. Im Allgemeinen wird $\omega_{opt}$ nicht explizit vorliegen. Abbildung 5.3 zeigt, dass es vermutlich besser ist, $\omega_{opt}$ zu über- statt zu unterschätzen. Allgemeiner kann man versuchen, den Relaxationsparameter während der Iteration zu verbessern: Wenn $\varrho(M_J)$ ein einfacher Eigenwert ist, gilt dies auch für den Spektralradius $\varrho(M_{SOR(\omega)})$. Dieser kann somit auf der Basis der Iterierten mit der Potenzmethode approximiert werden. Durch Satz 5.9 3) kann dann $\varrho(M_J)$ und somit durch Satz 5.9 1) auch $\omega_{opt}$ approximiert werden. Dieses Grundprinzip lässt sich zu einem Algorithmus ausbauen (siehe zum Beispiel [15, Chapter 9.5]), dadurch wird aber der Bereich der linear stationären Verfahren verlassen.

### 5.1.5 Extrapolationsverfahren

Eine zur Adaption des Relaxationsparameters verwandte Möglichkeit der Weiterentwicklung von linear stationären Verfahren besteht darin, ausgehend von einer linear stationären Basisiteration $\tilde{x}^{k+1} := \Phi\left(\tilde{x}^k\right)$ eine neue Iterationsfolge durch

$$x^{(k+1)} := \omega_k \Phi\left(x^{(k)}\right) + (1 - \omega_k)x^{(k)} , \qquad (5.41)$$

mit zu wählenden *Extrapolationsfaktoren* $\omega_k$ zu definieren. Eine Verallgemeinerung dieser Definition besteht darin, ausgehend von den Iterierten der Basisiteration $\tilde{x}^{(0)}, \tilde{x}^{(1)}, \ldots$ die Iterierten durch Vorgabe von Polynomen $p_k \in \mathcal{P}_k$, definiert durch $p_k(t) = \sum_{j=0}^{k} \alpha_{k_j} t^j$ mit der Eigenschaft $p_k(1) = 1$, zu bestimmen als

$$x^{(k)} := \sum_{j=0}^{k} \alpha_{k_j} \tilde{x}^{(j)} \, .$$

Die angemessene Definition solcher *Extrapolations-* oder *semiiterativen Verfahren* erfordert die Kenntnis der Lage des Spektrums der Basisiterationsmatrix $M$. Es gilt nämlich für den Fehler $e^{(k)} = x^{(k)} - x$:

$$e^{(k)} = p_k(M)e^{(0)} \, ,$$

wobei $M$ die Iterationsmatrix der Basisiteration ist. Diese sei zum Beispiel normal, so dass
$$\|p_k(M)\|_2 = \varrho(p_k(M))$$
gilt. Dann haben wir die offensichtlichen Abschätzungen

$$\left|e^{(k)}\right|_2 \le \left|p_k(M)e^{(0)}\right|_2 \le \|p_k(M)\|_2 \left|e^{(0)}\right|_2 \le \varrho(p_k(M))\left|e^{(0)}\right|_2 \, . \quad (5.42)$$

Soll das Verfahren dadurch definiert werden, dass etwa

$$\varrho(p_k(M)) = \max \left\{ |p_k(\lambda)| \mid \lambda \in \sigma(M) \right\}$$

durch Wahl von $p_k$ minimiert wird, setzt dies die Kenntnis des Spektrums $\sigma(M)$ voraus. Im Allgemeinen wird statt dessen nur angenommen, dass geeignete Obermengen bekannt sind: Ist etwa $\sigma(M)$ reell und

$$a \le \lambda \le b \quad \text{für alle } \lambda \in \sigma(M) \, ,$$

so bietet es sich wegen

$$\left|e^{(k)}\right|_2 \le \max_{\lambda \in [a,b]} |p_k(\lambda)| \left|e^{(0)}\right|_2$$

an, die Polynome $p_k$ als Lösung der Minimierungsaufgabe auf $[a,b]$:

$$\max_{\lambda \in [a,b]} |p_k(\lambda)| \to \min \quad \text{für alle} \quad p \in \mathcal{P}_k \quad \text{mit } p(1) = 1 \quad (5.43)$$

zu bestimmen.
In den folgenden Abschnitten werden Verfahren eingeführt, die ein analoges Konvergenzverhalten aufweisen, ohne dass steuernde Parameter zu deren Definition nötig sind.
Weiteres zu semiiterativen Verfahren findet man zum Beispiel in [14, Kap. 7].

## 5.2 Gradientenverfahren und Methode der konjugierten Gradienten

In diesem Abschnitt sei $A \in \mathbb{R}^{m,m}$ symmetrisch und positiv definit. Das Gleichungssystem $Ax = b$ ist dann äquivalent zu

$$\text{Minimiere} \quad f(x) := \frac{1}{2} x^T A x - b^T x \quad \text{für } x \in \mathbb{R}^m , \tag{5.44}$$

da für ein solches Funktional eine Minimalstelle genau einem *stationären Punkt* entspricht, das heißt einem $x$ mit

$$0 = \nabla f(x) = A x - b . \tag{5.45}$$

– Abweichend von der Notation $x \cdot y$ für die „kurzen" Ortsvektoren $x, y \in \mathbb{R}^d$ wird hier also das euklidische Skalarprodukt als Matrixprodukt $x^T y$ geschrieben. –
Für die Finite-Element-Diskretisierung entspricht dies genau der Äquivalenz des Galerkin-Verfahrens (2.22) mit dem Ritz-Verfahren (2.23), wenn $A$ die Steifigkeitsmatrix und $b$ der Lastvektor sind (vgl. (2.33) und (2.34)). Allgemeiner folgt die Äquivalenz von (5.44) und (5.45) auch aus Lemma 2.3, wenn als Bilinearform das sogenannte *Energie-Skalarprodukt*

$$\langle x, y \rangle_A := x^T A y \tag{5.46}$$

gewählt wird.
Ein allgemeines Iterationsverfahren zur Lösung von (5.44) hat die Struktur:

Bestimme eine Suchrichtung $d^{(k)}$ .

$$\text{Minimiere} \quad \alpha \mapsto \tilde{f}(\alpha) := f\big(x^{(k)} + \alpha d^{(k)}\big) \tag{5.47}$$

exakt oder approximativ, dies ergibt $\alpha_k$ .

$$\text{Setze} \quad x^{(k+1)} := x^{(k)} + \alpha_k d^{(k)} . \tag{5.48}$$

Ist $f$ wie in (5.44) definiert, so ergibt sich das exakte $\alpha_k$ aus der Bedingung $\tilde{f}'(\alpha) = 0$ und

$$f'(\alpha) = \nabla f\big(x^{(k)} + \alpha d^{(k)}\big)^T d^{(k)}$$

als

$$\alpha_k = -\frac{g^{(k)T} d^{(k)}}{d^{(k)T} A d^{(k)}} , \tag{5.49}$$

wobei

$$g^{(k)} := A x^{(k)} - b = \nabla f\big(x^{(k)}\big) . \tag{5.50}$$

Der Fehler der $k$-ten Iterierten werde mit $e^{(k)}$ bezeichnet:

$$e^{(k)} := x^{(k)} - x .$$

Einige allgemein gültige Beziehungen sind dann:
Wegen der eindimensionalen Minimierung von $f$ gilt

$$g^{(k+1)T} d^{(k)} = 0 , \tag{5.51}$$

und aus (5.50) folgt sofort:

$$Ae^{(k)} = g^{(k)} \; , \quad e^{(k+1)} = e^{(k)} + \alpha_k d^{(k)} \; , \tag{5.52}$$

$$g^{(k+1)} = g^{(k)} + \alpha_k A d^{(k)} \; . \tag{5.53}$$

Wir betrachten die *Energienorm*

$$\|x\|_A := \left( x^T A x \right)^{1/2} \; , \tag{5.54}$$

die vom Energieskalarprodukt erzeugt wird. Für eine Finite-Element-Steifig-keitsmatrix zu einer Bilinearform $a$ ist gerade

$$\|x\|_A = a(u,u)^{1/2} = \|u\|_a$$

für $u = \sum_{i=1}^m x_i \varphi_i$, wenn $\varphi_i$ die zugrunde gelegten Basiselemente sind. Vergleichen wir die Lösung $x = A^{-1}b$ mit einem beliebigen $y \in \mathbb{R}^m$, dann gilt

$$f(y) = f(x) + \frac{1}{2}\|y - x\|_A^2 \; , \tag{5.55}$$

so dass in (5.44) also auch der Abstand zu $x$ in $\|\cdot\|_A$ minimiert wird. Der Energienorm wird deshalb eine besondere Bedeutung zukommen. Darin gilt wegen (5.52)

$$\left\| e^{(k)} \right\|_A^2 = e^{(k)^T} g^{(k)} = g^{(k)^T} A^{-1} g^{(k)}$$

und so wegen (5.52) und (5.51):

$$\left\| e^{(k+1)} \right\|_A^2 = g^{(k+1)^T} e^{(k)} \; .$$

Der Vektor $-\nabla f\left(x^{(k)}\right)$ gibt in $x^{(k)}$ die Richtung des lokal steilsten Abstiegs an, was das *Gradientenverfahren* nahelegt, das heißt

$$d^{(k)} := -g^{(k)} \tag{5.56}$$

und so

$$\alpha_k = \frac{d^{(k)^T} d^{(k)}}{d^{(k)^T} A d^{(k)}} \; . \tag{5.57}$$

Mit den obigen Identitäten ergibt sich für das Gradientenverfahren:

$$\left\| e^{(k+1)} \right\|^2 = \left( g^{(k)} + \alpha_k A d^{(k)} \right)^T e^{(k)} = \|e^{(k)}\|_A^2 \left( 1 - \alpha_k \frac{d^{(k)^T} d^{(k)}}{d^{(k)^T} A^{-1} d^{(k)}} \right)$$

und damit mittels der Definition von $\alpha_k$ aus (5.57):

$$\left\| x^{(k+1)} - x \right\|_A^2 = \left\| x^{(k)} - x \right\|_A^2 \left\{ 1 - \frac{\left( d^{(k)^T} d^{(k)} \right)^2}{d^{(k)^T} A d^{(k)} \, d^{(k)^T} A^{-1} d^{(k)}} \right\} \; .$$

Mit der *Ungleichung von Kantorowitsch* (siehe zum Beispiel [25, S. 132]):

$$\frac{x^T A x \, x^T A^{-1} x}{\left(x^T x\right)^2} \le \left(\frac{1}{2}\kappa^{1/2} + \frac{1}{2}\kappa^{-1/2}\right)^2 \, ,$$

wobei $\kappa := \kappa(A)$ die spektrale Konditionszahl ist, folgt wegen

$$1 - \frac{4}{\left(a^{1/2} + a^{-1/2}\right)^2} = \frac{(a-1)^2}{(a+1)^2} \quad \text{für } a > 0 :$$

**Satz 5.10** *Für das Gradientenverfahren gilt:*

$$\left\|x^{(k)} - x\right\|_A \le \left(\frac{\kappa-1}{\kappa+1}\right)^k \left\|x^{(0)} - x\right\|_A . \tag{5.58}$$

Das ist die gleiche Abschätzung wie für das optimal relaxierte Richardson-Verfahren (mit der Verschärfung $\|M\|_A \le \frac{\kappa-1}{\kappa+1}$ statt $\varrho(M) \le \frac{\kappa-1}{\kappa+1}$). Der wesentliche Unterschied besteht aber darin, dass dies ohne Kenntnis der Eigenwerte von $A$ möglich ist.

Für Finite-Element-Diskretisierungen ist dies trotzdem die gleiche schlechte Konvergenzrate wie für das Jacobi- oder ähnliche Verfahren. Das Problem liegt darin, dass zwar wegen (5.51) $g^{(k+1)\,T} g^{(k)} = 0$ gilt, nicht aber im Allgemeinen $g^{(k+2)\,T} g^{(k)} = 0$; vielmehr sind diese Suchrichtungen oftmals fast parallel.

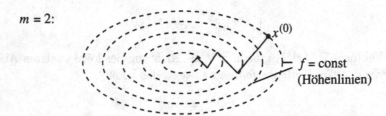

**Abb. 5.4.** Zick-Zack-Verhalten des Gradientenverfahrens

Dieses Problem beruht darauf, dass für große $\kappa$ die Suchrichtungen $g^{(k)}$ und $g^{(k+1)}$ bzgl. des Skalarprodukts $\langle \cdot, \cdot \rangle_A$ fast parallel sein können (siehe Übungsaufgabe 5.4), aber bzgl. $\| \cdot \|_A$ der Abstand zur Lösung minimiert wird (vgl. (5.55)).

Die Suchrichtungen $d^{(k)}$ sollten also orthogonal bzgl. $\langle \cdot, \cdot \rangle_A$, das heißt *konjugiert* sein:

**Definition 5.11** Vektoren $d^{(0)}, \ldots, d^{(l)} \in \mathbb{R}^m$ heißen *konjugiert*, wenn gilt:

$$\left\langle d^{(i)}, d^{(j)} \right\rangle_A = 0 \quad \text{für } i, j = 0, \ldots, l, \ i \ne j .$$

Wenn die Suchrichtungen eines nach (5.48), (5.49) definierten Verfahrens konjugiert gewählt werden, dann heißt es ein *Verfahren der konjugierten Richtungen*.

Seien $d^{(0)}, \ldots, d^{(m-1)}$ konjugierte Richtungen, dann sind sie insbesondere linear unabhängig und bilden daher eine Basis, bzgl. derer die Lösung $x$ von (5.1) dargestellt werden kann mit Koeffizienten $\gamma_k$:

$$x = \sum_{k=0}^{m-1} \gamma_k d^{(k)} .$$

Wegen der Konjugiertheit der $d^{(k)}$ und wegen $Ax = b$ gilt

$$\gamma_k = \frac{d^{(k)^T} b}{d^{(k)^T} A d^{(k)}} , \tag{5.59}$$

und die $\gamma_k$ sind so ohne Kenntnis von $x$ zu bestimmen. Wären also die $d^{(k)}$ a priori, zum Beispiel durch Orthogonalisierung einer Basis bzgl. $\langle \cdot, \cdot \rangle_A$, gegeben, dann wäre $x$ durch (5.59) bestimmt.

Wenden wir (5.59) an, um für $x - x^{(0)}$ die Koeffizienten in der Form

$$x - x^{(0)} = \sum_{k=0}^{m-1} \gamma_k d^{(k)}$$

zu bestimmen, das heißt wir ersetzen in (5.59) $b$ durch $b - Ax^{(0)}$, so erhalten wir

$$\gamma_k = -\frac{g^{(0)^T} d^{(k)}}{d^{(k)^T} A d^{(k)}} .$$

Es gilt für die $k$-te Iterierte nach (5.48)

$$x^{(k)} = x^{(0)} + \sum_{i=0}^{k-1} \alpha_i d^{(i)}$$

und damit (vgl. (5.50))

$$g^{(k)} = g^{(0)} + \sum_{i=0}^{k-1} \alpha_i A d^{(i)}$$

und somit für ein Verfahren der konjugierten Richtungen:

$$g^{(k)^T} d^{(k)} = g^{(0)^T} d^{(k)} .$$

Also folgt

$$\gamma_k = -\frac{g^{(k)^T} d^{(k)}}{d^{(k)^T} A d^{(k)}} = \alpha_k ,$$

das heißt $x = x^{(m)}$. Ein Verfahren der konjugierten Richtungen ist also nach maximal $m$ Schritten exakt. Unter Umständen kann das CG-Verfahren schon vor Erreichen dieser Schrittzahl mit $g^{(k)} = 0$ und der aktuellen Iterierten $x^{(k)} = x$ abbrechen. Wenn $m$ sehr groß ist, ist die Exaktheit des CG-Verfahrens weniger wichtig als die Tatsache, dass die Iterierten als Lösung eines zu (5.44) approximativen Minimierungsproblems interpretiert werden können:

**Satz 5.12** *Die in einem Verfahren der konjugierten Richtungen bestimmte Iterierte $x^{(k)}$ minimiert sowohl das Funktional $f$ aus (5.44) als auch den Fehler $\|x^{(k)} - x\|_A$ auf $x^{(0)} + K_k(A; g^{(0)})$, wobei*

$$K_k(A; g^{(0)}) := \operatorname{span}\left\{d^{(0)}, \ldots, d^{(k-1)}\right\}.$$

*Es gilt nämlich*

$$g^{(k)^T} d^{(i)} = 0 \quad \text{für } i = 0, \ldots, k-1. \tag{5.60}$$

**Beweis:** Zu zeigen ist (5.60).
Wegen der eindimensionalen Minimierung ist klar, dass dies bei $k = 1$ und für $i = k-1$ gilt (siehe (5.51) angewendet auf $k-1$). Wegen (5.53) folgt auch für $0 \le i < k-1$:

$$d^{(i)^T}\left(g^{(k)} - g^{(k-1)}\right) = \alpha_k d^{(i)^T} Ad^{(k-1)} = 0.$$

$\square$

Beim *Verfahren der konjugierten Gradienten* bzw. *CG-Verfahren* (CG : **C**onjugate **G**radients) werden die $d^{(k)}$ während der Iteration durch den Ansatz

$$d^{(k+1)} := -g^{(k+1)} + \beta_k d^{(k)} \tag{5.61}$$

bestimmt. Zu klären bleibt, ob dadurch

$$\left\langle d^{(k)}, d^{(i)} \right\rangle_A = 0 \quad \text{für } k > i$$

erreicht werden kann. Die notwendige Forderung $\left\langle d^{(k+1)}, d^{(k)} \right\rangle_A = 0$ führt zu

$$-\left\langle g^{(k+1)}, d^{(k)} \right\rangle_A + \beta_k \left\langle d^{(k)}, d^{(k)} \right\rangle_A = 0 \quad \Longleftrightarrow$$

$$\beta_k = \frac{g^{(k+1)^T} Ad^{(k)}}{d^{(k)^T} Ad^{(k)}}. \tag{5.62}$$

Bei der Realisierung des Algorithmus empfiehlt es sich, nicht $g^{(k+1)}$ direkt auszuwerten, sondern stattdessen (5.53) zu benutzen, da $Ad^{(k)}$ schon zur Bestimmung von $\alpha_k$ und $\beta_k$ nötig ist.
Es gelten folgende Äquivalenzen:

**Satz 5.13** *Falls das CG-Verfahren nicht bei $x^{(k-1)}$ vorzeitig mit Erreichen der Lösung von (5.1) abbricht, gilt für $1 \le k \le m$:*

$$K_k(A; g^{(0)}) = \text{span}\, \{g^{(0)}, Ag^{(0)}, \dots, A^{k-1}g^{(0)}\}$$
$$= \text{span}\, \{g^{(0)}, \dots, g^{(k-1)}\} \, . \tag{5.63}$$

*Weiter gilt*

$${g^{(k)}}^T g^{(i)} = 0 \quad \textit{für } i = 0, \dots, k-1$$

*und*      $\dim K_k(A; g^{(0)}) = k$ . $\tag{5.64}$

Der Raum $K_k(A; g^{(0)}) = \text{span}\{g^{(0)}, Ag^{(0)}, \dots, A^{k-1}g^{(0)}\}$ heißt der *Krylov-(Unter-)Raum* der Dimension $k$ von $A$ bzgl. $g^{(0)}$.

**Beweis:** Die Identitäten (5.64) sind eine unmittelbare Folge von (5.63) und Satz 5.12. Der Beweis von (5.63) erfolgt durch vollständige Induktion: Für $k = 1$ ist die Aussage trivial, es gelte also für ein $k \geq 1$ die Identität (5.63) und daher auch (5.64). Wegen (5.53) (angewendet auf $k - 1$) folgt

$$g^{(k)} \in A[K_k(A; g^{(0)})] \subset \text{span}\, \{g^{(0)}, \dots, A^k g^{(0)}\}$$

und so

$$\text{span}\, \{g^{(0)}, \dots, g^{(k)}\} = \text{span}\, \{g^{(0)}, \dots, A^k g^{(0)}\} \, ,$$

da die Teilmengenbeziehung gilt und wegen (5.64) sowie $g^{(i)} \neq 0$ für alle $i = 0, \dots, k$ die Dimension des linken Teilraums maximal ($= k + 1$) ist. Die Identität

$$\text{span}\, \{d^{(0)}, \dots, d^{(k)}\} = \text{span}\, \{g^{(0)}, \dots, g^{(k)}\}$$

folgt aus der Induktionsvoraussetzung und (5.61).    $\square$

Die Anzahl der Operationen pro Iterationsschritt kann auf eine Matrix-Vektor-, zwei Skalarprodukt-, und drei SAXPY-Operationen reduziert werden, wenn folgende äquivalente Ausdrücke benutzt werden:

$$\alpha_k = \frac{{g^{(k)}}^T g^{(k)}}{{d^{(k)}}^T A d^{(k)}} \quad , \quad \beta_k = \frac{{g^{(k+1)}}^T g^{(k+1)}}{{g^{(k)}}^T g^{(k)}} \, . \tag{5.65}$$

Dabei ist eine SAXPY-Operation von der Form

$$z := x + \alpha y$$

für Vektoren $x, y, z$ und einen Skalar $\alpha$.
Die Gültigkeit der Identitäten (5.65) kann man folgendermaßen einsehen: Bezüglich $\alpha_k$ beachte man, dass wegen (5.51) und (5.61) gilt:

$$-{g^{(k)}}^T d^{(k)} = -{g^{(k)}}^T \left( -g^{(k)} + \beta_{k-1} d^{(k-1)} \right) = {g^{(k)}}^T g^{(k)}$$

und bezüglich $\beta_k$ wegen (5.53), (5.64), (5.62) und der Identität für $\alpha_k$ (5.49):

Wähle $x^{(0)} \in \mathbb{R}^m$ beliebig und berechne

$$d^{(0)} := -g^{(0)} = b - Ax^{(0)} \; .$$

Für $k = 0, 1, \ldots$ setze

$$\alpha_k = \frac{g^{(k)^T} g^{(k)}}{d^{(k)^T} A d^{(k)}} \; ,$$

$$x^{(k+1)} = x^{(k)} + \alpha_k d^{(k)} \; ,$$

$$g^{(k+1)} = g^{(k)} + \alpha_k A d^{(k)} \; ,$$

$$\beta_k = \frac{g^{(k+1)^T} g^{(k+1)}}{g^{(k)^T} g^{(k)}} \; ,$$

$$d^{(k+1)} = -g^{(k+1)} + \beta_k d^{(k)} \; ,$$

bis das Abbruchkriterium („$|g^{(k+1)}|_2 = 0$") erfüllt ist.

**Tabelle 5.2.** CG-Verfahren

$$g^{(k+1)^T} g^{(k+1)} = g^{(k+1)^T} \left( g^{(k)} + \alpha_k A d^{(k)} \right) = \alpha_k g^{(k+1)^T} A d^{(k)} = \beta_k g^{(k)^T} g^{(k)}$$

und somit die Behauptung.
Der Algorithmus ist in Tabelle 5.2 zusammengefasst.
Es werden so tatsächlich konjugierte Richtungen definiert:

**Satz 5.14** *Solange $g^{(k-1)} \neq 0$ erfüllt ist, gilt $d^{(k-1)} \neq 0$ und $d^{(0)}, \ldots, d^{(k-1)}$ sind konjugiert.*

**Beweis:** Der Beweis erfolgt durch vollständige Induktion:
Für $k = 1$ ist die Aussage klar. Es seien also $d^{(0)}, \ldots, d^{(k-1)} \neq 0$ und konjugiert. Damit gelten nach Satz 5.12 und Satz 5.13 die Identitäten (5.60)–(5.64) bis zum Index $k$. Wir zeigen als erstes: $d^{(k)} \neq 0$:
Wegen $g^{(k)} + d^{(k)} = \beta_{k-1} d^{(k-1)} \in K_k(A; g^{(0)})$ folgte aus $d^{(k)} = 0$ direkt $g^{(k)} \in K_k(A; g^{(0)})$. Aber nach (5.63) und (5.64) für den Index $k$ gilt

$$g^{(k)^T} x = 0 \quad \text{für alle } x \in K_k(A; g^{(0)}) \; ,$$

was im Widerspruch zu $g^{(k)} \neq 0$ steht.
Beim Nachweis von $d^{(k)^T} A d^{(i)} = 0$ für $i = 0, \ldots, k-1$ ist nach (5.62) nur noch der Fall $i \leq k-2$ zu betrachten. Es gilt:

$$d^{(i)^T} A d^{(k)} = -d^{(i)^T} A g^{(k)} + \beta_{k-1} d^{(i)^T} A d^{(k-1)} \; .$$

Der erste Term verschwindet wegen $A d^{(i)} \in A \left( K_{k-1}(A; g^{(0)}) \right) \subset K_k(A; g^{(0)})$, das heißt $A d^{(i)} \in \text{span}\{d^{(0)}, \ldots, d^{(k-1)}\}$, und (5.60). Der zweite Term verschwindet nach Induktionsvoraussetzung.    □

Verfahren, die versuchen, bzgl. einer Norm $\|\cdot\|$ den Fehler oder den Defekt auf $K_k(A; g^{(0)})$ zu minimieren, heißen *Krylov-Unterraum-Methoden*. Hier wird also nach (5.55) und Satz 5.12 der Fehler in der Energienorm $\|\cdot\| = \|\cdot\|_A$ minimiert.

Aufgrund der Darstellung des Krylov-Raumes in Satz 5.13 sind die Elemente $y \in x^{(0)} + K_k(A; g^{(0)})$ genau die Vektoren der Form, $y = x^{(0)} + q(A)g^{(0)}$, wobei $q \in \mathcal{P}_{k-1}$ beliebig ist (zur Notation $q(A)$ siehe Anhang A.3). Es folgt

$$y - x = x^{(0)} - x + q(A)A(x^{(0)} - x) = p(A)(x^{(0)} - x) \ .$$

Dabei ist $p(z) = 1 + q(z)z$, das heißt $p \in \mathcal{P}_k$ und $p(0) = 1$. Andererseits lässt sich jedes solche Polynom in besagter Form darstellen (definiere $q$ durch $q(z) = (p(z) - 1)/z$). Also gilt nach Satz 5.12

$$\left\|x^{(k)} - x\right\|_A \le \|y - x\|_A = \left\|p(A)(x^{(0)} - x)\right\|_A \qquad (5.66)$$

für beliebige $p \in \mathcal{P}_k$ mit $p(0) = 1$.

Sei $z_1, \ldots, z_m$ eine orthonormale Basis aus Eigenvektoren, das heißt

$$Az_j = \lambda_j z_j \quad \text{und} \quad z_i^T z_j = \delta_{ij} \quad \text{für } i, j = 1, \ldots, m \ . \qquad (5.67)$$

Dann gilt $x^{(0)} - x = \sum_{j=1}^m c_j z_j$ für gewisse $c_j \in \mathbb{R}$, das heißt

$$p(A)(x^{(0)} - x) = \sum_{j=1}^m p(\lambda_j) c_j z_j$$

und so

$$\left\|x^{(0)} - x\right\|_A^2 = (x^{(0)} - x)^T A (x^{(0)} - x) = \sum_{i,j=1}^m c_i c_j z_i^T A z_j = \sum_{j=1}^m \lambda_j |c_j|^2$$

und analog

$$\left\|p(A)\left(x^{(0)} - x\right)\right\|_A^2 = \sum_{j=1}^m \lambda_j |c_j p(\lambda_j)|^2 \le \left(\max_{i=1,\ldots,m} |p(\lambda_i)|\right)^2 \left\|x^{(0)} - x\right\|_A^2 .$$
$$(5.68)$$

Aus (5.66), (5.68) folgt:

**Satz 5.15** *Für das CG-Verfahren gilt für beliebige $p \in \mathcal{P}_k$ mit $p(0) = 1$:*

$$\left\|x^{(k)} - x\right\|_A \le \max_{i=1,\ldots,m} |p(\lambda_i)| \left\|x^{(0)} - x\right\|_A .$$

*Dabei sind $\lambda_1, \ldots, \lambda_m$ die Eigenwerte von $A$.*

Sind nicht die Eigenwerte von $A$, sondern nur ihre Lage bekannt, das heißt $a, b \in \mathbb{R}$ so dass:

$$a \leq \lambda_1, \ldots, \lambda_m \leq b, \tag{5.69}$$

dann kann nur die Aussage

$$\left\| x^{(k)} - x \right\|_A \leq \max_{\lambda \in [a,b]} |p(\lambda)| \left\| x^{(0)} - x \right\|_A \tag{5.70}$$

benutzt werden. Es ist also ein $p \in \mathcal{P}_m$ mit $p(0) = 1$ zu finden, das $\max\left\{ |p(\lambda)| \mid \lambda \in [a, b] \right\}$ minimiert.

Diese Approximationsaufgabe in der Maximumnorm war schon in (5.43) aufgetreten, da eine Bijektion besteht zwischen den Mengen $\left\{ p \in P_k \mid p(1) = 1 \right\}$ und $\left\{ p \in P_k \mid p(0) = 1 \right\}$ durch

$$p \mapsto \tilde{p} \ , \quad \tilde{p}(t) := p(1 - t) \ . \tag{5.71}$$

Ihre Lösung lässt sich mittels Tschebyscheff-Polynomen der 1. Art darstellen (siehe zum Beispiel [27, S. 307]). Diese werden rekursiv durch

$$T_0(x) := 1 \ , \quad T_1(x) := x \ , \quad T_{k+1}(x) := 2xT_k(x) - T_{k-1}(x) \quad \text{für } x \in \mathbb{R}$$

definiert und haben für $|x| \leq 1$ die Darstellung

$$T_k(x) = \cos(k \arccos(x)) \ ,$$

woraus sofort folgt:

$$|T_k(x)| \leq 1 \quad \text{für } |x| \leq 1 \ .$$

Eine weitere für $x \in \mathbb{R}$ gültige Darstellung lautet

$$T_k(x) = \frac{1}{2}\left( \left(x + (x^2 - 1)^{1/2}\right)^k + \left(x - (x^2 - 1)^{1/2}\right)^k \right) \ . \tag{5.72}$$

Das optimale Polynom in (5.70) wird dann definiert durch

$$p(z) := \frac{T_k\left((b + a - 2z)/(b - a)\right)}{T_k\left((b + a)/(b - a)\right)} \quad \text{für } z \in \mathbb{R} \ .$$

Daraus folgt:

**Satz 5.16** *Sei $\kappa$ die spektrale Konditionszahl von $A$ und es gelte $\kappa > 1$, dann:*

$$\left\| x^{(k)} - x \right\|_A \leq \frac{1}{T_k\left(\frac{\kappa+1}{\kappa-1}\right)} \left\| x^{(0)} - x \right\|_A \leq 2\left(\frac{\kappa^{1/2} - 1}{\kappa^{1/2} + 1}\right)^k \left\| x^{(0)} - x \right\|_A \ . \tag{5.73}$$

**Beweis:** Man wähle $a$ als kleinsten Eigenwert $\lambda_{\min}$ und $b$ als größten $\lambda_{\max}$. Die erste Ungleichung folgt dann sofort aus (5.70) und $\kappa = b/a$. Für die zweite Ungleichung beachte man:
Nach (5.72) gilt wegen $(\kappa + 1)/(\kappa - 1) = 1 + 2/(\kappa - 1) =: 1 + 2\eta \geq 1$:

$$T_k\left(\frac{\kappa + 1}{\kappa - 1}\right) \geq \frac{1}{2}\left(1 + 2\eta + \left((1 + 2\eta)^2 - 1\right)^{1/2}\right)^k$$

$$= \frac{1}{2}\left(1 + 2\eta + 2\left(\eta(\eta + 1)\right)^{1/2}\right)^k.$$

Schließlich ist

$$1 + 2\eta + 2\left(\eta(\eta + 1)\right)^{1/2} = \left(\eta^{1/2} + (\eta + 1)^{1/2}\right)^2 = \frac{(\eta + 1)^{1/2} + \eta^{1/2}}{(\eta + 1)^{1/2} - \eta^{1/2}}$$

$$= \frac{(1 + 1/\eta)^{1/2} + 1}{(1 + 1/\eta)^{1/2} - 1},$$

was wegen $1 + 1/\eta = \kappa$ den Beweis beendet. □

Für große $\kappa$ gilt wieder

$$\frac{\kappa^{1/2} - 1}{\kappa^{1/2} + 1} \approx 1 - \frac{2}{\kappa^{1/2}}.$$

Gegenüber (5.58) ist also $\kappa$ zu $\kappa^{1/2}$ verbessert worden.
Als Komplexität ergibt sich also für die 5-Punkte-Stern-Diskretisierung der Poisson-Gleichung auf dem Quadrat unter Beachtung von (5.4) und (5.34) mit

$$\ln\left(\frac{1}{\varepsilon}\right) O\!\left(\kappa^{1/2}\right) O(m) = O(n)\, O(m) = O\!\left(m^{3/2}\right)$$

das gleiche Verhalten wie beim SOR-Verfahren mit optimalem Relaxationsparameter. Der Vorteil besteht aber darin, dass beim CG-Verfahren keine Parameter zu bestimmen sind. Für quasi-uniforme Triangulierungen erlaubt Satz 3.45 eine analoge allgemeine Aussage.
Eine Verwandschaft zu den semiiterativen Verfahren ergibt sich aufgrund von (5.71): Die Abschätzung (5.66) lässt sich auch schreiben als

$$\left\|e^{(k)}\right\|_A \leq \left\|p(I - A)e^{(0)}\right\|_A \tag{5.74}$$

für beliebige $p \in \mathcal{P}_k$ mit $p(1) = 1$.
Dies ist in der Energienorm $\|\cdot\|_A$ anstelle der euklidischen Norm $|\cdot|_2$ die gleiche Abschätzung wie (5.42) für die Richardson-Iteration (5.28) als Basisverfahren. Während die semiiterativen Verfahren durch Minimierung von oberen Schranken von (5.42) definiert werden, ist also das CG-Verfahren – ohne Kenntnis des Spektrums $\sigma(I - A)$ optimal im Sinne von (5.74). Auf diese Weise kann also das CG-Verfahren als ein (optimales) Beschleunigungsverfahren für die Richardson-Iteration aufgefasst werden.

## 5.3 Vorkonditionierte CG-Verfahren

Wegen Satz 5.16 sollte $\kappa(A)$ möglichst klein bzw. nur wenig wachsend in $m$
sein, was für eine Finite-Element-Steifigkeitsmatrix nicht gilt.
Die schon in Abschn. 5.1 angesprochene Technik der Vorkonditionierung dient
dazu, das Gleichungssystem so zu transformieren, dass die Konditionszahl
der Systemmatrix reduziert wird, ohne dass der Aufwand der Auswertung
des Matrix-Vektor-Produktes (zu sehr) ansteigt.
Bei einer *Vorkonditionierung von links* wird das Gleichungssystem transformiert zu

$$C^{-1}Ax = C^{-1}b$$

mit einer *Vorkonditionierungsmatrix C*, bei *Vorkonditionierung von rechts* zu

$$AC^{-1}y = b,$$

so dass sich hier die Lösung von (5.1) als $x = C^{-1}y$ ergibt. Da die Matrizen
im Allgemeinen dünnbesetzt sind, ist dies immer als Lösung des Gleichungssystems $Cx = y$ zu interpretieren.
Ist $A$ symmetrisch und positiv definit, dann ist auch für symmetrisches positiv definites $C$ im Allgemeinen bei beiden Varianten diese Eigenschaft für
die transformierte Matrix verletzt. Wir gehen daher vorläufig aus von einer
Zerlegung von $C$ mittels einer nichtsingulären Matrix $W$ als

$$C = WW^T.$$

Dann kann $Ax = b$ transformiert werden zu $W^{-1}AW^{-T}W^Tx = W^{-1}b$, das
heißt zu

$$By = c \quad \text{mit} \quad B = W^{-1}AW^{-T}, \ c = W^{-1}b. \tag{5.75}$$

Die Matrix $B$ ist symmetrisch und positiv definit. Die Lösung $x$ ergibt sich
dann als $x = W^{-T}y$. Diese Vorgehensweise heißt auch *gesplittete Vorkonditionierung*.
Wegen $W^{-T}BW^T = C^{-1}A$ bzw. $WBW^{-1} = AC^{-1}$ haben $B$, $C^{-1}A$ und
$AC^{-1}$ die gleichen Eigenwerte, also insbesondere die gleiche spektrale Konditionszahl $\kappa$. Insofern sollte $C$ möglichst „nahe" bei $A$ liegen, um die Konditionszahl zu reduzieren.
Das CG-Verfahren, angewendet auf (5.75) und wieder zurücktransformiert,
liefert die *Methode der konjugierten Gradienten mit Vorkonditionierung* (**P**re-
conditioned **CG**):
Die Größen des CG-Verfahrens angewendet auf (5.75) werden alle mit ˜ gekennzeichnet, mit Ausnahme von $\alpha_k$ und $\beta_k$.
Wegen der Rücktransformation

$$x = W^{-T}\tilde{x}$$

hat das Verfahren in der Variable $x$ die Suchrichtungen

$$d^{(k)} := W^{-T} \tilde{d}^{(k)}$$

für die transformierte Iterierte

$$x^{(k)} := W^{-T} \tilde{x}^{(k)} \, . \tag{5.76}$$

Der Gradient $g^{(k)}$ von (5.44) in $x^{(k)}$ erfüllt

$$g^{(k)} := Ax^{(k)} - b = W \left( B\tilde{x}^{(k)} - c \right) = W\tilde{g}^{(k)}$$

und somit

$$g^{(k+1)} = g^{(k)} + \alpha_k W B \tilde{d}^{(k)} = g^{(k)} + \alpha_k A d^{(k)} \, ,$$

so dass diese Formel gegenüber dem CG-Verfahren unverändert bleibt bei neuer Interpretation der Suchrichtungen. Diese werden aktualisiert durch

$$d^{(k+1)} = -W^{-T} W^{-1} g^{(k+1)} + \beta_k d^{(k)} = -C^{-1} g^{(k+1)} + \beta_k d^{(k)} \, ,$$

also ist zusätzlich in jedem Iterationsschritt das Gleichungssystem $Ch^{(k+1)} = g^{(k+1)}$ zu lösen.
Schließlich ist

$$\tilde{g}^{(k)^T} \tilde{g}^{(k)} = g^{(k)^T} C^{-1} g^{(k)} = g^{(k)^T} h^{(k)}$$

und

$$\tilde{d}^{(k)^T} B \tilde{d}^{(k)} = d^{(k)^T} A d^{(k)} \, ,$$

so dass das Verfahren die in Tabelle 5.3 aufgeführte Gestalt annimmt.

Wähle $x^{(0)} \in \mathbb{R}^m$ beliebig und berechne
$$g^{(0)} = Ax^{(0)} - b \, , \quad d^{(0)} := -h^{(0)} := -C^{-1} g^{(0)}$$
Für $k = 0, 1, \dots$ setze
$$\alpha_k = \frac{g^{(k)^T} h^{(k)}}{d^{(k)^T} A d^{(k)}}$$
$$x^{(k+1)} = x^{(k)} + \alpha_k d^{(k)}$$
$$g^{(k+1)} = g^{(k)} + \alpha_k A d^{(k)}$$
$$h^{(k+1)} = C^{-1} g^{(k+1)}$$
$$\beta_k = \frac{g^{(k+1)^T} h^{(k+1)}}{g^{(k)^T} h^{(k)}}$$
$$d^{(k+1)} = -h^{(k+1)} + \beta_k d^{(k)}$$
bis das Abbruchkriterium („$|g^{(k+1)}|_2 = 0$") erfüllt ist.

**Tabelle 5.3.** PCG-Verfahren

Die Auflösung des zusätzlichen Gleichungssystems sollte bei dünnbesetzten Matrizen die Komplexität $O(m)$ haben, um die Komplexität für einen Iterationsschritt nicht zu verschlechtern. Eine Zerlegung $C = WW^T$ muss dabei nicht notwendig bekannt sein.

Alternativ kann das PCG-Verfahren auch auf die Beobachtung aufgebaut werden, dass $C^{-1}A$ bezüglich des Energieskalarprodukts zu $C$, $\langle \cdot, \cdot \rangle_C$, selbstadjungiert und definit ist:

$$\langle C^{-1}Ax, y \rangle_C = \left( C^{-1}Ax \right)^T Cy = x^T Ay = x^T C(C^{-1}Ay) = \langle x, C^{-1}Ay \rangle_C$$

und also auch $\langle C^{-1}Ax, x \rangle_C > 0$ für $x \neq 0$.

Wird das CG-Verfahren für (5.75) bezüglich $\langle \cdot, \cdot \rangle_C$ gewählt, erhält man genau das obige Verfahren.

Soll als Abbruchkriterium der Iteration weiterhin „$\left| g^{(k+1)} \right|_2 = 0$" benutzt werden, muss zusätzlich das Skalarprodukt berechnet werden, alternativ wird bei „$\left| g^{(k+1)^T} h^{(k+1)} \right| = 0$" der Defekt in der Norm $\| \cdot \|_{C^{-1}}$ gemessen.

Gemäß der Überlegungen am Ende von Abschn. 5.2 kann das PCG-Verfahren interpretiert werden als eine Beschleunigung eines linearen stationären Verfahrens mit Iterationsmatrix

$$M = I - C^{-1}A \,,$$

also – Konsistenz vorausgesetzt – $N = C^{-1}$ bzw. in der Formulierung (5.10): $W = C$. Diese Beobachtung kann dahingehend erweitert werden, dass das CG-Verfahren zur Beschleunigung von Iterationsverfahren eingesetzt wird, zum Beispiel auch des in Abschn. 5.5 zu besprechenden Mehrgitterverfahrens. Aufgrund der Herleitung des vorkonditionierten CG-Verfahrens und der wegen der Transformation (5.76) geltenden Identität

$$\left\| x^{(k)} - x \right\|_A = \left\| \tilde{x}^{(k)} - \tilde{x} \right\|_B \,,$$

gelten die Approximationsaussagen für das CG-Verfahren auch für das PCG-Verfahren, wobei die spektrale Konditionszahl $\kappa(A)$ durch $\kappa(B) = \kappa(C^{-1}A)$ zu ersetzen ist, also:

$$\left\| x^{(k)} - x \right\|_A \leq 2 \left( \frac{\kappa^{1/2} - 1}{\kappa^{1/2} + 1} \right)^k \left\| x^{(0)} - x \right\|_A$$

mit $\kappa = \kappa(C^{-1}A)$.

Es besteht eine enge Beziehung zwischen guten Vorkonditionierungsmatrizen $C$, die $\kappa(C^{-1}A)$ klein halten, und gut konvergenten linear stationären Iterationsverfahren mit $N = C^{-1}$ (und $M = I - C^{-1}A$), sofern $N$ symmetrisch und positiv definit ist. Es gilt nämlich:

$$\kappa(C^{-1}A) \leq (1 + \varrho(M))/(1 - \varrho(M)) \,,$$

sofern das durch $M$ und $N$ definierte Verfahren konvergent ist und $N$ für symmetrische $A$ auch symmetrisch ist (siehe Übungsaufgabe 5.7).
Von den betrachteten linear stationären Verfahren verbleiben wegen der Symmetrieforderung

• das Jacobi-Verfahren:

Dies entspricht wegen $C = N^{-1} = D$ aus der Zerlegung (5.18) und der Äquivalenz des PCG-Verfahrens mit der Vorkonditionierung von links und der Benutzung von $\langle \cdot, \cdot \rangle_C$ gerade der *Diagonalskalierung*, das heißt der Division jeder Gleichung mit ihrem Diagonalelement.

• das SSOR-Verfahren:

Nach (5.38) ist

$$C = \omega^{-1}(2 - \omega)^{-1}(D + \omega L)D^{-1}(D + \omega L^T).$$

Somit ist $C$ symmetrisch und positiv definit. Die Auflösung der Hilfsgleichungssysteme erfordert also nur Vorwärts- und Rückwärtssubstitution bei gleicher Besetzungsstruktur wie bei der Systemmatrix, so dass auch die Forderung der geringeren Komplexität erfüllt ist. Aus einer genauen Abschätzung von $\kappa(C^{-1}A)$ sieht man (siehe [2, S. 328 ff.]): Unter gewissen Bedingungen an $A$, die also Bedingungen an die Randwertaufgabe und die Diskretisierung widerspiegeln, ergibt sich eine erhebliche Konditionsverbesserung in Form einer Abschätzung vom Typ

$$\kappa(C^{-1}A) \leq \text{const}(\kappa(A)^{1/2} + 1).$$

Die Wahl des Relaxationsparameters $\omega$ ist nicht kritisch. Anstatt zu versuchen, diesen optimal für die Kontraktionszahl des SSOR-Verfahrens zu wählen, kann man eine Abschätzung für $\kappa(C^{-1}A)$ minimieren (siehe [2, S. 337]), was die Wahl von $\omega$ in $[1.2, 1.6]$ nahelegt.
Für die 5-Punkte-Stern-Diskretisierung der Poisson-Gleichung auf dem Quadrat ist nach (5.34) $\kappa(A) = O(n^2)$, und besagte Bedingungen sind erfüllt (siehe [2, S. 330 f.]). Durch SSOR-Vorkonditionierung verbessert sich dies also zu $\kappa(C^{-1}A) = O(n)$ und damit wird die Komplexität des Verfahrens zu

$$\ln\left(\frac{1}{\varepsilon}\right) O(\kappa^{1/2}) O(m) = \ln\left(\frac{1}{\varepsilon}\right) O(n^{1/2}) O(m) = O(m^{5/4}). \tag{5.77}$$

Direkte Eliminationsverfahren, wie sie in Abschn. 2.5 diskutieren wurden, scheiden bei Diskretisierungen von Randwertaufgaben für größere Knotenanzahlen wegen des Phänomens des Einfüllens aus. Wie in Abschn. 2.5 bezeichnet $L = (l_{ij})$ eine untere Dreiecksmatrix mit $l_{ii} = 1$ für alle $i = 1, \ldots, m$ – die Dimension wird dort mit der Anzahl der Freiheitsgrade $M$ bezeichnet – und $U = (u_{ij})$ eine obere Dreiecksmatrix. Die Idee der *unvollständigen LU-Zerlegung* oder *ILU-Zerlegung* (*incomplete LU decomposition*) besteht darin, für die Einträge von $L$ und $U$ nur Plätze eines gewissen *Musters* $\mathcal{E} \in \{1, \ldots, m\}^2$ zuzulassen, wodurch dann im Allgemeinen nicht mehr

$A = LU$, sondern nur

$$A = LU - R$$

zu fordern ist. Dabei soll die Restmatrix $R = (r_{ij}) \in \mathbb{R}^{m,m}$ folgende Eigenschaften erfüllen:

$$r_{ij} = 0 \quad \text{für } (i,j) \in \mathcal{E} \, . \tag{5.78}$$

Das heißt, die Forderungen

$$a_{ij} = \sum_{k=1}^{m} l_{ik} u_{kj} \quad \text{für } (i,j) \in \mathcal{E} \tag{5.79}$$

stellen $|\mathcal{E}|$ Bestimmungsgleichungen für die $|\mathcal{E}|$ Einträge der Matrizen $L$ und $U$. (Man beachte dabei $l_{ii} = 1$ für alle $i$.) Die Existenz solcher Zerlegungen wird später diskutiert.

Analog zum engen Zusammenhang der Existenz der LU-Zerlegung und einer LDL$^T$-bzw. LL$^T$-Zerlegung für symmetrische bzw. symmetrisch positiv definite Matrizen nach Abschn. 2.5 kann für solche Matrizen etwa der Begriff der *IC-Zerlegung* (*incomplete Cholesky decomposition*) eingeführt werden, bei der eine Darstellung

$$A = LL^T - R$$

gefordert wird.

Auf eine ILU-Zerlegung aufbauend, wird ein linear stationäres Verfahren durch $N = (LU)^{-1}$ (und $M = I - NA$) definiert, die *ILU-Iteration*. Es handelt sich also um eine Erweiterung des alten Verfahrens der *Nachiteration*.

Benutzt man $C = N^{-1} = LU$ zur Vorkonditionierung, hängt die Komplexität der Hilfsgleichungssysteme von der Wahl des Besetzungsmusters $\mathcal{E}$ ab. Im Allgemeinen wird gefordert:

$$\mathcal{E}' := \big\{ (i,j) \mid a_{ij} \neq 0, \ i,j = 1,\dots,m \big\} \subset \mathcal{E}, \quad \big\{ (i,i) \mid i = 1,\dots,m \big\} \subset \mathcal{E}, \tag{5.80}$$

wobei die Gleichheitsforderung $\mathcal{E}' = \mathcal{E}$ der am häufigsten benutzte Fall ist. Dann bzw. bei festen Erweiterungen von $\mathcal{E}'$ ist gewährleistet, dass bei einer Sequenz von Gleichungssystemen, bei denen $A$ dünnbesetzt im engeren Sinn ist, dies auch auf $L$ und $U$ zutrifft und insgesamt wie bei der SSOR-Vorkonditionierung für die Hilfsgleichungssysteme inklusive der Bestimmung von $L$ und $U$ jeweils nur $O(m)$ Operationen nötig sind. Andererseits sollte die Restmatrix $R$ möglich „klein" sein, um eine gute Konvergenz der ILU-Iteration bzw. Kleinheit der spektralen Konditionszahl $\kappa(C^{-1}A)$ sicherzustellen. Mögliche Besetzungsmuster $\mathcal{E}$ sind zum Beispiel in [25, S. 275 ff.] dargestellt. Dort wird auch eine spezifischere Struktur von $L$ und $U$ diskutiert, wenn die Matrix $A$ aus der Diskretisierung auf einem strukturierten Gitter wie etwa Finite-Differenzen-Verfahren herrührt.

Es bleibt die Frage der Existenz (und Stabilität) einer ILU-Zerlegung zu diskutieren. Aus (2.55) ist bekannt, dass auch für die Existenz einer LU-Zerlegung Bedingungen zu erfüllen sind, wie etwa die M-Matrix-Eigenschaft. Dies ist auch ausreichend für eine ILU-Zerlegung.

**Satz 5.17** *Sei $A \in \mathbb{R}^{m,m}$ eine M-Matrix, dann existiert zu einem vorgegebenen Muster $\mathcal{E}$, das (5.80) erfüllt, eine ILU-Zerlegung. Die dadurch definierte Aufspaltung von A in $A = LU - R$ ist regulär in folgendem Sinn:*

$$\left((LU)^{-1}\right)_{ij} \geq 0\,, \quad (R)_{ij} \geq 0 \quad \text{für alle } i,j = 1,\ldots,m\,.$$

**Beweis:** Siehe [14, S. 225]. $\qquad\qquad\qquad\qquad\qquad\qquad\qquad\qquad$ □

Eine ILU- (bzw. IC-) Zerlegung kann dadurch bestimmt werden, dass die Gleichungen (5.78) als Bestimmungsgleichungen für $l_{ij}$ und $u_{ij}$ in der richtigen Reihenfolge durchgegangen werden. Stattdessen kann aber auch das Eliminations- bzw. Cholesky-Verfahren in seiner Grundform auf dem Muster $\mathcal{E}$ durchgeführt werden.

Eine Verbesserung der Eigenwertverteilung von $C^{-1}A$ ist manchmal möglich, wenn statt einer IC- eine MIC-Zerlegung (**m**odified **i**ncomplete **C**holesky decomposition) zugrunde gelegt wird. Hier werden im Gegensatz zu (5.79), die im Eliminationsverfahren anfallenden Modifikationsschritte für Positionen außerhalb des Musters nicht ignoriert, sondern am jeweiligen Diagonalelement durchgeführt.

Was die Reduktion der Konditionszahl durch ILU- (IC-) Vorkonditionierung betrifft, so gilt für das Modellproblem Analoges wie für die SSOR-Vorkonditionierung. Insbesondere gilt auch (5.77).

Das Hilfsgleichungssystem mit $C = N^{-1}$, das heißt

$$h^{(k+1)} = Ng^{(k+1)}$$

kann auch interpretiert werden als ein Iterationsschritt des durch $N$ definierten Iterationsverfahrens mit Startiterierter $z^{(0)} = 0$ und rechter Seite $g^{(k+1)}$. Eine Erweiterung der besprochenen Möglichkeiten zur Vorkonditionierung besteht daher darin, anstelle von einem eine feste Anzahl von Iterationsschritten durchzuführen.

# 5.4 Krylov-Unterraum-Methoden für nichtsymmetrische Gleichungssysteme

Mit den verschiedenen Varianten der PCG-Verfahren stehen Verfahren zur Verfügung, die für die bei der Diskretisierung von Randwertaufgaben entstehenden Gleichungssysteme die Zielvorstellungen hinsichtlich ihrer Komplexität recht gut erfüllen. Voraussetzung ist allerdings, dass die Systemmatrix symmetrisch und positiv definit ist, was die Anwendbarkeit etwa bei

Finite-Element-Diskretisierungen auf rein diffusive Prozesse ohne konvektiven Transportmechanismus einschränkt (siehe (3.23)). Ausnahmen bilden hier nur bei zeitabhängigen Problemen (semi-)explizite Zeitdiskretisierungen (vgl. (6.10)) und das Lagrange–Galerkin-Verfahren (siehe Abschn. 9.3). Diesem kommt auch aufgrund dessen eine besondere Bedeutung zu. Ansonsten sind die entstehenden Gleichungssysteme immer nichtsymmetrisch und *positiv reell*, das heißt, es gilt für die Systemmatrix $A$:

$$A + A^T \quad \text{ist positiv definit.}$$

Es ist also wünschenswert, die (P)CG-Verfahren auf solche Matrizen zu verallgemeinern. Diese sind durch zwei Eigenschaften ausgezeichnet:

- Die Iterierte $x^{(k)}$ minimiert $f(\cdot) = \|\cdot - x\|_A$ auf $x^{(0)} + K_k(A; g^{(0)})$, wobei $x = A^{-1}b$.
- Die Basisvektoren $d^{(i)}$, $i = 0, \ldots, k-1$, von $K_k(A; g^{(0)})$ müssen nicht von vornherein bestimmt (und gespeichert) werden, sondern werden über eine *Drei-Term-Rekursion* (5.61) während der Iteration bestimmt und eine analoge Beziehung gilt per definitionem für $x^{(k)}$ (siehe (5.48)).

Die erste Eigenschaft kann im Folgenden beibehalten werden, wobei die Norm der Fehler- oder auch Defektminimierung von Verfahren zu Verfahren variiert, die zweite Eigenschaft geht partiell verloren, indem im Allgemeinen alle Basisvektoren $d^{(0)}, \ldots, d^{(k-1)}$ zur Bestimmung von $x^{(k)}$ nötig sind. Dies bringt mit großem $k$ Speicherplatzprobleme mit sich. Analog zu den CG-Verfahren werden Vorkonditionierungen notwendig sein für ein akzeptables Verhalten der Verfahren. Es ergeben sich die gleichen Anforderungen an die Vorkonditionierungsmatrizen mit Ausnahme der Forderung nach Symmetrie und Positivdefinitheit. Alle drei Vorkonditionierungsansätze sind prinzipiell möglich. Im Folgenden wird daher Vorkonditionierung nicht mehr explizit angesprochen und auf Abschn. 5.3 verwiesen.

Der einfachste Zugang besteht in der Anwendung des CG-Verfahrens auf ein zu (5.1) äquivalentes Gleichungssystem mit symmetrisch positiv definiter Matrix. Dies gilt für die *Normalgleichungen*

$$A^T A x = A^T b \,. \tag{5.81}$$

Dieser Zugang heißt auch CGNR (**C**onjugate **G**radient **N**ormal **R**esidual), da hier die Iterierte $x^{(k)}$ die euklidische Norm des Defekts auf $x^{(0)} + K_k(A^T A; g^{(0)})$ mit $g^{(0)} = A^T(Ax^{(0)} - b)$ minimiert. Dies folgt aus der Gleichung

$$\|y - x\|_{A^T A}^2 = (Ay - b)^T (Ay - b) = |Ay - b|_2^2 \tag{5.82}$$

für beliebiges $y \in \mathbb{R}^m$ und die Lösung $x = A^{-1}b$.

Hier bleiben alle Vorteile des CG-Verfahren erhalten, doch ist in (5.53) und (5.65) $Ad^{(k)}$ durch $A^T A d^{(k)}$ zu ersetzen. Abgesehen von der Verdopplung der Operationen kann dies nachteilig sein, wenn $\kappa_2(A)$ groß ist, da $\kappa_2(A^T A) =$

$\kappa_2(A)^2$ dann zu Stabilitäts- und Konvergenzproblemen führen kann. Wegen (5.34) ist dies für große Anzahlen von Freiheitsgraden zu erwarten.

Außerdem ist bei listenorientierter Speicherung immer eine der Operationen $Ay$ oder $A^T y$ sehr suchaufwendig. Es kann sogar sein, dass die Matrix $A$ gar nicht explizit vorliegt, sondern nur die Abbildungsvorschrift $y \mapsto Ay$ auswertbar ist (siehe Aufgabe 7.6), was dann dieses Verfahren völlig ausschließt. Gleiche Bedenken gelten, wenn statt (5.81)

$$AA^T \tilde{x} = b \tag{5.83}$$

mit der Lösung $\tilde{x} = A^{-T} x$ zugrunde gelegt wird. In diesem Fall minimiert $x^{(k)} := A^T \tilde{x}^{(k)}$, wobei $\tilde{x}^{(k)}$ die $k$-te Iterierte des CG-Verfahrens angewendet auf (5.83) bezeichnet, den Defekt in der euklidischen Norm auf $x_0 + A^T [K_k(AA^T; g^{(0)})]$, da

$$\|\tilde{y} - \tilde{x}\|_{AA^T}^2 = (A^T \tilde{y} - x)^T (A^T \tilde{y} - x) = |A^T \tilde{y} - x|_2^2$$

für beliebiges $\tilde{y} \in \mathbb{R}^m$ und $g^{(0)} = Ax^{(0)} - b$ gilt. Dies erklärt die Bezeichnung CGNE (mit $E$ von **E**rror).

Bei der Frage, ob ein Verfahren den Fehler oder den Defekt minimiert, ist offensichtlich auch die zugrunde gelegte Norm zu beachten. Für ein symmetrisch positiv definites $B \in \mathbb{R}^{m,m}$ gilt nämlich für $y \in \mathbb{R}^m$ und $x = A^{-1}b$:

$$\|Ay - b\|_B = \|y - x\|_{A^T BA} .$$

Für $B = A^{-T}$ (für symmetrisch positiv definites $A$) erhalten wir die Situation des CG-Verfahrens:

$$\|Ay - b\|_{A^{-T}} = \|y - x\|_A .$$

Für $B = I$ findet sich (5.82) wieder:

$$|Ay - b|_2 = \|y - x\|_{A^T A} .$$

Dieses Funktional auf $x^{(0)} + K_k(A; g^{(0)})$ (nicht $K_k(A^T A; g^{(0)})$) zu minimieren, führt auf das Verfahren GMRES (*Generalized Minimum RESidual*).

Algorithmisch beruht dieses (und andere) Verfahren darauf, dass aufeinander aufbauend Orthonormalbasen von $K_k(A; g^{(0)})$ gebildet werden durch den *Arnoldi-Prozess*, der Generieren der Basis nach (5.61) und Orthonormalisieren nach dem Schmidt'schen Orthonormalisierungsverfahren miteinander verbindet (siehe Tabelle 5.4).

Das Arnoldi-Verfahren sei bis zum Index $k$ durchführbar, dann setze man:

$$h_{ij} := 0 \quad \text{für } j = 1, \dots, k, \ i = j + 2, \dots, k + 1 ,$$

$$H_k := (h_{ij})_{ij} \in \mathbb{R}^{k,k} ,$$

$$\bar{H}_k := (h_{ij})_{ij} \in \mathbb{R}^{k+1,k} ,$$

$$V_{k+1} := (v_1, \dots, v_{k+1}) \in \mathbb{R}^{m,k+1} .$$

Die Matrix $H_k$ ist also eine obere Hessenberg-Matrix (siehe Anhang A.3). Die Grundlage für das GMRES-Verfahren bildet:

$g^{(0)} \in \mathbb{R}^m$, $g^{(0)} \neq 0$ sei gegeben. Setze
$$v_1 := g^{(0)}/|g^{(0)}|_2 .$$
Für $j = 1, \ldots, k$ berechne
$$h_{ij} := v_i^T A v_j \quad \text{für } i = 1, \ldots, j ,$$
$$w_j := A v_j - \sum_{i=1}^{j} h_{ij} v_i ,$$
$$h_{j+1,j} := |w_j|_2 .$$
Falls $h_{j+1,j} = 0$, Abbruch, sonst setze
$$v_{j+1} := w_j/h_{j+1,j} .$$

**Tabelle 5.4.** Arnoldi-Verfahren

**Satz 5.18** *Das Arnoldi-Verfahren sei bis zum Index $k$ durchführbar, dann gilt:*

1) $v_1, \ldots, v_{k+1}$ *bilden eine Orthonormalbasis von* $K_{k+1}(A; g^{(0)})$.
2)
$$AV_k = V_k H_k + w_k e_k^T = V_{k+1} \bar{H}_k , \qquad (5.84)$$
*wobei* $e_k = (0, \ldots, 0, 1)^T \in \mathbb{R}^k$,
$$V_k^T A V_k = H_k . \qquad (5.85)$$

3) *Die Aufgabe*

$$\text{Minimiere} \quad |Ay - b|_2 \quad \text{für} \quad y \in x^{(0)} + K_k(A; g^{(0)})$$

*mit dem Minimum* $x^{(k)}$ *ist äquivalent mit*

$$\text{Minimiere} \quad |\bar{H}_k \xi - \beta e_1|_2 \quad \text{für} \quad \xi \in \mathbb{R}^k \qquad (5.86)$$

*mit dem Minimum* $\xi^{(k)}$, *wobei* $\beta := -|g^{(0)}|_2$, *und es gilt*

$$x^{(k)} = x^{(0)} + V_k \xi^{(k)} .$$

*Bricht das Arnoldi-Verfahren beim Index $k$ ab, dann gilt:*

$$x^{(k)} = x = A^{-1} b .$$

**Beweis:** Zu 1): Die $v_1, \ldots, v_{k+1}$ sind nach Konstruktion orthonormal, so dass nur $v_i \in K_{k+1}(A; g^{(0)})$ für $i = 1, \ldots, k+1$ gezeigt werden muss. Dies wiederum folgt aus der Darstellung

$$v_i = q_{i-1}(A) v_1 \quad \text{mit Polynomen} \quad q_{i-1} \in \mathcal{P}_{i-1} .$$

In dieser Form wird die Aussage durch Induktion über $k$ gezeigt. Für $k = 0$ ist sie trivial, sie sei also für $k - 1$ gültig. Ihre Gültigkeit für $k$ folgt dann aus

$$h_{k+1,k}v_{k+1} = Av_k - \sum_{i=1}^{k} h_{ik}v_i = \left( Aq_{k-1}(A) - \sum_{i=1}^{k} h_{ik}q_{i-1}(A) \right) v_1 .$$

Zu 2): Die Beziehung (5.85) folgt aus (5.84) durch Multiplikation mit $V_k^T$, da $V_k^T V_k = I$ und $V_k^T w_k = h_{k+1,k}V_k^T v_{k+1} = 0$ wegen der Orthonormalität der $v_i$.
Die Beziehung in (5.84) ist die Matrix-Schreibweise von

$$Av_j = \sum_{i=1}^{j} h_{ij}v_i + w_j = \sum_{i=1}^{j+1} h_{ij}v_i \quad \text{für} \quad j = 1, \dots, k .$$

Zu 3): Der Raum $x^{(0)} + K_k\big(A; g^{(0)}\big)$ hat wegen 1) die Parametrisierung

$$y = x^{(0)} + V_k\xi \quad \text{mit} \quad \xi \in \mathbb{R}^k . \tag{5.87}$$

Die Behauptung ergibt sich aus der mittels 2) folgenden Identität

$$\begin{aligned} Ay - b &= A\big(x^{(0)} + V_k\xi\big) - b = AV_k\xi + g^{(0)} \\ &= V_{k+1}\bar{H}_k\xi - \beta v_1 = V_{k+1}\big(\bar{H}_k\xi - \beta e_1\big) , \end{aligned}$$

weil wegen der Orthogonalität von $V_{k+1}$ gilt:

$$|Ay - b|_2 = \big|V_{k+1}(\bar{H}_k\xi - \beta e_1)\big|_2 = \big|\bar{H}_k\xi - \beta e_1\big|_2 .$$

Die letzte Behauptung kann man schließlich folgendermaßen einsehen: Bricht das Arnoldi-Verfahren beim Index $k$ ab, so wird die Beziehung 2) zu

$$AV_k = V_kH_k ,$$

bzw.

$$AV_k = V_{k+1}\bar{H}_k$$

gilt weiterhin, wenn $v_{k+1}$ beliebig gewählt wird (da $h_{k+1,k} = 0$). Da $A$ nichtsingulär ist, muss dies auch für $H_k$ gelten. Also ist die Wahl

$$\xi := H_k^{-1}(\beta e_1)$$

möglich, für die gilt

$$\big|\bar{H}_k\xi - \beta e_1\big|_2 = |H_k\xi - \beta e_1|_2 = 0 .$$

Das nach (5.87) zugehörige $y \in \mathbb{R}^m$ erfüllt also $y = x^{(k)} = x$. $\qquad\square$

Ein Problem des Arnoldi-Verfahrens besteht darin, dass durch Rundungs-
fehlereffekte die Orthogonalität der $v_i$ leicht verloren geht. Ersetzt man in
Tabelle 5.4 die Zuweisung

$$w_j := Av_j - \sum_{i=1}^{j} h_{ij}v_i$$

durch die den gleichen Vektor definierenden Operationen

$$w_j := Av_j$$

Für $i = 1, \ldots, j$ berechne
$$h_{ij} := w_j^T v_i$$
$$w_j := w_j - h_{ij}v_i \,,$$

so erhält man das *modifizierte Arnoldi-Verfahren*, worauf das GMRES-
Verfahren in seiner Grundform zusammen mit (5.86) aufbaut. Alternativ
kann die Schmidt'sche Orthonormalisierung durch das Householder-Verfahren
ersetzt werden (siehe [25, S. 159 ff.]). Bei exakter Arithmetik kann das
GMRES-Verfahren nur nach Bestimmung der exakten Lösung abbrechen (mit
$h_{k+1,k} = 0$). Dies ist bei alternativen Verfahren der gleichen Klasse nicht immer der Fall. Für wachsenden Iterationsindex $k$ können für große Problemdi-
mension $m$ schnell Speicherplatzprobleme durch die Basisvektoren $v_1, \ldots, v_k$
entstehen. Ein Ausweg besteht darin, nur eine feste Anzahl $n$ von Iterationen durchzuführen und dann gegebenenfalls das Verfahren mit $x^{(0)} := x^{(n)}$
und $g^{(0)} := Ax^{(0)} - b$ neu zu starten, bis schließlich das Konvergenzkriterium
erfüllt ist (*GMRES-Verfahren mit Restart*). Es gibt auch die *abgeschnittene*
Version des GMRES-Verfahrens, in der die jeweils letzten $n$ Basisvektoren
berücksichtigt werden. Die Minimierung des Fehlers in der Energienorm (auf
den Vektorraum $K$) wie beim CG-Verfahren ist nur für symmetrisch positiv
definite Matrizen $A$ sinnvoll. Die dieses Minimum charakterisierende Variationsgleichung

$$(Ay - b)^T z = 0 \quad \text{für alle } z \in K$$

kann aber allgemein als definierende Bedingung für $y$ gestellt werden. Darauf
bauen weitere Varianten von Krylov-Unterraum-Methoden auf. Eine weitere
große Klasse solcher Verfahren beruht auf der *Lanczos-Biorthogonalisierung*,
bei der neben einer Basis $v_1, \ldots, v_k$ von $K_k(A; v_1)$ eine Basis $w_1, \ldots, w_k$ von
$K_k(A^T; w_1)$ aufgebaut wird, so dass

$$v_j^T w_i = \delta_{ij} \quad \text{für} \quad i, j = 1, \ldots, k \,.$$

Der bekannteste Vertreter ist das *BICGSTAB-Verfahren*. Für eine weitere
Erörterung dieses Themas sei zum Beispiel auf [25] verwiesen.

# 5.5 Mehrgitterverfahren

### 5.5.1 Idee des Mehrgitterverfahrens

Wir betrachten wieder das Modellproblem der 5-Punkte-Stern-Diskretisierung für die Poisson-Gleichung auf dem Quadrat und wenden darauf das relaxierte Jacobi-Verfahren an, das heißt nach (5.31) lautet die Iterationsmatrix

$$M = \omega M_{\mathrm{J}} + (1 - \omega)I = I - \frac{\omega}{4}\, A\,,$$

wobei $A$ die Steifigkeitsmatrix nach (1.14) darstellt. Für $\tilde{\omega} = \omega/4$ ist dies also auch das relaxierte Richardson-Verfahren, das nach (5.35) selbst bei optimaler Parameterwahl das schlechte Konvergenzverhalten des Jacobi-Verfahrens hat. Für geeignetes $\omega$ kann das Verfahren aber positive Eigenschaften haben. Nach (5.25) sind die Eigenwerte von $M$

$$\lambda_{k,l} = 1 - \omega + \frac{\omega}{2} \left( \cos \frac{k\pi}{n} + \cos \frac{l\pi}{n} \right),\quad 1 \le k,l \le n-1\,.$$

Man sieht daraus, dass je nach Wahl von $\omega$ eine Beziehung besteht zwischen der Größe der Eigenwerte und der Lage der Frequenz der zugehörigen Eigenfunktion: Für $\omega = 1$, das heißt dem Jacobi-Verfahren, gilt $\varrho(M) = \lambda_{1,1} = -\lambda_{n-1,n-1}$, das heißt die Eigenwerte sind groß, wenn $k$ und $l$ nahe bei 1 oder $n$ liegen. Es gibt also große Eigenwerte sowohl für niederfrequente als auch für hochfrequente Eigenfunktionen. Für $\omega = \frac{1}{2}$ ist $\varrho(M) = \lambda_{1,1}$, und die Eigenwerte sind nur noch dann groß, wenn $k$ und $l$ nahe bei 1 liegen, das heißt die Eigenfunktionen niederfrequent sind.

Allgemein gilt: Würde der Fehler einer Iterierten $\mathbf{e}^{(k)}$ eine Eigenvektordarstellung nur aus orthonormalen Eigenvektoren $z_\nu$ zu Eigenwerten besitzen, die klein sind, zum Beispiel $|\lambda_\nu| \le \frac{1}{2}$:

$$\mathbf{e}^{(k)} = \sum_{\nu:|\lambda_\nu|\le\frac{1}{2}} c_\nu z_\nu\,,$$

dann folgte nach (5.11) für die euklidische Vektornorm $|\cdot|_2$:

$$\left|\mathbf{e}^{(k+1)}\right|_2 = \left| \sum_{\nu:|\lambda_\nu|\le\frac{1}{2}} \lambda_\nu c_\nu z_\nu \right|_2 = \left( \sum_{\nu:|\lambda_\nu|\le\frac{1}{2}} \lambda_\nu^2 c_\nu^2 \right)^{1/2}$$

$$\le \frac{1}{2} \left( \sum_{\nu:|\lambda_\nu|\le\frac{1}{2}} c_\nu^2 \right)^{1/2} = \frac{1}{2}\left|\mathbf{e}^{(k)}\right|_2\,,$$

wenn die Eigenvektoren bzgl. des euklidischen Skalarprodukts orthonormal gewählt sind (vgl. (5.67)). Für einen solchen Startfehler und bei exakter

Arithmetik hätte das Verfahren also eine von der Diskretisierung unabhängige „kleine" Konvergenzrate.

Im Fall des mit $\omega = 1/2$ gedämpften Jacobi-Verfahrens bedeutet dies also: Besteht der Startfehler nur aus hochfrequenten Anteilen (im Sinne einer Eigenvektorentwicklung nur mit Eigenvektoren, bei denen $k$ oder $l$ von 1 entfernt sind), dann gilt obige Überlegung. Allein wegen der Rundungsfehler liegen aber immer niederfrequente Anteile im Fehler vor, so dass die obige Konvergenzaussage zwar nicht gilt, wohl aber die *Glättungseigenschaft* für das gedämpfte Jacobi-Verfahren: Einige Schritte führen zwar nur zu einer geringen Fehlerreduktion, glätten den Fehler aber in dem Sinn, dass die hochfrequenten Anteile stark reduziert werden.

Die Idee des Mehrgitterverfahrens besteht darin, diesen verbleibenden Fehler auf einem groben Gitter approximativ zu berechnen. Der glatte Fehler ist auch auf dem gröberen Gitter noch darstellbar und sollte also dort approximierbar sein, die Dimension des Problems reduziert sich aber im Allgemeinen erheblich. Da Finite-Element-Diskretisierungen im Mittelpunkt dieses Buches stehen, soll das Konzept eines Mehrgitterverfahrens an einem solchen Beispiel entwickelt werden. Es wird sich aber herausstellen, dass der Mehrgitter-Ansatz auch auf Finite-Differenzen- und auf Finite-Volumen-Verfahren anwendbar ist. Er ist sogar über den Bereich der Diskretisierung von Differentialgleichungen hinaus erfolgreich eingesetzt worden. *Algebraische Mehrgitterverfahren* sind allgemein auf lineare Gleichungssysteme (5.1) anwendbar und erzeugen sich ein abstraktes Analogon einer „Gitterhierarchie" selbst (siehe zum Beispiel [59]).

### 5.5.2 Mehrgitterverfahren und Finite-Element-Methoden

Sei $\mathcal{T}_l = \mathcal{T}_h$ die Triangulierung, die aus einer Grobtriangulierung $\mathcal{T}_0$ durch $l$-fache Anwendung einer Verfeinerungsstrategie entstanden ist. Als Beispiel möge die in Abschn. 2.4.1 eingeführte Strategie dienen. Es ist also nicht nötig, dass zum Beispiel in zwei Raumdimensionen von $\mathcal{T}_k$ nach $\mathcal{T}_{k+1}$ jedes Dreieck in 4 Dreiecke zerlegt wird. Es muss nur

$$V_k \subset V_{k+1} , \quad k = 0, \ldots, l-1 ,$$

gelten für die bei fest gewähltem Ansatz entstehenden endlich-dimensionalen Ansatzräume $V_0, V_1, \ldots, V_l = V_h$, das heißt die Ansatzräume müssen *geschachtelt* sein. Dies gilt jedoch für alle in Abschn. 3.3 diskutierten, wenn $\mathcal{T}_{k+1}$ weiterhin eine konforme Triangulierung darstellt und aus $\mathcal{T}_k$ durch Zerlegung von $K \in \mathcal{T}_k$ in eventuell verschieden viele Elemente gleicher Art hervorgeht. Die Knoten von $\mathcal{T}_k$, die Freiheitsgrade der Diskretisierung sind (bei Hermite-Ansätzen eventuell mehrfach auftretend), werden bezeichnet mit

$$a_i^k , \quad i = 1, \ldots, M_k ,$$

und die zugehörigen Basisfunktionen von $V_k$ mit

$$\varphi_i^k , \quad i = 1, \ldots, M_k ,$$

wobei der Index $k$ jeweils $k = 0, \ldots, l$ durchlaufe. Bei quadratischem Ansatz auf dem Dreieck und Dirichlet-Randbedingungen zum Beispiel sind also die $a_i^k$ gerade die im Inneren des Gebietes liegenden Ecken und Seitenmitten. Die zugrunde liegende Variationsgleichung (2.20) werde durch die Bilinearform $a$ und die Linearform $b$ auf dem Funktionenraum $V$ definiert; das zu lösende Gleichungssystem laute

$$A_l \mathbf{x}_l = \mathbf{b}_l . \tag{5.88}$$

Zusätzlich werden wir Hilfsprobleme

$$A_k \overline{\mathbf{x}}_k = \overline{\mathbf{b}}_k$$

für $k = 0, \ldots, l - 1$ betrachten. Für die Diskretisierungsmatrix gilt jeweils nach (2.33)

$$(A_k)_{ij} = a(\varphi_j^k, \varphi_i^k) , \quad i,j = 1, \ldots, M_k , \quad k = 0, \ldots, l ,$$

und für die rechte Seite des zu lösenden Problems

$$(\mathbf{b}_l)_i = b(\varphi_i^l) , \quad i = 1, \ldots, M_l .$$

– In Abschn. 2.2 wird $\mathbf{x}_l$ mit $\boldsymbol{\xi}$ und $\mathbf{b}_l$ mit $\mathbf{q}_h$ bezeichnet. –
Wir betrachten vorerst die Finite-Element-Diskretisierung einer Variationsgleichung mit symmetrischer Bilinearform, so dass nach Lemma 2.14 das zu lösende Galerkin-Verfahren äquivalent ist zum Ritz-Verfahren, das heißt zur Minimierung von

$$F_l(\mathbf{x}_l) := \frac{1}{2}\mathbf{x}_l^T A_l \mathbf{x}_l - \mathbf{b}_l^T \mathbf{x}_l .$$

Es sei noch einmal betont, dass $l$ das Diskretisierungslevel bezeichnet, also *keinen* Komponenten- oder Iterationsindex.
Wir unterscheiden zwischen der Funktion $u_l \in V_l$ und dem Darstellungsvektor $\mathbf{x}_l \in \mathbb{R}^{M_l}$, so dass

$$u_l = \sum_{i=1}^{M_l} x_{l,i}\, \varphi_i^l . \tag{5.89}$$

Für Lagrange-Ansätze gilt

$$x_{l,i} = u_l(a_i^l) , \quad i = 1, \ldots, M_l .$$

Die Darstellung (5.89) definiert eine lineare bijektive Abbildung

$$P_l : \mathbb{R}^{M_l} \to V_l . \tag{5.90}$$

Also gilt für ein $\mathbf{z}_l \in \mathbb{R}^{M_l}$ (vgl. (2.34))

$$F_l(\mathbf{z}_l) = \frac{1}{2}\mathbf{z}_l^T A_l \mathbf{z}_l - \mathbf{b}_l^T \mathbf{z}_l = \frac{1}{2}a(P_l \mathbf{z}_l, P_l \mathbf{z}_l) - b(P_l \mathbf{z}_l') = F(P_l \mathbf{z}_l) ,$$

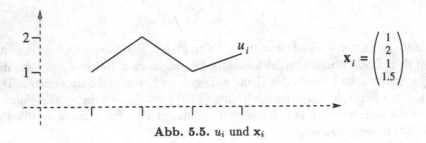

**Abb. 5.5.** $u_i$ und $\mathbf{x}_i$

wobei

$$F(u) := \frac{1}{2}a(u,u) - b(u) \quad \text{für } u \in V$$

das Energiefunktional zur Variationsgleichung sei.

Ist $\overline{\mathbf{x}}_l$ eine Näherung zu $\mathbf{x}_l$, dann gilt für den Fehler $\mathbf{y}_l := \mathbf{x}_l - \overline{\mathbf{x}}_l$ die *Fehlergleichung*

$$A_l\mathbf{y}_l = \mathbf{b}_l - A_l\overline{\mathbf{x}}_l \ . \tag{5.91}$$

Diese ist also äquivalent zum Minimierungsproblem

$$F_l\left(\overline{\mathbf{x}}_l + \mathbf{y}_l\right) = \min_{\mathbf{y} \in \mathbb{R}^{M_l}} F_l\left(\overline{\mathbf{x}}_l + \mathbf{y}\right)$$

und damit zu

$$F\left(P_l\overline{\mathbf{x}}_l + v_l\right) = \min_{v \in V_l} F\left(P_l\overline{\mathbf{x}}_l + v\right) , \tag{5.92}$$

wobei $v_l = P_l\mathbf{y}_l$ sei.

Ist der Fehler $\mathbf{y}_l$ „glatt" in dem Sinne, dass er auch in dem niederdimensionalen Raum $V_{l-1}$ gut approximierbar ist, bietet es sich an, die Fehlergleichung (5.91) als Teil eines Iterationsschrittes nur approximativ zu lösen, indem das Minimierungsproblem (5.92) nur auf $V_{l-1}$ gelöst wird. Die Ausgangsvoraussetzung des „glatten" Fehlers wird durch eine feste Anzahl von Schritten eines glättenden Iterationsverfahrens sichergestellt. $S_l$ bezeichne die Anwendung einer solchen Glättungsoperation, zum Beispiel für das gedämpfte Jacobi-Verfahren

$$S_l\mathbf{x} = \mathbf{x} - \omega D_l^{-1}\left(A_l\mathbf{x} - \mathbf{b}_l\right)$$

mit der nach (5.18) zu $A_l$ gehörenden Diagonalmatrix $D_l$.

Somit entsteht der Algorithmus der Zweigitteriteration, dessen $(k+1)$-ter Schritt in Tabelle 5.5 beschrieben wird.

Das Problem (5.93) aus Tabelle 5.5 ist äquivalent zu (vgl. Lemma 2.3)

$$a\left(u_l^{(k+1/2)} + v, w\right) = b(w) \quad \text{für alle } w \in V_{l-1} \tag{5.94}$$

und damit wieder die Galerkin-Diskretisierung einer Variationsgleichung mit $V_{l-1}$ statt $V$, gleicher Bilinearform und der Linearform definiert durch

$$w \mapsto b(w) - a\left(u_l^{(k+1/2)}, w\right) \quad \text{für } w \in V_{l-1} \ .$$

Sei $\mathbf{x}_l^{(k)}$ die $k$-te Iterierte zur Lösung von (5.88).

1. **Glättungsschritt:** Für fest gewähltes $\nu \in \{1, 2, \ldots\}$ berechne
$$\mathbf{x}_l^{(k+1/2)} = S_l^\nu \mathbf{x}_l^{(k)}\,.$$
Die zugehörige Funktion sei:
$$u_l^{(k+1/2)} = P_l \mathbf{x}_l^{(k+1/2)} \in V_l\,.$$

2. **Grobgitterkorrektur:** Löse (exakt)
$$F\left(u_l^{(k+1/2)} + v\right) \to \min \qquad (5.93)$$
über alle $v \in V_{l-1}$ mit Lösung $\bar{v}_{l-1}$. Setze dann
$$\mathbf{x}_l^{(k+1)} = P_l^{-1}\left(u_l^{(k+1/2)} + \bar{v}_{l-1}\right) = \mathbf{x}_l^{(k+1/2)} + P_l^{-1}\bar{v}_{l-1}\,.$$

**Tabelle 5.5.** $(k+1)$-ter Schritt der Zweigitteriteration

Wir können also auf die Symmetrievoraussetzung an die Bilinearform $a$ verzichten und die approximative Lösung der Fehlergleichung (5.91) auf Gitterniveau $l-1$ durch Lösen der Variationsgleichung (5.94) realisieren. Das äquivalente Gleichungssystem dazu wird im Folgenden hergeleitet werden. Zwar hat dieses Problem eine geringere Dimension als das Ausgangsproblem, doch ist es für jeden Iterationsschritt zu lösen. Dies legt folgende rekursive Vorgehensweise nahe: Liegen mehr als 2 Gitterlevel vor, kann diese Variationsgleichung wieder durch $\mu$ Mehrgitteriterationen approximiert werden; die dabei entstehenden Galerkin-Diskretisierungen auf Level $l-2$ entsprechend, bis jeweils Level 0 erreicht wird, wo exakt gelöst wird. Außerdem sollten auch zum Abschluss eines Iterationsschrittes Glättungsschritte durchgeführt werden. Dies führt auf den Algorithmus der Mehrgitteriteration. Der $(k+1)$-te Schritt der *Mehrgitteriteration auf Level $l$* zur *Bilinearform $a$, Linearform $b$* und Ausgangsiteration $\mathbf{x}_l^{(k)}$ ist in Tabelle 5.6 beschrieben.

Im Allgemeinen wird $\nu_1 = \nu_2$ verwendet. In einer Konvergenzanalyse stellt sich heraus, dass nur die Summe der Glättungsschritte eine Rolle spielt. Trotz der rekursiven Definition eines Mehrgitterationsschrittes handelt es sich um ein endliches Verfahren, da nach spätestens $l$ Rekursionen das Level 0 erreicht wird, wo das Hilfsproblem exakt gelöst wird. Für $\mu$ werden für gewöhnlich nur die Werte $\mu = 1$ oder $\mu = 2$ verwendet. Es sind die Bezeichnungen V-Zyklus für $\mu = 1$ und W-Zyklus für $\mu = 2$ üblich, da die Abfolge der Level, auf denen für einen Iterationsschritt Operationen durchgeführt werden müssen, die Gestalt dieser Buchstaben annimmt (siehe Abb. 5.6).

Die in (5.94) bzw. (5.95) (siehe Tabelle 5.6) zu lösenden Probleme haben die Gestalt
$$a\left(u + v, w\right) = b(w) \quad \text{für alle } w \in V_{l-1}\,, \qquad (5.96)$$
wobei $v \in V_{l-1}$ gesucht und $u \in V_l$ bekannt ist.

1. **A priori-Glättung:** Führe $\nu_1$ Glättungsschritte durch:
$$\mathbf{x}_l^{(k+1/3)} = S_l^{\nu_1} \mathbf{x}_l^{(k)},$$
wobei $\nu_1 \in \{1, 2, \ldots\}$ fest sei. Die zugehörige Funktion sei
$$u_l^{(k+1/3)} := P_l \mathbf{x}_l^{(k+1/3)}.$$

2. **Grobgitterkorrektur:** Löse auf $V_{l-1}$ die Galerkin-Diskretisierung
$$a(\bar{v}_{l-1}, w) = \tilde{b}(w) \quad \text{für alle } w \in V_{l-1} \tag{5.95}$$
mit der Bilinearform $a$ und der Linearform
$$\tilde{b}(w) := b(w) - a\left(u_l^{(k+1/3)}, w\right)$$

a) bei $l = 1$ exakt,

b) bei $l > 1$ durch $\mu$ Schritte einer Mehrgitteriteration auf Level $l - 1$ zu $a$ und $\tilde{b}$ und zur Startnäherung $\mathbf{0}$.

Setze damit
$$\mathbf{x}_l^{(k+2/3)} = \mathbf{x}_l^{(k+1/3)} + P_l^{-1} \bar{v}_{l-1}.$$

3. **A posteriori-Glättung:** Führe $\nu_2$ Glättungsschritte durch
$$\mathbf{x}_l^{(k+1)} = S_l^{\nu_2} \mathbf{x}_l^{(k+2/3)},$$
wobei $\nu_2 \in \{1, 2, \ldots\}$ fest sei.

**Tabelle 5.6.** $(k+1)$-ter Schritt der Mehrgitteriteration

Ein äquivalentes Gleichungssystem entsteht durch Einsetzen der Basisfunktionen $\varphi_j^{l-1}$, $j = 1, \ldots, M_{l-1}$, für $w$ und Wahl einer Darstellung für $v$. Nimmt man wieder die Darstellung bezüglich der $\varphi_j^{l-1}$, so erhält man wie in (2.33)

$$A_{l-1} P_{l-1}^{-1} v = \mathbf{d}_{l-1}, \tag{5.97}$$

wobei auf den verschiedenen Leveln $k = 0, \ldots, l$ der *Defekt* $\mathbf{d}_k \in \mathbb{R}^{M_k}$ von $u$ definiert ist durch

$$d_{k,i} := b(\varphi_i^k) - a(u, \varphi_i^k), \quad i = 1, \ldots, M_k.$$

Wir wollen für mögliche Verallgemeinerungen über Galerkin-Approximationen hinaus eine alternative Darstellung für (5.97) und die Grobgitterkorrektur herleiten. Dazu sei $R \in \mathbb{R}^{M_{l-1}, M_l}$ die Matrix, die sich durch die eindeutige Darstellung der Basisfunktionen $\varphi_j^{l-1}$ bzgl. der Basis $\varphi_i^l$ ergibt, das heißt die Einträge $r_{ji}$ von $R$ sind bestimmt durch die Gleichungen

$$\varphi_j^{l-1} = \sum_{i=1}^{M_l} r_{ji} \varphi_i^l, \quad j = 1, \ldots, M_{l-1}.$$

bei l = 2 :

Level

2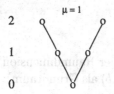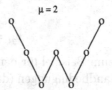

1

0

bei l = 3 :

Level

3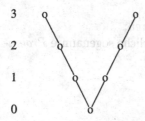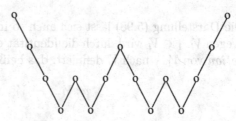

2

1

0

**Abb. 5.6.** Auftretende Gitterlevel bei V-Zyklus ($\mu = 1$) und W-Zyklus ($\mu = 2$)

Dann ist (5.96) äquivalent zu

$$a(v, w) = b(w) - a(u, w) \quad \text{für alle } w \in V_{l-1}$$

$$\Leftrightarrow a\left(\sum_{s=1}^{M_{l-1}} \left(P_{l-1}^{-1}v\right)_s \varphi_s^{l-1}, \varphi_j^{l-1}\right) = b(\varphi_j^{l-1}) - a(u, \varphi_j^{l-1}), \ j = 1, \dots, M_{l-1}$$

$$\Leftrightarrow \sum_{s=1}^{M_{l-1}} \left(P_{l-1}^{-1}v\right)_s a\left(\sum_{t=1}^{M_l} r_{st}\varphi_t^l, \sum_{i=1}^{M_l} r_{ji}\varphi_i^l\right) = \sum_{i=1}^{M_l} r_{ji}\left(b(\varphi_i^l) - a(u, \varphi_i^l)\right)$$

$$\Leftrightarrow \sum_{s=1}^{M_{l-1}} \sum_{i,t=1}^{M_l} r_{ji}a(\varphi_t^l, \varphi_i^l)r_{st}\left(P_{l-1}^{-1}v\right)_s = (R\mathbf{d}_l)_j, \quad j = 1, \dots, M_{l-1}.$$

Also hat das Gleichungssystem die Gestalt

$$RA_lR^T\left(P_{l-1}^{-1}v\right) = R\mathbf{d}_l. \tag{5.98}$$

Die Matrix $R$ ist für eine knotenbezogene Basis $\varphi_i^l$, das heißt mit $\varphi_i^l\left(a_j^l\right) = \delta_{ij}$ leicht auszuwerten, da dann für $v \in V_l$ gilt:

$$v = \sum_{i=1}^{M_l} v\left(a_i^l\right) \varphi_i^l,$$

also insbesondere

$$\varphi_j^{l-1} = \sum_{i=1}^{M_l} \varphi_j^{l-1}\left(a_i^l\right) \varphi_i^l$$

und damit

$$r_{ji} = \varphi_j^{l-1}\left(a_i^l\right) .$$

Das bedeutet zum Beispiel für den linearen Ansatz in einer Raumdimension bei Dirichlet-Randbedingungen (das heißt mit $V = H_0^1(a,b)$ als Grundraum):

$$R = \begin{pmatrix} \frac{1}{2} & 1 & \frac{1}{2} & & \\ & & \frac{1}{2} & 1 & \frac{1}{2} \\ & & & & \ddots \\ & & & & \frac{1}{2} & 1 & \frac{1}{2} \end{pmatrix} \qquad (5.99)$$

Die Darstellung (5.98) lässt sich auch so interpretieren:
Wegen $V_{l-1} \subset V_l$ wird durch die Identität eine natürliche sogenannte *Prolongation* von $V_{l-1}$ nach $V_l$ definiert, das heißt

$$\tilde{p} : V_{l-1} \to V_l , \quad v \mapsto v .$$

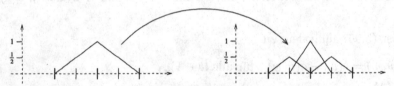

**Abb. 5.7.** Prolongation

Dieser entspricht durch Übergang zu den Darstellungsvektoren (5.90) eine Prolongation $p$ von $\mathbb{R}^{M_{l-1}}$ nach $\mathbb{R}^{M_l}$, die *kanonische Prolongation*, das heißt

$$p := P_l^{-1} P_{l-1} , \qquad (5.100)$$

da für $\mathbf{x}_{l-1} \in \mathbb{R}^{M_{l-1}}$

$$\mathbf{x}_{l-1} \mapsto P_{l-1}\mathbf{x}_{l-1} \overset{\tilde{p}}{\mapsto} P_{l-1}\mathbf{x}_{l-1} \mapsto P_l^{-1} P_{l-1}\mathbf{x}_{l-1} .$$

Offensichtlich ist $p$ insbesondere linear und wird auch mit seiner Matrixdarstellung in $\mathbb{R}^{M_l, M_{l-1}}$ identifiziert. Dann gilt:

$$p = R^T , \qquad (5.101)$$

da

$$P_{l-1}\mathbf{y} = \sum_{j=1}^{M_{l-1}} y_j \varphi_j^{l-1} = \sum_{i=1}^{M_l} \sum_{j=1}^{M_{l-1}} y_j r_{ji} \varphi_i^l \,,$$

das heißt $R^T \mathbf{y} = P_l^{-1} (P_{l-1}\mathbf{y})$ für beliebige $\mathbf{y} \in \mathbb{R}^{M_{l-1}}$.

Im Folgenden werde $\mathbb{R}^{M_l}$ mit einem Skalarprodukt $\langle \cdot, \cdot \rangle^{(l)}$ versehen, das ein mit einem geeigneten Faktor $S_l$ skaliertes euklidisches Skalarprodukt ist, das heißt

$$\langle \mathbf{x}_l, \mathbf{y}_l \rangle^{(l)} := S_l \sum_{i=1}^{M_l} x_{l,i}\, y_{l,i} \,, \tag{5.102}$$

so dass für die zugehörige Norm $\| \cdot \|_l$ und die $L^2(\Omega)$-Norm auf $V_l$ gilt:

$$C_1 \| P_l \mathbf{x}_l \|_0 \leq \| \mathbf{x}_l \|_l \leq C_2 \| P_l \mathbf{x}_l \|_0 \tag{5.103}$$

für $\mathbf{x} \in \mathbb{R}^{M_l}$, $l = 0, 1, \ldots$, mit Konstanten $C_1, C_2$ unabhängig von $l$: Sind die Triangulierungen aus einer regulären und quasi-uniformen Familie $\mathcal{T}_h$ (siehe Definition 3.28), dann kann man in $d$ Raumdimensionen $S_l = h_l^d$ wählen, wobei $h_l$ der maximale Durchmesser der $K \in \mathcal{T}_l$ sei (vgl. Satz 3.43).
Sei $r : \mathbb{R}^{M_l} \to \mathbb{R}^{M_{l-1}}$ definiert durch

$$r = p^* \,, \tag{5.104}$$

wobei die *Adjungierte* $p^*$ definiert ist bezüglich der Skalarprodukte $\langle \cdot, \cdot \rangle^{(l-1)}$ und $\langle \cdot, \cdot \rangle^{(l)}$, das heißt:

$$\langle r\, \mathbf{x}_l \,, \mathbf{y}_{l-1} \rangle^{(l-1)} = \langle p^* \mathbf{x}_l \,, \mathbf{y}_{l-1} \rangle^{(l-1)} = \langle \mathbf{x}_l \,, p\, \mathbf{y}_{l-1} \rangle^{(l)} \,.$$

Ist $p$ die kanonische Prolongation, heißt $r$ auch die *kanonische Restriktion*. Es gilt also für die Darstellungsmatrizen:

$$\frac{S_{l-1}}{S_l} r = p^T = R \,. \tag{5.105}$$

Im Beispiel (5.102) für $d = 2$ mit $h_l = h_{l-1}/2$ ist also $S_{l-1}/S_l = 1/4$. Die kanonische Restriktion von $\mathbb{R}^{M_l}$ auf $\mathbb{R}^{M_{l-1}}$ erfüllt wegen $P_l p = P_{l-1}$

$$r R_l = R_{l-1} \,,$$

wobei $R_l : V_l \to \mathbb{R}^{M_l}$ definiert ist als Adjungierte von $P_l$, das heißt

$$\langle P_l \mathbf{x}_l, v_l \rangle_0 = \langle \mathbf{x}_l, R_l v_l \rangle^{(l)} \quad \text{für alle } \mathbf{x}_l \in \mathbb{R}^{M_l} \,, \ v_l \in V_l \,,$$

denn es gilt für beliebige $\mathbf{y}_{l-1} \in \mathbb{R}^{M_{l-1}}$, sowie $v_{l-1} \in V_{l-1} \subset V_l$:

$$\langle r R_l v_{l-1} \,, \mathbf{y}_{l-1} \rangle^{(l-1)} = \langle R_l v_{l-1}, p \mathbf{y}_{l-1} \rangle^{(l)} = \langle v_{l-1}, P_l p \mathbf{y}_{l-1} \rangle_0$$
$$= \langle v_{l-1}, P_{l-1} \mathbf{y}_{l-1} \rangle_0 = \langle R_{l-1} v_{l-1}, \mathbf{y}_{l-1} \rangle^{(l-1)} \,.$$

Unter Benutzung von (5.105) ist also die Gleichung (5.98) äquivalent zu

$$(rA_l p)\mathbf{y}_{l-1} = r\mathbf{d}_l \ . \tag{5.106}$$

Mittels $v := P_{l-1}\tilde{\mathbf{y}}_{l-1}$ für eine eventuell approximative Lösung $\tilde{\mathbf{y}}_{l-1}$ von (5.106) wird dann die Grobgitterkorrektur abgeschlossen durch Addition von $P_l^{-1}v$. Wegen

$$P_l^{-1}v = P_l^{-1}P_{l-1}\left(P_{l-1}^{-1}v\right) = p\left(P_{l-1}^{-1}v\right) \ ,$$

lautet also die Grobkorrektur

$$\mathbf{x}_l^{(k+2/3)} = \mathbf{x}_l^{(k+1/3)} + p(\tilde{\mathbf{y}}_{l-1}) \ .$$

Daraus leitet sich folgende Struktur eines allgemeinen Mehrgitterverfahrens ab: Zu Diskretisierungen, die eine Hierarchie von diskreten Problemen besitzen,

$$A_l \mathbf{x}_l = \mathbf{b}_l$$

braucht man *Prolongationen*

$$p : \mathbb{R}^{M_{k-1}} \to \mathbb{R}^{M_k}$$

und *Restriktionen*

$$r : \mathbb{R}^{M_k} \to \mathbb{R}^{M_{k-1}}$$

für $k = 1, \ldots, l$ und die Matrizen $\tilde{A}_{k-1}$ für die Fehlergleichungen. Der Grobgitterkorrekturschritt (5.93) bzw. (5.95) lautet dann:
Löse (mit $\mu$ Schritten des Mehrgitterverfahrens)

$$\tilde{A}_{l-1}\mathbf{y}_{l-1} = r\left(\mathbf{b}_l - A_l\mathbf{x}_l^{(k+1/3)}\right)$$
$$\text{und setze}\quad \mathbf{x}_l^{(k+2/3)} = \mathbf{x}_l^{(k+1/3)} + p\mathbf{y}_{l-1} \ .$$

Die obige Wahl

$$\tilde{A}_{l-1} = rA_l p$$

nennt man das *Galerkin-Produkt*. Für Galerkin-Approximationen fällt dies nach (5.97) mit der Diskretisierungsmatrix gleichen Typs, aber auf dem Gitter der Stufe $l - 1$ zusammen. Dies ist auch für andere Diskretisierungen eine gängige Wahl und dann eine Alternative zum Galerkin-Produkt. Hinsichtlich der Wahl von $p$ und $r$ sollte auf die Gültigkeit von (5.104) geachtet werden. Eine interpolatorische Definition der Prolongation auf der Basis von (Finite-Element-) Basisfunktionen wie durch (5.101) (siehe auch Beispiel (5.99)) ist auch bei anderen Diskretisierungen üblich. Bei Problemen schwierigerer Art, zum Beispiel bei (vorherrschender) Konvektion zusätzlich zu diffusiven Transportprozessen, entstehen nichtsymmetrische Problem mit kleiner Konstante der $V$-Elliptizität. Hier empfiehlt es sich, sogenannte *matrixabhängige*, das heißt von $A_l$ abhängige Prolongationen und Restriktionen zu wählen.

### 5.5.3 Aufwand und Konvergenzverhalten

Um die Effizienz eines Mehrgitterverfahrens beurteilen zu können, muss die Anzahl der Operationen pro Iterationsschritt und die Anzahl der Iterationsschritte (zur Erreichung eines Fehlerniveaus $\varepsilon$, siehe (5.4)) abgeschätzt werden. Wegen der rekursiven Struktur ist das erstere nicht unmittelbar klar. Ziel ist es, bei dünnbesetzten Matrizen auch mit $O(M_l)$ Operationen auszukommen. Dafür müssen die Dimensionen der Hilfsprobleme genügend abnehmen, ausgedrückt durch:
Es gibt ein $C > 1$, so dass

$$M_{l-1} \leq M_l/C \quad \text{für } l \in \mathbb{N} . \tag{5.107}$$

Wir gehen also von einer unendlichen Hierarchie von Problemen bzw. Gittern aus, was auch der asymptotischen Sichtweise einer Diskretisierung aus Abschn. 3.4 entspricht. Die Bedingung (5.107) ist also eine Forderung an die Verfeinerungsstrategie. Für das Modellproblem der Friedrichs–Keller-Triangulierung eines Rechtecks (siehe Abb. 2.9) ist bei gleichmäßiger „roter" Verfeinerung $h_l = h_{l-1}/2$ und damit $C = 4$ bzw. für analoge Konstruktionen in $d$ Raumdimensionen $C = 2^d$.
Die auftretenden Matrizen seien dünnbesetzt, so dass auf Stufe $l$ Folgendes gelte:

| | | |
|---|---|---|
| Glättungsschritt | = | $C_S M_l$ Operationen, |
| Fehlerberechnung und Restriktion | = | $C_D M_l$ Operationen, |
| Prolongation und Korrektur | = | $C_C M_l$ Operationen. |

Dann lässt sich zeigen (siehe [14, S. 302]):
Gilt für die Anzahl $\mu$ der Mehrgitterschritte in der Rekursion:

$$\mu < C , \tag{5.108}$$

dann lässt sich die Anzahl der Operationen für einen Iterationsschritt für ein Problem auf der Stufe $l$ abschätzen durch

$$C(\nu)M_l . \tag{5.109}$$

Dabei ist $\nu$ die Anzahl der Vor- und Nachglättungsschritte und

$$C(\nu) = \frac{\nu C_S + C_D + C_S}{1 - \mu/C} + O\big((\mu/C)^l\big) .$$

Die Forderung (5.108) wird durch die Einschränkung auf $\mu = 1$, $\mu = 2$ im Allgemeinen erfüllt. Analog ist der Speicherplatzbedarf $O(M_l)$, da

$$\sum_{k=0}^{l} M_k \leq \frac{C}{C-1} M_l .$$

Ob dieser gegenüber anderen eingeführten Verfahren erhöhte Aufwand (von gleicher Komplexität) gerechtfertigt ist, entscheidet die Konvergenzgeschwindigkeit. Das Mehrgitterverfahren ist ein linear stationäres Verfahren. Die Iterationsmatrix $M_l^{TGM}$ des Zweigitterverfahrens ergibt sich wegen

$$\mathbf{x}_l^{(k+1/2)} = S_l^\nu \mathbf{x}_l^{(k)},$$

$$\mathbf{x}_l^{(k+1)} = \mathbf{x}_l^{(k+1/2)} + p\left(A_{l-1}^{-1}\left(r\left(\mathbf{b}_l - A_l\mathbf{x}_l^{(k+1/2)}\right)\right)\right)$$

zu

$$M_l^{TGM} = (I - pA_{l-1}^{-1}rA_l)S_l^\nu \tag{5.110}$$

und auch die Konsistenz des Verfahrens folgt sofort, sofern die Glättungsiteration konsistent ist.

Die Analysis des Konvergenzverhaltens des Mehrgitterverfahrens erfolgt mittels Rückführung auf die Analysis von Zweigitterverfahren, da die Iterationsmatrix eine Modifikation von $M_l^{TGM}$ ist (siehe [14, S. 304]). Für eine große Klasse von Vor- und Nachglättungsoperatoren sowie von Restriktionen und Prolongationen kann gezeigt werden (siehe [14, S. 321]):

> Es existiert eine vom Diskretisierungsparameter $h_l$
> unabhängige Konstante $\overline{\varrho} \in (0,1)$ mit $\varrho(M_{TGM}) \leq \overline{\varrho}$.

Zusammen mit (5.109) zeigt dies, dass Mehrgitterverfahren dann in ihrer Komplexität optimal sind, was ihre potentielle Überlegenheit zu allen anderen eingeführten Verfahren zeigt.

Nachfolgend soll nur das schematische Vorgehen erläutert werden. Hinreichend ist der Nachweis folgender zwei Eigenschaften, wobei als Matrixnorm die der euklidischen Vektornorm zugeordnete Matrixnorm, das heißt die Spektralnorm, verwendet wird:

1. *Glättungseigenschaft*

$$\text{Es gibt ein } C_S > 0: \quad \|A_l S_l^\nu\| \leq \frac{C_S}{\nu}\|A_l\|.$$

2. *Approximationseigenschaft*

$$\text{Es gibt ein } C_A > 0: \quad \|A_l^{-1} - pA_{l-1}^{-1}r\| \leq C_A\|A_l\|^{-1}. \tag{5.111}$$

Damit folgt nämlich wegen

$$M_{TGM} = \left(A_l^{-1} - pA_{l-1}^{-1}r\right)A_l S_l^\nu$$

sofort

$$\|M_{TGM}\| \leq \|A_l^{-1} - pA_{l-1}^{-1}r\|\,\|A_l S_l^\nu\| \leq \frac{C_S C_A}{\nu},$$

das heißt für hinreichend großes $\nu$

$$\|M_{TGM}\| \leq \overline{\varrho} < 1$$

unabhängig von $l$.

Während die Glättungseigenschaft von algebraischer Natur ist, wird für den Nachweis der Approximationseigenschaft zumindest indirekt auf die ursprüngliche Variationsformulierung zur Randwertaufgabe zurückgegriffen und von entsprechenden Fehlerabschätzungen Gebrauch gemacht.

Daher soll nur exemplarisch die Glättungseigenschaft anhand der relaxierten Richardson-Iteration für eine symmetrische, positiv definite Matrix $A_l$ besprochen werden, das heißt

$$S_l = I_l - \omega A_l \quad \text{mit} \quad \omega \in \left( 0, \, \frac{1}{\lambda_{\max}(A_l)} \right].$$

Es sei $\{\mathbf{z}_i\}_{i=1}^{M_l}$ eine Orthonormalbasis aus Eigenvektoren zu $A_l$. Wird ein beliebiger Startvektor $\mathbf{x}^{(0)}$ damit dargestellt, das heißt $\mathbf{x}^{(0)} = \sum_{i=1}^{M_l} c_i \mathbf{z}_i$, so folgt (vgl. (5.68))

$$\left\| A_l S_l^\nu \mathbf{x}^{(0)} \right\|^2 = \sum_{i=1}^{M_l} \lambda_i^2 (1 - \lambda_i \omega)^{2\nu} c_i^2 = \omega^{-2} \sum_{i=1}^{M_l} (\lambda_i \omega)^2 (1 - \lambda_i \omega)^{2\nu} c_i^2$$

$$\leq \omega^{-2} \left[ \max_{\xi \in [0,1]} \xi (1 - \xi)^\nu \right]^2 \sum_{i=1}^{M_l} c_i^2 .$$

Die Funktion $\xi \mapsto \xi (1 - \xi)^\nu$ besitzt das Maximum bei $\xi_{\max} = (\nu + 1)^{-1}$; somit gilt

$$\xi_{\max} (1 - \xi_{\max})^\nu = \frac{1}{\nu + 1} \left( 1 - \frac{1}{\nu + 1} \right)^\nu = \frac{1}{\nu} \left( \frac{\nu}{\nu + 1} \right)^{\nu + 1} \leq \frac{1}{e\nu} .$$

Also ist

$$\left\| A_l S_l^\nu \mathbf{x}^{(0)} \right\| \leq \frac{1}{\omega e \nu} \left\| \mathbf{x}^{(0)} \right\| ,$$

woraus sich

$$\left\| A_l S_l^\nu \right\| \leq \frac{1}{\omega e \nu}$$

ergibt. Da die Inklusion $\omega \in (0, 1/\lambda_{\max}(A_l)]$ in der Form $\omega = \sigma / \|A_l\|$ mit $\sigma \in (0, 1]$ geschrieben werden kann, folgt $C_S = 1/(\sigma e)$.

Die Approximationseigenschaft kann wie folgt motiviert werden. Die Feingitterlösung $\mathbf{x}_l$ aus $A_l \mathbf{x}_l = \mathbf{d}_l$ wird in der Grobgitterkorrektur durch $p\mathbf{x}_{l-1}$ aus $A_{l-1}\mathbf{x}_{l-1} = \mathbf{d}_{l-1} := r\mathbf{d}_l$ ersetzt. Deshalb sollte $p\mathbf{x}_{l-1} \approx A_l^{-1}\mathbf{d}_l$ gelten. Die Formulierung (5.111) ist also nichts weiter als eine Quantifizierung dieser Forderung. Da im symmetrischen Fall $\|A_l\|^{-1}$ gerade der Kehrwert des größten Eigenwerts ist, stellt (3.134) in Satz 3.45 die Beziehung zu den Konvergenzordnungsaussagen von Abschn. 3.4 her. Für eine genaue Konvergenzanalyse und eine umfangreichere Darstellung des Gebietes verweisen wir auf die schon zitierte Literatur.

## 5.6 Geschachtelte Iterationen

Wie in Abschn. 5.5 gehen wir davon aus, dass neben dem zu lösenden Gleichungssystem

$$A_l \mathbf{x}_l = \mathbf{b}_l$$

mit $M_l$ Unbekannten analoge niederdimensionale Gleichungssysteme

$$A_k \mathbf{x}_k = \mathbf{b}_k , \quad k = 0, \ldots, l-1 , \tag{5.112}$$

mit $M_k$ Unbekannten vorliegen, wobei $M_0 < M_1 < \ldots < M_l$. Alle Gleichungssysteme seien Approximationen eines gemeinsamen kontinuierlichen Problems, so dass eine Fehlerabschätzung vom Typ

$$\|u - P_l \mathbf{x}_l\| \le C_A h_l^\alpha$$

gilt mit $P_l$ nach (5.90) und $\alpha > 0$. Dabei ist $\|\cdot\|$ eine Norm auf dem Grundraum $V$ und die Konstante $C_A$ hängt im Allgemeinen von der Lösung $u$ des kontinuierlichen Problems ab. Der Diskretisierungsparameter $h_l$ bestimmt die Dimension $M_l$: Im einfachsten Fall einer gleichmäßigen Verfeinerung gilt $h_l^d \sim 1/M_l$ in $d$ Raumdimensionen. Es ist also zu erwarten, dass für die diskreten Lösungen für eine Konstante $C_1 > 0$ gilt

$$\|p\mathbf{x}_{k-1} - \mathbf{x}_k\|_k \le C_1 C_A h_k^\alpha , \quad k = 1, \ldots, l .$$

Dabei sei $\|\cdot\|_k$ eine Norm auf $\mathbb{R}^{M_k}$ und die Abbildung $p = p_{k-1,k} : \mathbb{R}^{M_{k-1}} \to \mathbb{R}^{M_k}$ eine Prolongation, zum Beispiel in der Situation von Abschn. 5.5 die dort eingeführte kanonische Prolongation. In diesem Fall lässt sich diese Abschätzung mit der Definition der kanonischen Prolongation $p = P_k^{-1} P_{k-1}$ rigoros wie folgt beweisen:

$$\|p\mathbf{x}_{k-1} - \mathbf{x}_k\|_k = \left\| P_k^{-1} \left( P_{k-1}\mathbf{x}_{k-1} - P_k\mathbf{x}_k \right) \right\|_k$$
$$\le \left\| P_k^{-1} \right\|_{L[V_k, \mathbb{R}^{M_k}]} \| P_{k-1}\mathbf{x}_{k-1} - P_k\mathbf{x}_k \|$$
$$\le \left\| P_k^{-1} \right\|_{L[V_k, \mathbb{R}^{M_k}]} \left( C_A h_k^\alpha + C_A h_{k-1}^\alpha \right) \le C_1 C_A h_k^\alpha$$

mit

$$C_1 = \max_{j=1,\ldots,l} \left\{ \left\| P_j^{-1} \right\|_{L[V_j, \mathbb{R}^{M_j}]} \left( 1 + \left( \frac{h_{j-1}}{h_j} \right)^\alpha \right) \right\} .$$

Das Gleichungssystem soll durch ein Iterationsverfahren, gegeben durch die Fixpunktabbildungen $\Phi_k$, $k = 0, \ldots, l$, gelöst werden, das heißt $\mathbf{x}_k$ nach (5.112) erfüllt $\mathbf{x}_k = \Phi_k(\mathbf{x}_k, \mathbf{b}_k)$. Dann reicht es also aus, eine Iterierte $\tilde{\mathbf{x}}_l$ mit einer Genauigkeit

$$\|\tilde{\mathbf{x}}_l - \mathbf{x}_l\|_l \le \tilde{C}_A h_l^\alpha \tag{5.113}$$

zu bestimmen mit $\tilde{C}_A := C_A/\|P_l\|_{L[\mathbb{R}^{M_l}, V]}$, da dann auch

$$\|P_l\tilde{\mathbf{x}}_l - P_l\mathbf{x}_l\| \le C_A h_l^\alpha$$

Wähle $m_k$, $k = 1, \ldots, l$.

Sei $\tilde{\mathbf{x}}_0$ eine Approximation von $\mathbf{x}_0$,

zum Beispiel $\tilde{\mathbf{x}}_0 = \mathbf{x}_0 = A_0^{-1} \mathbf{b}_0$ .

Für $k = 1, \ldots, l$:

$$\tilde{\mathbf{x}}_k^{(0)} := p \tilde{\mathbf{x}}_{k-1} .$$

Führe $m_k$ Iterationen durch:

$$\tilde{\mathbf{x}}_k^{(i)} := \Phi_k \left( \tilde{\mathbf{x}}_k^{(i-1)}, \mathbf{b}_k \right), i = 1, \ldots, m_k .$$

Setze $\tilde{\mathbf{x}}_k := \tilde{\mathbf{x}}_k^{(m_k)}$.

**Tabelle 5.7.** Geschachtelte Iteration

gilt. Sollte nicht aus dem konkreten Kontext eine gute Startiterierte vorliegen, bietet sich der in Tabelle 5.7 dargestellte Algorithmus der *geschachtelten Iteration* an, der tatsächlich einen endlichen Prozess darstellt.

Es stellt sich also die Frage, wie die Iterationszahlen $m_k$ zu wählen sind, so dass (5.113) schließlich gilt, und ob der entstehende Aufwand akzeptabel ist. Antwort gibt:

**Satz 5.19** *Das Iterationsverfahren $\Phi_k$ habe bzgl. $\| \cdot \|_k$ die Kontraktionszahl $\varrho_k$. Es gebe Konstanten $C_2, C_3 > 0$, so dass*

$$\|p\|_{L[\mathbb{R}^{M_{k-1}}, \mathbb{R}^{M_k}]} \leq C_2 ,$$

$$h_{k-1} \leq C_3 h_k$$

*für alle $k = 1, \ldots, l$.*
*Werden bei der geschachtelten Iteration die Iterationszahlen $m_k$ so gewählt, dass*

$$\varrho_k^{m_k} \leq 1/(C_2 C_3^\alpha + C_1 \|P_l\|) , \tag{5.114}$$

*dann gilt für alle $k = 1, \ldots, l$:*

$$\|\tilde{\mathbf{x}}_k - \mathbf{x}_k\|_k \leq \tilde{C}_A h_k^\alpha ,$$

*falls diese Abschätzung für $k = 0$ gilt.*

**Beweis:** Der Beweis erfolgt durch vollständige Induktion über $k$. Die Behauptung gelte für $k - 1$. Dann folgt:

$$\begin{aligned}
\|\tilde{\mathbf{x}}_k - \mathbf{x}_k\|_k &\leq \varrho_k^{m_k} \|p \tilde{\mathbf{x}}_{k-1} - \mathbf{x}_k\|_k \\
&\leq \varrho_k^{m_k} \left( \|p(\tilde{\mathbf{x}}_{k-1} - \mathbf{x}_{k-1})\|_k + \|p \mathbf{x}_{k-1} - \mathbf{x}_k\|_k \right) \\
&\leq \varrho_k^{m_k} \left( C_2 \tilde{C}_A h_{k-1}^\alpha + C_1 C_A h_k^\alpha \right) \leq \varrho_k^{m_k} \left( C_2 C_3^\alpha + C_1 \|P_l\| \right) \tilde{C}_A h_k^\alpha .
\end{aligned}$$

$\square$

Satz 5.19 ermöglicht die Berechnung der notwendigen Iterationszahlen für die innere Iteration aus den Normen $\|p\|_{L[\mathbb{R}^{M_{k-1}}, \mathbb{R}^{M_k}]}$, $\|P_k^{-1}\|_{L[V_k, \mathbb{R}^{M_k}]}$ und der Konstanten $\frac{h_{k-1}}{h_k}$ für $k = 1, \ldots, l$, sowie der Konvergenzordnung $\alpha$ der Diskretisierung.

Um den Aufwand gemäß (5.114) genauer abschätzen zu können, muss die Abhängigkeit von $\varrho_k$ von $k$ bekannt sein. Im Folgenden soll nur die vom Mehrgitterverfahren bekannte Situation eines Verfahrens optimaler Komplexität, das heißt mit

$$\varrho_k \leq \overline{\varrho} < 1$$

betrachtet werden. Darin kann im Gegensatz zu sonstigen Verfahren, für die die Iterationszahlen anwachsen sollten, die Iterationszahl konstant gewählt werden ($m_k = m$ für alle $k = 1, \ldots, l$). Gilt dann weiterhin die Abschätzung (5.107) mit der Konstanten $C$, dann ist analog zur Überlegung in Abschn. 5.5 der Gesamtaufwand für die geschachtelte Iteration abschätzbar durch

$$m \frac{C}{C-1} \overline{C} M_l \,,$$

wobei $\overline{C} M_k$ den Aufwand für eine Iteration des Iterationsverfahrens $\Phi_k$ bezeichnet. Im Modellproblem der Friedrichs–Keller-Triangulierung bei gleichmäßiger Verfeinerung ist $C/(C-1) = 4/3$ und $C_3 = 2$.

Für $\| \cdot \| = \| \cdot \|_0$ als Grundnorm ist nach Satz 3.37 $\alpha = 2$ ein typischer Fall. Die Existenz der Konstante $C_2$ wird schließlich damit konsistent durch die Bedingung (5.103) unter Beachtung von (5.100) gesichert. Geht man davon aus, dass auch die Konstanten $C_1, C_2, \|P_l\|$ „klein" sind, und das Iterationsverfahren eine „kleine" Kontraktionszahl $\varrho$ hat, ist also nur eine geringe Iterationszahl $m$, im Idealfall $m = 1$ von nöten. Zumindestens in dieser Situation ist nur mit einer geringen Aufwandssteigerung durch den Prozess der geschachtelten Iteration zu rechnen, der auf allen Diskretisierungsebenen $k$ eine „angemessene" Approximation $\tilde{x}_k$ liefert.

Schließlich ist zu beachten, dass die Sequenz der diskreten Probleme auch erst im Laufe der geschachtelten Iteration definiert werden kann. Dies eröffnet die Möglichkeit, sie mit a posteriori-Fehlerschätzern wie in Abschn. 4.2 zu kombinieren, um auf der Basis von $\tilde{x}_k$ ein Gitter $\mathcal{T}_{k+1}$ als Verfeinerung von $\mathcal{T}_k$ zu entwickeln, auf dem das diskrete Problem $k+1$-ter Stufe definiert wird.

## Übungen

**5.1** Man untersuche das Jacobi- sowie das Gauß–Seidel-Verfahren zur Lösung des linearen Gleichungssystemes $Ax = b$ auf Konvergenz, wenn folgende Systemmatrizen vorliegen:

$$\text{a)} \quad A = \begin{pmatrix} 1 & 2 & -2 \\ 1 & 1 & 1 \\ 2 & 2 & 1 \end{pmatrix}, \qquad \text{b)} \quad A = \frac{1}{2} \begin{pmatrix} 2 & -1 & 1 \\ 2 & 2 & 2 \\ -1 & -1 & 2 \end{pmatrix}.$$

**5.2** Man weise die Konsistenz des SOR-Verfahrens nach.

**5.3** Man beweise Satz 5.6, 1).

**5.4** Es sei $A \in \mathbb{R}^{m,m}$ eine symmetrische, positiv definite Matrix.

a) Man zeige, dass für $x, y$ mit $x^T y = 0$ gilt:

$$\frac{\langle x, y \rangle_A}{\|x\|_A \|y\|_A} \leq \frac{\kappa - 1}{\kappa + 1},$$

wobei $\kappa$ die spektrale Konditionszahl von $A$ bezeichnet.
*Hinweis:* Man stelle $x, y$ bzgl. einer Orthonormalbasis aus Eigenvektoren von $A$ dar.

b) Man zeige am Beispiel $m = 2$, dass diese Abschätzung scharf ist. Dazu suche man eine positiv definite, symmetrische Matrix $A \in \mathbb{R}^{2,2}$ sowie Vektoren $x, y \in \mathbb{R}^2$ mit $x^T y = 0$ und

$$\frac{\langle x, y \rangle_A}{\|x\|_A \|y\|_A} = \frac{\kappa - 1}{\kappa + 1}.$$

**5.5** Man weise nach, dass die Bestimmung der konjugierten Richtungen im CG-Verfahren im allgemeinen Schritt $k \geq 2$ zu einer dreigliedrigen Rekursionsformel äquivalent ist:

$$d^{(k+1)} = \left[\alpha_k A + (\beta_k + 1)I\right] d^{(k)} - \beta_{k-1} d^{(k-1)}.$$

**5.6** Es sei $A \in \mathbb{R}^{m,m}$ eine symmetrische, positiv definite Matrix mit spektraler Konditionszahl $\kappa$. Es sei bekannt, dass für das Spektrum $\sigma(A)$ der Matrix $A$ gilt: $a_0 \in \sigma(A)$ sowie $\sigma(A) \setminus \{a_0\} \subset [a, b]$ mit $0 < a_0 < a \leq b$.
Man zeige, dass sich dann folgende Konvergenzabschätzung für das CG-Verfahren ergibt:

$$\|x^{(k)} - x\|_A \leq 2 \frac{b - a_0}{a_0} \left(\frac{\sqrt{\hat{\kappa}} - 1}{\sqrt{\hat{\kappa}} + 1}\right)^{k-1} \|x^{(0)} - x\|_A,$$

wobei $\hat{\kappa} := b/a \ (< \kappa)$.

**5.7** Es seien $A_1, A_2, \ldots, A_k, C_1, C_2, \ldots, C_k \in \mathbb{R}^{m,m}$ symmetrische, positiv semidefinite Matrizen mit der Eigenschaft

$$ax^T C_i x \leq x^T A_i x \leq bx^T C_i x \quad \text{für } x \in \mathbb{R}^m, \ i = 1, \ldots, k \text{ und } 0 < a \leq b.$$

Man zeige: Sind die Matrizen $A := \sum_{i=1}^{k} A_i$ und $C := \sum_{i=1}^{k} C_i$ positiv definit, so gilt für die spektrale Konditionszahl $\kappa$ von $C^{-1}A$ die Abschätzung

$$\kappa(C^{-1}A) \leq \frac{b}{a}.$$

**5.8** Man zeige, dass die Matrix

$$A := \begin{pmatrix} 2 & 1 & 1 \\ 1 & 2 & 1 \\ 1 & 1 & 2 \end{pmatrix}$$

positiv definit ist und ihre spektrale Kondition 4 beträgt.
*Hinweis:* Man betrachte die zugehörige quadratische Form.

**5.9** Man untersuche das Konvergenzverhalten des (P)CG-Verfahrens auf der Basis von Satz 3.45 und unterscheide dabei zwischen $d = 2$ und $d = 3$.

**5.10** Man bestimme Prolongation und Restriktion nach (5.101) und (5.104) für den Fall des linearen Ansatzes auf einer Friedrichs–Keller-Triangulierung.

**5.11** Man zeige die Konsistenz des Zweigitterverfahrens (5.110) bei konsistenter Glättung.

# 6. Die Finite-Element-Methode für parabolische Anfangs-Randwert-Aufgaben

## 6.1 Problembeschreibung und Lösungsbegriff

In diesem Abschnitt sollen Anfangs-Randwert-Aufgaben für den linearen Fall der Differentialgleichung (0.24) betrachtet werden.

Bezüglich des Gebietes sei dabei vorausgesetzt, dass $\Omega$ ein beschränktes Lipschitz-Gebiet ist. Außerdem wollen wir uns der Einfachheit halber auf die Untersuchung homogener Dirichlet-Randbedingungen beschränken.

Damit lautet die hier betrachtete Anfangs-Randwert-Aufgabe im Raum-Zeit-Zylinder $Q_T = \Omega \times (0, T)$, $T > 0$, folgendermaßen:

Für gegebene Funktionen $f : Q_T \to \mathbb{R}$ und $u_0 : \Omega \to \mathbb{R}$ ist eine Funktion $u : Q_T \to \mathbb{R}$ zu bestimmen mit

$$\begin{cases} \dfrac{\partial u}{\partial t} + Lu = f & \text{in } Q_T\,, \\ \quad u = 0 & \text{auf } S_T = \partial\Omega \times (0, T)\,, \\ \quad u = u_0 & \text{auf } \Omega \times \{0\}\,, \end{cases} \qquad (6.1)$$

wobei $Lv$ für eine Funktion $v : \Omega \to \mathbb{R}$ den Differentialausdruck

$$(Lv)(x) := -\nabla \cdot (K(x)\,\nabla v(x)) + c(x) \cdot \nabla v(x) + r(x)v(x) \qquad (6.2)$$

mit hinreichend glatten, zeitunabhängigen Koeffizienten

$$K : \Omega \to \mathbb{R}^{d,d}\,, \quad c : \Omega \to \mathbb{R}^d\,, \quad r : \Omega \to \mathbb{R}$$

bezeichnet. Einige typische analytische Fragestellungen sind nun:

- Existenz (klassischer) Lösungen,
- Eigenschaften (klassischer) Lösungen,
- Abschwächungen des Lösungsbegriffs.

Ähnlich wie im Fall elliptischer Randwertaufgaben sind im Rahmen einer klassischen Lösungstheorie recht starke Voraussetzungen an die Daten der Anfangs-Randwert-Aufgabe nötig, wobei erschwerend der Unterschied hinzukommt, dass an der Kante $\partial\Omega \times \{0\}$ des Raum-Zeit-Zylinders Rand- und Anfangsbedingungen zusammentreffen, was zusätzliche Kompatibilitätsbedingungen erfordert.

**Grundzüge der Theorie schwacher Lösungen** Der Gleichung (6.1) kann nun ähnlich wie von den elliptischen Randwertaufgaben (3.12), (3.20) her bekannt eine die Differenzierbarkeitsforderungen an $u$ abschwächende Formulierung zugeordnet werden.

Der Grundgedanke hierbei besteht in einer unterschiedlichen Behandlung von zeitlicher und räumlichen Variablen:

1. • Für fixiertes $t \in (0,T)$ wird die Funktion $x \mapsto u(x,t)$ als ein Element $u(t)$ eines Raumes $V$ aufgefasst, dessen Elemente Funktionen von $x \in \Omega$ sind. Naheliegend ist die Wahl des Raumes (vgl. Abschn. 3.2.1, (I))

$$V = \{v \in H^1(\Omega) : v = 0 \text{ auf } \Gamma_3\}, \quad \text{hier also } V = H_0^1(\Omega).$$

   • In der nächsten Stufe, das heißt bei variablem $t$, entsteht somit eine Funktion $t \mapsto u(t)$ mit Werten im (Funktionen-) Raum $V$.

2. Zusätzlich zu $V$ tritt ein weiterer Raum $H = L^2(\Omega)$ hervor, aus welchem die Anfangsvorgabe $u_0$ stammt und der $V$ als dichten Unterraum enthält. Dabei bedeutet *dicht*, dass der Abschluss von $V$ (bzgl. der Norm über $H$) mit $H$ zusammenfällt.

3. Die Zeitableitung ist in einem verallgemeinerten Sinne zu verstehen, siehe (6.3).

4. Die verallgemeinerte Lösung $t \mapsto u(t)$ wird als Element eines Funktionenraumes gesucht, dessen Elemente selbst „funktionenwertig" sind (vgl. 1.).

**Definition 6.1** Es sei $X$ einer der beiden Räume $H$ oder $V$ (das heißt dessen Elemente sind insbesondere Funktionen über $\Omega \subset \mathbb{R}^d$).

(i) Der Raum $C^l([0,T],X)$, $l \in \mathbb{N}_0$, bestehe aus allen stetigen Funktionen $v : [0,T] \to X$, welche stetige Ableitungen bis einschließlich der Ordnung $l$ auf $(0,T)$ besitzen und deren Norm

$$\sum_{i=0}^{l} \sup_{t \in (0,T)} \|v^{(i)}(t)\|_X$$

endlich ist.

Zur Vereinfachung der Schreibweise wird $C([0,T],X) := C^0([0,T],X)$ gesetzt.

(ii) Der Raum $L^p((0,T),X)$ mit $1 \leq p \leq \infty$ bestehe aus all jenen über $(0,T) \times \Omega$ definierten Funktionen, für die gilt:

$$v(t,\cdot) \in X \text{ für jedes } t \in (0,T), \quad F \in L^p(0,T) \quad \text{mit } F(t) := \|v(t,\cdot)\|_X.$$

Außerdem wird gesetzt:

$$\|v\|_{L^p((0,T),X)} := \|F\|_{L^p(0,T)}.$$

**Bemerkung 6.2** Es gilt: $f \in L^2(Q_T) \Rightarrow f \in L^2((0,T),H)$.

**Beweis:** Im Wesentlichen mit dem Satz von Fubini (siehe [1, S. 197 f.]). □

Hinsichtlich der Interpretation der Zeitableitung sowie der allgemeinen Formulierung insgesamt sei hier lediglich bemerkt, dass eine umfassende Behandlung nur im Rahmen der Distributionentheorie möglich ist, was den vorhandenen Rahmen allerdings erheblich sprengen würde. Eine knappe, mathematisch strenge Einführung ist etwa in dem Buch [35, Kap. 23] zu finden.

Der Ansatzpunkt besteht in folgender Festlegung: Es heißt, $u \in L^2((0,T),V)$ besitzt eine schwache Ableitung $w$, wenn gilt:

$$\int_0^T u(t)\,\Psi'(t)\,dt = -\int_0^T w(t)\,\Psi(t)\,dt \quad \text{für alle } \Psi \in C_0^\infty(0,T)\,. \tag{6.3}$$

Diese Ableitung $w$ wird, wie vielfach üblich, mit $\dfrac{du}{dt}$ oder $u'$ bezeichnet.

**Bemerkung 6.3** Die Integrale sind dabei als sogenannte *Bochner*-Integrale aufzufassen, welche eine Ausdehnung des Lebesgue'schen Integralbegriffs auf „funktionenwertige" Abbildungen bedeuten. In (6.3) stehen also keine Zahlen!

Nunmehr kann die schwache Formulierung von (6.1) angegeben werden. Zuvor sei noch an folgende Bezeichnungen erinnert:

$$\langle u,v \rangle_0 := \int_\Omega u\,v\,dx \quad (u,v \in H)\,, \tag{6.4}$$

$$a(u,v) := \int_\Omega [K\nabla u \cdot \nabla v + (c \cdot \nabla u + ru)\,v]\,dx \quad (u,v \in V)\,. \tag{6.5}$$

Sei $u_0 \in H$, $f \in L^2((0,T),H)$.

Eine schwache Lösung von (6.1) ist ein Element $u \in L^2((0,T),V)$, das eine schwache Ableitung $\dfrac{du}{dt} = u' \in L^2((0,T),H)$ besitzt und für das gilt:

$$\begin{cases} \left\langle \dfrac{d}{dt}u(t),v \right\rangle_0 + a\,(u(t),v) = \langle f(t),v \rangle_0 & \text{für alle } v \in V \text{ und alle } t \in (0,T)\,, \\ \qquad\qquad u(0) = u_0\,. \end{cases}$$

$$\tag{6.6}$$

Wegen $u \in L^2((0,T),V)$ und $u' \in L^2((0,T),H)$ gilt auch $u \in C([0,T],H)$ (siehe [10, S. 287]), so dass die Anfangsvorgabe eine wohldefinierte Bedingung darstellt.

Im Folgenden setzen wir neben der Stetigkeit der Bilinearform $a$ über $V \times V$ (vgl. (3.2)) deren $V$-Elliptizität voraus (vgl. (3.3)), das heißt, es gebe eine Zahl $\alpha > 0$ mit

$$a(v,v) \geq \alpha\|v\|_V^2 \quad \text{für alle } v \in V\,.$$

**Lemma 6.4** *Es sei $a$ eine $V$-elliptische, stetige Bilinearform, $u_0 \in H$ und $f \in C([0,T],H)$. Dann gilt für die Lösung $u(t)$ von (6.6) die Abschätzung*

$$\|u(t)\|_0 \leq \|u_0\|_0\,e^{-\alpha t} + \int_0^t \|f(s)\|_0\,e^{-\alpha(t-s)}\,ds \quad \text{für alle } t \in (0,T)\,.$$

**Beweis:** Die folgenden Gleichungen gelten alle fast überall in $(0, T)$. Mit $v = u(t)$ folgt aus (6.6)

$$\langle u'(t), u(t)\rangle_0 + a(u(t), u(t)) = \langle f(t), u(t)\rangle_0 .$$

Wegen

$$\langle u'(t), u(t)\rangle_0 = \frac{1}{2}\frac{d}{dt}\langle u(t), u(t)\rangle_0 = \frac{1}{2}\frac{d}{dt}\|u(t)\|_0^2 = \|u(t)\|_0 \frac{d}{dt}\|u(t)\|_0$$

und der $V$-Elliptizität liefert dies

$$\|u(t)\|_0 \frac{d}{dt}\|u(t)\|_0 + \alpha \|u(t)\|_V^2 \le \langle f(t), u(t)\rangle_0 .$$

Aus

$$\|u(t)\|_0 \le \|u(t)\|_V$$

und der Cauchy–Schwarz'schen Ungleichung

$$\langle f(t), u(t)\rangle_0 \le \|f(t)\|_0 \|u(t)\|_0$$

ergibt sich nach Division durch $\|u(t)\|_0$

$$\frac{d}{dt}\|u(t)\|_0 + \alpha\|u(t)\|_0 \le \|f(t)\|_0 .$$

Nach Multiplikation mit $e^{\alpha t}$ folgt wegen

$$\frac{d}{dt}(e^{\alpha t}\|u(t)\|_0) = e^{\alpha t}\frac{d}{dt}\|u(t)\|_0 + \alpha e^{\alpha t}\|u(t)\|_0$$

sofort

$$\frac{d}{dt}(e^{\alpha t}\|u(t)\|_0) \le e^{\alpha t}\|f(t)\|_0 .$$

Schließlich liefert die Integration über $(0, t)$

$$e^{\alpha t}\|u(t)\|_0 - \|u(0)\|_0 \le \int_0^t e^{\alpha s}\|f(s)\|_0\, ds$$

für alle $t \in (0, T)$. Die Multiplikation mit $e^{-\alpha t}$ ergibt unter Berücksichtigung der Anfangsbedingung die behauptete Beziehung

$$\|u(t)\|_0 \le \|u_0\|_0\, e^{-\alpha t} + \int_0^t \|f(s)\|_0\, e^{-\alpha(t-s)}\, ds .$$

□

Aus diesem Lemma ergibt sich die Eindeutigkeit der Lösung von (6.6).

**Folgerung 6.5** *Es kann nur eine Lösung von (6.6) geben.*

**Beweis:** Lägen zwei verschiedene Lösungen $u_1(t), u_2(t) \in V$ vor, so löste die Differenz $v(t) := u_1(t) - u_2(t)$ ein homogenes Problem vom Typ (6.6) (das heißt $f = 0, u_0 = 0$). Lemma 6.4 lieferte dann sofort $\|v(t)\|_0 = 0$ in $[0, T)$, also $u_1(t) = u_2(t)$ für alle $t \in [0, T)$.

□

# 6.2 Semidiskretisierung mittels vertikaler Linienmethode

Die Lösungen parabolischer Differentialgleichungen können mit einer großen Bandbreite numerischer Verfahren approximiert werden. Die wichtigsten dieser Verfahren sind:

- *Volldiskretisierungen:*
  - Anwendung von Differenzenverfahren auf die klassische Anfangs-Randwert-Aufgabe (wie in der Form (6.1)),
  - Anwendung von Finite-Element-Methoden mit sogenannten Raum-Zeit-Elementen auf eine Variationsformulierung, die ebenfalls die zeitliche Variable umfasst.
- *Semidiskretisierungen:*
  - *Vertikale Linienmethode:* Hierbei erfolgt die Diskretisierung zuerst bzgl. der räumlichen Variablen (etwa mittels Differenzenverfahren, Finite-Element- oder Finite-Volumen-Methode).
  - *Horizontale Linienmethode* (Rothe-Methode): Hierbei wird zuerst bzgl. der zeitlichen Variablen diskretisiert.

Wie es der Name schon andeutet, muss einer Semidiskretisierung ein weiterer Diskretisierungsschritt nachgeschaltet werden, um eine komplette Diskretisierung (Volldiskretisierung) zu erhalten. Der Grundgedanke der Semidiskretisierungen besteht darin, dass als (Zwischen-)Resultat Aufgaben bekannter Struktur entstehen. So liefert die vertikale Linienmethode ein System gewöhnlicher Differentialgleichungen, für dessen Behandlung eventuell ein passender problemspezifischer Löser bereitsteht. Die Rothe-Methode hingegen erzeugt eine Folge elliptischer Randwertprobleme, für welche bekannte Lösungsverfahren eingesetzt werden können.

Die Bezeichnung „vertikal" bzw. „horizontal" der Semidiskretisierungen erschließt sich aus der graphischen Darstellung des Definitionsbereiches der gesuchten Funktion $u = u(x,t)$ im räumlich eindimensionalen Fall (das heißt $d = 1$). Wird nämlich die erste (horizontale) Achse des Koordinatensystemes für die Variable $x$ und die zweite (vertikale) Achse für die Variable $t$ reserviert, so führt eben die räumliche Diskretisierung auf Probleme, die entlang vertikaler Linien „leben".

Im Folgenden soll die vertikale Linienmethode näher betrachtet werden.

Dazu sei $V_h \subset V$ ein endlich-dimensionaler Teilraum mit $\dim V_h = M = M(h)$ und $u_{0h} \in V_h$ sei als eine Näherung zu $u_0$ gegeben. Das *semidiskrete Problem* lautet dann:

Finde $u_h \in L^2((0,T), V_h)$ mit $u_h' \in L^2((0,T), H)$, $u_h(0) = u_{0h}$ und

$$\left\langle \frac{d}{dt} u_h(t), v_h \right\rangle_0 + a(u_h(t), v_h) = \langle f(t), v_h \rangle_0 \quad \text{für alle } v_h \in V_h, \, t \in (0,T).$$

$$(6.7)$$

**Satz 6.6** *Unter den Voraussetzungen von Lemma 6.4 besitzt das Problem (6.7) eine eindeutige Lösung.*

**Beweis:** Sei $\{\varphi_i\}_{i=1}^M$ eine Basis von $V_h$, $u_h(t) = \sum_{i=1}^M \xi_i(t)\,\varphi_i$ und $u_{0h} = \sum_{i=1}^M \xi_{0i}\,\varphi_i$. Für jedes $t \in (0,T)$ ist dann die diskrete Variationsgleichung (6.7) äquivalent zu

$$\sum_{j=1}^M \langle\varphi_j,\varphi_i\rangle_0 \frac{d\xi_j(t)}{dt} + \sum_{j=1}^M a(\varphi_j,\varphi_i)\,\xi_j(t) = \langle f(t),\varphi_i\rangle_0 \quad \text{für alle } i \in \{1,\dots,M\}\,.$$

Mit der *Steifigkeitsmatrix* $A := (a(\varphi_j,\varphi_i))_{ij}$ (wir lassen hier zur Vermeidung allzu ziselierter Bezeichnungen den Index $h$ weg), der *Massenmatrix* $B := (\langle\varphi_j,\varphi_i\rangle_0)_{ij}$ und den Vektoren $\boldsymbol{\beta}(t) := (\langle f(t),\varphi_i\rangle_0)_i$ sowie $\boldsymbol{\xi}_0 := (\xi_{0i})_i$ ergibt sich für $\boldsymbol{\xi}(t) := (\xi_i(t))_i$ folgendes System linearer gewöhnlicher Differentialgleichungen mit konstanten Koeffizienten:

$$\begin{cases} B\,\dfrac{d}{dt}\boldsymbol{\xi}(t) + A\,\boldsymbol{\xi}(t) = \boldsymbol{\beta}(t)\,, & t \in (0,T)\,, \\[2mm] \qquad\qquad \boldsymbol{\xi}(0) = \boldsymbol{\xi}_0\,. \end{cases} \tag{6.8}$$

Da die Matrix $B$ symmetrisch und positiv definit ist, kann sie (mittels Cholesky-Zerlegung) dargestellt werden als $B = E^T E$. Mit der neuen Variablen $\hat{\boldsymbol{\xi}} := E\boldsymbol{\xi}$ lässt sich das obige System (6.8) wie folgt schreiben:

$$\begin{cases} \dfrac{d}{dt}\hat{\boldsymbol{\xi}}(t) + \hat{A}\,\hat{\boldsymbol{\xi}}(t) = \hat{\boldsymbol{\beta}}(t)\,, & t \in (0,T)\,, \\[2mm] \qquad\qquad \hat{\boldsymbol{\xi}}(0) = \hat{\boldsymbol{\xi}}_0\,, \end{cases} \tag{6.9}$$

wobei $\hat{A} := E^{-T}AE^{-1}$ eine $\mathbb{R}^M$-elliptische Matrix ist und die weiteren Bezeichnungen $\hat{\boldsymbol{\beta}} := E^{-T}\boldsymbol{\beta}$, $\hat{\boldsymbol{\xi}}_0 := E\boldsymbol{\xi}_0$ verwendet wurden. Dieses System besitzt aber nach den Existenz- und Eindeutigkeitsresultaten der Theorie linearer Systeme gewöhnlicher Differentialgleichungen mit konstanten Koeffizienten eine eindeutige Lösung $\hat{\boldsymbol{\xi}}$. $\qquad\square$

**Bemerkung 6.7** Mit den gleichen Mitteln des Beweises von Lemma 6.4 kann eine Abschätzung für $\|u_h(t)\|_0$ gewonnen werden.

Im nächsten Schritt soll nun eine semidiskrete Fehlerabschätzung angegeben werden. Dazu benutzen wir als Hilfsmittel die nachfolgend eingeführte elliptische Projektion der Lösung $u(t)$ von (6.6).

**Definition 6.8** Die *elliptische* oder *Ritz-Projektion* $R_h : V \to V_h$ ist für eine $V$-elliptische, stetige Bilinearform $a : V \times V \to \mathbb{R}$ definiert durch

$$v \mapsto R_h v \iff a(R_h v - v, v_h) = 0 \quad \text{für alle } v_h \in V_h\,.$$

**Satz 6.9** *Unter den Voraussetzungen von Definition 6.8 gilt:*
(i) $R_h : V \to V_h$ *ist linear und stetig.*
(ii) $R_h$ *liefert quasioptimale Approximationen, das heißt*

$$\|v - R_h v\|_V \leq \frac{M}{\alpha} \inf_{v_h \in V_h} \|v - v_h\|_V \, .$$

**Beweis:** Die Linearität von $R_h$ ist offensichtlich. Die übrigen Behauptungen sind Folgerungen aus Lemma 2.16 bzw. Satz 2.17, siehe Übungsaufgabe 6.4. $\square$

Unter Benutzung dieses Hilfsmittels kann folgendes Ergebnis bewiesen werden:

**Satz 6.10** *Es sei $a$ eine $V$-elliptische, stetige Bilinearform, $f \in C([0,T], H)$, $u_0 \in V$ sowie $u_{0h} \in V_h$. Dann gilt bei hinreichender Glattheit von $u(t)$ die Abschätzung*

$$\|u_h(t) - u(t)\|_0 \leq \|u_{0h} - R_h u_0\|_0 \, e^{-\alpha t} + \|(I - R_h) u(t)\|_0$$
$$+ \int_0^t \|(I - R_h) u'(s)\|_0 \, e^{-\alpha(t-s)} \, ds \, .$$

**Beweis:** Der Fehler wird zunächst wie folgt aufgespalten:

$$u_h(t) - u(t) = u_h(t) - R_h u(t) + R_h u(t) - u(t) =: \theta(t) + \varrho(t) \, .$$

Unter Ausnutzung der Definition von $R_h$ gilt dann mit $v = v_h \in V_h$ in (6.6)

$$\langle u'(t), v_h \rangle_0 + a(u(t), v_h) = \langle u'(t), v_h \rangle_0 + a(R_h u(t), v_h) = \langle f(t), v_h \rangle_0 \, .$$

Wird dies von (6.7) subtrahiert, folgt

$$\langle u_h'(t), v_h \rangle_0 - \langle u'(t), v_h \rangle_0 + a(\theta(t), v_h) = 0 \, ,$$

also

$$\langle \theta'(t), v_h \rangle_0 + a(\theta(t), v_h) = \langle u'(t), v_h \rangle_0 - \left\langle \frac{d}{dt} R_h u(t), v_h \right\rangle_0 = -\langle \varrho'(t), v_h \rangle_0 \, .$$

Aus der Anwendung von Lemma 6.4 ergibt sich

$$\|\theta(t)\|_0 \leq \|\theta(0)\|_0 \, e^{-\alpha t} + \int_0^t \|\varrho'(s)\|_0 \, e^{-\alpha(t-s)} \, ds \, .$$

Wegen der Stetigkeit des Projektionsoperators (Satz 6.9, (i)) kommutieren bei hinreichender Glattheit von $u(t)$ die elliptische Projektion und die Ableitungsoperation $\frac{d}{dt}$, das heißt $\varrho'(t) = (I - R_h) u'(t)$. Die Dreiecksungleichung liefert nun das behauptete Ergebnis. $\square$

Satz 6.10 erlaubt folgende Interpretation:
Die Abschätzung von $\|u_h(t) - u(t)\|_0$ erfolgt durch

- den Anfangsfehler (exponentiell fallend in $t$), welcher nur auftritt, wenn $u_{0h}$ nicht mit der elliptischen Projektion von $u_0$ identisch ist,
- den Projektionsfehler in der Norm von $H$ der exakten Lösung $u(t)$,
- den auf $(0, t)$ mit $e^{-\alpha(t-s)}$ integral gewichteten Projektionsfehler (in der Norm von $H$) von $u'(t)$.

**Folgerung 6.11** *Ist das durch die Bilinearform $a$ definierte elliptische Problem so beschaffen, dass es für die elliptische Projektion Fehlerabschätzungen vom Typ*

$$\|(I - R_h)u(t)\|_0 \leq Ch^2\|u(t)\|_2$$

*zulässt, und approximiert zudem $u_{0h}$ die elliptische Projektion $R_h u_0$ des Anfangswertes ebenfalls mit mindestens dieser asymptotischen Qualität, so ergibt sich letztendlich eine optimale $L^2$-Fehlerabschätzung:*

$$\|u_h(t) - u(t)\|_0 \leq C(u(t))h^2 .$$

Um somit konkrete Fehlerabschätzungen zu erhalten, werden Abschätzungen des Projektionsfehlers in der Norm von $H = L^2(\Omega)$ benötigt. Wegen $\|\cdot\|_0 \leq \|\cdot\|_V$ lieferte zwar bereits die Quasioptimalität von $R_h$ (Satz 6.9, (ii)) in Verbindung mit den entsprechenden Approximationsaussagen (Satz 3.29) ein Resultat; dieses wäre aber nicht optimal. Als Ausweg bietet sich wiederum das Dualitätsargument (Satz 3.37) an. Diese Vorgehensweise erfordert allerdings, dass die zugehörige adjungierte Randwertaufgabe im Sinne von Definition 3.36 regulär ist.

**Satz 6.12** *Die Bilinearform $a$ sei $V$-elliptisch, stetig und die Lösung der adjungierten Randwertaufgabe sei regulär.*
*Ferner sei der Raum $V_h \subset V$ so beschaffen, dass für jede Funktion $w \in H^2(\Omega)$ mit einer von $h$ und $w$ unabhängigen Konstanten $C > 0$ gilt*

$$\inf_{v_h \in V_h} \|w - v_h\|_V \leq C h |w|_2 .$$

*Ist $u_0 \in V \cap H^2(\Omega)$, so gilt für eine hinreichend glatte Lösung $u$ von (6.7):*

$$\|u_h(t) - u(t)\|_0 \leq \|u_{0h} - u_0\|_0 \, e^{-\alpha t}$$
$$+ C h^2 \left( \|u_0\|_2 \, e^{-\alpha t} + \|u(t)\|_2 + \int_0^t \|u'(s)\|_2 \, e^{-\alpha(t-s)} \, ds \right) .$$

**Beweis:** Der erste Term der Fehlerschranke aus Satz 6.10 wird zunächst mit Hilfe der Dreiecksungleichung behandelt:

$$\|u_{0h} - R_h u_0\|_0 \leq \|u_{0h} - u_0\|_0 + \|(I - R_h)u_0\|_0 .$$

Die Projektionsfehlerabschätzung (Satz 3.37, 1)) liefert dann die angegebenen Schranken für den resultierenden zweiten Term sowie die Abschätzung für die übrigen zwei Terme der Fehlerschranke aus Satz 6.10.    □

## 6.3 Volldiskrete Schemata

Wie wir gesehen haben, entsteht als Ergebnis der vertikalen Linienmethode folgende Situation:

- Es liegt ein lineares System gewöhnlicher Differentialgleichungen hoher Ordnung (Dimension) vor.
- Es gibt eine Fehlerabschätzung für die Lösung $u$ der Anfangs-Randwert-Aufgabe bei Benutzung der exakten Lösung $u_h$ des Systemes.

Eine Schwierigkeit bei der Auswahl eines analysierbaren Diskretisierungsverfahrens für Systeme gewöhnlicher Differentialgleichungen besteht nun darin, dass in viele Abschätzungen zum Beispiel die Lipschitz-Konstante der entsprechenden rechten Seite, hier $B^{-1}(\beta - A\xi)$ (vgl. (6.8)), eingeht. Diese Konstante kann aber für kleine räumliche Schrittweiten $h$ groß sein und beispielsweise zu unrealistischen Fehlerabschätzungen führen (vgl. Satz 3.45). Als Auswege kommen hier entweder direkte Abschätzungen bei einfachen Zeitdiskretisierungsverfahren oder aber die Verwendung verfeinerter Beweistechniken in Verbindung mit speziellen Diskretisierungsverfahren in Betracht. Im Folgenden soll der erste Weg für das sogenannte *Einschritt-θ-Verfahren* skizziert werden.

Das Zeitintervall $(0, T)$ wird, sofern $T < \infty$ ist, in $N \in \mathbb{N}$ gleichlange Teilintervalle der Länge $k := T/N$ aufgeteilt. Weiter seien $t_n := nk$ für $n \in \{0, \ldots, N\}$ und $U^n \in V_h$ eine Approximation von $u_h(t_n)$. Im Falle eines unbeschränkten Zeitintervalles gibt man sich die *Zeitschrittweite* $k > 0$ vor und erlaubt eine unbeschränkte Vergrößerung von $n$, das heißt es wird formal $N = \infty$ gesetzt. Mit $\partial U^{n+1} := (U^{n+1} - U^n)/k$, $f^{n+s} := sf(t_{n+1}) + (1-s)f(t_n)$, $s \in [0,1]$, und einer fixierten Zahl $\theta \in [0,1]$ lautet dann das volldiskrete Verfahren zu (6.7):

Finde $U^{n+1} \in V_h$, $n \in \{0, \ldots, N-1\}$ mit

$$\begin{cases} \langle \partial U^{n+1}, v_h \rangle_0 + a(\theta U^{n+1} + (1-\theta)U^n, v_h) = \langle f^{n+\theta}, v_h \rangle_0 \\ \qquad\qquad\qquad\qquad\qquad\qquad \text{für alle } v_h \in V_h , \qquad (6.10) \\ U^0 = u_{0h} . \end{cases}$$

Der Parameter $\theta$ hat zu der Bezeichnung $\theta$-*Verfahren* oder *Einschritt-θ-Verfahren* geführt.

Für $\theta = 0$ liegt formal ein explizites Verfahren vor:

$$\langle U^{n+1}, v_h \rangle_0 = \langle U^n, v_h \rangle_0 - ka(U^n, v_h) + k \langle f^n, v_h \rangle_0 .$$

In der Interpretation von (6.9) entspräche dies dem *expliziten Euler-Verfahren (Euler-Vorwärts-Verfahren)*. Für $\theta \in (0,1]$ hingegen ist $U^{n+1}$ nur als Lösung eines linearen Gleichungssystemes zu gewinnen – diese Verfahren sind also implizit. Da praktisch jedoch nicht mit (6.9), sondern mit (6.8) gerechnet wird und die Massenmatrix $B$ im Allgemeinen keine Diagonalstruktur besitzt, ist das Verfahren auch für $\theta = 0$ implizit. In diesem Zusammenhang ist der Spezialfall stetiger, stückweise linearer Elemente erwähnenswert: Wird nämlich das die Massenmatrix bestimmende $L^2$-Skalarprodukt mittels der zusammengesetzten Trapezregel approximiert, so entsteht eine die exakte Matrix $B$ approximierende Diagonalmatrix $\tilde{B}$. Eine ähnliche Situation wird in Zusammenhang mit der Behandlung semilinearer Anfangs-Randwert-Aufgaben in Abschnitt 7.3 diskutiert.

Für $\theta = 1$ liegt das *implizite Euler-Verfahren (Euler-Rückwärts-Verfahren)* vor, wohingegen der Fall $\theta = 1/2$ dem *Crank–Nicolson-Verfahren* entspricht. Wir wollen im Folgenden eine Fehleranalyse für den Fall $\theta \in [1/2, 1]$ unter der Voraussetzung $u \in C^2([0, T], V)$ durchführen. Analog zu der Aufspaltung des Fehlers im semidiskreten Fall sei jetzt

$$u(t_n) - U^n = u(t_n) - R_h u(t_n) + R_h u(t_n) - U^n =: \varrho(t_n) + \theta^n .$$

Für den ersten Term (Fehler der elliptischen Projektion) steht eine Abschätzung bereits zur Verfügung. Um den anderen Summanden abzuschätzen, benutzen wir folgende Identität, die sich unmittelbar aus der Definition der elliptischen Projektion ergibt:

$$\left\langle \frac{\theta^{n+1} - \theta^n}{k}, v_h \right\rangle_0 + a(\theta\theta^{n+1} + (1-\theta)\theta^n, v_h)$$

$$= \left\langle \frac{R_h u(t_{n+1}) - R_h u(t_n)}{k}, v_h \right\rangle_0 + a(\theta R_h u(t_{n+1}) + (1-\theta)R_h u(t_n), v_h)$$

$$\quad - \left\langle \frac{U^{n+1} - U^n}{k}, v_h \right\rangle_0 - a(\theta U^{n+1} + (1-\theta)U^n, v_h)$$

$$= \left\langle \frac{R_h u(t_{n+1}) - R_h u(t_n)}{k}, v_h \right\rangle_0 + a(\theta u(t_{n+1}) + (1-\theta)u(t_n), v_h)$$

$$\quad - \langle f^{n+\theta}, v_h \rangle_0$$

$$= \left\langle \frac{R_h u(t_{n+1}) - R_h u(t_n)}{k}, v_h \right\rangle_0 - \langle \theta u'(t_{n+1}) + (1-\theta)u'(t_n), v_h \rangle_0$$

$$= \langle w^n, v_h \rangle_0$$

mit der Abkürzung

$$w^n := \frac{R_h u(t_{n+1}) - R_h u(t_n)}{k} - \theta u'(t_{n+1}) - (1-\theta)u'(t_n) .$$

Die spezielle Wahl der Testfunktion gemäß $v_h = \theta\theta^{n+1} + (1-\theta)\theta^n$ ergibt dann wegen $a(v_h, v_h) \geq 0$ die Beziehung

$$\theta\|\theta^{n+1}\|_0^2 + (1-2\theta)\langle\theta^n, \theta^{n+1}\rangle_0 - (1-\theta)\|\theta^n\|_0^2 \leq k\langle w^n, \theta\theta^{n+1} + (1-\theta)\theta^n\rangle_0.$$

Für $\theta \in [1/2, 1]$ ist $(1-2\theta) \leq 0$, also folgt

$$[\|\theta^{n+1}\|_0 - \|\theta^n\|_0]\,[\theta\|\theta^{n+1}\|_0 + (1-\theta)\|\theta^n\|_0]$$

$$= \theta\|\theta^{n+1}\|_0^2 + (1-2\theta)\|\theta^n\|_0\|\theta^{n+1}\|_0 - (1-\theta)\|\theta^n\|_0^2$$

$$\leq \theta\|\theta^{n+1}\|_0^2 + (1-2\theta)\langle\theta^n,\theta^{n+1}\rangle_0 - (1-\theta)\|\theta^n\|_0^2$$

$$\leq k\|w^n\|_0\,[\theta\|\theta^{n+1}\|_0 + (1-\theta)\|\theta^n\|_0]$$

und nach Division durch den Term in der eckigen Klammer schließlich

$$\|\theta^{n+1}\|_0 \leq \|\theta^n\|_0 + k\|w^n\|_0\,.$$

Damit folgt durch rekursive Anwendung dieser Ungleichung

$$\|\theta^{n+1}\|_0 \leq \|\theta^0\|_0 + k\sum_{j=0}^{n}\|w^j\|_0\,, \tag{6.11}$$

so dass nur noch die Terme $\|w^j\|_0$ abzuschätzen bleiben.
Zunächst ergibt sich nach einfacher Nulladdition die Darstellung

$$w^n := \frac{(R_h - I)u(t_{n+1}) - (R_h - I)u(t_n)}{k} + \frac{u(t_{n+1}) - u(t_n)}{k}$$

$$-\theta u'(t_{n+1}) - (1-\theta)u'(t_n)\,. \tag{6.12}$$

Aus der Taylor-Entwicklung mit Integralrestglied folgen weiter die Beziehungen

$$u(t_{n+1}) = u(t_n) + u'(t_n)k + \int_{t_n}^{t_{n+1}} (t_{n+1} - s)u''(s)\,ds$$

bzw.

$$u(t_n) = u(t_{n+1}) - u'(t_{n+1})k + \int_{t_{n+1}}^{t_n} (t_n - s)u''(s)\,ds\,.$$

Daraus leiten sich nützliche Ausdrücke für den Differenzenquotienten von $u$ in $t_n$ ab:

$$\frac{u(t_{n+1}) - u(t_n)}{k} = u'(t_n) + \frac{1}{k}\int_{t_n}^{t_{n+1}} (t_{n+1} - s)u''(s)\,ds\,,$$

$$\frac{u(t_{n+1}) - u(t_n)}{k} = u'(t_{n+1}) + \frac{1}{k}\int_{t_n}^{t_{n+1}} (t_n - s)u''(s)\,ds\,.$$

Multiplikation der ersten Gleichung mit $1-\theta$ und der zweiten mit $\theta$ ergibt nach Addition

$$\frac{u(t_{n+1}) - u(t_n)}{k} = \theta u'(t_{n+1}) + (1-\theta)u'(t_n)$$

$$+ \frac{1}{k}\int_{t_n}^{t_{n+1}} [\theta t_n + (1-\theta)t_{n+1} - s]u''(s)\,ds\,,$$

so dass der zweite Term in der Aufspaltung (6.12) von $w^n$ unter Verwendung von $|\theta t_n + (1-\theta)t_{n+1} - s| \le k$ gemäß

$$\left\| \frac{u(t_{n+1}) - u(t_n)}{k} - \theta u'(t_{n+1}) - (1-\theta)u'(t_n) \right\|_0 \le \int_{t_n}^{t_{n+1}} \|u''(s)\|_0 \, ds$$

abgeschätzt werden kann.

Für die Behandlung des ersten Termes wird ebenfalls die Taylor-Entwicklung eingesetzt, und zwar bezüglich der Funktion $v(t) := (R_h - I)u(t)$. Damit gilt dann

$$\frac{(R_h - I)u(t_{n+1}) - (R_h - I)u(t_n)}{k} = \frac{1}{k} \int_{t_n}^{t_{n+1}} [(R_h - I)u(s)]' \, ds \ .$$

Da wegen der Voraussetzungen an $u$ die Ableitungsoperation und die elliptische Projektion kommutieren, folgt schließlich

$$\left\| \frac{(R_h - I)u(t_{n+1}) - (R_h - I)u(t_n)}{k} \right\|_0 \le \frac{1}{k} \int_{t_n}^{t_{n+1}} \|(R_h - I)u'(s)\|_0 \, ds \ .$$

Werden die gewonnenen Abschätzungen für $\|w^n\|_0$ gemäß obiger Abschätzung (6.11) von $\|\theta^{n+1}\|_0$ aufsummiert, so ergibt sich folgendes Resultat:

**Satz 6.13** *Es sei $a$ eine $V$-elliptische, stetige Bilinearform, $u_{0h} \in V_h$, $u_0 \in V$, $\theta \in [1/2, 1]$. Ist $u \in C^2([0, T], V)$, so gilt die Abschätzung*

$$\|u(t_n) - U^n\|_0 \le \|u_{0h} - R_h u_0\|_0 + \|(I - R_h)u(t_n)\|_0$$
$$+ \int_0^{t_n} \|(I - R_h)u'(s)\|_0 \, ds + k \int_0^{t_n} \|u''(s)\|_0 \, ds \ .$$

**Bemerkung 6.14** (i) Unter noch stärkeren Glattheitsvoraussetzungen an $u$ kann bei verfeinerter Argumentation im Falle des Crank–Nicolson-Verfahrens (das heißt $\theta = 1/2$) sogar die Ordnung 2 in $k$ gezeigt werden.
(ii) Die Abschätzung spiegelt die in der Fehlerschranke für das semidiskrete Problem vorhandene exponentielle Dämpfung nicht wider.

Unter Ausnutzung der Fehlerabschätzungen für die elliptische Projektion folgt für $u_0 \in V \cap H^2(\Omega)$ damit

$$\|u(t_n) - U^n\|_0 \le \|u_{0h} - u_0\|_0 + Ch^2 \left[ \|u_0\|_2 + \|u(t_n)\|_2 + \int_0^{t_n} \|u'(s)\|_2 \, ds \right]$$
$$+ k \int_0^{t_n} \|u''(s)\|_0 \, ds \ .$$

Gilt nun noch $\|u_{0h} - u_0\|_0 \le Ch^2\|u_0\|_2$, so kann die gewonnene Abschätzung in folgender Kurzform notiert werden:

$$\|u(t_n) - U^n\|_0 \le C(u)(h^2 + k) \ ,$$

wobei $C(u)$ eine von der Lösung $u$ (und damit auch von $u_0$), jedoch nicht von $h$ und $k$ abhängige positive Größe ist.

In der Zusammenfassung sollen ohne Beweis die entsprechenden Abschätzungen für das gesamte Intervall der möglichen Werte von $\theta$ angegeben werden:

$$\|u(t_n) - U^n\|_0 \leq \begin{cases} C(u)(h^2 + k), & \text{falls } \theta \in [1/2, 1], \\ C(u)(h^2 + k^2), & \text{falls } \theta = 1/2, \\ C(u)h^2, & \text{falls } \theta \in [0, 1] \text{ und } k \leq \vartheta h^2, \end{cases} \quad (6.13)$$

wobei $\vartheta > 0$ eine Konstante ist, die das Schrittweitenverhältnis $k/h^2$ nach oben hin beschränkt.

Das Auftreten dieser Schrittweitenrestriktion liegt in den aus der Numerik von Anfangswertaufgaben für gewöhnliche Differentialgleichungen bekannten Stabilitätsforderungen begründet.

Es sei erwähnt, dass die Beschränkung auf konstante Schrittweiten $k$ nur der Vereinfachung der Notation dient. Wird statt dessen eine (durch eine Schrittweitensteuerungsstrategie bestimmte) variable Schrittweite $k_{n+1}$ benutzt, ist in Satz 6.13 $k$ durch $\max\limits_{n=0,\dots,N-1} k_n$ zu ersetzen.

## 6.4 Stabilität

Die in den vorherigen Abschnitten gegebene Stabilitäts- und Konvergenzanalyse reicht zur Beurteilung von Diskretisierungen parabolischer Differentialgleichungen im Allgemeinen nicht aus.

Wir wollen daher noch etwas detaillierter auf Einschrittverfahren zur Diskretisierung von Anfangswertproblemen des Typs (6.9) eingehen. Um die Notation nicht zu überladen, sollen aber anstelle der Größen $\hat{\boldsymbol{\xi}}, \hat{\boldsymbol{\xi}}_0, \hat{\boldsymbol{\beta}}, \hat{A}$ die nichtgekennzeichneten Größen $\boldsymbol{\xi}, \boldsymbol{\xi}_0, \boldsymbol{\beta}, A$ verwendet werden. Das System gewöhnlicher Differentialgleichungen (6.9) bekommt damit die Gestalt

$$\begin{cases} \dfrac{d}{dt}\boldsymbol{\xi}(t) + A\boldsymbol{\xi}(t) = \boldsymbol{\beta}(t), & t \in (0, T), \\ \boldsymbol{\xi}(0) = \boldsymbol{\xi}_0. \end{cases} \quad (6.14)$$

Ein allgemeines Einschrittverfahren besitzt die Form

$$\boldsymbol{\xi}^{n+1} = \boldsymbol{\xi}^n + k\boldsymbol{\Phi}(k, t_n, \boldsymbol{\xi}^n), \quad n \in \{0, \dots, N-1\},$$

mit $\boldsymbol{\xi}^0 = \boldsymbol{\xi}_0$ und einer das konkrete Verfahren charakterisierenden *Verfahrensfunktion* $\boldsymbol{\Phi} : \mathbb{R}_+ \times [0, T] \times \mathbb{R}^M \to \mathbb{R}^M$. Im Falle des Einschritt-$\theta$-Verfahrens für das System (6.14) lautet die Verfahrensfunktion

$$\boldsymbol{\Phi}(k, t, \boldsymbol{\xi}) = -(I + k\theta A)^{-1} [kA\boldsymbol{\xi} - \theta\boldsymbol{\beta}(t + k) - (1 - \theta)\boldsymbol{\beta}(t)].$$

Eine der wichtigsten Fragen der Stabilitätstheorie besteht darin, wie empfindlich ein Verfahren auf Störungen (Fehler) der Anfangswerte reagiert. Die ideale Antwort dürfte sein, dass das numerische Verfahren das gleiche Stabilitätsverhalten wie die Anfangswertaufgabe selbst besitzt. Diese Anforderung erweist sich aber als zu stark. Es ist jedoch ein vernünftiger Kompromiss, zu verlangen, dass die Fehler zumindest nicht verstärkt werden. Dies führt zu folgender Begriffsbildung.

**Definition 6.15** Ein Einschrittverfahren heißt *nichtexpansiv,* falls für zwei zu den diskreten Anfangswerten $\boldsymbol{\xi}_0, \tilde{\boldsymbol{\xi}}_0$ unter ansonsten ein und denselben Bedingungen erzeugten Näherungen $\boldsymbol{\xi}^n, \tilde{\boldsymbol{\xi}}^n$ die Abschätzung

$$|\boldsymbol{\xi}^{n+1} - \tilde{\boldsymbol{\xi}}^{n+1}| \leq |\boldsymbol{\xi}^n - \tilde{\boldsymbol{\xi}}^n|\,, \quad n \in \{0, \dots, N-1\}\,,$$

gilt.

Durch rekursive Anwendung folgt dann sofort

$$|\boldsymbol{\xi}^n - \tilde{\boldsymbol{\xi}}^n| \leq |\boldsymbol{\xi}_0 - \tilde{\boldsymbol{\xi}}_0|\,, \quad n \in \{1, \dots, N\}\,.$$

Somit entsteht die Frage nach Kriterien, anhand derer nichtexpansive Verfahren ausgewählt werden können.

Dazu betrachten wir das obige System (6.14) mit $\beta = 0$ und einer diagonalisierbaren Matrix $A$. Letzteres bedeutet, dass eine reguläre Matrix $Q \in \mathbb{C}^{M,M}$ existiert, so dass $A$ in der Form $A = QDQ^{-1}$ mit einer Diagonalmatrix $D = \mathrm{diag}(\lambda_i) \in \mathbb{C}^{M,M}$ darstellbar ist, wobei die Einträge $\lambda_i$ den Eigenwerten von $A$ entsprechen.

In solch einem Fall kann das System (6.14) durch eine Variablentransformation *entkoppelt* werden. Es gilt nämlich mit $\boldsymbol{\xi} = Q\boldsymbol{\eta}$

$$\frac{d}{dt}\boldsymbol{\xi}(t) + A\boldsymbol{\xi}(t) = Q\left[\frac{d}{dt}\boldsymbol{\eta}(t) + D\boldsymbol{\eta}(t)\right]\,,$$

also ist (6.14) äquivalent zu

$$\begin{cases} \dfrac{d}{dt}\boldsymbol{\eta}(t) + D\boldsymbol{\eta}(t) = 0\,, \quad t \in (0, T)\,, \\ \qquad\quad \boldsymbol{\eta}(0) = \boldsymbol{\eta}_0 := Q^{-1}\boldsymbol{\xi}_0\,. \end{cases}$$

Da $D$ eine Diagonalmatrix ist, zerfällt das gewonnene System in $M$ skalare Anfangswertaufgaben für die einzelnen Komponenten $\eta_i$ von $\boldsymbol{\eta}$:

$$\begin{cases} \eta_i' + \lambda_i \eta_i = 0\,, \quad t \in (0, T)\,, \\ \quad \eta_i(0) = \eta_{0i}\,, \end{cases} \quad i \in \{1, \dots, M\}\,.$$

Dies legt nahe, Probleme diesen Typs zu Testzwecken heranzuziehen.

**Definition 6.16** Ein Einschrittverfahren heißt *A-stabil,* wenn es in Anwendung auf das skalare Modellproblem

$$\begin{cases} \xi' + \lambda\xi = 0\,, \quad t \in (0, T)\,, \\ \quad \xi(0) = \xi_0 \end{cases}$$

für alle komplexen Parameter $\lambda$ mit $\Re\lambda > 0$ und beliebige Schrittweiten $k > 0$ nichtexpansiv ist.

Die exakte Lösung des Modellproblemes lautet $\xi(t) = e^{-\lambda t}\xi_0$, das heißt, die Differenz zweier Lösungen zu verschiedenen Anfangsbedingungen $\xi_0, \tilde{\xi}_0$ genügt der Beziehung

$$\xi(t_{n+1}) - \tilde{\xi}(t_{n+1}) = e^{-\lambda t_{n+1}}\xi_0 - e^{-\lambda t_{n+1}}\tilde{\xi}_0 = e^{-\lambda k}\left[e^{-\lambda t_n}\xi_0 - e^{-\lambda t_n}\tilde{\xi}_0\right]$$

$$= e^{-\lambda k}\left[\xi(t_n) - \tilde{\xi}(t_n)\right].$$

Die Anwendung des Einschritt-$\theta$-Verfahrens auf das Modellproblem führt im $n$-ten Schritt auf die Beziehung

$$\frac{\xi^{n+1} - \xi^n}{k} + \lambda[\theta\xi^{n+1} + (1-\theta)\xi^n] = 0,$$

also ist

$$\xi^{n+1} = \frac{1 - \lambda k(1-\theta)}{1 + \lambda k\theta}\,\xi^n = R(-\lambda k)\xi^n$$

mit der *Stabilitätsfunktion*

$$R(z) := \frac{1 + (1-\theta)z}{1 - \theta z}.$$

Für die Differenz zweier Näherungen $\xi^{n+1} - \tilde{\xi}^{n+1}$ gilt somit

$$\xi^{n+1} - \tilde{\xi}^{n+1} = R(-\lambda k)[\xi^n - \tilde{\xi}^n].$$

Dies zeigt, dass die A-Stabilität mit der Forderung

$$|R(z)| \le 1 \quad \text{für alle } z \text{ mit } \Re z < 0$$

abgesichert werden kann. Eine bequeme Formulierung wird durch den Begriff des Stabilitätsgebietes ermöglicht.

**Definition 6.17** Für das Einschrittverfahren $\xi^{n+1} = R(-\lambda k)\xi^n$ mit der Stabilitätsfunktion $R : \mathbb{C} \to \mathbb{C}$ heißt die Menge

$$S_R := \{z \in \mathbb{C} : |R(z)| < 1\}$$

*Bereich absoluter Stabilität* oder *Stabilitätsgebiet*.

**Beispiel 6.18**  1. Für $\theta = 0$ ist $S_R$ die (offene) Einheitskreisscheibe mit dem Mittelpunkt $z = -1$.
2. Für $\theta = 1/2$ fällt $S_R$ mit der linken komplexen Halbebene (ohne die imaginäre Achse) zusammen.
3. Für $\theta = 1$ besteht $S_R$ aus der gesamten komplexen Ebene, aus welcher die abgeschlossene Einheitskreisscheibe mit dem Mittelpunkt $z = 1$ entfernt wurde.

Der Begriff der A-Stabilität widerspiegelt die Tatsache, dass die Eigenschaft $|e^{-\lambda k}| \le 1$ für $\Re\lambda > 0$ durch die Funktion $R(-\lambda k)$ ebenfalls erfüllt wird.

**Folgerung 6.19** *Ein Einschrittverfahren $\xi^{n+1} = R(-\lambda k)\xi^n$ ist also genau dann A-stabil, wenn der Abschluss $\overline{S}_R$ seines Stabilitätsgebietes die linke komplexe Halbebene enthält.*

Eine weitere interessante Eigenschaft ist die Asymptotik

$$e^{-\lambda k} \to 0 \quad \text{für } \Re\lambda \to \infty \,.$$

Numerische Verfahren, deren Stabilitätsfunktionen diese Eigenschaft konservieren, sind besonders für Anwendungen mit sehr großen oder gar unbeschränkten Zeitintervallen interessant (*Langzeitrechnungen*).

**Definition 6.20** Verfahren, deren Stabilitätsfunktion die Eigenschaft

$$R(z) \to 0 \quad \text{für } \Re z \to -\infty$$

besitzen, heißen *L-stabil*.

**Beispiel 6.21** Unter den Einschritt-$\theta$-Verfahren ist nur das implizite Euler-Verfahren ($\theta = 1$) L-stabil.

Eine Zwischenstellung nimmt der Begriff der *stark A-stabilen Verfahren* ein, die durch die Eigenschaften

- $|R(z)| < 1$ für alle $z$ mit $\Re z < 0$,
- $\lim\limits_{\Re z \to -\infty} |R(z)| < 1$

charakterisiert werden.

**Beispiel 6.22** Das Crank–Nicolson-Verfahren ($\theta = 1/2$) ist nicht stark A-stabil, denn es gilt etwa

$$\lim_{x \to -\infty} |R(x)| = \lim_{x \to -\infty} \left| \frac{1 + x/2}{1 - x/2} \right| = 1 \,.$$

Wir sehen also, dass der Parameter $\theta$ die Stabilitätseigenschaften des Verfahrens wesentlich beeinflusst. Wenn wir daher (vgl. Satz 3.45 unter Beachtung der Skalierung) etwa die Situation vorliegen haben, dass die Realteile der Eigenwerte $\lambda_i$ mit kleiner werdender Schrittweite $h$ unbeschränkt wachsen und der die Eigenwerte von $A$ enthaltende Sektor der komplexen Ebene nicht vollständig im Stabilitätsbereich des Verfahrens liegt, so führt dies zu Restriktionen an die Zeitschrittweite $k$ (zum Beispiel wie in der letzten Zeile von (6.13)).

**Beispiel 6.23 (Prothero-Robinson-Modell)** Es sei $g \in C^1[0,T]$ gegeben. Wir betrachten die Anfangswertaufgabe

$$\begin{cases} \xi' + \lambda(\xi - g) = g' \,, & t \in (0,T) \,, \\ \quad\;\, \xi(0) = \xi_0 \,. \end{cases}$$

Offenbar ist $g$ selbst eine partikuläre Lösung der Differentialgleichung, das heißt die allgemeine Lösung lautet

$$\xi(t) = e^{-\lambda t}[\xi_0 - g(0)] + g(t) \, .$$

Mit $g(t) = \arctan t$, $\lambda = 500$ und den an den Kurven angegebenen Werten von $\xi_0$ ergibt sich qualitativ folgendes Bild:

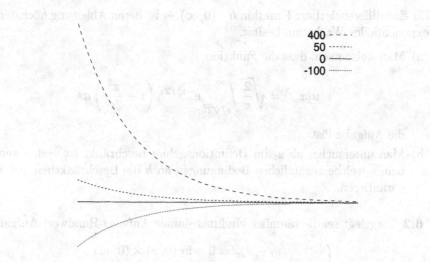

400
50
0
-100

**Abb. 6.1.** Prothero-Robinson-Modell

Man beachte die extreme Skalierung: Die geradlinig erscheinende Kurve zu $\xi_0 = 0$ entspricht dem Graphen von $g$.
Das explizite Euler-Verfahren für dieses Modell lautet

$$\xi^{n+1} = (1 - \lambda k)\xi^n + k\left[g'(t_n) + \lambda g(t_n)\right] \, ,$$

und es ist nach unseren obigen Betrachtungen nur dann nichtexpansiv, wenn $\lambda k \leq 1$ gilt. Dies entspricht jedoch insbesondere für große Zahlen $\lambda$ einer beträchtlichen Schrittweitenrestriktion, vgl. auch die Bedingung in (6.13) am Schluss des vorherigen Abschnittes.
Die impliziten Verfahren wie das Crank–Nicolson- oder das implizite Euler-Verfahren besitzen wegen ihrer besseren Stabilitätseigenschaften diese Schrittweitenrestriktion nicht. Dennoch können auch bei Anwendung dieser Verfahren überraschende Effekte – wie etwa eine Ordnungsreduktion für große Zahlen $\lambda$ – auftreten.

# Übungen

**6.1** Betrachtet werde das Anfangs-Randwert-Problem

$$\begin{cases} u_t - u_{xx} = 0 & \text{in } (0,\infty) \times (0,\infty)\,, \\ u(0,t) = h(t)\,, \ t \in (0,\infty)\,, \\ u(x,0) = 0\,, \quad x \in (0,\infty) \end{cases}$$

für eine differenzierbare Funktion $h : (0,\infty) \to \mathbb{R}$, deren Ableitung höchstens exponentielles Wachstum besitzt.

a) Man weise nach, dass die Funktion

$$u(x,t) = \sqrt{\frac{2}{\pi}} \int_{x/\sqrt{2t}}^{\infty} e^{-s^2/2} h\left(t - \frac{x^2}{2s^2}\right) ds$$

die Aufgabe löst.

b) Man untersuche, ob $u_t$ im Definitionsgebiet beschränkt ist und – wenn nein – welche zusätzlichen Bedingungen an $h$ die Beschränktheit von $u_t$ garantieren.

**6.2** Vorgelegt sei die räumlich eindimensionale Anfangs-Randwert-Aufgabe

$$\begin{cases} u_t - u_{xx} = 0 & \text{in } (0,\pi) \times (0,\infty)\,, \\ u(0,t) = u(\pi,t) = 0\,, \ t \in (0,\infty)\,, \\ u(x,0) = u_0\,, \ x \in (0,\pi)\,. \end{cases}$$

a) Man löse dieses Problem mittels eines Separationsansatzes.

b) Man gebe eine Darstellung für $\|u_t(t)\|_0$ an.

c) Man betrachte die spezielle Anfangsbedingung $u_0(x) = \pi - x$ und untersuche mittels des Ergebnisses aus Teilaufgabe b) das asymptotische Verhalten von $\|u_t(t)\|_0$ in der Nähe von $t = 0$.

**6.3** Es seien $V := H_0^1(\Omega)$ und $H := L_2(\Omega)$, $\Omega \subset \mathbb{R}^d$ beschränkt und hinreichend glatt berandet. Ferner sei $a : V \times V \to \mathbb{R}$ eine stetige, $V$-elliptische Bilinearform und $u_0 \in H, f \in L_2((0,T),H)$, $T > 0$. Man weise mittels der sogenannten *Energiemethode* (vgl. Beweis von Lemma 6.4) folgende a priori-Abschätzungen für die Lösung $u$ des Anfangs-Randwertproblemes

$$\begin{cases} (u_t(t),v) + a(u(t),v) = (f(t),v) & \text{für alle } v \in V,\ t \in (0,T)\,, \\ u(0) = u_0 \end{cases}$$

nach:

a) $\|u(t)\|_0 \leq \|u_0\|_0 + \displaystyle\int_0^t \|f(s)\|_0\, ds$

im Falle einer symmetrischen Bilinearform $a$,

b) $\alpha t \|u(t)\|_1^2 + 2 \int_0^t s\|u_t(s)\|_0^2 \, ds \leq M \int_0^t \|u(s)\|_1^2 \, ds$, falls $f = 0$,

c) $\|u_t(t)\|_0 \leq \sqrt{\dfrac{M}{2\alpha}} \dfrac{1}{t} \|u_0\|_0$, falls $f = 0$.

Hierbei bezeichnen $M$ und $\alpha$ die jeweiligen Konstanten in der Stetigkeits- bzw. Elliptizitätsbedingung.

**6.4** Es sei $V$ ein Banach-Raum und $a : V \times V \to \mathbb{R}$ eine $V$-elliptische, stetige Bilinearform. Man zeige, dass die Ritz-Projektion $R_h : V \to V_h$ in einen Unterraum $V_h \subset V$ (vgl. Definition 6.8) folgende Eigenschaften besitzt:

(i) $R_h : V \to V_h$ ist stetig, da gilt: $\|R_h u\|_V \leq \frac{M}{\alpha}\|u\|_V$,

(ii) $R_h$ liefert quasioptimale Approximationen, das heißt

$$\|u - R_h u\|_V \leq \frac{M}{\alpha} \inf_{v_h \in V_h} \|u - v_h\|_V \ .$$

Hierbei bezeichnen $M$ und $\alpha$ die jeweiligen Konstanten in der Stetigkeits- bzw. Elliptizitätsbedingung.

**6.5** Es sei $u \in C^1([0,T],V)$. Man beweise: $R_h u \in C^1([0,T],V)$ und $\frac{d}{dt}R_h u(t) = R_h \frac{d}{dt} u(t)$.

**6.6** Man bestimme das jeweilige Stabilitätsgebiet $S_R$ des Einschritt-$\theta$-Verfahrens für folgende Werte des Parameters $\theta : 0, 1/2, 1$.

**6.7** Man weise die L-Stabilität des impliziten Euler-Verfahrens nach.

**6.8** Analog zum skalaren Fall können für die Lösung eines Modellsystemes gewöhnlicher Differentialgleichungen $\frac{d}{dt}\boldsymbol{\xi} + A\boldsymbol{\xi} = 0$ mit einer symmetrischen, positiv semidefiniten Matrix $A \in \mathbb{R}^{M,M}$ numerische Verfahren der Gestalt

$$\boldsymbol{\xi}^{n+1} = R(-kA)\boldsymbol{\xi}^n$$

mit einer rationalen Stabilitätsfunktion $R : \mathbb{C} \to \mathbb{C}$ betrachtet werden. Es sei nun bekannt, dass der Bereich absoluter Stabilität

$$S_R := \{z \in \mathbb{C} : |R(z)| < 1\}$$

die linke komplexe Halbebene $\mathbb{C}^-$ enthält (das heißt das durch $R$ erzeugte Verfahren für eine skalare Differentialgleichung ist A-stabil). Man zeige, dass dann die Lösung des Modellproblemes nichtexpansiv ist, das heißt, dass bzgl. der euklidischen Norm gilt:

$$|\boldsymbol{\xi}^{n+1}| \leq |\boldsymbol{\xi}^n| \ .$$

**6.9**  a) Man weise nach, dass die Diskretisierung

$$\xi^n = \xi^{n-2} + 2kf(t_{n-1}, \xi^{n-1}) \,, \quad n = 2, \ldots N \,,$$

(*Mittelpunktsregel*) bei Anwendung auf die Modellgleichung $\xi' = f(t, \xi)$ mit $f(t, \xi) = -\lambda\xi$ und $\lambda > 0$ bei hinreichend kleiner Schrittweite $k > 0$ zu einer allgemeinen Lösung führt, die aus einer abklingenden und einer betragsmäßig wachsenden, oszillierenden Komponente besteht.

b) Man zeige, dass die letztgenannte Komponente durch die zusätzliche Berechnung von $\xi_*^N$ gemäß

$$\xi_*^N = \frac{1}{2}\left[\xi^N + \xi^{N-1} + kf(t_N, \xi^N)\right]$$

gedämpft wird (*modifizierte Mittelpunktsregel*).

**6.10** Es sei $m \in \mathbb{N}$ gegeben. Man bestimme ein Polynom $R_m(z) = 1 + z + \sum_{j=2}^{m} \gamma_j z^j$ ($\gamma_j \in \mathbb{R}$) so, dass der zugehörige Bereich absoluter Stabilität für $R(z) := R_m(z)$ ein möglichst großes Intervall der negativen reellen Halbachse enthält.

# 7. Iterationsverfahren für nichtlineare Gleichungssysteme

Wie lineare (Anfangs-) Randwertaufgaben durch die in diesem Buch besprochenen Diskretisierungstechniken auf (Sequenzen von) linearen Gleichungssystemen führen, erhält man bei nichtlinearen Problemen nichtlineare Gleichungssysteme analoger Bauart, von denen zwei Beispiele in diesem Kapitel besprochen werden sollen. Wie in den Abschnitten 1.2, 3.4, 6.3 und 8.2.4 stellt sich die Frage nach der Approximationsgüte und wie in Abschn. 2.5 und Kap. 5 die Frage nach der (approximativen) Auflösung der Gleichungssysteme. Auf die letztere wird sich dieses Kapitel konzentrieren.

In allgemeiner Form kann die Aufgabenstellung in verschiedenen zueinander äquivalenten Formulierungen gefasst werden, nämlich:

$$\text{Finde } x \in U \quad \text{mit} \quad f(x) = b\,. \tag{7.1}$$

$$\text{Finde } x \in U \quad \text{mit} \quad f(x) = 0\,. \tag{7.2}$$
$$x \text{ heißt dann } Nullstelle.$$

$$\text{Finde } x \in U \quad \text{mit} \quad f(x) = x\,. \tag{7.3}$$
$$x \text{ heißt dann } Fixpunkt.$$

Dabei sei $U \subset \mathbb{R}^m$, $f : U \to \mathbb{R}^m$ eine Abbildung und $b \in \mathbb{R}^m$. Der Übergang von einer Formulierung in die andere erfolgt durch offensichtliche Neudefinition von $f$.

Im Allgemeinen kann eine Nullstelle bzw. ein Fixpunkt nicht durch endlich viele Operationen (bei exakter Arithmetik) bestimmt werden, sondern nur durch ein *Iterationsverfahren*, das heißt durch eine Abbildung

$$\Phi : U \to U\,,$$

so dass wie in (5.7) für die Folge

$$x^{(k+1)} := \Phi\big(x^{(k)}\big) \tag{7.4}$$

bei vorgegebenem $x^{(0)}$ gilt

$$x^{(k)} \to x \quad \text{für} \quad k \to \infty\,, \tag{7.5}$$

wobei $x$ die Lösung von (7.1) bzw. (7.2) bzw. (7.3) ist.

Wie schon in Abschn. 5.1 festgestellt, folgt bei Stetigkeit von $\Phi$ aus (7.4), (7.5) für den Grenzwert $x$

$$x = \Phi(x) \,, \tag{7.6}$$

das heißt aus (7.6) sollte folgen, dass $x$ eine Lösung von (7.1) bzw. (7.2) bzw. (7.3) ist. Die Erweiterung der Konsistenz-Definition aus Abschn. 5.1 fordert die umgekehrte Implikation.

Hinsichtlich des durch die Iteration zu erreichenden Fehlerniveaus in Relation zum Approximationsfehler der Diskretisierung gilt das zu Beginn von Kap. 5 Gesagte. Zusätzlich zu den für linear stationäre Verfahren dort entwickelten Vergleichskriterien ist hier zu beachten: Verfahren können – wenn überhaupt – eventuell nur lokal konvergieren, wobei:

**Definition 7.1** Gilt in der obigen Situation (7.5) für alle $x^{(0)} \in U$ (das heißt für beliebige Startwerte), dann heißt $(x^{(k)})_k$ *global konvergent*. Gibt es ein offenes $\tilde{U} \subset U$, so dass für $x^{(0)} \in \tilde{U}$ (7.5) gilt, dann heißt $(x^{(k)})_k$ *lokal konvergent*. In diesem Fall heißt $\tilde{U}$ der *Einzugsbereich* der Iteration.

Andererseits kann aber auch anderes Konvergenzverhalten vorliegen als die schon in (5.3) eingeführte lineare Konvergenz:

**Definition 7.2** Sei $(x^{(k)})_k$ eine Folge in $\mathbb{R}^m$, $x \in \mathbb{R}^m$ und $\| \cdot \|$ eine Norm auf $\mathbb{R}^m$. Die Folge $(x^{(k)})_k$ *konvergiert linear* gegen $x$ bezüglich $\| \cdot \|$, wenn ein $C$ mit $0 < C < 1$ existiert, so dass

$$\|x^{(k+1)} - x\| \leq C\|x^{(k)} - x\| \quad \text{für alle } k \in \mathbb{N} \,.$$

Die Folge $(x^{(k)})_k$ *konvergiert mit Konvergenzordnung* $p > 1$ gegen $x$, wenn $x^{(k)} \to x$ für $k \to \infty$ und wenn ein $C > 0$ existiert, so dass

$$\|x^{(k+1)} - x\| \leq C\|x^{(k)} - x\|^p \quad \text{für alle } k \in \mathbb{N} \,.$$

Die Folge $(x^{(k)})_k$ *konvergiert superlinear* gegen $x$, falls

$$\lim_{k \to \infty} \frac{\|x^{(k+1)} - x\|}{\|x^{(k)} - x\|} = 0 \,.$$

Bei $p = 2$ spricht man auch von *quadratischer Konvergenz*. Während also ein linear konvergentes Verfahren eine Fehlerreduktion um einen festen Faktor $C$ garantiert, verbessert sich dieser von Schritt zu Schritt bei superlinearer oder Konvergenz mit höherer Ordnung. Bei quadratischer Konvergenz etwa verdoppelt sich die Anzahl der signifikanten Stellen abzüglich einer festen Anzahl, so dass nur mit wenigen Iterationsschritten zu rechnen ist. Aus diesem Grund sind Varianten des quadratisch konvergenten *Newton-Verfahrens* (Abschn. 7.2) attraktiv, wobei allerdings die nur lokale Konvergenz Modifikationen zur Vergrößerung des Einzugsbereichs nötig machen kann.

Zur Beurteilung des Aufwands eines Verfahrens muss auch die Anzahl der Elementaroperationen für eine Iteration einbezogen werden. Als Elementaroperation soll auch die Auswertung von Funktionen wie zum Beispiel sin betrachtet werden, obwohl dies wesentlich aufwendiger als die eigentlichen Elementaroperationen ist. Als typisches Teilproblem bei der Ausführung eines Iterationsschrittes tritt die Lösung eines linearen Gleichungssystems auf, analog zu den einfacheren Gleichungssystemen in der Form (5.10) eines linear stationären Verfahrens. Neben dem Aufwand zum Aufbau (*Assemblierung*) dieses Gleichungssystems ist also der Aufwand zur Lösung des Gleichungssystems zu berücksichtigen, die mit einem der in Abschn. 2.5 und in Kap. 5 beschriebenen Verfahren erfolgen kann, insbesondere also mit einem iterativen Verfahren, einer *sekundären* oder *inneren Iteration*, was sich wegen der Dünnbesetztheit der durch Diskretisierung entstehenden Probleme wie in Kap. 5 anbietet. Hier kann eine *inexakte* Variante sinnvoll sein, bei der die innere Iteration nur bis zu einer Genauigkeit durchgeführt wird, die das Konvergenzverhalten der *äußeren Iteration* im Wesentlichen bewahrt. Der Aufwand der Assemblierung kann durchaus den der inneren Iteration übersteigen, so dass auch Verfahren mit geringerem Assemblierungsaufwand (und schlechterem Konvergenzverhalten) erwägenswert sein können. In diesem Sinn sollen einleitend auch die *Fixpunktiterationen* besprochen werden, worunter (unscharf) Verfahren verstanden werden, bei denen die Iterationsvorschrift $\Phi$ im Wesentlichen mit der Abbildung $f$ übereinstimmt.

# 7.1 Fixpunktiteration

Für die Fixpunktformulierung (7.3) ist nach (7.6) die Wahl $\Phi := f$ naheliegend, das heißt die *Fixpunktiteration*

$$x^{(k+1)} := f\big(x^{(k)}\big) \, . \tag{7.7}$$

Will man, dass der Abstand zweier aufeinander folgender Folgenglieder kleiner wird, das heißt

$$\big\| \Phi(x^{(k+1)}) - \Phi(x^{(k)}) \big\| = \big\| x^{(k+2)} - x^{(k+1)} \big\| < \big\| x^{(k+1)} - x^{(k)} \big\| \, ,$$

ist es hinreichend, dass die Iterationsfunktion (hier $\Phi = f$) kontrahierend ist (siehe Anhang A.4).

Hinreichende Bedingungen für eine Kontraktion liefert

**Lemma 7.3** *Sei $U \subset \mathbb{R}^m$ offen, konvex, und $g : U \to \mathbb{R}^m$ stetig differenzierbar. Gilt*

$$\sup_{x \in U} \|Dg(x)\| =: L < 1 \, ,$$

*wobei $\|\cdot\|$ auf $\mathbb{R}^{m,m}$ mit $\|\cdot\|$ auf $\mathbb{R}^m$ verträglich ist, dann ist $g$ kontrahierend auf $U$.*

**Beweis:** Übungsaufgabe 7.1.                                    □

Ist also $U \subset \mathbb{R}^m$ offen, $f : U \subset \mathbb{R}^m \to \mathbb{R}^m$ stetig differenzierbar und existiert ein $\tilde{x} \in U$ mit $\|Df(\tilde{x})\| < 1$, dann existiert auch eine abgeschlossene konvexe Umgebung $\tilde{U}$ von $\tilde{x}$ mit

$$\|Df(x)\| \le L < 1 \quad \text{für } x \in \tilde{U}$$

und zum Beispiel $L = \|Df(\tilde{x})\| + \frac{1}{2}(1 - \|Df(\tilde{x})\|)$.

Eindeutige Existenz eines Fixpunktes und Konvergenz von (7.7) ist gesichert, wenn die Menge $U$, auf der $f$ eine Kontraktion ist, in sich abgebildet wird:

**Satz 7.4 (Banach'scher Fixpunktsatz)** *Sei $U \subset \mathbb{R}^m$, $U \neq \emptyset$ und $U$ abgeschlossen. Sei $f : U \to \mathbb{R}^m$ kontrahierend mit Lipschitz-Konstante $L < 1$ und es sei $f[U] \subset U$. Dann gilt:*

1. *Es existiert genau ein Fixpunkt $x \in U$ von $f$.*
2. *Für beliebige $x^{(0)} \in U$ konvergiert die Fixpunktiteration (7.7) gegen $x$ und es gilt*

$$\|x^{(k)} - x\| \le \frac{L}{1 - L}\|x^{(k)} - x^{(k-1)}\|$$

a posteriori-Fehlerabschätzung

$$\le \frac{L^k}{1 - L}\|x^{(1)} - x^{(0)}\| \, .$$

a priori-Fehlerabschätzung

**Beweis:** Die Folge $x^{(k+1)} := f(x^{(k)})$ ist wegen $f[U] \subset U$ wohldefiniert. Wir zeigen: $(x^{(k)})_k$ ist eine Cauchy-Folge (siehe Anhang A.4).

$$\begin{aligned}
\|x^{(k+1)} - x^{(k)}\| &= \|f(x^{(k)}) - f(x^{(k-1)})\| \\
&\le L\|x^{(k)} - x^{(k-1)}\| \le L^2\|x^{(k-1)} - x^{(k-2)}\| \le \ldots \le L^k\|x^{(1)} - x^{(0)}\| \, ,
\end{aligned} \quad (7.8)$$

so dass für beliebige $k, l \in \mathbb{N}$ gilt:

$$\begin{aligned}
\|x^{(k+l)} - x^{(k)}\| \\
&\le \|x^{(k+l)} - x^{(k+l-1)}\| + \|x^{(k+l-1)} - x^{(k+l-2)}\| + \ldots + \|x^{(k+1)} - x^{(k)}\| \\
&\le (L^{k+l-1} + L^{k+l-2} + \ldots + L^k)\|x^{(1)} - x^{(0)}\| \\
&= L^k(1 + L + \ldots + L^{l-1})\|x^{(1)} - x^{(0)}\| \\
&\le L^k \sum_{l=0}^{\infty} L^l \|x^{(1)} - x^{(0)}\| = L^k \frac{1}{1 - L}\|x^{(1)} - x^{(0)}\| \, .
\end{aligned}$$

Also gilt $\|x^{(k+l)} - x^{(k)}\| \to 0$ für $k \to \infty$, das heißt $(x^{(k)})_k$ ist eine Cauchy-Folge und konvergiert damit wegen der Vollständigkeit von $\mathbb{R}^m$ gegen ein $x \in \mathbb{R}^m$. Wegen der Abgeschlossenheit von $U$ ist $x \in U$. Da gilt:

$$x^{(k+1)} \to x\,, \quad f(x^{(k)}) \to f(x) \quad \text{für } k \to \infty\,,$$

ist $x$ auch Fixpunkt von $f$.

Der Fixpunkt ist eindeutig, da für Fixpunkte $x, \bar{x}$ gilt

$$\|x - \bar{x}\| = \|f(x) - f(\bar{x})\| \le L\|x - \bar{x}\|\,,$$

woraus wegen $L < 1$ sofort $x = \bar{x}$ folgt. Weiter gilt:

$$\begin{aligned}
\|x^{(k)} - x\| &= \|f(x^{(k-1)}) - f(x)\| \le L\|x^{(k-1)} - x\| \\
&\le L\left(\|x^{(k-1)} - x^{(k)}\| + \|x^{(k)} - x\|\right)\,,
\end{aligned}$$

und damit wegen (7.8)

$$\|x^{(k)} - x\| \le \frac{L}{1-L}\|x^{(k)} - x^{(k-1)}\| \le \frac{L}{1-L}L^{k-1}\|x^{(1)} - x^{(0)}\|\,.$$

$\square$

**Bemerkung 7.5** Der Satz gilt auch allgemeiner: Da nur die Vollständigkeit von $\mathbb{R}^m$ benutzt wurde, gilt die Aussage auch, wenn in einem Banachraum $(X, \|\cdot\|)$ als Grundraum $U \subset X$ abgeschlossen ist.

Dies eröffnet die Möglichkeit, auch für die nichtlineare Randwertaufgabe direkt Iterationsverfahren im Funktionenraum zu definieren, und bei diesen dann die zur Durchführung eines Iterationsschrittes entstehenden (linearen) Probleme zu diskretisieren. Statt also in der Reihenfolge *Diskretisierung–Iteration* wird in der Reihenfolge *Iteration–Diskretisierung* vorgegangen, was im allgemeinen auch bei gleichen Ansätzen zu verschiedenen Verfahren führt. Wir verfolgen hier nur die erste Vorgehensweise.

Nach Lemma 7.3 läßt sich oft ein abgeschlossenes $U$ konstruieren, so daß $f$ auf $U$ kontrahierend ist. Bleibt $f[U] \subset U$ zu prüfen. Hilfreich ist dabei:

**Lemma 7.6** *Sei $U \subset \mathbb{R}^m$, $f : U \to \mathbb{R}^m$. Gibt es ein $y \in U$ und ein $r > 0$ mit*

$$\overline{B}_r(y) \subset U\,,$$

*ist $f$ kontrahierend auf $\overline{B}_r(y)$ mit Lipschitz-Konstante $L < 1$, und gilt*

$$\|y - f(y)\| \le r(1 - L)\,,$$

*dann hat $f$ genau einen Fixpunkt in $\overline{B}_r(y)$ und (7.7) konvergiert.*

**Beweis:** Übungsaufgabe 7.2.    □

In der Situation von Satz 7.4 ist also die Fixpunktiteration global konvergent in $U$, in der Situation von Lemma 7.6 lokal konvergent in $U$ (global in $\overline{B}_r(y)$). In der Situation von Satz 7.4 hat $(x^{(k)})$ also wegen

$$\|x^{(k+1)} - x\| = \|f(x^{(k)}) - f(x)\| \leq L\|x^{(k)} - x\|$$

lineare (im allgemeinen keine bessere) Konvergenzordnung.
Eine hinreichende Bedingung für lokale Konvergenz der entsprechenden Ordnung liefert:

**Satz 7.7** *Sei $U \subset \mathbb{R}^m$ offen, $\Phi : U \to U$ stetig, die Folge $(x^{(k)})$ zu gegebenem $x^{(0)} \in U$ definiert durch $x^{(k+1)} := \Phi(x^{(k)})$, und es gebe $\bar{x} \in U$ und ein offenes $V \subset U$ mit $\bar{x} \in V$ und Konstanten $C, p$ mit $p \geq 1$, $C \geq 0$ und $C < 1$ für $p = 1$, so dass für alle $x \in V$ gilt:*

$$\|\Phi(x) - \bar{x}\| \leq C\|x - \bar{x}\|^p .$$

*Dann konvergiert die durch $\Phi$ definierte Iteration lokal und mit Konvergenzordnung mindestens $p$ gegen $\bar{x}$ und $\bar{x}$ ist Fixpunkt von $\Phi$.*

**Beweis:** Wähle $W = B_r(\bar{x}) \subset V$, wobei $r > 0$ so klein ist, dass $W \subset V$ und

$$C r^{p-1} =: L < 1 .$$

Ist $x^{(k)} \in W$, dann ist wegen

$$\|x^{(k+1)} - \bar{x}\| = \|\Phi(x^{(k)}) - \bar{x}\| \leq C\|x^{(k)} - \bar{x}\|^p < Cr^p < r$$

auch $x^{(k+1)} \in W$, das heißt für $x^{(0)} \in W$ gilt $x^{(k)} \in W$ für alle $k \in \mathbb{N}$. Weiter gilt

$$\|x^{(k+1)} - \bar{x}\| \leq C\|x^{(k)} - \bar{x}\|^p < C r^{p-1}\|x^{(k)} - \bar{x}\| = L \|x^{(k)} - \bar{x}\| ,$$

das heißt

$$x^{(k)} \to \bar{x} \quad \text{für } k \to \infty$$

und damit auch

$$\bar{x} = \lim_{k \to \infty} x^{(k+1)} = \lim_{k \to \infty} \Phi(x^{(k)}) = \Phi(\bar{x}) .$$

□

Der Spezialfall einer skalaren Gleichung zeigt, dass für $\Phi = f$ höchstens lineare Konvergenz zu erwarten ist:

**Korollar 7.8** *Sei $U \subset \mathbb{R}$ offen, $\Phi$ auf $U$ p-mal stetig differenzierbar und $\bar{x} \in U$ ein Fixpunkt von $\Phi$.*
*Ist $\Phi'(\bar{x}) \neq 0$, $|\Phi'(\bar{x})| < 1$ für $p = 1$ bzw. $\Phi'(\bar{x}) = \ldots = \Phi^{(p-1)}(\bar{x}) = 0$, $\Phi^{(p)}(\bar{x}) \neq 0$ für $p > 1$, dann ist die durch $\Phi$ definierte Iteration lokal gegen $\bar{x}$ konvergent, genau mit Konvergenzordnung p.*

**Beweis:** Taylorentwicklung von $\Phi$ um $\bar{x}$ liefert für $x \in U$:

$$\Phi(x) = \Phi(\bar{x}) + \frac{\Phi^{(p)}(\xi)}{p!}(x - \bar{x})^p \quad \text{mit } \xi \in (x, \bar{x}),$$

und bei $p = 1$ gilt: $|\Phi'(\xi)| < 1$ für hinreichend kleines $|x - \bar{x}|$. Also existiert eine Umgebung $V$ von $\bar{x}$, so dass $|\Phi(x) - \bar{x}| \leq C|x - \bar{x}|^p$ für alle $x \in V$ und $C < 1$ für $p = 1$. Nach Satz 7.7 folgt also die Behauptung.     $\square$

## 7.2 Das Newtonverfahren und Varianten

### 7.2.1 Die Grundform des Newtonverfahrens

Wir betrachten ab jetzt die Formulierung (7.2), das heißt das Nullstellenproblem

$$f(x) = 0.$$

Das einfachste Verfahren aus Kap. 5, die Richardson-Iteration (siehe (5.28)) legt eine direkte Anwendung der Fixpunktiteration auf zum Beispiel $\Phi(x) := -f(x) + x$ nahe. Dies führt nur dann zum Erfolg, wenn etwa bei Differenzierbarkeit von $f$ in der Nähe der Lösung die Jacobi-Matrix $I - Df(x)$ im Sinn von Lemma 7.3 klein ist. Hierbei bezeichnet $Df(x) = (\partial_j f_i(x))_{ij}$ die Jacobi- oder Funktionalmatrix von $f$. Ein Relaxationsverfahren analog zu (5.30) führt zu den *gedämpften* Varianten, die später besprochen werden. Das Verfahren lautet in einer *Korrekturform* analog zu (5.10) für

$$\delta^{(k)} := x^{(k+1)} - x^{(k)} :$$
$$\delta^{(k)} = -f(x^{(k)}), \tag{7.9}$$

beziehungsweise in der relaxierten Variante mit Relaxationsparameter $\omega > 0$

$$\delta^{(k)} = -\omega f(x^{(k)}).$$

Hier soll ein anderer Ansatz zur Definition von $\Phi$ eingeführt werden:
Sei $x^{(0)}$ eine Näherung der Nullstelle. Eine (bessere) Näherung ist eventuell erhältlich durch:

• Ersetze $f$ durch eine einfache Funktion $g$, die $f$ in der Nähe von $x^{(0)}$ approximiert und deren Nullstelle zu bestimmen ist.

- Bestimme $x^{(1)}$ als Lösung von $g(x) = 0$.

Beim *Newtonverfahren* ist die Differenzierbarkeit von $f$ vorausgesetzt, und man wählt die approximierende affin-lineare Funktion, die durch $Df(x^{(0)})$ gegeben ist, das heißt:

$$g(x) = f(x^{(0)}) + Df(x^{(0)})(x - x^{(0)}) \ .$$

Somit wird die neue Iterierte $x^{(1)}$ unter der Voraussetzung, dass $Df(x^{(0)})$ nichtsingulär ist, als Lösung des *linearen* Gleichungssystems

$$Df(x^{(0)})(x^{(1)} - x^{(0)}) = -f(x^{(0)}) \tag{7.10}$$

definiert, beziehungsweise formal durch

$$x^{(1)} := x^{(0)} - Df(x^{(0)})^{-1} f(x^{(0)}) \ .$$

Das legt die folgende Definition nahe:

$$\Phi(f)(x) = x - Df(x)^{-1} f(x) \ . \tag{7.11}$$

$\Phi$ ist nur dann wohldefiniert, wenn $Df(x)$ nichtsingulär ist. Dann ist $x \in \mathbb{R}^m$ eine Nullstelle von $f$ genau dann, wenn $x$ ein Fixpunkt von $\Phi$ ist. Bei der Ausführung der Iteration wird nicht $Df(x^{(k)})^{-1}$ berechnet, sondern nur das Gleichungssystem analog zu (7.10) gelöst.
Der k-te Iterationsschritt des *Newtonverfahrens* lautet daher: Löse

$$Df(x^{(k)}) \, \delta^{(k)} = -f(x^{(k)}) \tag{7.12}$$

und setze

$$x^{(k+1)} := x^{(k)} + \delta^{(k)} \ . \tag{7.13}$$

Gleichung (7.13) hat die gleiche Form wie (5.10) mit $W = Df(x^{(k)})$, mit dem *Defekt* bei $x^{(k)}$

$$d^{(k)} := f(x^{(k)}) \ .$$

Das Subproblem des $k$-ten Iterationsschritts ist also insofern einfacher, als es ein lineares Gleichungssystem (gleicher Abhängigkeitsstruktur wie $f$, siehe Aufgabe 7.6) darstellt. Analog ist bei linear stationären Verfahren das Gleichungssystem (5.10) „einfacher" zu lösen als das Originalproblem gleichen Charakters. Auch ist im Allgemeinen nun $W$ verschieden für verschiedene $k$. Eine Anwendung von (7.12), (7.13) auf $Ax = b$, das heißt $Df(x) = A$ für alle $x \in \mathbb{R}^m$ liefert (5.10) mit $W = A$, also ein in einem Schritt konvergentes Verfahren, das nur das Originalproblem umschreibt,

$$A(x - x^{(0)}) = -(Ax^{(0)} - b) \ .$$

Der Einzugsbereich der Iteration kann sehr klein sein, wie schon eindimensionale Beispiele zeigen. In dieser Umgebung der Lösung gilt aber zum Beispiel für $m = 1$:

**Korollar 7.9** *Sei $f \in C^2(\mathbb{R})$ und $\bar{x}$ eine einfache Nullstelle von $f$ (das heißt $f'(\bar{x}) \neq 0$). Dann ist das Newtonverfahren lokal gegen $\bar{x}$ konvergent, mindestens mit Ordnung 2.*

**Beweis:** Es existiert eine offene Umgebung $V$ von $\bar{x}$, so daß $f'(x) \neq 0$ für alle $x \in V$ ist, das heißt $\Phi$ nach (7.11) ist wohldefiniert und stetig auf $V$, und $\bar{x}$ ist Fixpunkt von $\Phi$. Nach Korollar 7.8 reicht es $\Phi'(\bar{x}) = 0$ zu zeigen:

$$\Phi'(x) = 1 - \frac{f'(x)^2 - f(x)f''(x)}{f'(x)^2} = f(x)\frac{f''(x)}{f'(x)^2} = 0 \quad \text{für } x = \bar{x}$$

und $\Phi''$ existiert stetig, da $f \in C^2(\mathbb{R})$. $\qquad\qquad\square$

Im Folgenden wird ein allgemeiner lokaler Konvergenzsatz für das Newtonverfahren entwickelt (nach L.V. Kantorovich). Dieser braucht nur die Lipschitz-Stetigkeit von $Df$ und sichert auch die Existenz einer Nullstelle. Dazu wird immer eine feste Norm auf $\mathbb{R}^m$ zugrunde gelegt und auf $\mathbb{R}^{m,m}$ eine verträgliche Norm betrachtet. Als Vorbereitung dient:

**Lemma 7.10** *Sei $C_0 \subset \mathbb{R}^m$ konvex, offen, $f : C_0 \to \mathbb{R}^m$ differenzierbar und es existiere ein $\gamma > 0$ mit*

$$\|Df(x) - Df(y)\| \leq \gamma \|x - y\| \quad \text{für alle } x, y \in C_0 . \qquad (7.14)$$

*Dann gilt für alle $x, y \in C_0$:*

$$\|f(x) - f(y) - Df(y)(x - y)\| \leq \frac{\gamma}{2} \|x - y\|^2 .$$

**Beweis:** Sei $\varphi : [0,1] \to \mathbb{R}^m$ definiert durch $\varphi(t) := f(y + t(x - y))$, für beliebige, feste $x, y \in C_0$. Dann ist $\varphi$ differenzierbar auf $[0,1]$ und

$$\varphi'(t) = Df(y + t(x - y))(x - y) .$$

Somit gilt für $t \in [0, 1]$:

$$\|\varphi'(t) - \varphi'(0)\| = \|(Df(y + t(x - y)) - Df(y))(x - y)\|$$
$$\leq \|Df(y + t(x - y)) - Df(y)\|\|x - y\| \leq \gamma\, t \|x - y\|^2 .$$

Für

$$\Delta := f(x) - f(y) - Df(y)(x - y) = \varphi(1) - \varphi(0) - \varphi'(0) = \int_0^1 (\varphi'(t) - \varphi'(0))\, dt$$

erhält man also

$$\|\Delta\| \leq \int_0^1 \|\varphi'(t) - \varphi'(0)\|\, dt \leq \gamma\|x - y\|^2 \int_0^1 t\, dt = \frac{1}{2}\,\gamma\, \|x - y\|^2 .$$

$$\qquad\qquad\qquad\qquad\qquad\qquad\qquad\qquad\qquad\qquad\qquad\qquad\qquad\square$$

Damit folgt lokale, quadratische Konvergenz:

**Satz 7.11** *Sei $C \subset \mathbb{R}^m$ konvex, offen und $f : C \to \mathbb{R}^m$ differenzierbar. Für $x^{(0)} \in C$ gebe es $\alpha, \beta, \gamma > 0$ mit*

$$h := \alpha\beta\gamma/2 < 1\,,$$
$$r := \alpha/(1 - h)\,,$$
$$\bar{B}_r\big(x^{(0)}\big) \subset C\,.$$

*Ferner sei vorausgesetzt:*

*(i) $Df$ ist Lipschitz-stetig auf $C_0 = B_{r+\varepsilon}\big(x^{(0)}\big)$ für ein $\varepsilon > 0$ mit Konstante $\gamma$ im Sinn von (7.14).*

*(ii) Für alle $x \in B_r\big(x^{(0)}\big)$ existiere $Df(x)^{-1}$ und $\|Df(x)^{-1}\| \le \beta$.*

*(iii) $\big\|Df\big(x^{(0)}\big)^{-1} f\big(x^{(0)}\big)\big\| \le \alpha$.*

*Dann gilt:*

*1. Die Newton-Iteration*

$$x^{(k+1)} := x^{(k)} - Df\big(x^{(k)}\big)^{-1} f\big(x^{(k)}\big)$$

*ist wohldefiniert und*

$$x^{(k)} \in B_r\big(x^{(0)}\big) \quad \text{für alle } k \in \mathbb{N}\,,$$

*2. $x^{(k)} \to \bar{x}$ für $k \to \infty$ und $f(\bar{x}) = 0$,*

*3. $\big\|x^{(k+1)} - \bar{x}\big\| \le \dfrac{\beta\gamma}{2}\big\|x^{(k)} - \bar{x}\big\|^2$ und $\big\|x^{(k)} - \bar{x}\big\| \le \alpha\,\dfrac{h^{2^k - 1}}{1 - h^{2^k}}$ für $k \in \mathbb{N}$.*

**Beweis:  Zu 1):** Zur Wohldefiniertheit von $x^{(k+1)}$ reicht es zu zeigen:

$$x^{(k)} \in B_r\big(x^{(0)}\big)(\subset C) \quad \text{für alle } k \in \mathbb{N}\,.$$

Durch Induktion zeigen wir die erweiterte Aussage:

$$x^{(k)} \in B_r\big(x^{(0)}\big) \quad \text{und} \quad \big\|x^{(k)} - x^{(k-1)}\big\| \le \alpha\, h^{2^{k-1} - 1} \quad \text{für alle } k \in \mathbb{N}\,. \quad (7.15)$$

Die Aussage (7.15) gilt für $k = 1$, denn nach (iii) ist

$$\big\|x^{(1)} - x^{(0)}\big\| = \big\|Df\big(x^{(0)}\big)^{-1} f\big(x^{(0)}\big)\big\| \le \alpha < r\,.$$

Sei (7.15) gültig für $l = 1, \ldots, k$. Dann ist $x^{(k+1)}$ wohldefiniert und unter Verwendung der Newtoniteration für $k - 1$

$$
\begin{aligned}
\big\|x^{(k+1)} - x^{(k)}\big\| &= \big\|Df\big(x^{(k)}\big)^{-1} f\big(x^{(k)}\big)\big\| \le \beta\,\big\|f\big(x^{(k)}\big)\big\| \\
&= \beta\,\big\|f\big(x^{(k)}\big) - f\big(x^{(k-1)}\big) - Df\big(x^{(k-1)}\big)\big(x^{(k)} - x^{(k-1)}\big)\big\| \\
&\le \frac{\beta\gamma}{2}\,\big\|x^{(k)} - x^{(k-1)}\big\|^2
\end{aligned}
$$

nach Lemma 7.10 mit $C_0 = B_r\big(x^{(0)}\big)$, und

$$\big\|x^{(k+1)} - x^{(k)}\big\| \leq \frac{\beta\gamma}{2}\big\|x^{(k)} - x^{(k-1)}\big\|^2 \leq \frac{\beta\gamma}{2}\alpha^2 h^{2^k-2} = \alpha h^{2^k-1}\,.$$

Also gilt der zweite Teil von (7.15) für $k+1$, und so

$$\begin{aligned}
\big\|x^{(k+1)} - x^{(0)}\big\| &\leq \big\|x^{(k+1)} - x^{(k)}\big\| + \big\|x^{(k)} - x^{(k-1)}\big\| + \ldots + \big\|x^{(1)} - x^{(0)}\big\| \\
&\leq \alpha\big(h^{2^k-1} + h^{2^{k-1}-1} + \ldots + h^7 + h^3 + h + 1\big) \\
&< \alpha/(1-h) = r\,.
\end{aligned}$$

Damit gilt (7.15) für $k+1$.

**Zu 2):** Aus (7.15) folgt, dass $(x^{(k)})_k$ eine Cauchy-Folge ist, da für $l \geq k$ gilt:

$$\begin{aligned}
\big\|x^{(l+1)} - x^{(k)}\big\| &\leq \big\|x^{(l+1)} - x^{(l)}\big\| + \big\|x^{(l)} - x^{(l-1)}\big\| + \ldots + \big\|x^{(k+1)} - x^{(k)}\big\| \\
&\leq \alpha h^{2^k-1}\left(1 + h^{2^k} + \big(h^{2^k}\big)^3 + \ldots\right) \tag{7.16} \\
&< \frac{\alpha h^{2^k-1}}{1-h^{2^k}} \to 0 \quad \text{für } k \to \infty\,,
\end{aligned}$$

da $h < 1$. Also existiert $\bar{x} = \lim\limits_{k\to\infty} x^{(k)}$ und $\bar{x} \in \overline{B}_r\big(x^{(0)}\big)$.
Es gilt $f(\bar{x}) = 0$, da wegen $x^{(k)} \in B_r\big(x^{(0)}\big)$:

$$\big\|Df\big(x^{(k)}\big) - Df\big(x^{(0)}\big)\big\| \leq \gamma\big\|x^{(k)} - x^{(0)}\big\| < \gamma r\,,$$

also

$$\big\|Df\big(x^{(k)}\big)\big\| \leq \gamma r + \big\|Df\big(x^{(0)}\big)\big\| =: K$$

und wegen $f\big(x^{(k)}\big) = -Df\big(x^{(k)}\big)\big(x^{(k+1)} - x^{(k)}\big)$

$$\big\|f\big(x^{(k)}\big)\big\| \leq K\big\|x^{(k+1)} - x^{(k)}\big\| \to 0$$

für $k \to \infty$. Also gilt auch

$$f(\bar{x}) = \lim\limits_{k\to\infty} f\big(x^{(k)}\big) = 0\,.$$

**Zu 3):** Mit $l \to \infty$ in (7.16) folgt der 2. Teil in 3), der 1. Teil ergibt sich aus

$$\begin{aligned}
x^{(k+1)} - \bar{x} &= x^{(k)} - Df\big(x^{(k)}\big)^{-1} f\big(x^{(k)}\big) - \bar{x} \\
&= x^{(k)} - \bar{x} - Df\big(x^{(k)}\big)^{-1}\big(f\big(x^{(k)}\big) - f(\bar{x})\big) \\
&= Df\big(x^{(k)}\big)^{-1}\left(f(\bar{x}) - f\big(x^{(k)}\big) - Df\big(x^{(k)}\big)\big(\bar{x} - x^{(k)}\big)\right),
\end{aligned}$$

woraus nach Lemma 7.10 mit $C_0 = B_{r+\varepsilon}\big(x^{(0)}\big) \subset C$

$$\big\|x^{(k+1)} - \bar{x}\big\| \leq \beta\frac{\gamma}{2}\big\|x^{(k)} - \bar{x}\big\|^2$$

folgt. $\qquad\square$

Das am Defekt orientierte Abbruchkriterium (5.15) lässt sich auch für das nichtlineare Problem (nicht nur für die Newton-Iteration) einsetzen, da analog zu (5.16) gilt:

**Satz 7.12** *Es gelte:*

*Es gibt eine Nullstelle $\bar{x}$ von $f$, so dass $Df(\bar{x})$ nichtsingulär ist und in einer offenen Umgebung $C$ von $\bar{x}$ $Df$ Lipschitz-stetig ist.* (7.17)

*Dann gibt es zu jedem $\varrho > 0$ ein $\delta > 0$, so dass für $x, y \in B_\delta(\bar{x})$ gilt:*

$$\|f(y)\|\,\|x - \bar{x}\| \leq (1 + \varrho)\,\kappa(Df(\bar{x}))\,\|f(x)\|\,\|y - \bar{x}\|\,.$$

**Beweis:** Siehe [18, S. 69, S. 72] bzw. Übungsaufgabe 7.4.    □

Dabei ist $\kappa$ die Konditionszahl in einer zu der gewählten Vektornorm verträglichen Matrixnorm. Für $x = x^{(k)}$ und $y = x^{(0)}$ erhält man (nur lokal gültig) die Verallgemeinerung von (5.16).

### 7.2.2 Modifikationen des Newtonverfahrens

Modifikationen des Newtonverfahrens zielen in zwei Richtungen:

- Verringerung des Aufwandes bei Assemblierung und Lösen des Gleichungssystems (7.12) (ohne die Konvergenzordnungseigenschaften zu sehr zu verschlechtern).
- Vergrößerung des Einzugsbereiches der Konvergenz.

Dem ersten Aspekt kann durch Vereinfachen der Matrix in (7.12) genüge getan werden (*modifiziertes* oder *vereinfachtes Newtonverfahren*). Am extremsten ist die Ersetzung von $Df(x^{(k)})$ durch die Identität; dies führt auf die Fixpunktiteration (7.9). Besteht die Abbildung $f$ aus einem nichtlinearen und einem linearen Anteil,

$$f(x) := Ax + g(x) = 0\,, \tag{7.18}$$

dann lautet das Gleichungssystem (7.12) der Newtoniteration

$$\left(A + Dg(x^{(k)})\right)\delta^{(k)} = -f(x^{(k)})\,.$$

Eine naheliegende Vereinfachung ist die Fixpunktiteration

$$A\,\delta^{(k)} = -f(x^{(k)})\,, \tag{7.19}$$

die als Fixpunktiteration (7.9) des mit $A$ vorkonditionierten Systems, das heißt von

$$A^{-1}f(x) = 0$$

interpretiert werden kann. In (7.19) ist die Matrix für alle Iterationsschritte gleich, muss also nur einmal aufgebaut werden und bei direkten Verfahren (siehe Abschn. 2.5) muss die LU-Zerlegung nur einmal bestimmt werden, so dass mit Vorwärts- und Rückwärtssubstitution nur noch Verfahren mit geringerem Aufwand durchzuführen sind. Bei iterativen Verfahren gibt es diesen Vorteil nicht, doch kann man erwarten, dass $x^{(k+1)}$ nahe bei $x^{(k)}$ liegt, also $\delta^{(k,0)} = 0$ eine gute Startiterierte bildet, so dass die Assemblierung der Matrix einen höheren Anteil am Gesamtaufwand bekommt und daher Einsparungen dort ebenfalls ins Gewicht fallen.

Auf ein Gleichungssystem gleicher Art wie (7.19) führt die *Parallelen-Methode* (siehe Übungsaufgabe 7.3), bei der die Linearisierung an der Startiterierten beibehalten wird, also

$$Df(x^{(0)}) \, \delta^{(k)} = -f(x^{(k)}) \, . \tag{7.20}$$

Wenn die Matrix $B(x^{(k)})$, die $Df(x^{(k)})$ approximiert, sich von Iterationsschritt zu Iterationsschritt ändert, das heißt

$$B(x^{(k)}) \, \delta^{(k)} = -f(x^{(k)}) \, , \tag{7.21}$$

so bleibt nur der eventuelle Vorteil einer einfacheren Assemblierung oder Lösbarkeit des Gleichungssystems. Falls partielle Ableitungen $\partial_j f_i(x)$ schwieriger auszuwerten sind als Funktionswerte $f_i(y)$ (oder gar nicht), ist die Approximation von $Df(x^{(k)})$ durch Differenzenquotienten erwägenswert, also der Ansatz

$$B(x^{(k)}) \, e_j = \frac{1}{h} \big( f(x + he_j) - f(x) \big) \tag{7.22}$$

für die $j$-te Spalte von $B(x^{(k)})$ für ein festes $h > 0$. Die Anzahl der Auswertungen an sich zum Aufbau der Matrix bleibt gleich, $m^2$ im vollbesetzten Fall und analog im dünnbesetzten Fall (siehe Übungsaufgabe 7.6). Zu beachten ist auch, dass numerische Differentiation schlecht gestellt ist, was dazu führt, dass optimal $h \sim \delta^{1/2}$ gewählt werden sollte, wenn $\delta > 0$ das Fehlerniveau der $f$-Auswertung ist. Auch dann ist nur noch

$$\big\| Df(x^{(k)}) - B(x^{(k)}) \big\| \leq C\delta^{1/2}$$

zu erwarten (siehe [18, S. 80 f.] oder [27, S. 12]). Im bestmöglichen Fall ist also nur mit der Hälfte der Maschinengenauigkeit zu rechnen. Der zweite Aspekt der einfacheren Lösbarkeit von (7.21) tritt dann auf, wenn problemabhängig wegen einer geringen Koppelung von Lösungskomponenten „kleine" Einträge in der Jacobi-Matrix auftreten, die vernachlässigt werden können. Wenn zum Beispiel $Df(x^{(k)})$ Block-Struktur wie in (5.39) hat:

$$Df(x^{(k)}) = (A_{ij})_{ij} \, , \quad A_{ij} \in \mathbb{R}^{m_i, m_j} \, ,$$

so dass die Blöcke $A_{ij}$ für $j > i$ vernachlässigt werden können, entsteht ein gestaffeltes System von Gleichungssystemen der Dimension $m_1, m_2, \ldots, m_p$.

Abzuwägen sind etwaige Vorteile solcher vereinfachter Newtonverfahren mit dem Nachteil der Verschlechterung der Konvergenzordnung: Statt mit einer Abschätzung wie in Satz 7.11, 3 ist mit einem zusätzlichen Term

$$\left\| B\left(x^{(k)}\right) - Df\left(x^{(k)}\right) \right\| \left\| x^{(k)} - x \right\|$$

zu rechnen, also nur mit linearer, oder bei sukzessiver Verbesserung der Approximation, mit superlinearer Konvergenz (siehe [18, S. 75 ff.]). Sollte daher eine gute Startiterierte vorliegen, wird es oft vorteilhafter sein, wenige Schritte des Newtonverfahrens durchzuführen. Wir betrachten also im folgenden wieder das Newtonverfahren, obwohl sich die folgenden Überlegungen auch auf Modifikationen übertragen lassen.

Werden die linearen Probleme (7.12) mit einem iterativen Verfahren gelöst, besteht die Möglichkeit, die Genauigkeit dieses Verfahrens zu steuern mit dem Ziel, die Anzahl dieser inneren Iteration zu reduzieren, ohne das Konvergenzverhalten der äußeren, der Newtoniteration (allzu sehr) zu verschlechtern. Bei solchen *inexakten Newtonverfahren* wird also anstelle von $\delta^{(k)}$ aus (7.12) nur $\tilde{\delta}^{(k)}$ bestimmt, das (7.12) nur bis auf ein *inneres Residuum* $r^{(k)}$ erfüllt, also

$$Df\left(x^{(k)}\right)\tilde{\delta}^{(k)} = -f\left(x^{(k)}\right) + r^{(k)} .$$

Die neue Iterierte ergibt sich durch

$$x^{(k+1)} := x^{(k)} + \tilde{\delta}^{(k)} .$$

Die Genauigkeit von $\tilde{\delta}^{(k)}$ wird abgeschätzt durch die Forderung

$$\left\| r^{(k)} \right\| \leq \eta_k \left\| f\left(x^{(k)}\right) \right\| \tag{7.23}$$

mit noch festzulegenden Forderungen an die Folge $(\eta_k)_k$. Da die natürliche Startiterierte zur Lösung von (7.12) die Wahl $\delta^{(k,0)} = 0$ ist, entspricht (7.23) gerade dem Abbruchkriterium (5.15). Bedingungen an $\eta_k$ leiten sich ab aus:

**Satz 7.13** *Es gelte (7.17) und es werden verträgliche Matrix- und Vektornormen betrachtet. Dann gibt es zu jedem $\varrho > 0$ ein $\delta > 0$, so dass für $x^{(k)} \in B_\delta(\bar{x})$ gilt:*

$$\begin{aligned} \left\| x^{(k+1)} - \bar{x} \right\| &\leq \left\| x^{(k)} - Df\left(x^{(k)}\right)^{-1} f\left(x^{(k)}\right) - \bar{x} \right\| \\ &\quad + (1+\varrho)\kappa\left(Df(\bar{x})\right)\eta_k \left\| x^{(k)} - \bar{x} \right\| . \end{aligned} \tag{7.24}$$

**Beweis:** Durch die Wahl von $\delta$ kann insbesondere die Nichtsingularität von $Df(x^{(k)})$ sichergestellt werden. Wegen

$$\tilde{\delta}^{(k)} = -Df\left(x^{(k)}\right)^{-1} f\left(x^{(k)}\right) + Df\left(x^{(k)}\right)^{-1} r^{(k)}$$

folgt

$$\left\| x^{(k+1)} - \bar{x} \right\| = \left\| x^{(k)} - \bar{x} + \tilde{\delta}^{(k)} \right\|$$
$$\leq \left\| x^{(k)} - \bar{x} - Df(x^{(k)})^{-1} f(x^{(k)}) \right\| + \left\| Df(x^{(k)})^{-1} r^{(k)} \right\|.$$

Die Behauptung folgt also aus der Abschätzung

$$\left\| Df(x^{(k)})^{-1} r^{(k)} \right\| \leq (1 + \varrho)^{1/2} \left\| Df(\bar{x})^{-1} \right\| \left\| r^{(k)} \right\|$$
$$\leq (1 + \varrho)^{1/2} \left\| Df(\bar{x})^{-1} \right\| \eta_k (1 + \varrho)^{1/2} \left\| Df(\bar{x}) \right\| \left\| x^{(k)} - \bar{x} \right\|,$$

die die Übungsaufgabe 7.4 2), 3) und (7.23) benutzt. ☐

Der erste Anteil der Abschätzung entspricht dem Fehler des exakten Newton-schrittes, der mit dem gleichen Beweis wie in Satz 7.11, 3 (mit Übungsaufgabe 7.4, 2)) abgeschätzt werden kann durch

$$\left\| x^{(k)} - Df(x^{(k)})^{-1} f(x^{(k)}) - \bar{x} \right\| \leq (1 + \varrho)^{1/2} \left\| Df(\bar{x})^{-1} \right\| \frac{\gamma}{2} \left\| x^{(k)} - \bar{x} \right\|^2.$$

Daraus folgt

**Korollar 7.14** *Es gelten die Voraussetzungen von Satz 7.13. Dann gibt es ein $\delta > 0$ und ein $\bar{\eta} > 0$, so dass für $x^{(0)} \in B_\delta(\bar{x})$ und $\eta_k \leq \bar{\eta}$ für alle $k \in \mathbb{N}$ für das inexakte Newtonverfahren gilt:*

*1) Die Folge $(x^{(k)})_k$ konvergiert linear gegen $\bar{x}$.*

*2) Gilt $\eta_k \to 0$ für $k \to \infty$, dann konvergiert $(x^{(k)})_k$ superlinear.*

*3) Ist $\eta_k \leq K \| f(x^{(k)}) \|$ für ein $K > 0$, dann konvergiert $(x^{(k)})_k$ quadratisch.*

**Beweis:** Übungsaufgabe 7.5. ☐

Abschätzung (7.24) legt nahe, dass insbesondere bei schlechtkonditioniertem $Df(\bar{x})$ (wie für Diskretisierungsmatrizen typisch: siehe (5.34)) das Genauigkeitsniveau $\bar{\eta}$ der inneren Iteration sehr klein gewählt werden muss, um die obigen Konvergenzordnungsaussagen zu garantieren. Tatsächlich zeigt eine Analyse in der gewichteten Norm $\| \cdot \| = \| Df(\bar{x}) \cdot \|$, dass nur $\eta_k \leq \bar{\eta} < 1$ sichergestellt werden muss (siehe [18, S. 97 ff.]). Darauf und auf den Grundbaustein

$$\tilde{\eta}_k = \alpha \| f(x^{(k)}) \|^2 / \| f(x^{(k-1)}) \|^2$$

für ein $\alpha \leq 1$ lässt sich eine adaptive Wahl von $\eta_k$ aufbauen (siehe [18, S. 105]). Die meisten der in Kap. 5 eingeführten iterativen Verfahren benötigen nicht die Kenntnis der Matrix $Df(x^{(k)})$, sondern nur die Durchführbarkeit der Operation $Df(x^{(k)}) y$ für Vektoren $y$, im Allgemeinen für weniger als $m$ Stück, also die Richtungsableitung von $f$ an der Stelle $x^{(k)}$ in Richtung $y$. Sollte somit Differenzenapproximation für Ableitungen von $f$ notwendig oder sinnvoll sein, ist es besser, direkt eine Differenzenapproximation für die Richtungsableitung zu wählen.

Da die Konvergenz des Newtonverfahrens nicht allgemein zu erwarten ist, braucht man Indikatoren für das Konvergenzverhalten. Die Lösung $\bar{x}$ ist insbesondere auch die Lösung von

$$\text{Minimiere} \quad \|f(x)\|^2 \quad \text{für } x \in \mathbb{R}^m \ .$$

Man könnte also für die Iterationsfolge $(x^{(k)})$ einen Abstieg in diesem Funktional, das heißt

$$\|f(x^{(k+1)})\| \leq \bar{\Theta}\|f(x^{(k)})\| \quad \text{für ein } \bar{\Theta} < 1$$

erwarten. Falls dieser *Monotonietest* nicht erfüllt ist, wird das Verfahren abgebrochen. Ein inexaktes Newtonverfahren hat also zum Beispiel die Gestalt wie in Tabelle 7.1.

---

Gegeben sind $x^{(0)}$, $\tau > 0$, $\eta_0$, $\bar{\Theta} \in (0,1)$, $k = 0$, $i = 0$.

(1)     $\delta^{(k,0)} := 0$ , $i := 1$ .

(2)     Bestimme die $i$-te Iterierte $\tilde{\delta}^{(k,i)}$ zu $Df(x^{(k)})\tilde{\delta}^{(k)} = -f(x^{(k)})$ und berechne
        $r^{(i)} := Df(x^{(k)})\tilde{\delta}^{(k,i)} + f(x^{(k)})$ .

(3)     Falls $\|r^{(i)}\| \leq \eta_k\|f(x^{(k)})\|$, gehe zu (4),
        sonst setze $i := i + 1$ und gehe zu (2).

(4)     $\tilde{\delta}^{(k)} := \tilde{\delta}^{(k,i)}$ .

(5)     $x^{(k+1)} := x^{(k)} + \tilde{\delta}^{(k)}$ .

(6)     Falls $\|f(x^{(k+1)})\| > \overline{\Theta}\|f(x^{(k)})\|$, Abbruch.

(7)     Falls $\|f(x^{(k+1)})\| \leq \tau\|f(x^{(0)})\|$, Ende.
        Sonst bestimme $\eta_{k+1}$, setze $k := k + 1$ und gehe zu (1).

**Tabelle 7.1.** Inexaktes Newtonverfahren mit Monotonietest

---

Dem Ziel, den Abbruch durch Divergenz zu vermeiden, dienen zum einen *Fortsetzungsmethoden*, die das Problem $f(x) = 0$ in eine Schar von Problemen einordnen, um dadurch sukzessive gute Startiterierte zur Verfügung zu stellen. Die am Ende von Abschn. 7.3 beschriebene Vorgehensweise bei zeitabhängigen Problemen ist damit verwandt. Ein anderer (und damit kombinierbarer) Ansatz modifiziert das (inexakte) Newtonverfahren, so dass der Einzugsbereich der Konvergenz vergrößert wird: Beim *gedämpften (inexakten) Newtonverfahren* wird die Schrittlänge von $x^{(k)}$ zu $x^{(k+1)}$ solange reduziert, bis ein Abstieg analog zum Monotonietest stattfindet. Die Dämpfung nach der *Armijo-Regel* ist in Algorithmus 7.2 beschrieben und tritt an die Stelle der Schritte (1), (5) und (6) im Algorithmus 7.1.
Die Dämpfung des Newtonverfahrens ist also eine Relaxation analog zu (5.30), wobei $\omega = \lambda_k$ an den Iterationsschritt angepasst wird analog zu (5.41).

Gegeben sind zusätzlich $\alpha, \beta \in (0,1)$.

(1) $\qquad\qquad \delta^{(k,0)} := 0,\ i := 1,\ \lambda^{(k)} := 1.$

(5) Falls $\|f(x^{(k)} + \lambda_k \tilde{\delta}^{(k)})\| \geq (1 - \alpha\lambda_k)\|f(x^{(k)})\|$, setze $\lambda_k := \beta\lambda_k$
und gehe zu (5).

(6) $\qquad\qquad x^{(k+1)} := x^{(k)} + \lambda_k \tilde{\delta}^{(k)}.$

**Tabelle 7.2.** Gedämpfter inexakter Newtonschritt nach Armijo-Regel

In der Formulierung von Algorithmus 7.2 könnte das Verfahren in (5) wegen
fortlaufender Reduktion von $\lambda_k$ nicht terminieren und muss in einer praktischen Implementierung entsprechend ergänzt werden. Mit Ausnahme der
Situationen, in denen Divergenz offensichtlich ist, kann dies aber nicht eintreten. Es gilt nämlich:

**Satz 7.15** *Es gebe* $r, \gamma, \beta > 0$, *so dass die Voraussetzungen (i), (ii) von Satz
7.11 auf* $\bigcup\limits_{k \in \mathbb{N}} B_r(x^{(k)})$ *für die nach Algorithmus 7.2 erzeugte Folge* $(x^{(k)})_k$
*erfüllt sind. Es sei* $\eta_k \leq \bar{\eta}$ *für ein* $\bar{\eta} < 1 - \alpha$. *Ist* $f(x^{(0)}) \neq 0$, *dann existiert
ein* $\bar{\lambda} > 0$, *so dass* $\lambda_k \geq \bar{\lambda}$ *für alle* $k \in \mathbb{N}$. *Ist weiter* $(x^{(k)})_k$ *beschränkt, dann
gibt es eine Nullstelle* $\bar{x}$, *die (7.17) erfüllt und*

$$x^{(k)} \to \bar{x} \quad \text{für } k \to \infty.$$

*Es gibt ein* $k_0 \in \mathbb{N}$, *so dass für* $k \geq k_0$ *gilt:*

$$\lambda_k = 1.$$

**Beweis:** Siehe [18, S. 139 ff.]. $\qquad\qquad\qquad\qquad\qquad\qquad\qquad\qquad$ $\square$

In der Endphase der Iteration liegt also wieder das (inexakte) Newtonverfahren mit dem schon beschriebenen Konvergenzverhalten vor.
Abschließend sei erwähnt: Das Nullstellenproblem $f(x) = 0$ und das Newtonverfahren sind *affin-invariant* in dem Sinn, dass ein Übergang zu $Af(x) = 0$
mit einem nichtsingulären $A \in \mathbb{R}^{m,m}$ das Problem und das Verfahren nicht
ändern, da

$$D(Af)(x)^{-1}Af(x) = Df(x)^{-1}f(x).$$

Von den Voraussetzungen von Satz 7.11 ist (7.14) nicht affin-invariant. Eine
Alternative wäre also

$$\|Df(y)^{-1}(Df(x) - Df(y))\| \leq \gamma\|x - y\|,$$

das diese Forderung erfüllt. Mit dem Beweis von Lemma 7.10 folgt dann

$$\|Df(y)^{-1}(f(x) - f(y) - Df(y)(x - y))\| \leq \frac{\gamma}{2}\|x - y\|^2.$$

Damit lässt sich eine analoge Variante zu Satz 7.11 beweisen.
Der Monotonietest ist nicht affin-invariant, so dass eventuell der *natürliche Monotonietest*

$$\left\| Df\big(x^{(k)}\big)^{-1} f\big(x^{(k+1)}\big) \right\| \leq \bar{\Theta} \left\| Df\big(x^{(k)}\big)^{-1} f\big(x^{(k)}\big) \right\|$$

vorzuziehen ist. Der Vektor auf der rechten Seite ist bis auf das Vorzeichen die Newtonkorrektur $\delta^{(k)}$, also schon berechnet, für die linke Seite $-\bar{\delta}^{(k+1)}$ ist aber neu das Gleichungssystem

$$Df\big(x^{(k)}\big)\,\bar{\delta}^{(k+1)} = -f\big(x^{(k+1)}\big)$$

zu lösen.

## 7.3 Semilineare Randwertaufgaben für elliptische und parabolische Gleichungen

In diesem Abschnitt betrachten wir als einfachste nichtlineare Probleme *semilineare* Aufgaben, bei denen Nichtlinearitäten nur im ableitungsfreien Quellterm auftreten. Betrachtet wird also eine Differentialgleichung der Form (0.24), für die (0.33) und (0.34) erfüllt ist.

**Stationäre Probleme**  Als stationäres Problem betrachten wir die Differentialgleichung

$$Lu(x) + \psi(u(x)) = 0 \quad \text{für } x \in \Omega \tag{7.25}$$

mit dem linearen elliptischen Differentialoperator $L$ nach (3.12) und linearen Randbedingungen auf $\partial\Omega$ nach (3.18)–(3.20). Dabei ist $\psi : \mathbb{R} \to \mathbb{R}$ eine Abbildung, die im Folgenden als stetig differenzierbar vorausgesetzt wird.
Eine Galerkin-Diskretisierung in $V_h \subset V$ mit $H_0^1(\Omega) \subset V \subset H^1(\Omega)$ je nach Art der Randbedingung und $V_h = \text{span}\{\varphi_1, \dots, \varphi_M\}$ mit der Näherungslösung $u_h \in V_h$ in der Darstellung $u_h = \sum_{i=1}^{M} \xi_i \varphi_i$ führt zu

$$S\boldsymbol{\xi} + G(\boldsymbol{\xi}) = \mathbf{b} \tag{7.26}$$

mit der Steifigkeitsmatrix $S = \big(a(\varphi_j, \varphi_i)\big)_{i,j}$ und einem Vektor $\mathbf{b}$, der die Anteile aus den inhomogenen Randbedingungen enthält. Dabei ist die nichtlineare Abbildung $G : \mathbb{R}^M \to \mathbb{R}^M$ definiert durch

$$G(\boldsymbol{\xi}) := \big(G_j(\boldsymbol{\xi})\big)_j \quad \text{mit} \quad G_j(\boldsymbol{\xi}) := \int_\Omega \psi\left(\sum_{i=1}^{M} \xi_i \varphi_i\right) \varphi_j \, dx \,.$$

Die Notation weicht hier also von der in Abschn. 2.2 und den nachfolgenden Abschnitten ab: Dort wurde $S$ mit $A_h$ und die Entsprechung von $\mathbf{b} - G(\boldsymbol{\xi})$ mit $\mathbf{q}_h$ bezeichnet. Der Kürze halber wird auf den Index $h$ verzichtet.

Wir gehen vorläufig davon aus, dass die Abbildung $G$ exakt ausgewertet werden kann. Das Gleichungssystem (7.26) ist mit

$$A := S \quad \text{und} \quad g(\xi) := G(\xi) - \mathbf{b}$$

von dem in (7.18) eingeführten Typ in der Variablen $\xi$. Es sind also neben dem Newtonverfahren die in (7.19) eingeführte Fixpunktiteration und die Varianten der modifizierten und inexakten Newtonverfahren mit ihren diskutierten Vor- und Nachteilen möglich. Es stellt sich die Frage, wie sich die Matrixeigenschaften durch den Übergang von $A$ zu $A + DG(\bar{\xi})$ verändern, wobei $\bar{\xi}$ für die aktuelle Iterierte steht. Es ist

$$(DG(\bar{\xi}))_{ij} = \int_{\Omega} \psi'(\bar{u})\varphi_i\varphi_j \, dx \,, \tag{7.27}$$

wobei $\bar{u} = \sum_{i=1}^{M} \bar{\xi}_i\varphi_i \in V_h$ die zum Darstellungsvektor $\bar{\xi}$ gehörige Funktion ist. Es ist also $DG(\bar{\xi})$ symmetrisch und positiv semidefinit bzw. definit, falls die nachfolgende Bedingung für $\alpha = 0$ bzw. $\alpha > 0$ gilt:

Es gibt ein $\alpha \geq 0$, so dass $\psi'(u) \geq \alpha$ für alle $u \in \mathbb{R}$. (7.28)

Genauer gilt bei Gültigkeit von (7.28) für $\eta \in \mathbb{R}^M$

$$\eta^T DG(\bar{\xi})\eta = \int_{\Omega} \psi'(\bar{u}) |P\eta|^2 \, dx \geq \alpha \, \|P\eta\|_0^2 \,.$$

Für eine solche monotone Nichtlinearität werden also Definitheits-Eigenschaften der Steifigkeitsmatrix $S$ höchstens „verstärkt". Wird andererseits ausgenutzt, dass die Matrix eine M-Matrix ist und ist dies über die Bedingungen (1.28) oder (1.28)$^*$ gesichert, so ist es nicht klar, ob diese Eigenschaft nach Addition von $DG(\bar{\xi})$ erhalten bleibt. Dies liegt daran, dass $DG(\bar{\xi})$ dünnbesetzt mit der gleichen Besetzungsstruktur wie $S$ ist, aber auch eine lokale räumliche Koppelung mit sich bringt, die in der kontinuierlichen Formulierung (7.25) nicht enthalten ist.

**Numerische Quadratur** Aus obigem Grund empfiehlt sich die Benutzung einer knotenorientierten Quadraturformel zur Approximation von $G(\xi)$, also einer Quadraturformel vom Typ

$$Q(f) := \sum_{i=1}^{M} \omega_i f(a_i) \quad \text{für } f \in C(\bar{\Omega}) \tag{7.29}$$

mit Gewichten $\omega_i \in \mathbb{R}$. Eine solche Quadraturformel entsteht durch

$$Q(f) := \int_{\Omega} I(f) \, dx \quad \text{für } f \in C(\bar{\Omega}) \,, \tag{7.30}$$

wobei

$$I : C(\bar{\Omega}) \to V_h \,, \quad I(f) := \sum_{i=1}^{M} f(a_i)\varphi_i \,,$$

der Interpolationsoperator der Freiheitsgrade ist. Für diese Überlegung wird also vorausgesetzt, dass nur Lagrange-Elemente in die Definition von $V_h$ eingehen. Im Fall (7.30) sind also die Gewichte in (7.29) gegeben durch

$$\omega_i = \int_{\Omega} \varphi_i \, dx \,.$$

Dies entspricht der lokalen Beschreibung (3.111). Konkret erhält man zum Beispiel beim linearen Ansatz auf Simplizes als Verallgemeinerung der *zusammengesetzten Trapezregel*:

$$\omega_i = \frac{1}{d+1} \sum_{K \in \mathcal{T}_h \text{ mit } a_i \in K} |K| \,, \tag{7.31}$$

wenn $d$ die Raumdimension und $\mathcal{T}_h$ die zugrunde liegende Triangulierung bezeichnet. Approximation der Abbildung $G$ durch eine Quadraturformel vom Typ (7.29) liefert

$$\tilde{G}(\boldsymbol{\xi}) = \left(\tilde{G}_j(\boldsymbol{\xi})\right)_j \quad \text{mit} \quad \tilde{G}_j(\boldsymbol{\xi}) = \omega_j \psi(\xi_j)$$

wegen $\varphi_j(a_i) = \delta_{ij}$. Die Näherung $\tilde{G}$ hat also die Eigenschaft, dass $\tilde{G}_j$ nur von $\xi_j$ abhängt, also ein sogenanntes *Diagonalfeld* ist. Dies entspricht qualitativ besser der kontinuierlichen Formulierung (7.25) und hat zur Folge, dass $D\tilde{G}(\bar{\boldsymbol{\xi}})$ diagonal ist.

$$D\tilde{G}(\bar{\boldsymbol{\xi}})_{ij} = \omega_j \psi'(\bar{\xi}_j)\delta_{ij} \,. \tag{7.32}$$

Setzen wir voraus, dass alle Quadraturgewichte $\omega_i$ positiv sind, was etwa bei (7.31) erfüllt ist und wofür weitere Beispiele in Abschn. 3.5.2 genannt sind, bleiben alle obigen Überlegungen zu Eigenschaften von $D\tilde{G}(\bar{\boldsymbol{\xi}})$ bzw. $S + D\tilde{G}(\bar{\boldsymbol{\xi}})$ gültig. Zusätzlich gilt: Ist $S$ eine M-Matrix, da die Bedingungen (1.28) oder (1.28)* erfüllt sind, so bleibt auch $S + D\tilde{G}(\bar{\boldsymbol{\xi}})$ M-Matrix, denn nach [4, S. 33] gilt (zur Notation siehe (1.29)):

> Ist $A$ eine M-Matrix und gilt $B \geq A$ mit $b_{ij} \leq 0$ für $i \neq j$, so ist auch $B$ eine M-Matrix. $\tag{7.33}$

**Konvergenzbedingungen**    Vergleicht man die in den Konvergenzsätzen 7.4 und 7.11 gestellten Forderungen für die Fixpunktiteration bzw. das Newtonverfahren, so wird man die Bedingungen von Satz 7.4 nur in Spezialfällen erfüllen können, in denen $S^{-1}D\tilde{G}(\bar{\boldsymbol{\xi}})$ klein ist in einer geeigneten Matrixnorm (siehe Lemma 7.3). Zwar kann man auch über die Forderung (iii) von Satz 7.11, die zusammen mit $h < 1$ die Nähe der Startiterierten zur Lösung quantifiziert, allgemein wenig aussagen. Die Forderung (i) dagegen ist erfüllt für

(7.27) und (7.32), wenn $\psi'$ Lipschitz-stetig ist (siehe Übungsaufgabe 7.7). Hinsichtlich der Forderung (ii) gilt: Sei $\psi$ monoton nichtfallend (das heißt (7.28) gilt mit $\alpha \geq 0$) und sei $S$ symmetrisch und positiv definit, was für ein Problem ohne Konvektionsanteile gilt (vgl. (3.27)), dann ist in der Spektralnorm

$$\left\| S^{-1} \right\|_2 = 1/\lambda_{\min}(S) \,,$$

wobei $\lambda_{\min}(S) > 0$ den kleinsten Eigenwert von $S$ bezeichnet. Also gilt:

$$\left\| (S + DG(\boldsymbol{\xi}))^{-1} \right\|_2 = 1/\lambda_{\min}\left(S + DG(\bar{\boldsymbol{\xi}})\right) \leq 1/\lambda_{\min}(S) = \left\| S^{-1} \right\|_2 \,,$$

so dass also Forderung (ii) gilt mit $\beta = \left\| S^{-1} \right\|_2$.
Für die Wahl der Startiterierten gibt es keine immer erfolgreiche Strategie. Es kann die Lösung des linearen Teilproblems gewählt werden, das heißt

$$S\boldsymbol{\xi}^{(0)} = \mathbf{b} \,. \tag{7.34}$$

Sollte dies auch mit Dämpfung nicht zur Konvergenz führen, kann in Verallgemeinerung von (7.34) die Fortsetzungsmethode auf die Problemschar

$$f(\lambda, \boldsymbol{\xi}) := S + \lambda G(\boldsymbol{\xi}) - \mathbf{b} = 0$$

mit Fortsetzungsparameter $\lambda \in [0,1]$ angewendet werden. Wenn all diese Probleme Lösungen $\boldsymbol{\xi} = \boldsymbol{\xi}_\lambda$ haben, so dass $D\psi(\boldsymbol{\xi}; \lambda)$ nichtsingulär in einer Umgebung von $\boldsymbol{\xi}_\lambda$ ist, und ein stetiger Lösungsast ohne Verzweigungspunkt existiert, kann $[0,1]$ durch $0 = \lambda_0 < \lambda_1 < \ldots < \lambda_N = 1$ diskretisiert werden, und man kann Lösungen $\boldsymbol{\xi}_{\lambda_i}$ von $f(\boldsymbol{\xi}; \lambda_i) = 0$ bestimmen, indem jeweils eine Newtoniteration mit der (approximativen) Lösung für $\lambda = \lambda_{i-1}$ als Startiterierte durchgeführt wird. Da die $\boldsymbol{\xi}_{\lambda_i}$ für $i < N$ nur Hilfsmittel sind, sollten diese so grob wie möglich, das heißt mit einem oder zwei Newtonschritten bestimmt werden. Die genannten Bedingungen sind unter der Voraussetzung (7.28) erfüllt. Gilt diese Monotoniebedingung nicht, kann *Verzweigung* der kontinuierlichen Lösung auftreten (siehe zum Beispiel [26, S. 28 ff.]).

**Instationäre Probleme**  Der elliptischen Randwertaufgabe (7.25) entspricht die parabolische Anfangs-Randwert-Aufgabe

$$\partial_t u(x,t) + Lu(x,t) + \psi(u(x,t)) = 0 \quad \text{für } (x,t) \in Q_T \tag{7.35}$$

mit linearen Randbedingungen analog zu (3.18)–(3.20) und der Anfangsbedingung

$$u(x,0) = u_0(x) \quad \text{für } x \in \Omega \,. \tag{7.36}$$

Ein Beispiel für (7.35), (7.36) ist in (0.23) aufgetreten. Analog zu (7.26) und (6.8), führt die Galerkin-Diskretisierung in $V_h$ (Semidiskretisierung) auf das nichtlineare System gewöhnlicher Differentialgleichungen

$$B\frac{d}{dt}\boldsymbol{\xi}(t) + S\boldsymbol{\xi}(t) + G(\boldsymbol{\xi}(t)) = \beta(t) \quad \text{für } t \in (0,T] \,, \quad \boldsymbol{\xi}(0) = \boldsymbol{\xi}_0$$

für den Darstellungsvektor $\boldsymbol{\xi}(t)$ der Näherung $u_h(\cdot, t) = \sum_{i=1}^{M} \xi_i(t)\varphi_i$, wobei $u_{0h} = \sum_{i=1}^{M} \xi_{0i}\varphi_i$ eine Näherung des Anfangswertes $u_0$ darstellt (siehe Abschn. 6.2). Die Matrix $B$ ist die Massenmatrix

$$B = \left(\langle\varphi_j, \varphi_i\rangle_0\right)_{ij}$$

und $\boldsymbol{\beta}(t)$ beinhaltet die Anteile aus den inhomogenen Randbedingungen analog zu $\mathbf{b}$ bei (7.26).

Zur Erlangung eines volldiskreten Schemas wird wie in Abschn. 6.3 das Einschritt-$\theta$-Verfahren verwendet. Hierbei wird zugelassen, dass sich die Zeitschrittweite $k_n$ von Schritt zu Schritt ändert und insbesondere vor Durchführung des $n$-ten Zeitschritts durch eine Schrittweitensteuerung bestimmt wird. Ist also die Näherung $U^n$ für $t = t_n$ bekannt, so wird in Verallgemeinerung von (6.10) die Näherung $U^{n+1}$ für $t = t_{n+1} := t_n + k_n$ bestimmt als Lösung von

$$\left\langle \frac{1}{k_n}\left(U^{n+1} - U^n\right), v_h\right\rangle_0 + a\left(\theta U^{n+1} + (1-\theta)U^n, v_h\right)$$
$$+ \langle\psi^{n+\theta}, v_h\rangle = \theta\boldsymbol{\beta}(t_{n+1}) + (1-\theta)\boldsymbol{\beta}(t_n) . \tag{7.37}$$

Dabei ist $\theta \in [0, 1]$ der fest gewählte Implizitätsparameter. Für die Wahl von $\psi^{n+\theta}$ bieten sich zwei Möglichkeiten an:

$$\psi^{n+\theta} = \theta\psi(U^{n+1}) + (1-\theta)\psi(U^n) \tag{7.38}$$

oder

$$\psi^{n+\theta} = \psi\left(\theta U^{n+1} + (1-\theta)U^n\right) . \tag{7.39}$$

Im expliziten Fall $\theta = 0$ stellt (7.37) ein lineares Gleichungssystem für $U^{n+1}$ dar (mit der Systemmatrix $B$) und muss hier nicht weiter behandelt werden. Im impliziten Fall $\theta \in (0, 1]$ entsteht wieder ein nichtlineares Gleichungssystem vom Typ (7.18), das heißt

$$A\boldsymbol{\xi} + g(\boldsymbol{\xi}) = 0 ,$$

in der Variablen $\boldsymbol{\xi} = \boldsymbol{\xi}^{n+1}$, wobei $\boldsymbol{\xi}^{n+1}$ der Darstellungsvektor von $U^{n+1}$ ist: $U^{n+1} = \sum_{i=1}^{M} \xi_i^{n+1}\varphi_i$. Dabei sind bei der Variante (7.38)

$$A := B + \theta k_n S , \tag{7.40}$$
$$g(\boldsymbol{\xi}) := \theta k_n G(\boldsymbol{\xi}) - \mathbf{b} \tag{7.41}$$

mit

$$\mathbf{b} := (B - (1-\theta)k_n S)\,\boldsymbol{\xi}^n - (1-\theta)k_n G(\boldsymbol{\xi}^n)$$
$$+ \theta\boldsymbol{\beta}(t_{n+1}) + (1-\theta)\boldsymbol{\beta}(t_n) . \tag{7.42}$$

Bei der Variante (7.39) verändert sich $g$ zu

$$g(\boldsymbol{\xi}) := k_n G\left(\theta\boldsymbol{\xi} + (1-\theta)\boldsymbol{\xi}^n\right) - \mathbf{b} ,$$

und bei der Definition von $\mathbf{b}$ entfällt der zweite Summand. Der Vektor $\boldsymbol{\xi}^n$ ist der Darstellungsvektor der schon bekannten Näherung $U^n$.

**Numerische Quadratur**  Wie im stationären Fall kann man $g$ durch eine Quadraturformel der Form (7.29) approximieren, was zu

$$\tilde{g}(\boldsymbol{\xi}) = \theta k_n \tilde{G}(\boldsymbol{\xi}) - \mathbf{b}$$

bei (7.38) bzw. zu

$$\tilde{g}(\boldsymbol{\xi}) = k_n \tilde{G}\left(\theta \boldsymbol{\xi} + (1-\theta)\boldsymbol{\xi}^n\right) - \mathbf{b}$$

bei (7.39) führt. Die Funktionalmatrizen von $g$ bzw. $\tilde{g}$ sind also für (7.38) und (7.39) gleich bis auf die Stelle, an der $\psi'$ ausgewertet wird, so dass es reicht, sich im Folgenden auf (7.38) zu beziehen. Mit gleicher Motivation kann eine Quadraturformel der Form (7.29) auf die Massenmatrix $B$ angewendet werden. Ein solches *Mass Lumping* führt auf eine diagonale Approximation der Massenmatrix

$$\tilde{B} = \mathrm{diag}(\omega_i) \,.$$

Im Unterschied zum stationären Fall ist also vor der Nichtlinearität der Faktor $\theta k_n$ zu finden, wobei die Zeitschrittweite $k_n$ im Prinzip beliebig klein gewählt werden kann. Natürlich ist dabei zu beachten, dass dadurch die Anzahl der Zeitschritte, die zur Erreichung einer festen Zeit $T$ nötig sind, entsprechend gesteigert wird. Alle obigen Überlegungen zu Matrixeigenschaften von $A + Dg(\bar{\boldsymbol{\xi}})$ bleiben erhalten, wobei $A$ nicht mehr die Steifigkeitsmatrix, sondern die Linearkombination (7.40) mit der Massenmatrix darstellt. Dies verringert die Forderungen hinsichtlich der $V$-Elliptizität von $a$ (siehe (3.27)) und damit der Positivdefinitheit von $A$.

Allerdings ist $A$ nicht notwendigerweise M-Matrix wenn dies für $S$ gilt, weil die Bedingungen (1.28) oder (1.28)$^*$ nicht erfüllt sind. Hier ist die Approximation $\tilde{B}$ vorteilhaft, da dann bei nichtnegativen Gewichten wegen (7.33) diese Eigenschaft erhalten bleibt.

**Konvergenzbedingungen**  Deutliche Unterschiede ergeben sich bei der Frage, wie die Konvergenz der Iterationsverfahren zu sichern ist. Sogar für die Fixpunktiteration gilt, dass das Verfahren global konvergiert, wenn nur die Zeitschrittweite $k_n$ klein genug gewählt wird. Das soll im Folgenden beispielhaft unter Verwendung von Quadratur mit nichtnegativen Gewichten bei Massenmatrix und Nichtlinarität gezeigt werden. Dazu wird die Lipschitz-Konstante von $A^{-1}g$ nach Lemma 7.3 abgeschätzt. Die Norm sei eine von einer $p$-Norm $|\cdot|_p$ erzeugte Matrixnorm und $A$ sei nichtsingulär. Es gilt:

$$\|A^{-1}\| \sup_{\boldsymbol{\xi} \in \mathbb{R}^M} \|D\tilde{g}(\boldsymbol{\xi})\| \leq \left\|\left(I + \theta k_n \tilde{B}^{-1} S\right)^{-1} \tilde{B}^{-1}\right\| \theta k_n \sup_{s \in \mathbb{R}} |\psi'(s)| \|\tilde{B}\|$$

$$\leq \theta k_n \sup_{s \in \mathbb{R}} |\psi'(s)| \, \kappa(\tilde{B}) \left\|\left(I + \theta k_n \tilde{B}^{-1} S\right)^{-1}\right\|$$

$$=: C k_n \left\|\left(I + \theta k_n \tilde{B}^{-1} S\right)^{-1}\right\| \,.$$

Es wird hier also die Beschränktheit von $\psi'$ auf $\mathbb{R}$ vorausgesetzt (was abgeschwächt werden kann). Zu vorgegebenen $\vartheta \in (0,1)$ werde $k_n$ so klein gewählt, dass gilt

$$\theta k_n \|\tilde{B}^{-1}S\| \le \vartheta \,.$$

Nach dem Störungslemma (A3.11) folgt damit

$$\left\|\left(I + \theta k_n \tilde{B}S\right)^{-1}\right\| \le \frac{1}{1-\vartheta}$$

und damit erhalten wir als Lipschitz-Konstante für $A^{-1}g$:

$$\gamma = \frac{C k_n}{1-\vartheta} \,.$$

Durch hinreichend klein gewähltes $k_n$ kann also die Kontraktivität von $A^{-1}g$ sichergestellt werden. Darauf kann eine (heuristische) Schrittweitensteuerung aufbauen, die bei Entdeckung fehlender Konvergenz die Schrittweite reduziert und den Schritt wiederholt und bei befriedigender Konvergenz den Zeitschritt eventuell erhöht.

Trotzdem ist im Allgemeinen das Newtonverfahren vorzuziehen, da hier zu erwarten ist, dass die Güte der Startiterierten $\xi^{(0)} = \xi^n$ für den $(n+1)$-ten Zeitschritt umso besser ist, je kleiner $k_n$ gewählt wird. Die oben skizzierte Schrittweitensteuerung kann also auch hier gewählt werden (in Verbindung mit der Vergrößerung des Einzugsbereichs durch Dämpfung). Ein nur in der numerischen Praxis lösbares Problem besteht allerdings darin, die Steuerparameter der Zeitschrittweitensteuerung, der Dämpfungsstrategie, eventuell des Abbruchs der inneren Iteration so aufeinander abzustimmen, dass ein effizienter Algorithmus entsteht.

## Übungen

**7.1** Man beweise Lemma 7.3 unter Zuhilfenahme des Mittelwertsatzes.

**7.2** Man beweise Lemma 7.6.

**7.3** Betrachtet werde die Parallelen-Methode nach (7.20) Man zeige, dass dieses Verfahren unter den folgenden Bedingungen gegen die Lösung $\bar{x}$ konvergiert:

1. Es gilt (7.17) mit $\overline{B}_r(\bar{x}) \subset C$.
2. $\left\|\left[Df(x^{(0)})\right]^{-1}\right\| \le \beta$,
3. $2\beta\gamma r < 1$,
4. $x^{(0)} \in \overline{B}_r(\bar{x})$.

**7.4** Unter der Voraussetzung von (7.17) zeige man für verträgliche Matrix-und Vektornormen:

Zu $\varrho > 0$ existiert $\delta > 0$, so dass für $x \in B_\delta(\bar{x})$ gilt:

1) $\|Df(x)\| \leq (1 + \varrho)^{1/2}\|Df(\bar{x})\|$,

2) $\|Df(x)^{-1}\| \leq (1 + \varrho)^{1/2}\|Df(\bar{x})^{-1}\|$

   (Man benutze dazu:    $\|(I - M)^{-1}\| \leq 1/(1 - \|M\|)$    für $\|M\| < 1$),

3) $(1 + \varrho)^{-1/2}\|Df(\bar{x})^{-1}\|^{-1}\|x - \bar{x}\| \leq \|f(x)\| \leq (1 + \varrho)^{1/2}\|Df(\bar{x})\|\|x - \bar{x}\|$,

4) Satz 7.12.


**7.5** Man beweise Korollar 7.14.


**7.6** $U \subset \mathbb{R}^m$ sei offen und konvex. Betrachtet werde das Problem (7.2) mit stetig differenzierbarem $f : U \to \mathbb{R}^m$. Zu $i = 1, \ldots, m$ sei $J_i \subset \{1, \ldots, m\}$ definiert durch

$$\partial_j f_i(x) = 0 \quad \text{für } j \notin J_i \text{ und alle } x \in U \,.$$

Die Abbildung $f$ ist also *dünnbesetzt*, wenn $l_i := |J_i| < m$, bzw. *dünnbesetzt im engeren Sinn*, wenn $l_i \leq l$ für alle $i = 1, \ldots, m$ und $l < m$ von $m$ unabhängig ist, für eine Sequenz von Problemen (7.2) der Dimension $m$.

Dann gilt: Der Aufbau von $Df(x)$ und seiner Approximation nach (7.22) benötigt jeweils $\sum_{k=1}^m l_k$ Auswertungen von $\partial_j f_i$ bzw. von $f_l$. Wie ist die Situation bei einer Differenzenapproximation

$$\frac{f(x + h\delta/\|\delta\|) - f(x)}{h}\|\delta\|$$

der Richtungsableitung $Df(x)\delta$ ?


**7.7** Man untersuche die Lipschitz-Stetigkeit von $DG$ nach (7.27) bzw. $D\tilde{G}$ nach (7.32), wenn $\psi'$ Lipschitz-stetig ist.


**7.8** Man untersuche die Kontraktivität von $A^{-1}g$ im Fall (7.40)–(7.42)


**7.9** Die Randwertaufgabe

$$-u'' + e^u = 0 \quad \text{in } (0,1), \qquad u(0) = u(1) = 0,$$

soll mit Hilfe einer Finite-Element-Methode, die stetige, stückweise lineare Ansatzfunktionen auf äquidistanten Gittern benutzt, diskretisiert werden. Als Quadraturformel soll die Trapezregel Anwendung finden.

a) Welche Gestalt besitzen die Matrix $A_h \in \mathbb{R}^{m,m}$ sowie die nichtlineare Vektor-Funktion $F_h : \mathbb{R}^m \to \mathbb{R}^m$, wenn die Diskretisierung in der Matrix-Vektor-Notation

$$A_h U_h + F_h(U_h) = 0$$

dargestellt werden soll, wobei $U_h \in \mathbb{R}^m$ den Vektor der unbekannten Knotenwerte der Näherungslösung bezeichnet und – der Eindeutigkeit wegen – die Elemente von $A_h$ unabhängig vom Diskretisierungsparameter $h$ sein sollen?

b) Man untersuche folgende Iterationsverfahren auf Konvergenz:

$\alpha)$ $\quad (2 + h^2) U_h^{(k+1)} = \left( (2 + h^2) I - A_h \right) U_h^{(k)} - F_h\left( U_h^{(k)} \right),$

$\beta)$ $\quad 2 U_h^{(k+1)} + F_h\left( U_h^{(k+1)} \right) = (2I - A_h) U_h^{(k)}.$

# 8. Die Finite-Volumen-Methode

Finite-Volumen-Methoden finden Anwendung, wenn Differentialgleichungen in Divergenzform (vgl. Abschn. 0.4) bzw. Differentialgleichungen, welche derartige Differentialausdrücke enthalten (zum Beispiel parabolische Differentialgleichungen), numerisch zu lösen sind. In der Klasse der linearen elliptischen Differentialgleichungen 2. Ordnung sind hierfür Ausdrücke der Form

$$Lu := -\nabla \cdot (K\,\nabla u - c\,u) + r\,u = f \tag{8.1}$$

typisch (vgl. (0.24)) mit

$$K : \Omega \to \mathbb{R}^{d,d}, \quad c : \Omega \to \mathbb{R}^d, \quad r, f : \Omega \to \mathbb{R},$$

sowie die entsprechende „parabolische Version"

$$\frac{\partial u}{\partial t} + Lu = f \,.$$

Es werden aber auch partielle Differentialgleichungen erster Ordnung, wie die klassischen nichtlinearen Erhaltungsgleichungen,

$$\nabla \cdot q(u) = 0 \,,$$

mit einem von $u$ nichtlinear abhängigen Vektorfeld $q : \mathbb{R} \to \mathbb{R}^d$, partielle Differentialgleichungen höherer Ordnung (wie zum Beispiel die biharmonische Gleichung (3.35)) und auch Systeme partieller Differentialgleichungen mittels der Finite-Volumen-Methode diskretisiert.

Entsprechend der relativ großen Problemklasse, die mittels der Finite-Volumen-Methode behandelt werden kann, gibt es auch sehr verschiedene, vor allem aus praktischen Anwendungen stammende Quellen, von denen einige in Tabelle 8.1 aufgelistet sind. Im Gegensatz zur Finite-Differenzen-Methode oder zur Finite-Element-Methode verharrte die theoretische Durchdringung der Finite-Volumen-Methode lange Zeit nur in Ansätzen – erst in den letzten Jahren sind wesentliche Erkenntnisfortschritte zu verzeichnen.

Die Finite-Volumen-Methode kann als eine eigenständige Diskretisierungsmethode gewertet werden. Sie beinhaltet jedoch sowohl Ideen von Differenzenverfahren wie auch von Finite-Element-Methoden, was unter anderem dadurch widergespiegelt wird, dass sie bei theoretischen Betrachtungen als

| 1960 | Forsythe & Wasow | Berechnung der Neutronendiffusion |
|------|------------------|-----------------------------------|
| 1961 | Marčuk | Berechnung von Kernreaktoren |
| 1971 | McDonald | Strömungsmechanik |
| 1972 | MacCormack & Paullay | Strömungsmechanik |
| 1973 | Rizzi & Inouye | Strömungsmechanik in 3D |
| 1977 | Samarski | „Integro-Interpolationsmethode", „Balance-Methode" |
| ⋮ | | |
| 1979 | Jameson | „Finite-Volumen-Methode" |
| 1984 | Heinrich (Diss.) | „Integralbilanzmethode" „verallgemeinerte Finite-Differenzen-Methode" |
| ⋮ | | |
| 1987 | Bank & Rose | „box method" |
| ⋮ | | |

**Tabelle 8.1.** Einige Quellen der Finite-Volumen-Methode

„verallgemeinertes Differenzenverfahren" oder auch als Variante der Finite-Element-Methode interpretiert wird.

Im Rahmen dieses Kapitels sollen ausschließlich Gleichungen vom Typ (8.1) betrachtet werden.

## 8.1 Die Grundidee der Finite-Volumen-Methode

Im Folgenden sei zusätzlich $d = 2$ sowie $r = 0$. Außerdem setzen wir $q(u) := -K\,\nabla u + c\,u$. Dann erhält (8.1) die Form

$$\nabla \cdot q(u) = f \,. \tag{8.2}$$

Um zu einer Finite-Volumen-Diskretisierung zu gelangen, wird das Gebiet $\Omega$ in $M$ Teilgebiete $\Omega_i$ unterteilt, deren Gesamtheit eine sogenannte *Partition* bildet, das heißt:

1. jedes $\Omega_i$ ist offen, einfach zusammenhängend und polygonal berandet, wobei allerdings Schlitze auszuschließen sind,
2. $\Omega_i \cap \Omega_j = \emptyset$  $(i \neq j)$,
3. $\cup_{i=1}^{M} \overline{\Omega_i} = \overline{\Omega}$ .

Diese Teilgebiete $\Omega_i$ werden *Kontrollvolumina* oder *Kontrollgebiete* genannt. Ohne näher darauf einzugehen sei auch angemerkt, dass es Finite-Volumen-Methoden gibt, die eine wohldefinierte Überlappung der Kontrollvolumina zulassen (das heißt, Bedingung 2 ist nicht erfüllt).

Der allen Finite-Volumen-Methoden gemeinsame nächste Schritt besteht nun darin, die Gleichung (8.2) über jedes Kontrollvolumen $\Omega_i$ zu integrieren und sodann den Gauß'schen Integralsatz anzuwenden. Dies ergibt

$$\int_{\partial\Omega_i} \nu \cdot q(u)\, d\sigma = \int_{\Omega_i} f\, dx\,, \quad i \in \{1,\dots,M\}\,,$$

wobei $\nu$ die äußere Einheitsnormale zu $\partial\Omega_i$ bezeichnet. Da wegen der ersten Eigenschaft der Partition der Rand $\partial\Omega_i$ aus Geradenstücken $\Gamma_{ij}$ ($j = 1,\dots,n_i$) besteht, entlang derer die Normale $\nu|_{\Gamma_{ij}} =: \nu_{ij}$ konstant ist, kann das Randintegral in eine entsprechende Summe zerlegt werden, wodurch folgende Gleichung entsteht:

$$\sum_{j=1}^{n_i} \int_{\Gamma_{ij}} \nu_{ij} \cdot q(u)\, d\sigma = \int_{\Omega_i} f\, dx\,. \tag{8.3}$$

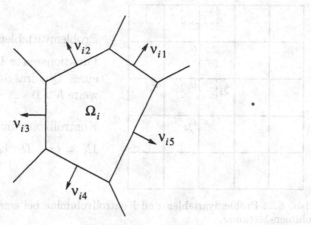

**Abb. 8.1.** Kontrollvolumen mit Rand

Die in (8.3) auftretenden Integrale können nun in sehr unterschiedlicher Weise approximiert werden, was demzufolge auch zu unterschiedlichen finalen Diskretisierungen führt.

Generell können folgende kriterielle Merkmale von Finite-Volumen-Methoden angegeben werden:

1. geometrische Form der Kontrollvolumina $\Omega_i$,
2. Lage der Unbekannten („Problemvariablen") bzgl. der Kontrollvolumina,
3. Approximation der Integrale.

Insbesondere das zweite Merkmal spaltet die Finite-Volumen-Methoden in zwei große Klassen, für die sich die Bezeichnungen *cell-centered* bzw. *cell-vertex* Finite-Volumen-Methoden durchgesetzt haben und zwar je nachdem, ob die Unbekannten mit den Kontrollvolumina identifiziert werden können (zum Beispiel dadurch, dass zu jedem Kontrollvolumen $\Omega_i$ ein Funktionswert im Inneren – etwa im Schwerpunkt – gesucht wird), bzw. ob die Unbekannten den Ecken des jeweiligen Kontrollvolumens zuzuordnen sind. Gelegentlich

wird statt der erstgenannten Klasse eine nuanciertere Unterteilung in die sogenannten *cell-centered* und *node-centered* Methoden vorgenommen. Hierbei
wird dahingehend unterschieden, ob die Problemvariablen den Kontrollvolumina zugeordnet oder ob zu den Problemvariablen assoziierte Kontrollvolumina konstruiert werden.

**Beispiel 8.1** Wir betrachten das klassische homogene Dirichlet-Problem für
die Poisson-Gleichung auf dem Einheitsquadrat:

$$\begin{cases} -\Delta u = f & \text{in } \Omega = (0,1)^2 \,, \\ \quad\; u = 0 & \text{auf } \partial\Omega \,. \end{cases}$$

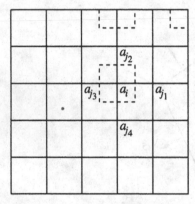

Problemvariablen:

Funktionswerte in den Knoten $a_i$
eines Quadratgitters der Schrittweite $h > 0$

Kontrollvolumina:

$\Omega_i := \{x \in \Omega : |x - a_i| < \frac{h}{2}\}$

**Abb. 8.2.** Problemvariablen und Kontrollvolumina bei einer cell-centered Finite-
Volumen-Methode

Gleichung (8.3) hat dann für ein inneres Kontrollvolumen $\Omega_i$ (das heißt $a_i \in$
$\Omega$) die Gestalt

$$-\sum_{k=1}^{4} \int_{\Gamma_{ij_k}} \nu_{ij_k} \cdot \nabla u \, d\sigma = \int_{\Omega_i} f \, dx \,,$$

wobei $\Gamma_{ij_k} := \partial\Omega_i \cap \partial\Omega_{j_k}$. Genaueres Hinsehen zeigt:

$$\nu_{ij_1} \cdot \nabla u = \partial_1 u \quad, \quad \nu_{ij_2} \cdot \nabla u = \partial_2 u \,,$$
$$\nu_{ij_3} \cdot \nabla u = -\partial_1 u \,, \quad \nu_{ij_4} \cdot \nabla u = -\partial_2 u$$

(partielle Ableitungen nach der ersten bzw. zweiten Variablen auf den jewei-
ligen Randstücken).
Die Quadratur der Integrale über $\Gamma_{ij_k}$ durch die Mittelpunktsregel, sowie die
Approximation der Ableitungswerte durch Differenzenquotienten liefert

$$-\sum_{k=1}^{4} \int_{\Gamma_{ij_k}} \nu_{ij_k} \cdot \nabla u \, d\sigma \approx -\sum_{k=1}^{4} \nu_{ij_k} \cdot \nabla u \left(\frac{a_i + a_{j_k}}{2}\right) h$$

$$\approx -\left( \frac{u(a_{j_1}) - u(a_i)}{h} + \frac{u(a_{j_2}) - u(a_i)}{h} - \frac{u(a_i) - u(a_{j_3})}{h} - \frac{u(a_i) - u(a_{j_4})}{h} \right) h$$

$$= 4\,u(a_i) - \sum_{i=1}^{4} u(a_{j_k}),$$

das heißt, wir erhalten genau jenen Term, der auch entsteht, wenn eine Finite-Element-Methode mit stetigen stückweise linearen Ansatz- und Testfunktionen auf einer Friedrichs–Keller-Triangulierung (vgl. Abb. 2.9) als Diskretisierungsmethode benutzt wird.

Wird das Integral $\int_{\Omega_i} f\,dx$ noch durch $f(a_i)h^2$ ersetzt, so stimmt diese Approximation mit jenem Ergebnis überein, welches bei Anwendung der zusammengesetzten Trapezregel zur Berechnung der rechten Seite in der erwähnten Finite-Element-Methode resultiert (vgl. Lemma 2.13). Dass diese Tatsache nicht zufällig ist, wird später an allgemeineren Problemen diskutiert.

Behandlung von Rand-Kontrollvolumina:

Gilt $a_i \in \partial\Omega$, so liegen Randstücke von $\partial\Omega_i$ auf $\partial\Omega$. Da in diesen Knoten durch die Dirichlet-Randbedingungen Funktionswerte vorgegeben sind, müssen für die Rand-Kontrollvolumina keine Bilanzgleichungen (8.3) aufgestellt werden.

Eine konkrete Beschreibung für den Fall von Fluss-Randbedingungen folgt später in Abschn. 8.2.4, siehe (8.13).

**Beispiel 8.2** Randwertaufgabe wie in Beispiel 8.1

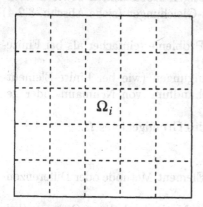

Problemvariablen:

Funktionswerte in den Knoten $a_i$ eines Quadratgitters der Schrittweite $h > 0$

Kontrollvolumina:

Teilquadrate des Gitters

**Abb. 8.3.** Problemvariablen und Kontrollvolumina bei einer cell-vertex Finite-Volumen-Methode

Die resultierende Diskretisierung liefert im Gebietsinneren in der Sprechweise des Differenzenverfahrens einen 12-Punkte-Stern.

**Bemerkung 8.3** Bei der Finite-Volumen-Diskretisierung von Systemen partieller Differentialgleichungen (zum Beispiel aus der Strömungsmechanik) werden auch beide Methoden simultan (für verschiedene Variablen) benutzt:

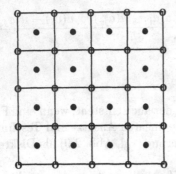

● : Problemvariable  Typ 1

o : Problemvariable  Typ 2

**Abb. 8.4.** Finite-Volumen-Diskretisierung von Systemen partieller Differentialgleichungen

## Vor- und Nachteile der Finite-Volumen-Methode
### Vorteile:

- Flexibilität in Bezug auf die Gebietsgeometrie (wie bei Finite-Element-Methoden),
- Zulässigkeit unstrukturierter Gitter (wie bei Finite-Element-Methoden, wichtig für adaptive Methoden),
- einfache Assemblierung,
- Konservierung bestimmter Gesetzmäßigkeiten des kontinuierlichen Problemes (zum Beispiel Erhaltungssätze, Maximumprinzipien). Dies erlaubt es unter anderem, Gleichungen mit unstetigen Koeffizienten sowie konvektionsdominierte Diffusions-Konvektions-Gleichungen (siehe Abschn. 8.2.4) erfolgreich zu behandeln.
- leichte Linearisierbarkeit nichtlinearer Probleme (einfacher als bei Finite-Element-Methoden (Newtonverfahren)),
- einfache Diskretisierung der Randbedingungen (wie bei Finite-Element-Methoden, insbesondere natürliche Behandlung von Neumann- oder gemischten Randbedingungen),
- keine Beschränkung in der Dimension des Grundgebietes $\Omega$.

### Nachteile:

- kleineres Anwendungsgebiet als Finite-Element-Methode oder Differenzenverfahren,
- Schwierigkeiten bei der Konstruktion von Methoden höherer Ordnung (keine sogenannte $p$-Version wie bei der Finite-Element-Methode existent),
- schwierige mathematische Analysis (Stabilität, Konvergenz, ...).

## 8.2 Die Finite-Volumen-Methode für lineare elliptische Differentialgleichungen 2. Ordnung auf Dreiecksgittern

In diesem Abschnitt soll anhand eines Modellproblemes die Konstruktion und Analysis einer Finite-Volumen-Methode vom „cell-centered" Typ näher beschrieben werden. Dazu sei $\Omega \subset \mathbb{R}^2$ ein beschränktes, polygonal berandetes, schlitzfreies, einfach zusammenhängendes Gebiet.

### 8.2.1 Gebräuchliche Kontrollvolumina

**Das Voronoi-Diagramm**  Es sei $\{a_i\}_{i \in \overline{\Lambda}} \subset \overline{\Omega}$ eine indizierte Punktmenge, die auch alle Ecken von $\Omega$ enthalten soll, wobei $\overline{\Lambda}$ die entsprechende Indexmenge bezeichnet. Typischerweise sind die Punkte $a_i$ jene Stellen, an denen die Lösungswerte $u(a_i)$ zu approximieren sind. Die konvexe Menge

$$\tilde{\Omega}_i := \left\{ x \in \mathbb{R}^2 \ \big| \ |x - a_i| \leq |x - a_j| \quad \text{für alle } j \neq i \right\}$$

heißt *Voronoi-Polygon* (auch *Dirichlet-Gebiet, Wigner-Seitz-Zelle, Thiessen-Polygon, ...*). Die Familie $\left\{ \tilde{\Omega}_i \right\}_{i \in \overline{\Lambda}}$ heißt *Voronoi-Diagramm* zur Punktmenge $\{a_i\}_{i \in \overline{\Lambda}}$.

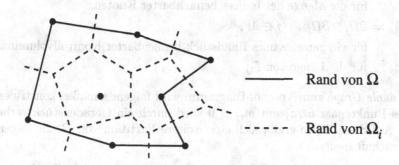

Rand von $\Omega$

Rand von $\Omega_i$

**Abb. 8.5.** Voronoi-Diagramm

Die Voronoi-Polygone sind konvexe, polygonal berandete, nicht notwendig beschränkte (siehe Rand) Mengen. Die Ecken dieser Polygone heißen *Voronoi-Punkte*.

Man kann zeigen, dass sich in jedem Voronoi-Punkt mindestens drei Voronoi-Polygone treffen. Demgemäß werden Voronoi-Punkte als reguläre bzw. degenerierte Voronoi-Punkte klassifiziert: In einem *regulären* Voronoi-Punkt stoßen Randstücke von genau drei Voronoi-Polygonen zusammen, wohingegen ein *degenerierter* Voronoi-Punkt wenigstens vier Voronoi-Polygonen gemeinsam ist. In solch einem Fall liegen die entsprechenden Knoten $a_i$ auf einem Kreis.

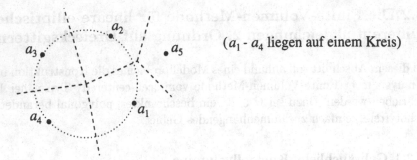

**Abb. 8.6.** Degenerierter und regulärer Voronoi-Punkt

Die für die Finite-Volumen-Methode benötigten Elemente $\Omega_i$ (Kontrollvolumina) der Partition von $\Omega$ werden nun folgendermaßen definiert:

$$\Omega_i := \tilde{\Omega}_i \cap \overset{\bullet}{\Omega}, \quad i \in \overline{\Lambda}.$$

Als Konsequenz müssen die Gebiete $\Omega_i$ nicht mehr notwendig konvex sein, wenn $\Omega$ selbst nichtkonvex ist (vgl. Abb. 8.5).
Weiterhin sollen folgende Bezeichnungen benutzt werden:

$$\Lambda_i := \left\{ j \in \overline{\Lambda} : \partial\Omega_i \cap \partial\Omega_j \neq \emptyset \right\}, \quad i \in \overline{\Lambda},$$

für die Menge der Indizes benachbarter Knoten,

$$\Gamma_{ij} := \partial\Omega_i \cap \partial\Omega_j, \quad j \in \Lambda_i,$$

für ein gemeinsames Randstück benachbarter Kontrollvolumina,

$m_{ij}$   für die Länge von $\Gamma_{ij}$.

Der *duale Graph* zum Voronoi-Diagramm wird folgendermaßen konstruiert: Jedes Punktepaar $a_i, a_j$ mit $m_{ij} > 0$ wird durch ein Geradenstück verbunden. Auf diese Weise ergibt sich eine weitere Partition von $\Omega$, die folgende Eigenschaft besitzt.

**Satz 8.4** *Sind alle Voronoi-Punkte regulär, so fällt der duale Graph mit der Kantenmenge einer Triangulierung der konvexen Hülle der gegebenen Punktmenge zusammen.*

Diese Triangulierung heißt *Delaunay-Triangulierung*.
Befinden sich unter den Voronoi-Punkten degenerierte, so kann eine Triangulierung durch die nachträgliche lokale Triangulierung der übriggebliebenen $m$-Ecke ($m \geq 4$) erzeugt werden. Eine Delaunay-Triangulierung besitzt die interessante Eigenschaft, dass für zwei beliebige Dreiecke, welche eine Seite gemeinsam haben, die Summe der dieser Seite gegenüberliegenden Innenwinkel den Wert $\pi$ nicht übersteigt. Insofern genügen Delaunay-Triangulierungen gerade dem ersten Teil der in Abschn. 3.9 formulierten Winkelbedingung für das Maximumprinzip bei Finite-Element-Methoden.

Ist $\Omega$ also konvex, so erhält man quasi zu dem Voronoi-Diagramm eine Triangulierung mitgeliefert. Ist $\Omega$ nichtkonvex, sind unter Umständen Modifikationen in Randnähe erforderlich, um eine korrekte Triangulierung zu erhalten.

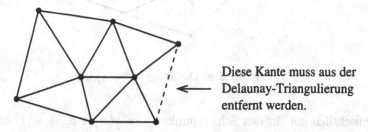

Diese Kante muss aus der Delaunay-Triangulierung entfernt werden.

**Abb. 8.7.** Delaunay-Triangulierung zum Voronoi-Diagramm aus Abb. 8.5

Die soeben diskutierte Implikation

$$\text{Voronoi-Diagramm} \quad \Rightarrow \quad \text{Delaunay-Triangulierung}$$

legt die Frage nach der Umkehr nahe. Wir wollen sie nicht vollständig beantworten, sondern formulieren nur folgende hinreichende Bedingung.

**Satz 8.5** *Enthält eine Triangulierung von $\Omega$ ausschließlich nichtstumpfe Dreiecke, so ist sie eine Delaunay-Triangulierung und das zugehörige Voronoi-Diagramm kann mit Hilfe der Mittelsenkrechten der Dreieckskanten konstruiert werden.*

Es sei angemerkt, dass der Umkreismittelpunkt (Voronoi-Punkt) eines nichtstumpfen Dreiecks innerhalb des abgeschlossenen Dreiecks liegt.
Eine für die spätere Analysis wichtige Eigenschaft bringt folgender Hilfssatz zum Ausdruck.

**Lemma 8.6** *Für jedes nichtstumpfe Dreieck $K$ mit den Ecken $a_{i_k}$, $k \in \{1,2,3\}$, und den zugehörigen Anteilen $\Omega_{i_k,K} := \Omega_{i_k} \cap K$ der Kontrollvolumina $\Omega_{i_k}$ gilt:*

$$\frac{1}{4}|K| \le |\Omega_{i_k,K}| \le \frac{1}{2}|K|, \quad k \in \{1,2,3\}.$$

**Das Donald-Diagramm** Im Gegensatz zum Voronoi-Diagramm, dessen Konstruktion von einer gegebenen Punktmenge ausgeht, dient hier als Ausgangspunkt eine Triangulierung $\mathcal{T}_h$ von $\Omega$, die zudem stumpfe Dreiecke enthalten darf.
Sei wieder $K$ ein Dreieck mit den Eckpunkten $a_{i_k}$, $k \in \{1,2,3\}$. Wir definieren

$$\Omega_{i_k,K} := \{x \in K \mid \lambda_j(x) < \lambda_k(x), \ j \neq k\},$$

wobei $\lambda_k$ die baryzentrischen Koordinaten bzgl. $a_{i_k}$ sind (vgl. (3.47)).

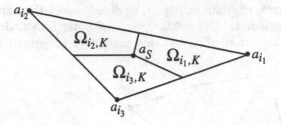

**Abb. 8.8.** Die Teilgebiete $\Omega_{i_k,K}$

Offensichtlich gilt für den Schwerpunkt $a_S = \frac{1}{3}(a_{i_1} + a_{i_2} + a_{i_3})$, und (siehe zum Vergleich Lemma 8.6)

$$3\,|\Omega_{i_k,K}| = |K|\,, \quad k \in \{1,2,3\}\,.$$

Diese Beziehung folgt leicht aus der in Abschn. 3.3 gegebenen geometrischen Interpretation der baryzentrischen Koordinaten als Flächenkoordinaten. Die benötigten Kontrollvolumina werden nun wie folgt definiert:

$$\Omega_i := \mathrm{int}\left( \bigcup_{K:\partial K \ni a_i} \overline{\Omega}_{i,K} \right)\,, \quad i \in \overline{\Lambda}\,.$$

Die Familie $\{\Omega_i\}_{i \in \overline{\Lambda}}$ heißt *Donald-Diagramm*.
Analog zum Fall des Voronoi-Diagrammes werden $\Gamma_{ij}$, $m_{ij}$, $\Lambda_i$ definiert. Dabei ist zu beachten, dass die Randstücke $\Gamma_{ij}$ nicht notwendig gerade sind, sondern an den Elementgrenzen im Allgemeinen einen Knick aufweisen.

### 8.2.2 Finite-Volumen-Diskretisierung

Das Modell lehnt sich an Gleichung (8.1) an, jedoch soll statt des matrixwertigen Diffusionskoeffizienten $K$ ein skalarer Koeffizient $k : \Omega \to \mathbb{R}$ betrachtet werden, das heißt, es ist $K = kI$. Außerdem sind homogene Dirichlet-Randbedingungen zu erfüllen. Die Randwertaufgabe lautet also:

$$\begin{cases} -\nabla \cdot (k\,\nabla u - c\,u) + r\,u = f & \text{in } \Omega\,, \\ \hspace{4.2cm} u = 0 & \text{auf } \partial\Omega \end{cases} \tag{8.4}$$

mit $k, r, f : \Omega \to \mathbb{R}$, $c : \Omega \to \mathbb{R}^2$.

**Der Fall des Voronoi-Diagrammes** Das Gebiet $\Omega$ sei durch ein Voronoi-Diagramm und die zugehörige Delaunay-Triangulierung partitioniert. Aufgrund der homogenen Dirichlet-Randbedingungen genügt es, nur jene Kontrollvolumina $\Omega_i$ zu betrachten, die zu inneren Knoten $a_i \in \Omega$ gehören. Daher führen wir für die Menge der Indizes der in $\Omega$ liegenden Knoten die Bezeichnung

$$\Lambda := \{i \in \overline{\Lambda} \mid a_i \in \Omega\}$$

ein. Im ersten Schritt integrieren wir die Gleichung (8.4) über die einzelnen Kontrollvolumina $\Omega_i$:

$$-\int_{\Omega_i} \nabla \cdot (k \nabla u - c u)\, dx + \int_{\Omega_i} r u\, dx = \int_{\Omega_i} f\, dx\,, \quad i \in \Lambda\,. \qquad (8.5)$$

Wir betrachten zunächst nur das erste Integral auf der linken Seite von (8.5). Aus dem Gauß'schen Integralsatz folgt

$$\int_{\Omega_i} \nabla \cdot (k \nabla u - c u)\, dx = \int_{\partial \Omega_i} \nu \cdot (k \nabla u - c u)\, d\sigma\,.$$

Da $\partial \Omega_i = \cup_{j \in \Lambda_i} \Gamma_{ij}$ gilt, folgt somit

$$\int_{\Omega_i} \nabla \cdot (k \nabla u - c u)\, dx = \sum_{j \in \Lambda_i} \int_{\Gamma_{ij}} \nu_{ij} \cdot (k \nabla u - c u)\, d\sigma\,,$$

wobei $\nu_{ij}$ die auf $\Gamma_{ij}$ konstante äußere Einheitsnormale (bzgl. $\Omega_i$) bezeichnet. Der nächste Schritt besteht nun in der Approximation der Integrale über $\Gamma_{ij}$.

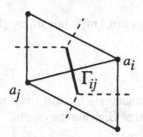

**Abb. 8.9.** Die Kante $\Gamma_{ij}$

Zunächst werden die Koeffizienten $k$ und $\nu_{ij} \cdot c$ auf $\Gamma_{ij}$ durch Konstanten $\mu_{ij} > 0$ bzw. $\gamma_{ij}$ approximiert:

$$k|_{\Gamma_{ij}} \approx \mu_{ij} = \text{const} > 0\,, \quad \nu_{ij} \cdot c|_{\Gamma_{ij}} = \gamma_{ij} = \text{const}\,;$$

im einfachsten Fall etwa durch den entsprechenden Wert in der Mitte des Geradenstückes $\Gamma_{ij}$. Damit ergibt sich

$$\int_{\Omega_i} \nabla \cdot (k \nabla u - c u)\, dx \approx \sum_{j \in \Lambda_i} \int_{\Gamma_{ij}} [\mu_{ij}\, (\nu_{ij} \cdot \nabla u) - \gamma_{ij}\, u]\, d\sigma\,.$$

Die Approximation der Normalenableitungen erfolgt durch Differenzenquotienten, das heißt

$$\nu_{ij} \cdot \nabla u \approx \frac{u(a_j) - u(a_i)}{d_{ij}} \quad \text{mit } d_{ij} := |a_i - a_j| \,.$$

Diese Formel ist exakt für solche Funktionen, die auf der die Punkte $a_i$, $a_j$ verbindenden Strecke linear sind. Es verbleibt somit die Approximation des Integrals von $u$ über $\Gamma_{ij}$. Hierfür wird eine Konvexkombination der Werte von $u$ in den Knoten $a_i$ und $a_j$ gewählt:

$$u|_{\Gamma_{ij}} \approx r_{ij}\, u(a_i) + (1 - r_{ij})\, u(a_j) \,,$$

wobei $r_{ij} \in [0, 1]$ ein noch zu definierender Parameter ist, der im Allgemeinen von $\mu_{ij}, \gamma_{ij}, d_{ij}$ abhängt.

Zusammenfassend erhalten wir also:

$$\int_{\Omega_i} \nabla \cdot (k\,\nabla u - c\,u)\, dx$$

$$\approx \sum_{j \in \Lambda_i} \left\{ \mu_{ij} \frac{u(a_j) - u(a_i)}{d_{ij}} - \gamma_{ij}\, [r_{ij}\, u(a_i) + (1 - r_{ij})\, u(a_j)] \right\} m_{ij} \,.$$

Für die Approximation der übrigen Integrale aus (8.5) benutzen wir folgende Formeln:

$$\int_{\Omega_i} r\, u\, dx \approx r(a_i)\, u(a_i)\, m_i =: r_i\, u(a_i)\, m_i \quad \text{mit } m_i := |\Omega_i| \,,$$

$$\int_{\Omega_i} f\, dx \approx f(a_i)\, m_i =: f_i\, m_i \,.$$

Wenn wir nun die unbekannten Näherungswerte für $u(a_i)$ mit $u_i$ bezeichnen, so ergibt sich insgesamt folgendes lineares Gleichungssystem:

$$\sum_{j \in \Lambda_i} \left\{ \mu_{ij} \frac{u_i - u_j}{d_{ij}} + \gamma_{ij}\, [r_{ij} u_i + (1 - r_{ij})\, u_j] \right\} m_{ij} \tag{8.6}$$
$$+ r_i u_i m_i = f_i m_i \,, \quad i \in \Lambda \,.$$

Diese Darstellung zeigt die Verwandtschaft zu Differenzenverfahren deutlich. Für die Analysis der Methode ist es jedoch günstig, dieses Gleichungssystem als diskrete Variationsgleichung zu schreiben.

Wird nämlich jede der Gleichungen aus (8.6) mit entsprechenden Zahlen $v_i \in \mathbb{R}$ multipliziert und wird das Resultat über $i \in \Lambda$ summiert, so folgt

$$\sum_{i \in \Lambda} v_i \left\{ \sum_{j \in \Lambda_i} \left\{ \mu_{ij} \frac{u_i - u_j}{d_{ij}} + \gamma_{ij}\, [r_{ij}\, u_i + (1 - r_{ij})\, u_j] \right\} m_{ij} + r_i\, u_i\, m_i \right\}$$
$$= \sum_{i \in \Lambda} f_i\, v_i\, m_i \,.$$

Sei nun weiter $V_h$ der Raum der stetigen, stückweise linearen Funktionen über der gegebenen Triangulierung von $\Omega$, die auf $\partial\Omega$ verschwinden. Dann können die Werte $u_i$ und $v_i$ in $V_h$ interpoliert werden, das heißt, für $u_h, v_h \in V_h$ gilt $u_h(a_i) = u_i$, $v_h(a_i) = v_i$ für alle $i \in \Lambda$. Damit ist es nun möglich, diskrete Bilinearformen über $V_h \times V_h$ zu definieren:

$$a_h^0\left(u_h, v_h\right) := \sum_{i \in \Lambda} v_i \sum_{j \in \Lambda_i} \mu_{ij}\left(u_i - u_j\right) \frac{m_{ij}}{d_{ij}},$$

$$b_h\left(u_h, v_h\right) := \sum_{i \in \Lambda} v_i \sum_{j \in \Lambda_i} \left[r_{ij}\, u_i + (1 - r_{ij})\, u_j\right] \gamma_{ij}\, m_{ij},$$

$$d_h\left(u_h, v_h\right) := \sum_{i \in \Lambda} r_i\, u_i\, v_i\, m_i,$$

$$\langle f, v_h \rangle_{0,h} := \sum_{i \in \Lambda} f_i\, v_i\, m_i,$$

$$a_h\left(u_h, v_h\right) := a_h^0\left(u_h, v_h\right) + b_h\left(u_h, v_h\right) + d_h\left(u_h, v_h\right).$$

Die diskrete Variationsformulierung der Finite-Volumen-Methode lautet nun:
   Finde ein $u_h \in V_h$ mit

$$a_h\left(u_h, v_h\right) = \langle f, v_h \rangle_{0,h} \quad \text{für alle } v_h \in V_h. \tag{8.7}$$

Bislang ist die Wahl der Wichtungsparameter $r_{ij}$ offen geblieben. Dafür sind grob zwei Fälle zu unterscheiden:

1. Es existiert ein Indexpaar $(i,j) \in \Lambda \times \overline{\Lambda}$ mit $\mu_{ij} \ll |\gamma_{ij}| d_{ij}$.
2. Es gibt kein solches Indexpaar $(i,j)$, für das $\mu_{ij} \ll |\gamma_{ij}| d_{ij}$ gilt.

Im zweiten Fall kann $r_{ij} \equiv \frac{1}{2}$ gesetzt werden, wodurch gewissermaßen eine auf unregelmäßige Gitter verallgemeinerte zentrale Differenzenmethode entsteht. Der erste Fall entspricht dagegen einer lokal *konvektionsdominierten* Situation, welche eine sorgfältige Wahl der Wichtungsparameter $r_{ij}$ erfordert und in Abschn. 9.2 detaillierter erörtert wird.
Generell gilt die Darstellung $r_{ij} = r\left(\frac{\gamma_{ij}\, d_{ij}}{\mu_{ij}}\right)$ mit einer Funktion $r : \mathbb{R} \to [0,1]$. Das Argument $\frac{\gamma_{ij}\, d_{ij}}{\mu_{ij}}$ heißt *lokale Péclet-Zahl*. Typische Beispiele für die Funktion $r$ sind:

$$r(z) = \frac{1}{2}\left[\operatorname{sign}(z) + 1\right], \qquad\qquad \textit{full upwinding,}$$

$$r(z) = \begin{cases} (1-\tau)/2, & z < 0 \\ (1+\tau)/2, & z \geq 0 \end{cases}, \quad \tau(z) := \max\left\{0, 1 - \frac{2}{|z|}\right\},$$

$$r(z) = 1 - \frac{1}{z}\left(1 - \frac{z}{e^z - 1}\right), \qquad \textit{exponential upwinding.}$$

Diese Funktionen besitzen eine Reihe gemeinsamer Eigenschaften. Für alle $z \in \mathbb{R}$ gilt:

(E1)                    $[1 - r(z) - r(-z)]\, z = 0\,,$
(E2)                    $\left[r(z) - \frac{1}{2}\right] z \geq 0\,,$                    (8.8)
(E3)                    $1 - [1 - r(z)]\, z \geq 0\,.$

Die konstante Funktion $r = \frac{1}{2}$ erfüllt die Bedingungen (E1) und (E2), jedoch nicht (E3).

**Der Fall des Donald-Diagrammes** Das Gebiet $\Omega$ sei wie bei der Finite-Element-Methode üblich trianguliert. Nach dem zweiten Teil von Abschn. 8.2.1 kann dann ein Donald-Diagramm konstruiert werden.
Die diskrete Bilinearform hat die Gestalt

$$a_h\,(u_h, v_h) := \langle k\,\nabla u_h, \nabla v_h \rangle_0 + b_h\,(u_h, v_h) + d_h\,(u_h, v_h)$$

(das heißt, der Hauptteil des Differentialausdrucks wird wie bei der Finite-Element-Methode diskretisiert), wobei $b_h, d_h$ und $V_h$ analog zum ersten Teil dieses Abschnittes definiert sind.

### 8.2.3 Vergleich mit der Finite-Element-Methode

Bereits aus Beispiel 8.1 war zu ersehen, dass die Finite-Volumen-Diskretisierung offenbar mit einer Finite-Differenzen- bzw. Finite-Element-Diskretisierung übereinstimmt. Wir merken außerdem an, dass die Kontrollvolumina aus diesem Beispiel gerade die Voronoi-Polygone zu den Gitterpunkten (Knoten der Triangulierung) sind.
Mit $\{\varphi_i\}_{i \in \Lambda}$ bezeichnen wir wieder die nodale Basis des Raumes $V_h$ der stetigen, stückweise linearen Funktionen.

**Lemma 8.7** *Es sei $\mathcal{T}_h$ eine im Sinne der Finite-Element-Theorie konforme Triangulierung von $\Omega$, die ausschließlich aus nichtstumpfen Dreiecken besteht. Dann gilt für ein beliebiges Dreieck $K \in \mathcal{T}_h$, welches die Eckpunkte $a_i, a_j\ (i \neq j)$ besitzt, die Beziehung*

$$\int_K \nabla \varphi_j \cdot \nabla \varphi_i \, dx = -\frac{m_{ij}^K}{d_{ij}}\,,$$

*wobei $m_{ij}^K$ die Länge des in $K$ liegenden und den Voronoi-Polygonen $\Omega_i$ und $\Omega_j$ gemeinsamen Randstückes bezeichnet.*

**Beweis:** Der Beweis erfolgt unter Bezugnahme auf einige schon am Anfang von Abschn. 3.9 bereitgestellten Bezeichnungen und Resultate. Insbesondere bezeichnete $\alpha_{ij}^K$ denjenigen Innenwinkel von $K$, welcher der Dreiecksseite mit den Randpunkten $a_i, a_j$ gegenüberliegt. Unter Verwendung der elementargeometrisch leicht zu überprüfenden Gleichung $2 \sin \alpha_{ij}^K\, m_{ij}^K = \cos \alpha_{ij}^K\, d_{ij}$ folgt dann die Behauptung unmittelbar aus der in Lemma 3.47 gezeigten Beziehung

$$\int_K \nabla \varphi_j \cdot \nabla \varphi_i \, dx = -\frac{1}{2} \cot \alpha_{ij}^K \, .$$

$\square$

**Folgerung 8.8** *Unter den Voraussetzungen von Lemma 8.7 gilt für $k \equiv 1$*

$$\langle \nabla u_h, \nabla v_h \rangle_0 = a_h^0 (u_h, v_h) \quad \text{für alle } u_h, v_h \in V_h \, .$$

**Beweis:** Es genügt, die Beziehung für $v_h = \varphi_i$ und beliebiges $i \in \Lambda$ zu zeigen. Zunächst gilt

$$\langle \nabla u_h, \nabla \varphi_i \rangle_0 = \sum_{K \subset \mathrm{supp}\,\varphi_i} \int_K \nabla u_h \cdot \nabla \varphi_i \, dx \, .$$

Ferner ist

$$\int_K \nabla u_h \cdot \nabla \varphi_i \, dx = \sum_{j:\partial K \ni a_j} u_j \int_K \nabla \varphi_j \cdot \nabla \varphi_i \, dx$$

$$= u_i \int_K \nabla \varphi_i \cdot \nabla \varphi_i \, dx + \sum_{j\neq i:\partial K \ni a_j} u_j \int_K \nabla \varphi_j \cdot \nabla \varphi_i \, dx \, .$$

Wegen

$$1 = \sum_{j:\partial K \ni a_j} \varphi_j$$

über $K$ ist

$$\nabla \varphi_i = - \sum_{j\neq i:\partial K \ni a_j} \nabla \varphi_j \, , \tag{8.9}$$

das heißt

$$\int_K \nabla u_h \cdot \nabla \varphi_i \, dx = \sum_{j\neq i:\partial K \ni a_j} (u_j - u_i) \int_K \nabla \varphi_j \cdot \nabla \varphi_i \, dx$$

$$= \sum_{j\neq i:\partial K \ni a_j} (u_i - u_j) \frac{m_{ij}^K}{d_{ij}} \, . \tag{8.10}$$

Die Summation über $K \subset \mathrm{supp}\,\varphi_i$ liefert

$$\langle \nabla u_h, \nabla \varphi_i \rangle_0 = \sum_{j\in\Lambda_i} (u_i - u_j) \frac{m_{ij}}{d_{ij}} = a_h^0 (u_h, \varphi_i) \, . \qquad \square$$

**Bemerkung 8.9** Etwas aufwendiger kann gezeigt werden, dass die Folgerung auch dann richtig bleibt, wenn $k$ auf allen Dreiecken $K \in \mathcal{T}_h$ konstant ist und

$$\mu_{ij} := \begin{cases} \dfrac{1}{m_{ij}} \displaystyle\int_{\Gamma_{ij}} k\,d\sigma = \dfrac{k|_K\, m_{ij}^K + k|_{K'}\, m_{ij}^{K'}}{m_{ij}} \,, & m_{ij} > 0 \\[2ex] 0 & , \quad m_{ij} = 0 \end{cases}$$

gewählt wird, wobei $K, K'$ jene Dreiecke sind, die die Eckpunkte $a_i, a_j$ gemeinsam haben.

**Behandlung matrixwertiger Diffusionskoeffizienten**   Folgerung 8.8 bzw. Bemerkung 8.9 gelten in dieser Form nur in der Raumdimension 2. Für allgemeinere Kontrollvolumina, höhere Raumdimensionen oder auch nicht notwendig skalare Diffusionskoeffizienten existieren allerdings schwächere Aussagen.

Exemplarisch soll folgendes Resultat angegeben werden, welches gleichzeitig einen Ansatzpunkt für die Herleitung von Diskretisierungen für den Fall matrixwertiger Diffusionskoeffizienten liefert. Zur besseren Unterscheidbarkeit von den Elementen $K$ der Triangulierungen behalten wir im Folgenden jedoch die Bezeichnung $k$ für den Diffusionskoeffizienten bei, auch wenn er nun eine matrixwertige Funktion sein darf.

**Lemma 8.10** *Es sei $\mathcal{T}_h$ eine konforme Triangulierung von $\Omega$, wobei im Fall des Voronoi-Diagrammes zusätzlich vorausgesetzt wird, dass ausschließlich nichtstumpfe Dreiecke auftreten. Ferner sei der Diffusionskoeffizient $k : \Omega \to \mathbb{R}^{2,2}$ auf den einzelnen Elementen von $\mathcal{T}_h$ konstant. Dann gilt für beliebige $i \in \Lambda$ und $K \in \mathcal{T}_h$ die Beziehung*

$$\int_K (k\nabla u_h) \cdot \nabla\varphi_i \, dx = -\int_{\partial\Omega_i \cap K} (k\nabla u_h) \cdot \nu \, d\sigma \quad \textit{für alle } u_h \in V_h,$$

*wobei $\{\Omega_i\}_{i \in \overline{\Lambda}}$ entweder ein Voronoi- oder ein Donald-Diagramm ist und $\nu$ die äußere Einheitsnormale bzgl. $\Omega_i$ bezeichnet.*

Der Beweis lässt sich von dem Beweis einer ähnlichen Aussage ([17, Lemma 6.1]) ohne Schwierigkeiten übertragen.

Es soll nun gezeigt werden, wie mit Hilfe dieses Sachverhaltes Diskretisierungen für den Fall matrixwertiger Diffusionskoeffizienten gewonnen werden können. Unter Verwendung der Beziehung (8.9) ist nämlich leicht zu sehen, dass

$$\int_{\partial\Omega_i \cap K} (k\nabla u_h) \cdot \nu \, d\sigma = \sum_{j:\partial K \ni a_j} \int_{\partial\Omega_i \cap K} u_j (k\nabla\varphi_j) \cdot \nu \, d\sigma$$

$$= \sum_{j \neq i:\partial K \ni a_j} (u_j - u_i) \int_{\partial\Omega_i \cap K} (k\nabla\varphi_j) \cdot \nu \, d\sigma$$

gilt. Die Summation über alle Dreiecke im Träger von $\varphi_i$ liefert dann unter Beachtung von Lemma 8.10 die Beziehung

$$\int_\Omega (k\nabla u_h) \cdot \nabla\varphi_i \, dx = \sum_{j\in\Lambda_i} (u_i - u_j) \int_{\partial\Omega_i} (k\nabla\varphi_j) \cdot \nu \, d\sigma \, .$$

Mit der Definition

$$\mu_{ij} := \begin{cases} \dfrac{d_{ij}}{m_{ij}} \displaystyle\int_{\partial\Omega_i} (k\nabla\varphi_j) \cdot \nu \, d\sigma \, , & m_{ij} > 0 \\[2mm] 0 & , \quad m_{ij} = 0 \end{cases} \qquad (8.11)$$

ergibt sich daher die Darstellung

$$\int_\Omega (k\nabla u_h) \cdot \nabla\varphi_i \, dx = \sum_{j\in\Lambda_i} \mu_{ij} (u_i - u_j) \frac{m_{ij}}{d_{ij}} \, .$$

Um also eine Diskretisierung für den Fall eines matrixwertigen Diffusionskoeffizienten zu gewinnen, genügt es, in den Bilinearformen $b_h$ und bei Betrachtung von Voronoi-Diagrammen auch in $a_h^0$ die Faktoren gemäß Formel (8.11) zu ersetzen.

**Bemerkungen zur Implementierung** Die Finite-Volumen-Methode erlaubt je nach dem Blickwinkel unterschiedliche Implementierungstechniken. Wird das lineare Gleichungssystem wie bei einer Finite-Differenzen-Methode knotenbezogen assembliert, so können die Koeffizienten der Systemmatrix $A_h$ bzw. die Komponenten der rechten Seite $\mathbf{q}_h$ direkt aus der Darstellung (8.6) abgelesen werden.
Andererseits ist auch eine elementbezogene Assemblierung möglich, was insbesondere das nachträgliche Erweitern vorhandener Finite-Element-Programme um einen Finite-Volumen-Teil relativ problemlos erlaubt. Die Idee hierzu liefert Gleichung (8.10). Wird nämlich für jedes Dreieck $K \in \mathcal{T}_h$ eine restringierte Bilinearform $a_{h,K}$ gemäß

$$a_{h,K}(u_h, v_h)$$
$$:= \sum_{i\in\Lambda} v_i \left\{ \sum_{j\neq i: \partial K \ni a_j} \left\{ \mu_{ij} \frac{u_i - u_j}{d_{ij}} + \gamma_{ij} \left[ r_{ij} u_i + (1 - r_{ij}) u_j \right] \right\} m_{ij}^K + r_i u_i m_i^K \right\}$$

mit $m_i^K := |\Omega_i \cap K|$ definiert, so ergibt sich der vom Dreieck $K$ verantwortete Beitrag zum Element $(A_h)_{ij}$ der Systemmatrix $A_h$ zu $a_{h,K}(\varphi_j, \varphi_i)$. Analog lässt sich die rechte Seite von (8.6) elementbezogen aufspalten.

### 8.2.4 Eigenschaften der Diskretisierung

Der Einfachheit halber betrachten wir den Fall konstanter Koeffizienten, das heißt $k, r \in \mathbb{R}$ und $c \in \mathbb{R}^2$.

**Lemma 8.11** *Es gilt für alle* $u_h, v_h \in V_h$

$$b_h(u_h, v_h) = \frac{1}{2} \sum_{i \in \Lambda} \sum_{j \in \Lambda_i} \left[ \left( r_{ij} - \frac{1}{2} \right) (u_i - u_j)(v_i - v_j) \right.$$

$$\left. + \frac{1}{2} (u_j v_i - u_i v_j) \right] \gamma_{ij} m_{ij} .$$

**Beweis:** Wir schreiben zunächst $b_h$ folgendermaßen um:

$$b_h(u_h, v_h) = \sum_{i \in \Lambda} \sum_{j \in \Lambda_i} v_i \left[ (1 - r_{ij}) u_j - \left( \frac{1}{2} - r_{ij} \right) u_i \right] \gamma_{ij} m_{ij}$$

$$+ \frac{1}{2} \sum_{i \in \Lambda} \sum_{j \in \Lambda_i} u_i v_i \gamma_{ij} m_{ij} . \tag{8.12}$$

Der zweite Term verschwindet, denn $c$ ist konstant und ferner gilt

$$\sum_{j \in \Lambda_i} \nu_{ij} m_{ij} = 0 \quad \text{für alle } i \in \Lambda ,$$

da $\partial \Omega_i$ ein geschlossenes Polygon ist.

Im ersten Term vertauschen wir die Summationsreihenfolge und kehren danach zu den alten Indexkonventionen zurück:

$$b_h(u_h, v_h) = \sum_{i \in \Lambda} \sum_{j \in \Lambda_i} v_j \left[ (1 - r_{ji}) u_i - \left( \frac{1}{2} - r_{ji} \right) u_j \right] \gamma_{ji} m_{ji} .$$

Nun benutzen wir folgende, leicht einzusehende Beziehungen:

$$m_{ji} = m_{ij} \quad , \quad \gamma_{ji} = -\gamma_{ij} \quad (\text{beachte } \nu_{ji} = -\nu_{ij}) ,$$
$$(1 - r_{ji}) \gamma_{ji} = -r_{ij} \gamma_{ij} \quad , \quad \left( \tfrac{1}{2} - r_{ji} \right) \gamma_{ji} = \left( \tfrac{1}{2} - r_{ij} \right) \gamma_{ij} .$$

Dies liefert

$$b_h(u_h, v_h) = \sum_{i \in \Lambda} \sum_{j \in \Lambda_i} v_j \left[ -r_{ij} u_i - \left( \frac{1}{2} - r_{ij} \right) u_j \right] \gamma_{ij} m_{ij} .$$

Das arithmetische Mittel beider Darstellungen führt auf

$$b_h(u_h, v_h) = \frac{1}{2} \sum_{i \in \Lambda} \sum_{j \in \Lambda_i} \left[ (1 - r_{ij}) u_j v_i - r_{ij} u_i v_j \right.$$

$$\left. - \left( \frac{1}{2} - r_{ji} \right) (u_i v_i + u_j v_j) \right] \gamma_{ij} m_{ij}$$

$$= \frac{1}{2} \sum_{i \in \Lambda} \sum_{j \in \Lambda_i} \left[ \left( \frac{1}{2} - r_{ij} \right) (u_j v_i + u_i v_j - u_i v_i - u_j v_j) \right.$$

$$\left. + \frac{1}{2} (u_j v_i - u_i v_j) \right] \gamma_{ij} m_{ij} .$$

$$\square$$

**Folgerung 8.12** *Die Bilinearform* $b_h$ *ist positiv, das heißt, für alle* $v_h \in V_h$ *gilt* $b_h(v_h, v_h) \geq 0$ .

**Beweis:** Wegen $\left(r_{ij} - \frac{1}{2}\right) \gamma_{ij} \geq 0$ folgt aus Lemma 8.11 die Behauptung. $\square$

**Satz 8.13** *Es sei* $k > 0, r \geq 0$. *Dann gilt unter den Voraussetzungen von Lemma 8.7*

$$a_h(v_h, v_h) \geq k \langle \nabla v_h, \nabla v_h \rangle_0 = k |v_h|_1^2 \quad \text{für alle } v_h \in V_h,$$

*das heißt, die Bilinearform* $a_h$ *ist gleichmäßig* $V_h$-*elliptisch.*

**Beweis:** Wir betrachten zunächst $a_h^0(v_h, v_h)$. Wegen Folgerung 8.8 gilt

$$a_h^0(v_h, v_h) = k |v_h|_1^2 .$$

Außerdem ist

$$d_h(v_h, v_h) = r \sum_{i \in \Lambda} v_i^2 m_i \geq 0 .$$

Damit ergibt sich unter Beachtung von Folgerung 8.12

$$a_h(v_h, v_h) = a_h^0(v_h, v_h) + b_h(v_h, v_h) + d_h(v_h, v_h) \geq a_h^0(v_h, v_h) = k |v_h|_1^2 .$$

$\square$

Satz 8.13 liefert also die Stabilität der Methode, die den Ausgangspunkt für die Fehlerabschätzung darstellt.

**Satz 8.14** *Es sei* $\{\mathcal{T}_h\}_{h \in (0, \bar{h}]}$ *eine Familie konformer Triangulierungen, wobei im Fall der Voronoi-Diagramme zusätzlich vorausgesetzt wird, dass nur nichtstumpfe Dreiecke auftreten. Ferner sei in* (8.4) $k > 0, r \geq 0, f \in W_q^1(\Omega)$ *mit* $q > 2$ *vorausgesetzt und die exakte Lösung* $u$ *von* (8.4) *liege in* $H^2(\Omega)$. *Dann gilt für die Näherungslösung* $u_h \in V_h$ *von* (8.7) *mit einer von* $h$ *unabhängigen Konstanten* $C$ *für hinreichend kleines* $\bar{h}$

$$|u - u_h|_1 \leq C h \left[ \|u\|_2 + \|f\|_{1,q} \right], \quad h \in (0, \bar{h}] .$$

**Beweis:** Der Beweisansatz besteht in der Anwendung des ersten Lemmas von Strang, Satz 3.38. Jedoch ist insbesondere die Abschätzung des Konsistenzfehlers (3.122) aufwendig und muss daher entfallen. Ein vollständiger Beweis (für den allgemeineren Fall variabler Koeffizienten $c, r$) ist in der Arbeit [36] zu finden. $\square$

Wichtig ist jedoch die Feststellung, dass der Fehler in der $H^1$-Seminorm die gleiche Ordnung besitzt wie im Falle linearer finiter Elemente.
Wir untersuchen nun noch einige interessante Eigenschaften des Verfahrens.

**Globale Konservativität**  Dazu betrachten wir das Randwertproblem

$$\begin{cases} -\nabla \cdot (k\,\nabla u - c\,u) = f & \text{in } \Omega \,, \\ \nu \cdot (k\,\nabla u - c\,u) = g & \text{auf } \partial\Omega \,. \end{cases}$$

Wird die Differentialgleichung über $\Omega$ integriert, so folgt mit dem Gauß'schen Integralsatz

$$-\int_\Omega \nabla \cdot (k\,\nabla u - c\,u)\,dx = -\int_{\partial\Omega} \nu \cdot (k\,\nabla u - c\,u)\,d\sigma = -\int_{\partial\Omega} g\,d\sigma \,,$$

also

$$\int_{\partial\Omega} g\,d\sigma + \int_\Omega f\,dx = 0 \,.$$

Wir zeigen, dass die Diskretisierung eine analoge Eigenschaft besitzt, welche dann als *diskrete globale Konservativität* bezeichnet wird.

Dazu muss zunächst die Diskretisierung für den obigen Fall der Randbedingungen erklärt werden. Für innere Kontrollvolumina $\Omega_i$ $(i \in \Lambda)$ ergibt sich nichts Neues, so dass wir ein Rand-Kontrollvolumen $\Omega_i$ $(i \in \partial\Lambda := \overline{\Lambda} \setminus \Lambda)$ untersuchen müssen.

Dann gilt im Fall des Voronoi-Diagrammes

$$-\int_{\Omega_i} \nabla \cdot (k\,\nabla u - c\,u)\,dx = -\int_{\partial\Omega_i} \nu \cdot (k\,\nabla u - c\,u)\,d\sigma$$

$$= -\sum_{j\in\Lambda_i} \int_{\Gamma_{ij}} \nu \cdot (k\,\nabla u - c\,u)\,d\sigma - \int_{\partial\Omega_i\cap\partial\Omega} \nu \cdot (k\,\nabla u - c\,u)\,d\sigma \qquad (8.13)$$

$$= -\sum_{j\in\Lambda_i} \int_{\Gamma_{ij}} \nu \cdot (k\,\nabla u - c\,u)\,d\sigma - \int_{\partial\Omega_i\cap\partial\Omega} g\,d\sigma \,.$$

Wird das erste Integral in der letzten Zeile wie bekannt diskretisiert, erhalten wir folgende Gleichung:

$$\sum_{i\in\overline{\Lambda}} v_i \sum_{j\in\Lambda_i} \left\{ \mu_{ij}\,\frac{u_i - u_j}{d_{ij}} + \gamma_{ij}\,[r_{ij}\,u_i + (1 - r_{ij})\,u_j] \right\} m_{ij}$$

$$- \sum_{i\in\overline{\Lambda}} v_i \int_{\partial\Omega_i\cap\partial\Omega} g\,d\sigma = \sum_{i\in\overline{\Lambda}} f_i\,v_i\,m_i \,,$$

wobei der Ansatz- und Testraum $V_h$ nun aus allen über $\overline{\Omega}$ stetigen, stückweise linearen Funktionen besteht (das heißt, es werden in den Randknoten keine Funktionswerte vorgeschrieben).

Offenbar ist die spezielle Funktion $i_h := 1 \in V_h$, das heißt, wir können in der Diskretisierung $v_h = i_h$ setzen. Damit gilt einerseits unter Benutzung der Symmetrieüberlegung (vgl. den Beweis von Lemma 8.11)

$$\sum_{i\in\overline{\Lambda}} \sum_{j\in\Lambda_i} \mu_{ij}\,(u_i - u_j)\,\frac{m_{ij}}{d_{ij}} = -\sum_{i\in\overline{\Lambda}} \sum_{j\in\Lambda_i} \mu_{ij}\,(u_i - u_j)\,\frac{m_{ij}}{d_{ij}} \,,$$

das heißt

$$\sum_{i\in\overline{\Lambda}}\sum_{j\in\Lambda_i}\mu_{ij}\,(u_i-u_j)\,\frac{m_{ij}}{d_{ij}}=0\,;$$

andererseits ist (mit dem gleichen Argument)

$$\sum_{i\in\overline{\Lambda}}\sum_{j\in\Lambda_i}\left[r_{ij}\,u_i+(1-r_{ij})\,u_j\right]\gamma_{ij}\,m_{ij}$$
$$=\sum_{i\in\overline{\Lambda}}\sum_{j\in\Lambda_i}\left[r_{ji}\,u_j+(1-r_{ji})\,u_i\right]\gamma_{ji}\,m_{ji}$$
$$=-\sum_{i\in\overline{\Lambda}}\sum_{j\in\Lambda_i}\left[(1-r_{ij})\,u_j+r_{ij}\,u_i\right]\gamma_{ij}\,m_{ij}\,,\qquad(8.14)$$

so dass auch dieser Term verschwindet.
Folglich bleibt wegen

$$\sum_{i\in\overline{\Lambda}}v_i\int_{\partial\Omega_i\cap\partial\Omega}g\,d\sigma=\int_{\partial\Omega}g\,d\sigma$$

die Beziehung

$$-\int_{\partial\Omega}g\,d\sigma=\sum_{i\in\overline{\Lambda}}f_i\,v_i\,m_i=\sum_{i\in\overline{\Lambda}}f_i\,m_i\quad\left(\approx\int_{\Omega}f\,dx\right)\qquad(8.15)$$

übrig. Dies ist die gesuchte diskrete Variante.
Im Falle des Donald-Diagrammes gilt offenbar

$$\langle k\nabla u_h,\nabla v_h\rangle_0=0\,.$$

Da ferner der Nachweis von (8.14) nicht an die konkrete Form der Kontroll-volumina gebunden ist, liegt auch für den Fall des Donald-Diagrammes die diskrete globale Konservativität im Sinne von (8.15) vor.

**Inverse Monotonie** Eine weitere wichtige Eigenschaft, die sich von der Randwertaufgabe (8.4) auf die Finite-Volumen-Diskretisierung ohne weitere restriktive Forderungen vererbt, ist die sogenannte *inverse Monotonie*: Ist die rechte Seite $f$ in (8.4) punktweise nichtnegativ, so gilt dies auch für die Lösung $u$.
Wir zeigen, dass dann auch die Näherungslösung $u_h$ nichtnegativ ist. Dabei wird nur für dieses Resultat die Eigenschaft (E3) der Wichtungsfunktion $r$ benutzt; die vorherigen Ergebnisse sind insbesondere auch für den einfachen Fall $r(z)\equiv\frac{1}{2}$ gültig.

**Satz 8.15** *Es sei eine Triangulierung $\mathcal{T}_h$ gegeben, die ausschließlich nicht-stumpfe Dreiecke enthält. Außerdem gelte $k>0$, $r\geq 0$ und $f(x)\geq 0$ in $\Omega$. Im Fall des Donald-Diagrammes werde zudem nur die Wichtungsfunktion $r(z)=\frac{1}{2}\left[\operatorname{sign}(z)+1\right]$ zugelassen.*

*Dann gilt für die diskrete Lösung*

$$u_h(x) \geq 0 \quad \text{für alle } x \in \Omega \ .$$

**Beweis:** Wir betrachten zunächst den Fall des Voronoi-Diagrammes. Es sei also $u_h$ die Lösung von (8.7) mit $f(x) \geq 0$ für alle $x \in \Omega$. Dann kann $u_h$ zunächst additiv zerlegt werden:

$$u_h = u_h^+ - u_h^- \ , \quad \text{wobei } u_h^+ := \max\{0, u_h\} \ .$$

Da $u_h^+$, $u_h^-$ im Allgemeinen nicht mehr in $V_h$ liegen, müssen sie interpoliert werden, damit sie in (8.7) als Testfunktionen benutzbar sind. Wir setzen also $v_h := I_h(u_h^-)$, wobei $I_h : C(\bar{\Omega}) \to V_h$ den Interpolationsoperator (3.68) bezeichnet. Es folgt

$$0 \leq \langle f, v_h \rangle_{0,h} = a_h(u_h, v_h) = a_h\left(I_h(u_h^+), I_h(u_h^-)\right) - a_h\left(I_h(u_h^-), I_h(u_h^-)\right) \ .$$

Wegen Satz 8.13 gilt daher

$$k\left|I_h(u_h^-)\right|_1^2 \leq a_h\left(I_h(u_h^-), I_h(u_h^-)\right) \leq a_h\left(I_h(u_h^+), I_h(u_h^-)\right) \ .$$

Unsere Behauptung wäre bewiesen, wenn wir $a_h\left(I_h(u_h^+), I_h(u_h^-)\right) \leq 0$ zeigen könnten. Denn dies implizierte $\left|I_h(u_h^-)\right|_1 = 0$, woraus sich $u_h^- = 0$, also $u_h = u_h^+ \geq 0$, ergäbe.

Aus der Beziehung (8.12) im Beweis von Lemma 8.11 folgt wegen $u_i^+ u_i^- = 0$ für alle $i \in \Lambda$

$$b_h\left(I_h(u_h^+), I_h(u_h^-)\right) = \sum_{i \in \Lambda} \sum_{j \in \Lambda_i} (1 - r_{ij}) \, u_j^+ \, u_i^- \, \gamma_{ij} \, m_{ij} \ . \tag{8.16}$$

Außerdem gilt offensichtlich $d_h\left(I_h(u_h^+), I_h(u_h^-)\right) = 0$. Somit ist

$$a_h\left(I_h(u_h^+), I_h(u_h^-)\right) = \sum_{i \in \Lambda} \sum_{j \in \Lambda_i} \left[ -\frac{\mu_{ij}}{d_{ij}} u_j^+ + \gamma_{ij}(1 - r_{ij}) u_j^+ \right] u_i^- m_{ij}$$

$$= -\sum_{i \in \Lambda} \sum_{j \in \Lambda_i} \frac{\mu_{ij}}{d_{ij}} \left[ 1 - \frac{\gamma_{ij} \, d_{ij}}{\mu_{ij}} (1 - r_{ij}) \right] u_j^+ \, u_i^- \, m_{ij} \ .$$

Da $1 - [1 - r(z)] z \geq 0$ für alle $z \in \mathbb{R}$ gilt und $u_j^+ u_i^- \geq 0$ ist, folgt

$$a_h\left(I_h(u_h^+), I_h(u_h^-)\right) \leq 0 \ .$$

Damit bleibt noch der Fall des Donald-Diagrammes zu untersuchen. Für die Funktion $r(z) = \frac{1}{2}[\operatorname{sign}(z) + 1]$ gilt

$$[1 - r(z)]z = \frac{1}{2}[1 - \operatorname{sign}(z)]z \leq 0 \quad \text{für alle } z \in \mathbb{R} \ ,$$

das heißt (vgl. (8.16))

$$b_h\left(I_h(u_h^+), I_h(u_h^-)\right) \le 0 \,.$$

Also gilt unter Beachtung von $u_i^+ \, u_i^- = 0$

$$a_h\left(I_h(u_h^+), I_h(u_h^-)\right) \le \langle k\,\nabla I_h(u_h^+), \nabla I_h(u_h^-)\rangle_0$$
$$= k \sum_{i \in \Lambda} \sum_{j \in \Lambda_i} u_j^+ \, u_i^- \, \langle \nabla \varphi_j, \nabla \varphi_i \rangle_0 \,.$$

Lemma 3.47 impliziert

$$a_h\left(I_h(u_h^+), I_h(u_h^-)\right) \le -\frac{k}{2} \sum_{i \in \Lambda} \sum_{j \in \Lambda_i} u_j^+ \, u_i^- \left(\cot \alpha_{ij}^K + \cot \alpha_{ij}^{K'}\right),$$

wobei wieder $K$ und $K'$ jeweils jenes Paar von Dreiecken bezeichnen, das die Seite mit den Randpunkten $a_i, a_j$ gemeinsam hat.
Da alle Dreiecke nichtstumpf sind, gilt $\cot \alpha_{ij}^K \ge 0$, $\cot \alpha_{ij}^{K'} \ge 0$, also

$$a_h\left(I_h(u_h^+), I_h(u_h^-)\right) \le 0 \,.$$

□

# Übungen

**8.1** Betrachtet werde die Randwertaufgabe

$$-(au')' = 0 \quad \text{in } (0,1), \quad u(0) = 1, \; u(1) = 0,$$

mit einem stückweise konstanten Koeffizienten

$$a(x) := \begin{cases} \kappa\alpha, & x \in (0,\xi), \\ \alpha, & x \in (\xi,1), \end{cases}$$

wobei $\alpha, \kappa$ positive Konstanten sind und $\xi \in (0,1) \setminus \mathbb{Q}$ ist.

a) Wie lautet die schwache Lösung $u \in H^1(0,1)$ dieser Aufgabe?

b) Für allgemeine, „glatte" Koeffizienten $a$ ist die Differentialgleichung offenbar äquivalent zu

$$-au'' - a'u' = 0,$$

so dass die Diskretisierung

$$-a_i \frac{u_{i-1} - 2u_i + u_{i+1}}{h^2} - \frac{a_{i+1} - a_{i-1}}{2h} \frac{u_{i+1} - u_{i-1}}{2h} = 0$$

als möglich erscheint, wobei ein gleichabständiges Gitter mit den Knoten $x_i = ih$ $(i = 0, \dots, N+1)$ und $a_i := a(x_i)$, $u_i :\approx u(x_i)$ verwendet wird. Diese Diskretisierung ist aber auch für den gegebenen, im Allgemeinen unstetigen Koeffizienten formal korrekt – wie lautet die diskrete Lösung $(u_i)_{i=1}^N$ in diesem Fall?

c) Man untersuche, unter welchen Bedingungen die Werte $u_i$ für $h \to 0$ gegen $u(x_i)$ konvergieren.

**8.2** Das Gebiet $\Omega \subset \mathbb{R}^2$ sei so beschaffen, dass es mit gleichseitigen Dreiecken der Seitenlänge $h > 0$ zulässig trianguliert werden kann.

a) Welche Gestalt haben die Kontrollgebiete im Fall des Voronoi- und des Donald-Diagrammes?

b) Man diskretisiere die Poisson-Gleichung mit homogenen Dirichlet-Randbedingungen mit Hilfe der Finite-Volumen-Methode unter Verwendung der angegebenen Kontrollgebiete.

**8.3** Es sei $K$ ein nichtstumpfes Dreieck mit den Eckpunkten $a_1, a_2, a_3$. Die Länge der anteiligen Ränder $\Gamma_{ij}^K$ der Voronoi-Polygone sei $m_{ij}^K$. Ferner bezeichne $d_{ij}$ die Länge der die Punkte $a_i$ und $a_j$ verbindenden Seite sowie $\alpha_{ij}^K$ den dieser Seite gegenüberliegenden Innenwinkel.
Man zeige, dass gilt: $2m_{ij}^K = d_{ij} \cot \alpha_{ij}^K$.

# 9. Diskretisierungsverfahren für konvektionsdominierte Probleme

Bereits im einführenden Kapitel 0 wurden im Rahmen der Modellierung von Transport- und Reaktionsprozessen in porösen Medien Differentialgleichungen der Form

$$\partial_t u - \nabla \cdot (K\nabla u - cu) = f$$

vorgestellt, zum Beispiel (0.24). Ähnliche Gleichungen entstehen bei der Modellierung des Wärmetransportes in fließenden Gewässern, des Ladungsträgertransportes in Halbleitern oder der Ausbreitung von Epidemien. Die Besonderheit dieser anwendungsspezifischen Gleichungen besteht darin, dass deren *globale Péclet-Zahl* $\text{Pe} := \dfrac{\|c\|_{0,\infty}\text{diam}(\Omega)}{\|K\|_{0,\infty}}$ wesentlich größer als Eins ist. Repräsentative Beispielwerte rangieren von etwa 25 (Stofftransport im Grundwasser) bis über $10^7$ (Halbleitermodellierung). In solchen Fällen wird dann von *konvektionsdominierten* Gleichungen gesprochen.

Im Folgenden soll daher die in Abschn. 3.2 eingeführte Dirichlet'sche Randwertaufgabe (bzw. in Abschn. 9.3 die in Kap. 6 diskutierte Anfangs-Randwert-Aufgabe) unter dem Aspekt großer globaler Péclet-Zahlen erneut betrachtet werden.

Dazu sei $\Omega \subset \mathbb{R}^d$ ein beschränktes Gebiet mit Lipschitz-stetigem Rand. Für eine gegebene Funktionen $f : \Omega \to \mathbb{R}$ ist eine Funktion $u : \Omega \to \mathbb{R}$ zu bestimmen mit

$$\begin{cases} Lu = f & \text{in } \Omega\,, \\ u = 0 & \text{auf } \Gamma\,, \end{cases} \tag{9.1}$$

wobei wieder

$$Lu := -\nabla \cdot (K\nabla u) + c \cdot \nabla u + ru$$

mit hinreichend glatten Koeffizienten

$$K : \Omega \to \mathbb{R}^{d,d}\,, \quad c : \Omega \to \mathbb{R}^d\,, \quad r : \Omega \to \mathbb{R}$$

ist.

Es zeigt sich nun, dass die üblichen Standard-Diskretisierungen (Differenzenverfahren, Finite-Element- sowie Finite-Volumen-Methode) bei Anwendung auf konvektionsdominierte Gleichungen praktisch versagen. Dieser scheinbare Widerspruch zu unserer bisherigen Theorie erklärt sich dadurch, dass die

theoretischen Aussagen zwar prinzipiell auch für den konvektionsdominierten Fall gelten, jedoch die in vielen Formulierungen enthaltenen Unschärfen
wie etwa „für hinreichend kleines $h$" in ungünstiger Weise in Anspruch genommen werden (vgl. die spätere Diskussion zu (9.6)). Das heißt, um in den
von der Theorie tatsächlich gesteckten Rahmen zu gelangen, sind sehr kleine
Schrittweiten nötig, die aus Aufwandsgründen praktisch unrealistisch sind.
Dass dies aber nicht ausschließlich auf Unzulänglichkeiten der Theorie zurück-
zuführen ist, belegt folgendes einfaches Beispiel.

**Beispiel 9.1** Vorgelegt sei die Randwertaufgabe ($k > 0$)

$$\begin{cases} (-ku' + u)' = 0 & \text{in } \Omega := (0,1) \,, \\ u(0) = u(1) - 1 = 0 \,, \end{cases}$$

welche die Lösung $u(x) = \dfrac{1 - \exp(x/k)}{1 - \exp(1/k)}$ besitzt. Eine Skizze (vgl. Abb. 9.1)
zeigt, dass diese Funktion schon für die noch relativ kleine globale Péclet-
Zahl Pe $= 100$ ein ausgeprägtes Grenzschichtverhalten aufweist, das heißt,
sie ist einerseits in einem großen Teilgebiet (etwa $(0, 0.95)$) glatt (nahezu
konstant) und besitzt andererseits in einem kleinem Teilgebiet (etwa $(0.95, 1)$)
eine betragsgroße Ableitung.

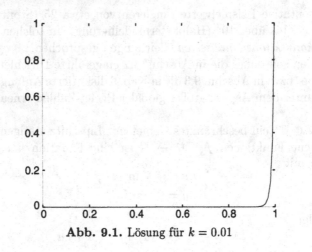

**Abb. 9.1.** Lösung für $k = 0.01$

Die Diskretisierung mittels zentraler Differenzenquotienten liefert für ein
gleichabständiges Gitter der Weite $h = 1/(M + 1)$, $M \in \mathbb{N}$, die Gleichungen

$$\begin{cases} -k\dfrac{u_{i-1} - 2u_i + u_{i+1}}{h^2} + \dfrac{u_{i+1} - u_{i-1}}{2h} = 0 \,, & i \in \{1, \ldots, M\} =: \Lambda \,, \\ u_0 = u_{M+1} - 1 = 0 \,. \end{cases}$$

Die Zusammenfassung der Koeffizienten ergibt nach Multiplikation mit $2h$
die Differenzengleichungen

$$\left(-\frac{2k}{h} - 1\right) u_{i-1} + \frac{4k}{h} u_i + \left(-\frac{2k}{h} + 1\right) u_{i+1} = 0, \quad i \in \Lambda,$$

welche mit dem Ansatz $u_i = \lambda^i$ *exakt* gelöst werden können. Die Lösung lautet

$$u_i = \frac{1 - \left(\frac{2k+h}{2k-h}\right)^i}{1 - \left(\frac{2k+h}{2k-h}\right)^{M+1}}.$$

Im Falle $2k < h$, der etwa für einen typischen Wert $k = 10^{-7}$ keineswegs unrealistisch ist, oszilliert die numerische Lösung erheblich, was im Gegensatz zum Verhalten der exakten Lösung $u$ steht. Diese Oszillationen verschwinden erst für $h < 2k$, was jedoch für die oben angebebenen Beispielwerte eine sehr einschränkende Gitterweitenbedingung darstellt.
Doch selbst wenn diese Bedingung erfüllt ist, treten unerwünschte Effekte auf. So gilt zum Beispiel für den Spezialfall $h = k$ im Knoten $a_M = Mh$

$$u(a_M) = \frac{1 - \exp(Mh/k)}{1 - \exp(1/k)} = \frac{1 - \exp(M)}{1 - \exp(M+1)} = \frac{\exp(-M) - 1}{\exp(-M) - \exp(1)}$$
$$\rightarrow \exp(-1) \quad \text{für } h \rightarrow 0,$$

während sich die numerische Lösung (beachte $\lambda = \frac{2k+h}{2k-h} = 3$) in diesem Punkt asymptotisch gemäß

$$u_M = \frac{1 - \lambda^M}{1 - \lambda^{M+1}} = \frac{\lambda^{-M} - 1}{\lambda^{-M} - \lambda} \rightarrow \frac{1}{\lambda} = \frac{1}{3} \quad \text{für } h \rightarrow 0$$

verhält. Es liegt also keine Konvergenz im Knoten $a_M$ vor.

**Fehlerabschätzungen für die Standard-FEM** Zur Demonstration der theoretischen Unzulänglichkeiten soll noch einmal kurz die Vorgehensweise für den Erhalt von Fehlerabschätzungen für ein Modellproblem konkret nachvollzogen werden. Dazu sei $K(x) \equiv \varepsilon I$ mit einer Konstanten $\varepsilon > 0$, $c \in C^1(\overline{\Omega}, \mathbb{R}^d)$, $r \in C(\overline{\Omega})$, $f \in L^2(\Omega)$. Außerdem gelte in $\Omega$ mit einer Konstanten $r_0 > 0$ die Beziehung $r - \frac{1}{2}\nabla \cdot c \geq r_0$. Die dann der Randwertaufgabe (9.1) zugeordnete Bilinearform $a : V \times V \rightarrow \mathbb{R}$ mit $u, v \in V := H_0^1(\Omega)$ lautet (vgl. (3.23))

$$a(u,v) := \int_{\Omega} [\varepsilon \nabla u \cdot \nabla v + c \cdot \nabla u \, v + r \, uv] \, dx, \quad u, v \in V. \tag{9.2}$$

Für gleiche Argumente $v \in V$ von $a$ gilt nun unter Beachtung von $2v(c \cdot \nabla v) = c \cdot \nabla v^2$ und mittels partieller Integration im mittleren Term

$$a(v,v) = \varepsilon |v|_1^2 + \langle c \cdot \nabla v, v \rangle_0 + \langle rv, v \rangle_0$$
$$= \varepsilon |v|_1^2 - \left\langle \frac{1}{2}\nabla \cdot c, v^2 \right\rangle_0 + \langle rv, v \rangle_0 = \varepsilon |v|_1^2 + \left\langle r - \frac{1}{2}\nabla \cdot c, v^2 \right\rangle_0.$$

Mit der Bezeichnung

$$\|v\|_\varepsilon := \left\{ \varepsilon|v|_1^2 + \|v\|_0^2 \right\}^{1/2} \tag{9.3}$$

($\varepsilon$-*gewichtete* $H^1$-*Norm*) folgt dann sofort die Abschätzung

$$a(v,v) \geq \varepsilon|v|_1^2 + r_0\|v\|_0^2 \geq \tilde{\alpha}\|v\|_\varepsilon^2 \tag{9.4}$$

mit $\tilde{\alpha} := \min\{1, r_0\}$ unabhängig von $\varepsilon$.

Wegen $c \cdot \nabla u = \nabla \cdot (cu) - (\nabla \cdot c)u$ gilt weiter für beliebige $u, v \in V$ nach partieller Integration

$$\langle c \cdot \nabla u, v \rangle_0 = -\langle u, c \cdot \nabla v \rangle_0 - \langle (\nabla \cdot c)u, v \rangle_0 \,,$$

also folgt

$$
\begin{aligned}
|a(u,v)| &\leq \varepsilon|u|_1|v|_1 + \|c\|_{0,\infty}\|u\|_0|v|_1 + (|c|_{1,\infty} + \|r\|_{0,\infty})\,\|u\|_0\|v\|_0 \\
&\leq (\sqrt{\varepsilon}\,|u|_1 + \|u\|_0)\left\{ (\sqrt{\varepsilon} + \|c\|_{0,\infty})\,|v|_1 + (|c|_{1,\infty} + \|r\|_{0,\infty})\,\|v\|_0 \right\} \\
&\leq \tilde{M}\|u\|_\varepsilon\|v\|_1
\end{aligned}
\tag{9.5}
$$

mit $\tilde{M} := 2\max\{\sqrt{\varepsilon} + \|c\|_{0,\infty}, |c|_{1,\infty} + \|r\|_{0,\infty}\}$.

Da hier speziell der Fall kleiner Diffusion $\varepsilon > 0$ und vorhandener Konvektion (das heißt $\|c\|_{0,\infty} > 0$) interessiert, kann die Stetigkeitskonstante $\tilde{M}$ als von $\varepsilon$ unabhängig angesehen werden. Die gewonnene Stetigkeitsabschätzung ist – dem unsymmetrischen Charakter des Differentialausdrucks $L$ entsprechend – unsymmetrisch; die Symmetrisierung führt auf die Beziehung

$$|a(u,v)| \leq \frac{\tilde{M}}{\sqrt{\varepsilon}}\|u\|_\varepsilon\|v\|_\varepsilon \,.$$

Bezeichnet $V_h \subset V$ einen Finite-Element-Raum, so kann auf die im Beweis des Lemmas von Céa (Satz 2.17) beschriebene Weise eine Fehlerabschätzung für die entsprechende Finite-Element-Lösung $u_h \in V_h$ gewonnen werden. Hierzu genügt aber die unsymmetrische Stetigkeitsabschätzung (9.5). Für beliebige $v_h \in V_h$ gilt nämlich

$$\tilde{\alpha}\|u - u_h\|_\varepsilon^2 \leq a(u - u_h, u - u_h) = a(u - u_h, u - v_h) \leq \tilde{M}\|u - u_h\|_\varepsilon\|u - v_h\|_1 \,,$$

also

$$\|u - u_h\|_\varepsilon \leq \frac{\tilde{M}}{\tilde{\alpha}} \inf_{v_h \in V_h} \|u - v_h\|_1 \,.$$

Dabei ist die Konstante $\frac{\tilde{M}}{\tilde{\alpha}}$ unabhängig von $\varepsilon$, $h$ und $u$. Die Abschätzung ist wegen der im Vergleich zur $H^1$-Norm schwächeren $\varepsilon$-gewichteten $H^1$-Norm schwächer als die Standardabschätzung. Zudem ist der Bestapproximationsfehler im Allgemeinen *nicht* unabhängig von $\varepsilon$. So gilt bekanntlich bei Verwendung stetiger, stückweise linearer Elemente unter der zusätzlichen Voraussetzung $u \in H^2(\Omega)$ nach Satz 3.29 die Abschätzung

$$\inf_{v_h \in V_h} \|u - v_h\|_1 \le \|u - I_h(u)\|_1 \le Ch|u|_2$$

mit einer ebenfalls von $\varepsilon$, $h$ und $u$ unabhängigen Konstanten $C > 0$, so dass schließlich

$$\|u - u_h\|_\varepsilon \le Ch|u|_2 \tag{9.6}$$

resultiert. Jedoch hängt die $H^2$-Halbnorm der Lösung $u$ in nachteiliger Weise von $\varepsilon$ ab, zum Beispiel kann gelten (vgl. auch [24, Lemma III.1.18]):

$$|u|_2 = O(\varepsilon^{-3/2}) \qquad (\varepsilon \to 0) \,.$$

Dabei ist schon an Beispielen von Randwertaufgaben für gewöhnliche lineare Differentialgleichungen zweiter Ordnung zu sehen, dass es keinen Grund gibt, auf die Gutartigkeit der durch die Abschätzung möglichen Lücke zwischen Bestapproximationsfehler und Schranke zu hoffen.

Aus den skizzierten praktischen wie theoretischen Problemen heraus ist somit die Notwendigkeit zu ersehen, spezielle numerische Verfahren für konvektions-dominierte Situationen zu verwenden. In den folgenden Abschnitten sollen daher einige der Methoden geschildert werden.

## 9.1 Die Stromliniendiffusionsmethode

Die Stromliniendiffusionsmethode ist die derzeit wohl verbreiteteste Methode zur numerischen Behandlung konvektionsdominierter Probleme. Die Grund-idee wird Hughes&Brooks [47] zugeschrieben, welche die Methode unter der Bezeichnung *streamline upwind Petrov–Galerkin method (SUPG-method)* einführten.

Zur Beschreibung der Grundidee soll zunächst die betrachtete Randwertauf-gabe (9.1) präzisiert werden. Das Gebiet $\Omega \subset \mathbb{R}^d$ sei polyedrisch berandet. Ferner soll das gleiche Modellproblem wie im vorherigen Abschnitt betrach-tet werden, das heißt, es gelte $K(x) \equiv \varepsilon I$ mit einer Konstanten $\varepsilon > 0$, $c \in C^1(\overline{\Omega}, \mathbb{R}^d)$, $r \in C(\overline{\Omega})$, $f \in L^2(\Omega)$ und es sei in $\Omega$ mit einer Konstanten $r_0 > 0$ die Beziehung $r - \frac{1}{2}\nabla \cdot c \ge r_0$ erfüllt. Mit der Bilinearform (9.2) liegt somit folgende variationelle Formulierung von (9.1) vor:

Finde ein $u \in V$ mit

$$a(u, v) = \langle f, v \rangle_0 \quad \text{für alle } v \in V \,. \tag{9.7}$$

Für eine reguläre Familie von Triangulierungen $\{\mathcal{T}_h\}$ bezeichne weiter $V_h \subset V$ die Menge der stetigen, stückweise polynomialen vom Grade $k \in \mathbb{N}$ Funktio-nen, die den Randbedingungen genügen, das heißt

$$V_h := \left\{ v_h \in V \mid v_h|_K \in \mathcal{P}_k(K) \text{ für alle } K \in \mathcal{T}_h \right\} \,. \tag{9.8}$$

Liegt die Lösung $u \in V$ von (9.7) zusätzlich im Raum $H^{k+1}(\Omega)$, so gilt für die Interpolierende $I_h(u)$ nach (3.82) die Abschätzung

$$\|u - I_h(u)\|_{l,K} \le c_{\mathrm{int}} h_K^{k+1-l} |u|_{k+1,K} \tag{9.9}$$

für $l \in \{0,1,2\}$ und alle $K \in \mathcal{T}_h$. Außerdem kann unter Ausnutzung der Endlichdimensionalität der Räume $V_h$ folgende *inverse Ungleichung* gezeigt werden (vgl. Satz 3.43, 2) und Übungsaufgabe 9.3):

$$\|\Delta v_h\|_{0,K} \le \frac{c_{\mathrm{inv}}}{h_K} |v_h|_{1,K} \tag{9.10}$$

für alle $v_h \in V_h$ und alle $K \in \mathcal{T}_h$. Dabei ist wichtig, dass die Konstanten $c_{\mathrm{int}}, c_{\mathrm{inv}} > 0$ aus (9.9) bzw. (9.10) nicht von $u$ bzw. $v_h$ sowie den konkreten Elementen $K \in \mathcal{T}_h$ abhängen.

Der Grundgedanke der Stromliniendiffusionsmethode besteht in der Addition passend gewichteter Residuen zur variationellen Formulierung (9.7). Wegen der Voraussetzung $u \in H^{k+1}(\Omega)$, $k \in \mathbb{N}$, kann die Differentialgleichung selbst als Gleichung in $L^2(\Omega)$ aufgefasst werden. Insbesondere ist sie dann auch auf jedem Element $K \in \mathcal{T}_h$ im Sinne des $L^2(K)$ gültig, das heißt

$$-\varepsilon \Delta u + c \cdot \nabla u + ru = f \quad \text{fast überall in } K \text{ und für alle } K \in \mathcal{T}_h.$$

Skalare Multiplikation in $L^2(K)$ mit der Einschränkung einer von den Testfunktionen $v_h$ abhängigen Abbildung $\tau: L^2(\Omega) \to L^2(\Omega)$ auf $K$, Skalierung mittels eines Parameters $\delta_K \in \mathbb{R}$ und Summation des Resultates über alle Elemente $K \in \mathcal{T}_h$ liefert dann zunächst

$$\sum_{K \in \mathcal{T}_h} \delta_K \langle -\varepsilon \Delta u + c \cdot \nabla u + ru, \tau(v_h) \rangle_{0,K} = \sum_{K \in \mathcal{T}_h} \delta_K \langle f, \tau(v_h) \rangle_{0,K}.$$

Wird diese Gleichung zu der auf $V_h$ eingeschränkten Beziehung (9.7) addiert, so ergibt sich insgesamt, dass die schwache Lösung $u \in V \cap H^{k+1}(\Omega)$ folgender variationellen Gleichung genügt:

$$a_h(u, v_h) = \langle f, v_h \rangle_h \quad \text{für alle } v_h \in V_h,$$

wobei

$$a_h(u, v_h) := a(u, v_h) + \sum_{K \in \mathcal{T}_h} \delta_K \langle -\varepsilon \Delta u + c \cdot \nabla u + ru, \tau(v_h) \rangle_{0,K},$$

$$\langle f, v_h \rangle_h := \langle f, v \rangle_0 + \sum_{K \in \mathcal{T}_h} \delta_K \langle f, \tau(v_h) \rangle_{0,K}$$

ist. Die korrespondierende Diskretisierung lautet dann:
    Finde ein $u_h \in V_h$ mit

$$a_h(u_h, v_h) = \langle f, v_h \rangle_h \quad \text{für alle } v_h \in V_h. \tag{9.11}$$

**Folgerung 9.2** *Besitzen die Probleme (9.7), (9.11) jeweils eine Lösung $u \in V \cap H^{k+1}(\Omega)$ bzw. $u_h \in V_h$, so gilt die Fehlergleichung*

$$a_h(u - u_h, v_h) = 0 \quad \text{für alle } v_h \in V_h. \tag{9.12}$$

Bei der *Stromliniendiffusionsmethode (sdFEM)* wird die in (9.11) verwendete Abbildung $\tau$ gemäß $\tau(v_h) := c \cdot \nabla v_h$ gewählt.

Eine weitere Möglichkeit, die hier aber nicht vertieft werden soll, besteht in der Wahl $\tau(v_h) := -\varepsilon \Delta v_h + c \cdot \nabla v_h + r v_h$, die auf die sogenannte *Galerkin/least squares-FEM (GLSFEM)* führt [48]. Die Diskussion der Varianten zur Wahl von $\tau$ (und $\delta_K$) kann insbesondere im Hinblick auf die Erweiterung der Methode auf andere Finite-Element-Räume als keineswegs abgeschlossen angesehen werden.

**Interpretation des Zusatztermes für lineare Elemente**  Werden die Finite-Element-Räume $V_h$ aus stückweise linearen Funktionen gebildet (das heißt, in der obigen Definition (9.8) von $V_h$ ist $k = 1$), so gilt $\Delta v_h|_K = 0$ für alle $K \in \mathcal{T}_h$. Ist außerdem kein Reaktionsterm vorhanden (das heißt $r = 0$), so besitzt die diskrete Bilinearform folgende Gestalt:

$$a_h(u_h, v_h) = \int_\Omega \varepsilon \nabla u_h \cdot \nabla v_h \, dx + \langle c \cdot \nabla u_h, v_h \rangle_0 + \sum_{K \in \mathcal{T}_h} \delta_K \langle c \cdot \nabla u_h, c \cdot \nabla v_h \rangle_{0,K} \, .$$

Da das Skalarprodukt in der Summe auch in der Form $\langle c \cdot \nabla u_h, c \cdot \nabla v_h \rangle_{0,K} = \int_K (cc^T \nabla u_h) \cdot \nabla v_h \, dx$ geschrieben werden kann, lautet eine äquivalente Darstellung:

$$a_h(u_h, v_h) = \sum_{K \in \mathcal{T}_h} \int_K \left( (\varepsilon I + \delta_K cc^T) \nabla u_h \right) \cdot \nabla v_h \, dx + \langle c \cdot \nabla u_h, v_h \rangle_0 \, .$$

Der Zusatzterm bewirkt also eine elementabhängige, zusätzliche Diffusion in Richtung des konvektiven Feldes $c$ (vgl. auch Aufgabe 0.4), woraus sich der Name der Methode motiviert. Insofern kann die Stromliniendiffusionsmethode auch als Variante der sogenannten *Methode der künstlichen Diffusion* aufgefasst werden.

**Analysis der Stromliniendiffusionsmethode**  Zur Untersuchung der Stabilitäts- und Konvergenzeigenschaften der Stromliniendiffusionsmethode ist die Betrachtung des Ausdruckes $a_h(v_h, v_h)$ für beliebige $v_h \in V_h$ naheliegend. Die Struktur der diskreten Bilinearform $a_h$ ergibt zunächst wie in Abschn. 3.2.1 die Abschätzung

$$a_h(v_h, v_h) \geq \varepsilon |v_h|_1^2 + r_0 \|v_h\|_0^2 + \sum_{K \in \mathcal{T}_h} \delta_K \langle -\varepsilon \Delta v_h + c \cdot \nabla v_h + r v_h, c \cdot \nabla v_h \rangle_{0,K} \, .$$

Weiterhin gilt für den Summenterm ohne den einfach abzuschätzenden mittleren Summanden unter Verwendung der elementaren Ungleichung $ab \leq a^2 + \frac{b^2}{4}$, $a, b \in \mathbb{R}$:

$$\left| \sum_{K \in \mathcal{T}_h} \delta_K \langle -\varepsilon \Delta v_h + r v_h, c \cdot \nabla v_h \rangle_{0,K} \right|$$

$$\leq \sum_{K \in \mathcal{T}_h} \left\{ \left| \left\langle -\varepsilon \sqrt{|\delta_K|} \, \Delta v_h, \sqrt{|\delta_K|} \, c \cdot \nabla v_h \right\rangle_{0,K} \right| \right.$$

$$\left. + \left| \left\langle \sqrt{|\delta_K|} \, r v_h, \sqrt{|\delta_K|} \, c \cdot \nabla v_h \right\rangle_{0,K} \right| \right\}$$

$$\leq \sum_{K \in \mathcal{T}_h} \left\{ \varepsilon^2 |\delta_K| \, \|\Delta v_h\|_{0,K}^2 + |\delta_K| \, \|r\|_{0,\infty,K}^2 \|v_h\|_{0,K}^2 + \frac{|\delta_K|}{2} \|c \cdot \nabla v_h\|_{0,K}^2 \right\}.$$

Mit Hilfe der inversen Ungleichung (9.10) folgt dann

$$\left| \sum_{K \in \mathcal{T}_h} \delta_K \left\langle -\varepsilon \Delta v_h + r v_h, c \cdot \nabla v_h \right\rangle_{0,K} \right|$$

$$\leq \sum_{K \in \mathcal{T}_h} \left\{ \varepsilon^2 |\delta_K| \frac{c_{\mathrm{inv}}^2}{h_K^2} |v_h|_{1,K}^2 + |\delta_K| \, \|r\|_{0,\infty,K}^2 \|v_h\|_{0,K}^2 + \frac{|\delta_K|}{2} \|c \cdot \nabla v_h\|_{0,K}^2 \right\}.$$

Insgesamt gilt also

$$a_h(v_h, v_h) \geq \sum_{K \in \mathcal{T}_h} \left\{ \left( \varepsilon - \varepsilon^2 |\delta_K| \frac{c_{\mathrm{inv}}^2}{h_K^2} \right) |v_h|_{1,K}^2 + \left( r_0 - |\delta_K| \, \|r\|_{0,\infty,K}^2 \right) \|v_h\|_{0,K}^2 \right.$$

$$\left. + \left( \delta_K - \frac{|\delta_K|}{2} \right) \|c \cdot \nabla v_h\|_{0,K}^2 \right\}.$$

Die Wahl

$$0 < \delta_K \leq \frac{1}{2} \min \left\{ \frac{h_K^2}{\varepsilon c_{\mathrm{inv}}^2}, \frac{r_0}{\|r\|_{0,\infty,K}^2} \right\} \tag{9.13}$$

führt schließlich auf

$$a_h(v_h, v_h) \geq \frac{\varepsilon}{2} |v_h|_1^2 + \frac{r_0}{2} \|v_h\|_0^2 + \frac{1}{2} \sum_{K \in \mathcal{T}_h} \delta_K \|c \cdot \nabla v_h\|_{0,K}^2.$$

Wird also die sogenannte *Stromliniendiffusionsnorm* gemäß

$$\|v\|_{\mathrm{sd}} := \left\{ \varepsilon |v|_1^2 + r_0 \|v\|_0^2 + \sum_{K \in \mathcal{T}_h} \delta_K \|c \cdot \nabla v\|_{0,K}^2 \right\}^{1/2}, \quad v \in V,$$

definiert, liegt mit der angegebenen Wahl (9.13) die Abschätzung

$$\frac{1}{2} \|v_h\|_{\mathrm{sd}}^2 \leq a_h(v_h, v_h) \quad \text{für alle } v_h \in V_h \tag{9.14}$$

vor. Dabei ist die Stromliniendiffusionsnorm $\| \cdot \|_{\mathrm{sd}}$ offenbar stärker als die weiter oben eingeführte $\varepsilon$-gewichtete $H^1$-Norm (9.3), das heißt, es gilt

$$\min\{1, \sqrt{r_0}\} \|v\|_\varepsilon \leq \|v\|_{\mathrm{sd}} \quad \text{für alle } v \in V.$$

Nun kann auch eine Fehlerabschätzung nachgewiesen werden. Da die Abschätzung (9.14) nur auf den Finite-Element-Räumen $V_h$ gilt, wird zunächst die Norm von $I_h(u) - u_h \in V_h$ betrachtet und dabei die Fehlergleichung (9.12) ausgenutzt:

$$\frac{1}{2}\|I_h(u) - u_h\|_{\mathrm{sd}}^2 \le a_h(I_h(u) - u_h, I_h(u) - u_h) = a_h(I_h(u) - u, I_h(u) - u_h) .$$

Speziell gelten nun unter der Voraussetzung $u \in V \cap H^{k+1}(\Omega)$ folgende drei Abschätzungen:

$$\varepsilon \int_\Omega \nabla(I_h(u) - u) \cdot \nabla(I_h(u) - u_h)\, dx \le \sqrt{\varepsilon}\, |I_h(u) - u|_1 \|I_h(u) - u_h\|_{\mathrm{sd}}$$

$$\le c_{\mathrm{int}} \sqrt{\varepsilon}\, h^k |u|_{k+1} \|I_h(u) - u_h\|_{\mathrm{sd}} ,$$

$$\int_\Omega [c \cdot \nabla(I_h(u) - u) + r(I_h(u) - u)](I_h(u) - u_h)\, dx$$

$$= \int_\Omega (r - \nabla \cdot c)(I_h(u) - u)(I_h(u) - u_h)\, dx$$

$$- \int_\Omega (I_h(u) - u)\, c \cdot \nabla(I_h(u) - u_h)\, dx$$

$$\le \|r - \nabla \cdot c\|_{0,\infty} \|I_h(u) - u\|_0 \|I_h(u) - u_h\|_0$$

$$+ \|I_h(u) - u\|_0 \|c \cdot \nabla(I_h(u) - u_h)\|_0$$

$$\le C \left\{ \left\{ \sum_{K \in \mathcal{T}_h} \|I_h(u) - u\|_{0,K}^2 \right\}^{1/2} \right.$$

$$\left. + \left\{ \sum_{K \in \mathcal{T}_h} \delta_K^{-1} \|I_h(u) - u\|_{0,K}^2 \right\}^{1/2} \right\} \|I_h(u) - u_h\|_{\mathrm{sd}}$$

$$\le C h^k \left\{ \sum_{K \in \mathcal{T}_h} (1 + \delta_K^{-1})\, h_K^2 |u|_{k+1,K}^2 \right\}^{1/2} \|I_h(u) - u_h\|_{\mathrm{sd}} ,$$

sowie

$$\left| \sum_{K \in \mathcal{T}_h} \delta_K \left\langle -\varepsilon \Delta(I_h(u) - u) + c \cdot \nabla(I_h(u) - u) \right. \right.$$

$$\left. \left. + r(I_h(u) - u), c \cdot \nabla(I_h(u) - u_h) \right\rangle_{0,K} \right|$$

$$\le \sum_{K \in \mathcal{T}_h} c_{\mathrm{int}} \sqrt{\delta_K} \left[ \varepsilon h_K^{k-1} + \|c\|_{0,\infty,K} h_K^k + \|r\|_{0,\infty,K} h_K^{k+1} \right]$$

$$|u|_{k+1,K} \sqrt{\delta_K} \|c \cdot \nabla(I_h(u) - u_h)\|_{0,K}$$

$$\le C \left\{ \sum_{K \in \mathcal{T}_h} \delta_K \left[ \varepsilon h_K^{k-1} + h_K^k + h_K^{k+1} \right]^2 |u|_{k+1,K}^2 \right\}^{1/2} \|I_h(u) - u_h\|_{\mathrm{sd}} .$$

Da aus der für die Abschätzung (9.14) ohnehin benötigten Bedingung (9.13) insbesondere

$$\varepsilon \delta_K \leq \frac{h_K^2}{c_{\text{inv}}^2}$$

folgt, ergibt sich bei Anwendung auf den ersten Term der letzten Schranke schließlich

$$\left| \sum_{K \in \mathcal{T}_h} \delta_K \big\langle -\varepsilon \Delta(I_h(u) - u) + c \cdot \nabla(I_h(u) - u) \right.$$
$$\left. + r(I_h(u) - u), c \cdot \nabla(I_h(u) - u_h) \big\rangle_{0,K} \right|$$
$$\leq C h^k \left\{ \sum_{K \in \mathcal{T}_h} [\varepsilon + \delta_K] \, |u|_{k+1,K}^2 \right\}^{1/2} \|I_h(u) - u_h\|_{\text{sd}} \, .$$

Somit liefert die Zusammenfassung der Abschätzungen und die anschließende Division durch $\|I_h(u) - u_h\|_{\text{sd}}$ die Beziehung

$$\|I_h(u) - u_h\|_{\text{sd}} \leq C h^k \left\{ \sum_{K \in \mathcal{T}_h} \left[ \varepsilon + \frac{h_K^2}{\delta_K} + h_K^2 + \delta_K \right] |u|_{k+1,K}^2 \right\}^{1/2} .$$

Eine gute Abschätzung wird nun dadurch gewonnen, dass unter Beachtung der Bedingung (9.13) die Terme in der eckigen Klammer ausbalanciert werden. Da das von $\varepsilon$ abhängige Argument in dieser Bedingung in der Form

$$\frac{h_K^2}{\varepsilon c_{\text{inv}}^2} = \frac{2}{c_{\text{inv}}^2 \|c\|_{0,\infty,K}} \text{Pe}_K h_K \quad \text{mit} \quad \text{Pe}_K := \frac{\|c\|_{0,\infty,K} h_K}{2\varepsilon}$$

dargestellt werden kann, ist folgende Fallunterscheidung bezüglich der lokalen Péclet-Zahl $\text{Pe}_K$ zweckmäßig:

$$\text{Pe}_K \leq 1 \quad \text{und} \quad \text{Pe}_K > 1 \, .$$

Im ersten Fall wird daher

$$\delta_K = \delta_0 \text{Pe}_K h_K = \delta_1 \frac{h_K^2}{\varepsilon} \, , \quad \delta_0 = \frac{2}{\|c\|_{0,\infty,K}} \delta_1 \, ,$$

mit geeigneten, von $K$ und $\varepsilon$ unabhängigen Konstanten $\delta_0 > 0$ bzw. $\delta_1 > 0$ gewählt. Dann ist

$$\varepsilon + \frac{h_K^2}{\delta_K} + h_K^2 + \delta_K = \left(1 + \frac{1}{\delta_1}\right)\varepsilon + h_K^2 + \delta_1 \frac{2\text{Pe}_K}{\|c\|_{0,\infty,K}} h_K \leq C(\varepsilon + h_K)$$

mit $C > 0$ unabhängig von $K$ und $\varepsilon$. Im zweiten Fall genügt hingegen schon die Wahl $\delta_K = \delta_2 h_K$ mit einer ebenfalls von $K$ und $\varepsilon$ unabhängigen Konstanten $\delta_2 > 0$, denn damit gilt

$$\delta_K = \frac{\delta_2}{\text{Pe}_K}\text{Pe}_K h_K = \frac{\delta_2 \|c\|_{0,\infty,K}}{2\text{Pe}_K}\frac{h_K^2}{\varepsilon}$$

und

$$\varepsilon + \frac{h_K^2}{\delta_K} + h_K^2 + \delta_K = \varepsilon + \left(\frac{1}{\delta_2} + \delta_2\right)h_K + h_K^2 \leq C(\varepsilon + h_K)$$

mit $C > 0$ unabhängig von $K$ und $\varepsilon$. Mit Hilfe dieser Betrachtungen lässt sich nun folgende Fehlerabschätzung beweisen.

**Satz 9.3** *Die Parameter $\delta_K$ werden gemäß*

$$\delta_K = \begin{cases} \delta_1 \dfrac{h_K^2}{\varepsilon} \,, & Pe_K \leq 1\,, \\ \delta_2 h_K \,, & Pe_K > 1\,, \end{cases}$$

*mit $\delta_1, \delta_2 > 0$ unabhängig von $K$ und $\varepsilon$ so gewählt, dass die Bedingung (9.13) erfüllt ist. Liegt die schwache Lösung $u$ von (9.7) zusätzlich in $H^{k+1}(\Omega)$, so gilt*

$$\|u - u_h\|_{\text{sd}} \leq C\left(\sqrt{\varepsilon} + \sqrt{h}\right)h^k|u|_{k+1}$$

*mit einer von $\varepsilon$, $h$ und $u$ unabhängigen Konstanten $C > 0$.*

**Beweis:** Nach der Dreiecksungleichung ist zunächst

$$\|u - u_h\|_{\text{sd}} \leq \|u - I_h(u)\|_{\text{sd}} + \|I_h(u) - u_h\|_{\text{sd}}\,.$$

Für den zweiten Summanden ist die erforderliche Abschätzung schon bereitgestellt worden. Zur Abschätzung des ersten Termes werden die vorausgesetzten Interpolationsfehlerabschätzungen direkt ausgenutzt:

$$\begin{aligned}
\|u - I_h(u)\|_{\text{sd}}^2 &= \varepsilon|u - I_h(u)|_1^2 + r_0\|u - I_h(u)\|_0^2 + \sum_{K \in \mathcal{T}_h}\delta_K\|c \cdot \nabla(u - I_h(u))\|_{0,K}^2 \\
&\leq c_{\text{int}}^2\sum_{K \in \mathcal{T}_h}\left[\varepsilon h_K^{2k} + r_0 h_K^{2(k+1)} + \delta_K\|c\|_{0,\infty,K}^2 h_K^{2k}\right]|u|_{k+1,K}^2 \\
&\leq Ch_K^{2k}\sum_{K \in \mathcal{T}_h}\left[\varepsilon + h_K^2 + \delta_K\right]|u|_{k+1,K}^2 \leq C(\varepsilon + h)h_K^{2k}|u|_{k+1}^2\,.
\end{aligned}$$

$\square$

**Bemerkung 9.4** (i) Im Falle großer lokaler Péclet-Zahlen gilt insbesondere wegen $\varepsilon \leq \frac{1}{2}\|c\|_{0,\infty,K}h_K$

$$\|u - u_h\|_0 + \left\{\delta_2\sum_{K \in \mathcal{T}_h}h_K\|c \cdot \nabla(u - u_h)\|_{0,K}^2\right\}^{1/2} \leq Ch^{k+1/2}|u|_{k+1}\,.$$

Der $L^2$-Fehler der Lösung ist daher nicht optimal im Vergleich zur Interpolationsfehlerabschätzung

$$\|u - I_h(u)\|_0 \le Ch^{k+1}|u|_{k+1} \, .$$

Hingegen ist der $L^2$-Fehler der Richtungsableitung von $u$ in Richtung $c$ optimal.

(ii) Da die Norm $|u|_{k+1}$ im Allgemeinen von negativen Potenzen von $\varepsilon$ abhängt, ist die durch den Satz ausgedrückte Konvergenz für $h \to 0$ nicht gleichmäßig bezüglich $\varepsilon$.

Ein Vergleich der Abschätzung aus Satz 9.3 für den Spezialfall linearer Elemente mit der am Ende der Einführung gewonnenen Abschätzung (9.6)

$$\|u - u_h\|_\varepsilon \le Ch|u|_2$$

für die entsprechende Standardmethode zeigt einerseits, dass die Norm, in welcher der Fehler der Stromliniendiffusionsmethode gemessen wird, stärker ist als die $\| \cdot \|_\varepsilon$-Norm und dass andererseits die Fehlerschranke in dem interessanten Fall $\varepsilon < h$ asymptotisch besser ist. Ein weiteres Argument für die Stromliniendiffusionsmethode besteht darin, dass ihre Implementierung nicht wesentlich schwieriger ist als jene der Standard-FEM.

Als nachteilig sind folgende Fakten zu werten: Die Fehlerschranke kann – bedingt durch die in sie eingehende Norm der Lösung $u$ – im Allgemeinen immer noch von negativen Potenzen von $\varepsilon$ abhängen. Ferner müssen – mehr oder weniger empirisch – gewisse Parameter der Methode $(\delta_1, \delta_2)$ festgelegt werden. Dies kann sich als problematisch herausstellen, wenn die Stromliniendiffusionsmethode in komplexere Programme (beispielsweise zur Behandlung nichtlinearer Probleme) integriert wird. Schließlich kann im Allgemeinen keine inverse Monotonie, etwa wie bei den beschriebenen Finite-Volumen-Methoden (Satz 8.15), nachgewiesen werden.

## 9.2 Finite-Volumen-Methoden

Die in Kap. 8 eingeführte Finite-Volumen-Methode erweist sich in der konvektionsdominierten Situation als eine sehr stabile, wenngleich auch nicht so genaue Methode. Für diese Stabilität ist das asymptotische Verhalten der Wichtungsfunktion $r$ für betragsgroße Argumente mitverantwortlich. Im Falle der Randwertaufgabe aus Beispiel 9.1 lautet das Argument von $r$ gerade $\pm h/k$.

Für die in Abschn. 8.2.2 angegebenen (nichtkonstanten) Wichtungsfunktionen gilt nämlich

(E4)    $$\lim_{z \to -\infty} r(z) = 0 \, , \quad \lim_{z \to \infty} r(z) = 1 \, .$$

Dies hat im allgemeinen Fall des Modellproblemes (8.4) mit $k = \varepsilon > 0$ zur Folge, dass für $\dfrac{\gamma_{ij}d_{ij}}{\varepsilon} \ll -1$ der Term $r_{ij}u_i + (1 - r_{ij})u_j$ in der Bilinearform $b_h$ effektiv $u_j$ beträgt, während im Fall $\dfrac{\gamma_{ij}d_{ij}}{\varepsilon} \gg 1$ gerade $u_i$ stehenbleibt.

Anders ausgedrückt, die Approximation $b_h$ wertet bei dominierender Konvektion die „Information" ($u_j$ bzw. $u_i$) gerade von jenem Knoten ($a_j$ bzw. $a_i$) aus, von welchem „die Strömung herkommt".

Genau dies trägt aber zur Stabilisierung der Methode bei und ermöglicht es insbesondere, die in Abschn. 8.2.4 diskutierten Eigenschaften wie globale Konservativität oder inverse Monotonie *ohne* irgendwelche Restriktionen an den Betrag der lokalen Péclet-Zahl $\dfrac{\gamma_{ij}d_{ij}}{\varepsilon}$ und somit ohne Restriktionen an das Verhältnis von $h$ und $\varepsilon$ zu erhalten.

**Wahl der Gewichte**  Um die Wahl der Wichtungsfunktionen im Fall des Voronoi-Diagrammes zu motivieren, wollen wir noch einmal zu dem wesentlichen Schritt der Herleitung zurückkehren, nämlich zur Approximation der Integrale

$$I_{ij} := \int_{\Gamma_{ij}} [\mu_{ij} (\nu_{ij} \cdot \nabla u) - \gamma_{ij} u]\, d\sigma\,.$$

Naheliegend ist zunächst die Anwendung einer einfachen Quadraturformel etwa der Form

$$I_{ij} \approx q_{ij}m_{ij}\,,$$

wobei $q_{ij}$ den Wert des Integranden im Schnittpunkt $a_{ij}$ des Randstückes $\Gamma_{ij}$ mit der die Knoten $a_i$ und $a_j$ verbindenden Dreiecksseite bezeichnet (das heißt, es ist $2a_{ij} = a_i + a_j$). Bei der Beantwortung der Frage nach einer zweckmäßigen Wahl dieser Konstanten hilft die Beobachtung, dass bei einer geeigneten Parametrisierung der genannten Dreiecksseite gemäß

$$x = x(\tau) = a_{ij} + \tau d_{ij}\nu_{ij}\,, \quad \tau \in \left[-\frac{1}{2}, \frac{1}{2}\right]\,,$$

der Integrand mittels der verketteten Funktion $w(\tau) := u(x(\tau))$ in der Form

$$\nu_{ij} \cdot \nabla u - \gamma_{ij} u = q(0) \quad \text{mit} \quad q(\tau) := \frac{\mu_{ij}}{d_{ij}}\frac{dw}{d\tau}(\tau) - \gamma_{ij}w(\tau)$$

geschrieben werden kann.

Die die Funktion $q$ definierende Beziehung kann formal als eine gewöhnliche, lineare Differentialgleichung für die unbekannte Funktion $w : \left[-\frac{1}{2}, \frac{1}{2}\right] \to \mathbb{R}$ aufgefasst und, sofern $q$ auf dem Intervall $\left[-\frac{1}{2}, \frac{1}{2}\right]$ etwa als stetig vorausgesetzt wird, exakt gelöst werden:

$$w(\tau) = \left\{\frac{d_{ij}}{\mu_{ij}} \int_{-1/2}^{\tau} q(s) \exp\left(-\frac{\gamma_{ij}d_{ij}}{\mu_{ij}}(s + 1/2)\right) ds + w\left(-\frac{1}{2}\right)\right\}$$
$$\exp\left(\frac{\gamma_{ij}d_{ij}}{\mu_{ij}}\left(\tau + \frac{1}{2}\right)\right)\,.$$

Wird nun $q$ durch eine Konstante $q_{ij}$ approximiert, so folgt im Fall $\gamma_{ij} \neq 0$

$$w(\tau) \approx \left\{ \frac{q_{ij}}{\gamma_{ij}} \left[ 1 - \exp\left( -\frac{\gamma_{ij} d_{ij}}{\mu_{ij}} \right) \right] + w\left( -\frac{1}{2} \right) \right\} \exp\left( \frac{\gamma_{ij} d_{ij}}{\mu_{ij}} \left( \tau + \frac{1}{2} \right) \right).$$

Insbesondere gilt

$$w\left( \frac{1}{2} \right) \approx \left\{ \frac{q_{ij}}{\gamma_{ij}} \left[ 1 - \exp\left( -\frac{\gamma_{ij} d_{ij}}{\mu_{ij}} \right) \right] + w\left( -\frac{1}{2} \right) \right\} \exp\left( \frac{\gamma_{ij} d_{ij}}{\mu_{ij}} \right), \quad (9.15)$$

das heißt, die Approximation $q_{ij}$ von $q(0)$ kann durch die Werte $w(\pm\frac{1}{2})$ näherungsweise ausgedrückt werden:

$$q_{ij} \approx \gamma_{ij} \frac{w(\frac{1}{2}) - w(-\frac{1}{2}) \exp\left( -\frac{\gamma_{ij} d_{ij}}{\mu_{ij}} \right)}{\exp\left( \frac{\gamma_{ij} d_{ij}}{\mu_{ij}} \right) - 1}. \quad (9.16)$$

Für den Fall $\gamma_{ij} = 0$ folgt aus (9.15) unmittelbar

$$q_{ij} \approx \mu_{ij} \frac{w(\frac{1}{2}) - w(-\frac{1}{2})}{d_{ij}}.$$

Da dies gerade der Grenzwert von (9.16) für $\gamma_{ij} \to 0$ ist, kann ausschließlich mit der Darstellung (9.16) gearbeitet werden.
Wird nun die Steuerungsfunktion $r : \mathbb{R} \to [0,1]$ gemäß

$$r(z) := 1 - \frac{1}{z} \left( 1 - \frac{z}{e^z - 1} \right) \quad (9.17)$$

mit den speziellen Werten $r_{ij} := r\left( \frac{\gamma_{ij} d_{ij}}{\mu_{ij}} \right)$ eingeführt, so kann (9.16) in der Form

$$q_{ij} \approx \mu_{ij} \frac{u_j - u_i}{d_{ij}} - [r_{ij} u_i + (1 - r_{ij}) u_j] \gamma_{ij}.$$

geschrieben werden. Dies entspricht dem schon bekannten Approximationsschema.
Die Verwendung der Steuerungsfunktion (9.17) führt zu einem Diskretisierungsverfahren, welches als Verallgemeinerung des sogenannten Il'in-Allen-Southwell-Schemas angesehen werden kann. Zur Vermeidung der relativ aufwendigen Berechnung der erforderlichen Funktionswerte $r_{ij}$ von (9.17) werden häufig auch einfachere Funktionen $r : \mathbb{R} \to [0,1]$ benutzt (siehe Abschn. 8.2.2), die gewissermaßen Approximationen von (9.17) unter Beibehaltung der Eigenschaften (E1) bis (E4) darstellen.

**Eine Fehlerabschätzung**  Zum Abschluss dieses Abschnittes soll noch eine Fehlerabschätzung zitiert werden, die – ähnlich wie bei der Gewinnung der entsprechenden Abschätzung für die Standard-FEM – unter spezieller Berücksichtigung der Abhängigkeit der auftretenden Größen von $\varepsilon$ hergeleitet werden kann [36].

**Satz 9.5** *Es sei* $\{\mathcal{T}_h\}_h$ *eine Familie konformer Triangulierungen, die ausschließlich nichtstumpfe Dreiecke enthalten. Ferner sei zusätzlich zu den an die Koeffizienten von (9.2) gestellten Forderungen* $f \in W_q^1(\Omega)$ *mit* $q > 2$. *Liegt die exakte Lösung* $u$ *des Modellproblemes in* $H^2(\Omega)$, *so gilt für die Näherungslösung* $u_h \in V_h$ *der Finite-Volumen-Methode (8.7) für hinreichend kleines* $\bar h > 0$ *die Abschätzung*

$$\|u - u_h\|_\varepsilon \le C \, \frac{h}{\sqrt{\varepsilon}} \left[\|u\|_2 + \|f\|_{1,q}\right], \quad h \in (0, \bar h],$$

*wobei weder die Konstante* $C > 0$ *noch* $\bar h > 0$ *von* $\varepsilon$ *abhängen.*

Für spezielle, praktisch jedoch nicht so bedeutsame Triangulierungen (wie zum Beispiel Friedrichs–Keller-Triangulierungen) gelingt es, den Faktor $\frac{1}{\sqrt{\varepsilon}}$ in der obigen Abschätzung zu beseitigen.

Im Vergleich mit der Stromliniendiffusionsmethode zeigt sich also, dass die betrachtete Finite-Volumen-Methode weniger genau ist. Als Vorteil ist hingegen zu werten, dass sie sowohl diskret global konservativ wie auch invers monoton ist.

## 9.3 Lagrange–Galerkin-Verfahren

Die in den vorherigen Abschnitten dargestellten Diskretisierungsverfahren für stationäre Diffusions-Konvektions-Gleichungen eignen sich in Verbindung mit der Linienmethode zwar auch als ein erster Ansatz für die Behandlung parabolischer Probleme, allerdings widerspiegelt die mit der Linienmethode gegebene, voneinander weitgehend unabhängige Diskretisierung räumlicher und zeitlicher Variablen den Charakter instationärer Diffusions-Konvektions-Gleichungen nicht ausreichend.

Die nachfolgend beschriebene *Lagrange–Galerkin-Methode* versucht, diesen Nachteil dadurch zu vermeiden, dass zwischenzeitlich ein Wechsel von den bisher betrachteten Euler-Koordinaten zu den sogenannten *Lagrange-Koordinaten* erfolgt. Bei letzteren wird der Ursprung des Koordinatensystemes (das heißt die Position des Beobachters) so mit dem konvektiven Feld mitbewegt, dass bezüglich dieses neuen Koordinatensystemes keine Konvektion mehr auftritt.

Zur Verdeutlichung der Grundidee soll folgende Anfangs-Randwert-Aufgabe betrachtet werden, wobei $\Omega \subset \mathbb{R}^d$ wieder ein beschränktes Gebiet mit Lipschitz-stetigem Rand bezeichnet und $T > 0$ ist:

Für gegebene Funktionen $f : Q_T \to \mathbb{R}$ und $u_0 : \Omega \to \mathbb{R}$ ist eine Funktion $u : Q_T \to \mathbb{R}$ zu bestimmen mit

$$\begin{cases} \dfrac{\partial u}{\partial t} + Lu = f & \text{in } Q_T, \\ \quad u = 0 & \text{auf } S_T, \\ \quad u = u_0 & \text{auf } \Omega \times \{0\}, \end{cases} \tag{9.18}$$

wobei

$$(Lu)(x,t) := -\nabla \cdot (K(x)\,\nabla u(x,t)) + c(x,t) \cdot \nabla u(x,t) + r(x,t)u(x,t) \quad (9.19)$$

mit hinreichend glatten Koeffizienten

$$K : \Omega \to \mathbb{R}^{d,d}\,, \quad c : Q_T \to \mathbb{R}^d\,, \quad r : Q_T \to \mathbb{R}$$

sei (der Nabla-Operator $\nabla$ bezieht sich dabei nur auf die räumlichen Variablen).

Der Wechsel des Koordinatensystemes geschieht nun dadurch, dass folgendes parameterabhängiges Hilfsproblem gelöst wird:

Finde zu gegebenem $(x,s) \in \overline{Q}_T$ ein Vektorfeld $X : \overline{\Omega} \times [0,T]^2 \to \mathbb{R}^d$ mit

$$\begin{cases} \dfrac{d}{dt} X(x,s,t) = c(X(x,s,t),t)\,, & t \in (0,T)\,, \\ X(x,s,s) = x\,. \end{cases} \quad (9.20)$$

Die Trajektorien $X(x,s,\cdot)$ heißen *Charakteristiken* (durch $(x,s)$). Ist $c$ stetig auf $\overline{Q}_T$ und im ersten Argument Lipschitz-stetig auf $\overline{\Omega}$ für festgehaltenes $t \in [0,T]$, so existiert eine eindeutige Lösung $X = X(x,s,t)$. Bezeichnet $u$ die hinreichend glatte Lösung von (9.18), so folgt für die gemäß

$$\hat{u}(x,t) := u(X(x,s,t),t) \quad \text{bei festem } s \in [0,T]$$

definierte Abbildung nach der Kettenregel die Beziehung

$$\frac{\partial \hat{u}}{\partial t}(x,t) = \left( \frac{\partial u}{\partial t} + c \cdot \nabla u \right)(X(x,s,t),t)\,.$$

Die Differentialgleichung erhält somit die Gestalt

$$\frac{\partial \hat{u}}{\partial t} - \nabla \cdot (K\,\nabla u) + ru = f\,,$$

enthält also keine explizit konvektiven Glieder. Die Gleichung wird nun nach der horizontalen Linienmethode semidiskretisiert, und zwar typischerweise durch die Approximation der Zeitableitung mittels rückwärtsgenommener Differenzenquotienten. Dazu ist wieder eine Partitionierung des Zeitintervalles $(0,T)$ erforderlich, die, sofern $T < \infty$ ist, aus $N \in \mathbb{N}$ gleichlangen Teilintervalle der Länge $k := T/N$ besteht.

Werden die Charakteristiken rückwärts in der Zeit verfolgt, ergibt sich für den Streifen $\Omega \times [t_n, t_{n+1})$, $n \in \{0,1,\ldots,N-1\}$ mit $x = X(x,t_{n+1},t_{n+1})$ die Näherung

$$\frac{\partial \hat{u}}{\partial t} \approx \frac{1}{k}[\hat{u}(x,t_{n+1}) - \hat{u}(x,t_n)] = \frac{1}{k}[u(x,t_{n+1}) - u(X(x,t_{n+1},t_n),t_n)]\,.$$

Bezeichnet weiter $V_h$ einen endlich-dimensionalen Teilraum von $V$, in dem die Approximationen zu $u(\cdot,t_n)$ gesucht werden, so lautet die Methode wie folgt:

Finde zu gegebenem $u_{0h} \in V_h$ ein Element $U^{n+1} \in V_h$, $n \in \{0, \dots, N-1\}$ mit

$$
\begin{cases}
\dfrac{1}{k} \left\langle U^{n+1} - U^n(X(\cdot, t_{n+1}, t_n)), v_h \right\rangle_0 \\
\quad + \left\langle K \nabla U^{n+1} \cdot \nabla v_h, 1 \right\rangle_0 + \left\langle r(\cdot, t_{n+1}) U^{n+1}, v_h \right\rangle_0 = \left\langle f(\cdot, t_{n+1}), v_h \right\rangle_0 \\
\hspace{5cm} \text{für alle } v_h \in V_h, \\
\hspace{3.5cm} U^0 = u_{0h}.
\end{cases}
$$

Eine mögliche Erweiterung des Verfahrens besteht in der Verwendung zeitschichtabhängiger Teilräume, das heißt, für eine gegebene Folge von Teilräumen $V_h^n \subset V$, $n \in \{0, \dots, N\}$, werden die Approximationen $U^n$ zu $u(\cdot, t_n)$ jeweils aus $V_h^n$ gesucht.

Durch die Grundidee der Lagrange–Galerkin-Methode, nämlich mittels einer geeigneten Koordinatentransformation die Konvektion zu eliminieren und somit Standard-Diskretisierungsverfahren anwenden zu können, wird die Methode gerade für jene Situationen attraktiv, bei denen die Konvektion ursprünglich dominiert.

Tatsächlich existiert inzwischen eine Reihe von Arbeiten, die unter der Voraussetzung der exakten Integration des Systemes (9.20) solche Fehlerabschätzungen herleiten, die auch im konvektionsdominierten Fall sinnvoll bleiben (zum Beispiel [39]).

Dieses günstige Bild wird aber gestört, wenn – wie es praktisch vielfach unerlässlich ist – das System (9.20) numerisch gelöst werden muss, vgl. etwa [55]. Insgesamt ist einzuschätzen, dass noch ein beträchtlicher Bedarf bei der theoretischen Fundierung von Lagrange–Galerkin-Methoden besteht.

## Übungen

**9.1**  a) Man transformiere die gewöhnliche Randwertaufgabe ($\varepsilon > 0$)

$$
\begin{cases}
(-\varepsilon u' + u)' = 0 \quad \text{in } \Omega := (0,1), \\
u(0) = u(1) - 1 = 0,
\end{cases}
$$

in eine äquivalente Form mit nichtnegativer rechter Seite und homogenen Dirichlet-Randbedingungen.

b) Man berechne die $H^2(0,1)$-Halbnorm der Lösung der transformierten Aufgabe und diskutiere deren Abhängigkeit von $\varepsilon$.

**9.2**  Man beweise die Fehlergleichung der Stromliniendiffusionsmethode (Folgerung 9.2).

**9.3** Man beweise für ein beliebiges, aber festes Dreieck $K$ mit Durchmesser $h_K$ die Ungleichung

$$\|\Delta p\|_{0,K} \le \frac{c_{\text{inv}}}{h_K} |p|_{1,K}$$

für beliebige Polynome $p \in \mathcal{P}_k(K)$, $k \in \mathbb{N}$, mit einer von $K$ und $p$ unabhängigen Konstanten $c_{\text{inv}} > 0$.

**9.4** Man zeige, dass die Stromliniendiffusionsnorm $\|\cdot\|_{\text{sd}}$ eine Norm ist.

**9.5** Man formuliere die Stromliniendiffusionsmethode und die Finite-Volumen-Methode für ein eindimensionales Modellproblem ($d = 1$, $\Omega = (0, 1)$, $r = 0$) mit konstanten Koeffizienten unter Verwendung eines gleichabständigen Gitters und vergleiche die gewonnenen Diskretisierungen. Welche Schlussfolgerungen können für die Wahl der Parameter der Stromliniendiffusionsmethode aus diesem Vergleich gezogen werden?

# A. Anhänge

## A.1 Bezeichnungen

| | |
|---|---|
| $\mathbb{C}$ | Menge der komplexen Zahlen |
| $\mathbb{N}$ | Menge der natürlichen Zahlen |
| $\mathbb{N}_0$ | $:= \mathbb{N} \cup \{0\}$ |
| $\mathbb{Q}$ | Menge der rationalen Zahlen |
| $\mathbb{R}$ | Menge der reellen Zahlen |
| $\mathbb{R}_+$ | Menge der positiven reellen Zahlen |
| $\mathbb{Z}$ | Menge der ganzen Zahlen |
| $\Re z$ | Realteil der komplexen Zahl $z$ |
| $\Im z$ | Imaginärteil der komplexen Zahl $z$ |
| $x^T$ | Transposition des Vektors $x \in \mathbb{R}^d$, $d \in \mathbb{N}$ |
| $\lvert x \rvert_p$ | $:= \left( \sum_{j=1}^{d} \lvert x_j \rvert^p \right)^{1/p}$, $x = (x_1, \ldots, x_d)^T \in \mathbb{R}^d$, $d \in \mathbb{N}$, $p \in [1, \infty)$ |
| $\lvert x \rvert_\infty$ | $:= \max_{j=1,\ldots,d} \lvert x_j \rvert$   Maximumnorm des Vektors $x \in \mathbb{R}^d$, $d \in \mathbb{N}$ |
| $\lvert x \rvert$ | $:= \lvert x \rvert_2$   Euklidische Norm (Betrag) des Vektors $x \in \mathbb{R}^d$, $d \in \mathbb{N}$ |
| $x \cdot y$ | $:= x^T y = \sum_{j=1}^{d} x_j y_j$   Skalarprodukt der Vektoren $x, y \in \mathbb{R}^d$ |
| $\langle x, y \rangle_A$ | $:= y^T A x = y \cdot A x$   Energie-Skalarprodukt der Vektoren $x, y \in \mathbb{R}^d$ bzgl. einer symmetrischen, positiv definiten Matrix $A$ |
| $\lvert \alpha \rvert$ | $:= \lvert \alpha \rvert_1$   Ordnung (oder Länge) des Multiindex $\alpha \in \mathbb{N}_0^d$, $d \in \mathbb{N}$ |
| $I$ | Einheitsmatrix bzw. identischer Operator |
| $e_j$ | $j$-ter Einheitsvektor im $\mathbb{R}^m$, $j = 1, \ldots, m$ |
| $\text{diag}(\lambda_i)$ | $= \text{diag}(\lambda_1, \ldots, \lambda_m)$   Diagonalmatrix mit Diagonalelementen $\lambda_1, \ldots, \lambda_m \in \mathbb{C}$ |
| $A^T$ | Transposition der Matrix $A$ |
| $A^{-T}$ | Transposition der inversen Matrix $A^{-1}$ |
| $\det A$ | Determinante einer quadratischen Matrix $A$ |
| $\lambda_{\min}(A)$ | kleinster Eigenwert einer Matrix $A$ mit reellen Eigenwerten |
| $\lambda_{\max}(A)$ | größter Eigenwert einer Matrix $A$ mit reellen Eigenwerten |
| $\sigma(A)$ | Menge der Eigenwerte (Spektrum) einer quadratischen Matrix $A$ |
| $\varrho(A)$ | Spektralradius einer quadratischen Matrix $A$ |
| $m(A)$ | Bandbreite einer symmetrischen Matrix $A$ |
| $\text{Env}(A)$ | Hülle einer quadratischen Matrix $A$ |
| $p(A)$ | Profil einer quadratischen Matrix $A$ |
| $B_\varrho(x_0)$ | $:= \{ x : \lVert x - x_0 \rVert < \varrho \}$   offene Kugel in einem normierten Raum |

$\overline{B}_\varrho(x_0)$     $:= \{x : \|x - x_0\| \le \varrho\}$    abgeschlossene Kugel in einem normierten Raum

diam $(G)$    Durchmesser der Menge $G \subset \mathbb{R}^d$

$|G|_n$     $n$-dimensionales (Lebesgue-)Maß der Menge $G \subset \mathbb{R}^n$, $n \in \{1, \dots, d\}$

$|G|$     $:= |G|_d$   $d$-dimensionales (Lebesgue-)Maß der Menge $G \subset \mathbb{R}^d$

vol $G$    Länge ($d = 1$), Flächeninhalt ($d = 2$) bzw. Volumen ($d = 3$) „geometrischer Körper" $G \subset \mathbb{R}^d$

int $G$    Inneres der Menge $G$

$\partial G$     Rand der Menge $G$

$\overline{G}$     Abschluss der Menge $G$

span $G$    lineare Hülle der Menge $G$

conv $G$    konvexe Hülle der Menge $G$

$|G|$     Kardinalzahl der diskreten Menge $G$

$\nu$     äußere Einheitsnormale bzgl. einer Menge $G \subset \mathbb{R}^d$

$\Omega$     Gebiet des $\mathbb{R}^d$, $d \in \mathbb{N}$

$\Gamma$     $:= \partial\Omega$   Rand des Gebietes $\Omega \subset \mathbb{R}^d$

supp $\varphi$    Träger der (stetigen) Funktion $\varphi$

$f^{-1}$     Umkehrabbildung zu einer Abbildung $f$

$f[G]$     Bild der Menge $G$ unter der Abbildung $f$

$f^{-1}[G]$    Urbild der Menge $G$ unter der Abbildung $f$

$f|_K$     auf $K \subset G$ eingeschränktes $f : G \to \mathbb{R}$

$\|v\|_X$     Norm des Elementes $v$ eines normierten Raumes $X$

dim $X$    Dimension des (endlich-dimensionalen) linearen Raumes $X$

$L(X, Y)$    Menge der linearen, stetigen Operatoren aus dem normierten Raum $X$ in den normierten Raum $Y$

$X'$     $:= L(X, \mathbb{R})$   Dualraum des normierten Raumes $X$

$O(\cdot), o(\cdot)$    Landau-Symbole der asymptotischen Analysis

$\delta_{ij}$     $(i, j \in \mathbb{N}_0)$ Kronecker-Symbol, d.h. $\delta_{ii} = 1$ und $\delta_{ij} = 0$, falls $i \neq j$

## Differentialausdrücke

$\partial_l$     $(l \in \mathbb{N})$ Symbol der partiellen Ableitung bzgl. der $l$-ten Variablen

$\partial_t$     $(t \in \mathbb{R})$ Symbol der partiellen Ableitung bzgl. der Variablen $t$

$\partial^\alpha$     $(\alpha \in \mathbb{N}_0^d$ Multiindex) $\alpha$-te partielle Ableitung

$\nabla$     $:= (\partial_1, \dots, \partial_d)^T$ Nabla-Operator (symbolischer Vektor)

$\Delta$     Laplace-Operator

$\partial_\mu$     $:= \mu \cdot \nabla$ Ableitung in Richtung des Vektors $\mu$

$D\Phi$     $:= \frac{\partial\Phi}{\partial x} := (\partial_j \Phi_i)_{i,j=1}^m$   Jacobi-Matrix oder Funktionalmatrix einer differenzierbaren Abbildung $\Phi : \mathbb{R}^m \to \mathbb{R}^m$

## Koeffizienten in Differentialausdrücken

$K$     Diffusionskoeffizient (quadratische Matrix)

$c$     Konvektionskoeffizient (Vektor)

$r$     Reaktionskoeffizient

## Diskretisierungsverfahren

| | |
|---|---|
| $V_h$ | Ansatzraum |
| $X_h$ | erweiterter Ansatzraum ohne homogene Dirirchlet-Bedingungen |
| $a_h$ | approximative Bilinearform |
| $b_h$ | approximative Linearform |

## Funktionenräume (vgl. dazu Abschnitt A.5)

$\mathcal{P}_k(G)$     Menge der Polynome vom maximalen Grade $k$ über $G \subset \mathbb{R}^d$

$C(G) = C^0(G)$ Menge der in $G$ stetigen Funktionen

$C^l(G)$     ($l \in \mathbb{N}$) Menge der in $G$ $l$-mal stetig differenzierbaren Funktionen

$C^\infty(G)$     Menge der in $G$ beliebig oft stetig differenzierbaren Funktionen

$C(\overline{G}) = C^0(\overline{G})$ Menge der in $G$ beschränkten und gleichmäßig stetigen Funktionen

$C^l(\overline{G})$     ($l \in \mathbb{N}$) Menge jener Funktionen, deren Ableitungen bis zur Ordnung $l$ auf $G$ beschränkt und gleichmäßig stetig sind

$C^\infty(\overline{G})$     Menge jener Funktionen, deren sämtliche partielle Ableitungen beliebiger Ordnung auf $G$ beschränkt und gleichmäßig stetig sind

$C_0(G) = C_0^0(G)$ Menge der in $G$ stetigen Funktionen mit kompaktem Träger

$C_0^l(G)$     ($l \in \mathbb{N}$) Menge der in $G$ bis einschließlich der Ordnung $l$ stetig differenzierbaren Funktionen mit kompaktem Träger

$C_0^\infty(G)$     Menge der in $G$ beliebig oft stetig differenzierbaren Funktionen mit kompaktem Träger

$L^p(G)$     ($p \in [1, \infty)$) Menge jener Lebesgue-messbarer Funktionen, deren Betrag in der $p$-ten Potenz über $G$ Lebesgue-integrierbar ist

$L^\infty(G)$     Menge messbarer, wesentlich beschränkter Funktionen

$\langle \cdot, \cdot \rangle_{0,G}$     Skalarprodukt in $L^2(G)$ †

$\| \cdot \|_{0,G}$     Norm in $L^2(G)$ †

$\| \cdot \|_{0,p,G}$     ($p \in [1, \infty]$) Norm in $L^p(G)$ †

$\| \cdot \|_{\infty,G}$     Norm in $L^\infty(G)$ †

$W_p^l(G)$     ($l \in \mathbb{N}$, $p \in [1, \infty]$) Menge der in $G$ $l$-fach schwach differenzierbaren Funktionen aus $L^p(G)$ mit Ableitungen in $L^p(G)$

$\| \cdot \|_{l,p,G}$     ($l \in \mathbb{N}$, $p \in [1, \infty]$) Norm in $W_p^l(G)$ †

$| \cdot |_{l,p,G}$     ($l \in \mathbb{N}$, $p \in [1, \infty]$) Halbnorm in $W_p^l(G)$ †

$H^l(G)$     $:= W_2^l(G)$ ($l \in \mathbb{N}$)

$\langle \cdot, \cdot \rangle_{l,G}$     ($l \in \mathbb{N}$) Skalarprodukt in $H^l(G)$ †

$\| \cdot \|_{l,G}$     ($l \in \mathbb{N}$) Norm in $H^l(G)$ †

$| \cdot |_{l,G}$     ($l \in \mathbb{N}$) Halbnorm (oder Seminorm) in $H^l(G)$ †

$\langle \cdot, \cdot \rangle_{0,h}$     diskretes $L^2(\Omega)$-Skalarprodukt

$\| \cdot \|_{0,h}$     diskrete $L^2(\Omega)$-Norm

$L^2(\partial G)$     Menge der auf dem Rand $\partial G$ quadratisch Lebesgue-integrierbaren Funktionen

$H_0^1(G)$     Menge der Funktionen aus $H^1(G)$, deren Spur auf $\partial G$ verschwindet

$C([0,T], X) = C^0([0,T], X)$ Menge der über $[0,T]$ stetigen Funktionen mit Werten im normierten Raum $X$

$C^l([0,T],X)$ $(l \in \mathbb{N})$ Menge der über $[0,T]$ $l$-mal stetig differenzierbaren
Funktionen mit Werten im normierten Raum $X$

$L^p((0,T),X)$ $(p \in [1,\infty])$ Lebesgue-Raum von Funktionen über $[0,T]$ mit
Werten im normierten Raum $X$

† **Konvention:** Im Fall $G = \Omega$ entfällt die Angabe von $\Omega$.

## A.2 Einige Grundbegriffe der Analysis

Eine Teilmenge $G \subset \mathbb{R}^d$ heißt *Menge vom Maße Null* oder *Null-Menge* genau
dann, wenn für jede Zahl $\varepsilon > 0$ eine abzählbare Familie von Kugeln $B_j$ des
$d$-dimesionalen Volumens $\varepsilon_j > 0$ existiert mit

$$\sum_{j=1}^{\infty} \varepsilon_j < \varepsilon \qquad \text{sowie} \qquad G \subset \bigcup_{j=1}^{\infty} B_j \, .$$

Zwei auf einer Teilmenge $G \subset \mathbb{R}^d$ definierte skalare Funktionen $f, g : G \to \mathbb{R}$
heißen *fast überall* (Abkürzung: f.ü.) *gleich*, in Zeichen $f \equiv g$, falls die Menge
$\{x \in G : f(x) \neq g(x)\}$ eine Menge vom Maße Null ist.

Insbesondere heißt die Funktion $f : G \to \mathbb{R}$ *fast überall verschwindend*, wenn
sie fast überall gleich der Nullfunktion ist.

Eine Funktion $f : G \to \mathbb{R}$ heißt *messbar*, wenn es eine Folge $(f_i)_i$ von Stufen-
funktionen $f_i : G \to \mathbb{R}$ gibt mit $f_i \to f$ für $i \to \infty$ fast überall.

Im Folgenden sei $G$ eine Teilmenge des $\mathbb{R}^d$, $d \in \mathbb{N}$.

(i) Ein Punkt $x = (x_1, x_2, \ldots, x_d)^T \in \mathbb{R}^d$ heißt *Randpunkt* von $G$, wenn in
jeder offenen Umgebung (etwa Kugel) von $x$ sowohl ein Punkt von $G$ als
auch ein Punkt des Komplementes $\mathbb{R} \setminus G$ liegt.

(ii) Die Gesamtheit aller Randpunkte von $G$ heißt *Rand* von $G$ und wird mit
$\partial G$ bezeichnet.

(iii) Als *Abschluss* von $G$ wird die Menge $\overline{G} := G \cup \partial G$ bezeichnet.

(iv) Die Menge $G$ heißt *abgeschlossen*, falls $\overline{G} = G$ gilt.

(v) Die Menge $G$ heißt *offen*, falls $G \cap \partial G = \emptyset$ gilt.

(vi) Die Menge $G \setminus \partial G$ heißt *Inneres* von $G$ und wird mit $\text{int}\, G$ bezeichnet.

Eine Teilmenge $G \subset \mathbb{R}^d$ heißt *zusammenhängend*, falls sich jeweils zwei beliebige Punkte $x_1, x_2 \in G$ durch eine in $G$ verlaufende stetige Kurve verbinden
lassen.

$G$ heißt *konvex*, wenn je 2 Punkte aus $G$ durch eine ganz in $G$ verlaufende
Strecke verbunden werden können.

Eine nichtleere, offene und zusammenhängende Menge $G \subset \mathbb{R}^d$ heißt *Gebiet*
des $\mathbb{R}^d$.

Es sei nun $\alpha = (\alpha_1, \ldots, \alpha_d)^T \in \mathbb{N}_0^d$ ein sogenannter *Multiindex*. Damit
können verschiedene Schreibweisen erheblich abgekürzt werden, zum Beispiel:

$$\partial^\alpha := \prod_{i=1}^{d} \partial_i^{\alpha_i} \, , \quad \alpha! := \prod_{i=1}^{d} \alpha_i! \, , \quad |\alpha| := \sum_{i=1}^{d} \alpha_i \, .$$

Die Zahl $|\alpha|$ wird *Ordnung* (oder *Länge*) des Multiindex $\alpha$ genannt.

Für eine stetige Funktion $\varphi : G \to \mathbb{R}$ bezeichnet $\mathrm{supp}\,\varphi := \overline{\{x \in G : \varphi(x) \neq 0\}}$ den *Träger* von $\varphi$.

## A.3 Einige Grundbegriffe der linearen Algebra

Eine Matrix $A \in \mathbb{R}^{n,n}$ mit den Elementen $a_{ij}$ heißt *symmetrisch*, wenn für alle $i,j \in \{1,\dots,n\}$ gilt: $a_{ij} = a_{ji}$.

Eine Matrix $A \in \mathbb{R}^{n,n}$ heißt *positiv definit*, wenn $x{\cdot}Ax > 0$ für alle $x \in \mathbb{R}^n \setminus \{0\}$ ist.

Bezeichnet $p \in \mathcal{P}_k$, $k \in \mathbb{N}_0$, ein Polynom der Form

$$p(z) = \sum_{j=0}^{k} a_j z^j \quad \text{mit } a_j \in \mathbb{C}, \; j \in \{0,\dots,k\} \, ,$$

so heißt für eine Matrix $A \in \mathbb{C}^{n,n}$ die gemäß

$$p(A) := \sum_{j=0}^{k} a_j A^j$$

gebildete Matrix das *Matrix-Polynom* von $A$.

**Eigenwerte und Eigenvektoren**  Sei $A \in \mathbb{C}^{n,n}$. Ein Zahl $\lambda \in \mathbb{C}$ heißt *Eigenwert* von $A$ genau dann, wenn gilt:

$$\det(A - \lambda I) = 0 \, .$$

Ist $\lambda$ ein Eigenwert von $A$, so heißt jeder Vektor $x \in \mathbb{C}^n$, $x \neq 0$, mit

$$Ax = \lambda x \qquad (\Leftrightarrow (A - \lambda I)x = 0)$$

ein *Eigenvektor* von $A$ zum Eigenwert $\lambda$.

Das Polynom $p_A(\lambda) := \det(A - \lambda I)$ heißt *charakteristisches Polynom* von $A$.

Die Gesamtheit der Eigenwerte einer Matrix $A$ heißt *Spektrum* von $A$ und wird mit $\sigma(A)$ bezeichnet.

Sind sämtliche Eigenwerte einer Matrix $A$ reell, so bezeichnen $\lambda_{\max}(A)$ und $\lambda_{\min}(A)$ den größten bzw. kleinsten dieser Eigenwerte.

Die Zahl $\varrho(A) = \max_{\lambda \in \sigma(A)} |\lambda|$ heißt *Spektralradius* von $A$.

**Vektor- und Matrixnormen**  Unter der *Norm* $|x|$ eines Vektors $x \in \mathbb{R}^n$, $n \in \mathbb{N}$, versteht man eine reellwertige Funktion $x \mapsto |x|$, welche die drei folgenden Eigenschaften besitzt:

(i) $|x| \geq 0$  für alle $x \in \mathbb{R}^n$ ,   $|x| = 0 \Leftrightarrow x = 0$ ,

(ii) $|\alpha x| = |\alpha|\,|x|$  für alle $\alpha \in \mathbb{R}$, $x \in \mathbb{R}^n$ ,

(iii) $|x + y| \leq |x| + |y|$  für alle $x, y \in \mathbb{R}^n$ .

Beispiele für gebräuchliche Vektornormen sind die

a) *Maximumnorm* :

$$|x|_\infty := \max_{j=1\ldots n} |x_j| \,, \tag{A3.1}$$

b) $\ell_p$-*Norm*, $p \in [1, \infty)$ :

$$|x|_p := \left\{ \sum_{j=1}^{n} |x_j|^p \right\}^{1/p} . \tag{A3.2}$$

Von besonderer Bedeutung ist der Fall $p = 2$ (*euklidische Norm*):

$$|x|_2 := \left\{ \sum_{j=1}^{n} x_j^2 \right\}^{1/2} . \tag{A3.3}$$

Die drei wichtigsten Normen (das heißt $p = 1, 2, \infty$) im $\mathbb{R}^n$ sind *äquivalent* in dem Sinne, dass für alle $x \in \mathbb{R}^n$ die Ungleichungen

$$\frac{1}{\sqrt{n}}\,|x|_2 \leq |x|_\infty \leq |x|_2 \leq \sqrt{n}\,|x|_\infty \,,$$

$$\frac{1}{n}\,|x|_1 \leq |x|_\infty \leq |x|_1 \leq n\,|x|_\infty \,,$$

$$\frac{1}{\sqrt{n}}\,|x|_1 \leq |x|_2 \leq |x|_1 \leq \sqrt{n}\,|x|_2$$

gelten.

Unter der *Norm* $\|A\|$ einer Matrix $A \in \mathbb{R}^{n,n}$ versteht man eine reellwertige Funktion $A \mapsto \|A\|$, welche die vier folgenden Eigenschaften besitzt:

(i) $\|A\| \geq 0$  für alle $A \in \mathbb{R}^{n,n}$ ,   $\|A\| = 0 \Leftrightarrow A = 0$ ,

(ii) $\|\alpha A\| = |\alpha|\,\|A\|$  für alle $\alpha \in \mathbb{R}$, $A \in \mathbb{R}^{n,n}$ ,

(iii) $\|A + B\| \leq \|A\| + \|B\|$  für alle $A, B \in \mathbb{R}^{n,n}$ .

(iv) $\|AB\| \leq \|A\|\,\|B\|$  für alle $A, B \in \mathbb{R}^{n,n}$ .

Die Eigenschaft (iv) schränkt die Matrixnormen auf die für die Anwendungen wichtige Klasse der *submultiplikativen* Normen ein.

Beispiele für gebräuchliche Matrixnormen sind die

a) *Gesamtnorm*:

$$\|A\|_G := n \max_{1 \leq i,k \leq n} |a_{ik}| \,, \tag{A3.4}$$

b) *Frobenius-Norm*:

$$\|A\|_F := \left\{ \sum_{i,k=1}^{n} a_{ik}^2 \right\}^{1/2} , \tag{A3.5}$$

c) *Zeilensummennorm:*

$$\|A\|_\infty := \max_{1 \le i \le n} \sum_{k=1}^{n} |a_{ik}|, \qquad (A3.6)$$

d) *Spaltensummennorm:*

$$\|A\|_1 := \max_{1 \le k \le n} \sum_{i=1}^{n} |a_{ik}|. \qquad (A3.7)$$

Die angegeben Matrixnormen sind ebenfalls untereinander äquivalent. So gilt beispielsweise

$$\frac{1}{n}\|A\|_G \le \|A\|_p \le \|A\|_G \le n\|A\|_p, \quad p \in \{1, \infty\},$$

oder

$$\frac{1}{n}\|A\|_G \le \|A\|_F \le \|A\|_G \le n\|A\|_F.$$

Man könnte vermuten, der Spektralradius $\varrho(A)$ sei ebenfalls eine Matrixnorm. Das dem nicht so ist, zeigt das einfache Beispiel

$$A = \begin{pmatrix} 0 & 1 \\ 0 & 0 \end{pmatrix},$$

bei dem $A \ne 0$, jedoch $\varrho(A) = 0$ ist.
Zwischen dem Spektralradius und einer beliebigen Matrixnorm $\| \cdot \|$ gilt aber stets die Beziehung

$$\varrho(A) \le \|A\|. \qquad (A3.8)$$

Da Matrizen und Vektoren in der Regel gemeinsam in der Form des Produktes $Ax$ auftreten, muss zwischen Matrix- und Vektornormen ein wohldefinierter Zusammenhang bestehen, damit man mit ihnen vernünftig arbeiten kann. Eine Matrixnorm $\| \cdot \|$ heißt *verträglich* oder *kompatibel* mit der Vektornorm $| \cdot |$, falls die Ungleichung

$$|Ax| \le \|A\| \, |x| \qquad (A3.9)$$

für alle $x \in \mathbb{R}^n$ und alle $A \in \mathbb{R}^{n,n}$ erfüllt ist.
Kombinationen von verträglichen Normen sind etwa

$$\|A\|_G \quad \text{oder} \quad \|A\|_\infty \quad \text{mit} \quad |x|_\infty$$

bzw.

$$\|A\|_G \quad \text{oder} \quad \|A\|_1 \quad \text{mit} \quad |x|_1$$

bzw.

$$\|A\|_G \quad \text{oder} \quad \|A\|_F \quad \text{mit} \quad |x|_2.$$

Die durch (A3.9) gegebene Schranke für $|Ax|$ ist häufig in dem Sinne zu grob, dass für $x \neq 0$ nur gilt:

$$|Ax| < \|A\|\,|x|\,.$$

Man sucht deshalb eine zu einer gegebenen Vektornorm kompatible Matrixnorm mit der Eigenschaft, dass in (A3.9) mindestens für ein $x \neq 0$ das Gleichheitszeichen gilt.

Die zu einer Vektornorm $|x|$ definierte Größe

$$\|A\| := \sup_{x \in \mathbb{R}^n \setminus \{0\}} \frac{|Ax|}{|x|} = \sup_{x \in \mathbb{R}^n : |x|=1} |Ax|$$

heißt die *erzeugte* oder *zugeordnete* Matrixnorm. Sie wird auch als *Grenznorm* bezeichnet.

Die Grenznorm ist eine mit der zugrunde liegenden Vektornorm kompatible Matrixnorm. Sie ist unter allen mit der Vektornorm $|x|$ verträglichen Matrixnormen die kleinste.

Um die Definition der Grenznorm zu illustrieren, wird noch die von der euklidischen Norm erzeugte Matrixnorm hergeleitet:

$$\|A\|_2 := \max_{|x|_2=1} |Ax|_2 = \max_{|x|_2=1} \sqrt{x^T(A^T A)x} = \sqrt{\lambda_{\max}(A^T A)} = \sqrt{\varrho(A^T A)}\,.$$

$$(\text{A}3.10)$$

Man bezeichnet die der euklidischen Vektornorm zugeordnete Matrixnorm $\|A\|_2$ auch als *Spektralnorm*. Diese Bezeichnung wird verständlich im Spezialfall einer symmetrischen Matrix $A$. Sind $\lambda_1, \ldots, \lambda_n$ die reellen Eigenwerte von $A$, so hat die Matrix $A^T A = A^2$ die Eigenwerte $\lambda_i^2$. Dann aber ist

$$\|A\|_2 = |\lambda_{\max}(A)|\,.$$

Für symmetrische Matrizen ist die Spektralnorm gleich dem Spektralradius und somit wegen (A3.8) die kleinstmögliche Norm. Gleiches gilt auch für hermitesche Matrizen.

Die der Maximumnorm $|x|_\infty$ zugeordnete Matrixnorm ist gerade die Zeilensummennorm $\|A\|_\infty$.

Die Zahl

$$\kappa(A) := \|A\|\,\|A^{-1}\|$$

heißt *Konditionszahl* der Matrix $A$ bezüglich der verwendeten Norm.

Es gilt:

$$1 \leq \|I\| = \|AA^{-1}\| \leq \|A\|\,\|A^{-1}\|\,.$$

Für $|\cdot| = |\cdot|_p$ wird die Konditionszahl auch mit $\kappa_p(A)$ bezeichnet. Falls $A$ nur reelle Eigenwerte hat, wird

$$\kappa(A) := \lambda_{\max}(A)/\lambda_{\min}(A)$$

als *spektrale Konditionszahl* bezeichnet. Für symmetrisches $A$ gilt also $\kappa(A) = \kappa_2(A)$.

Gelegentlich ist es nötig, kleine Störungen nichtsingulärer Matrizen abzuschätzen. Dies ist mit dem folgenden, als *Störungslemma* oder *Neumann'-
sches Lemma* bekannten Resultat möglich. Es sei $A \in \mathbb{R}^{n,n}$ mit $\|A\| < 1$
(bzgl. einer beliebigen, aber festen Matrixnorm). Dann existiert die Inverse
zu $I - A$, sie läßt sich als konvergente Reihe der Form

$$(I - A)^{-1} = \sum_{j=0}^{\infty} A^j$$

darstellen und es gilt die Abschätzung

$$\|(I - A)^{-1}\| \le \frac{1}{1 - \|A\|} .$$    (A3.11)

**Spezielle Matrizen**  Die Matrix $A \in \mathbb{R}^{n,n}$ heißt *obere* bzw. *untere Drei-
ecksmatrix*, wenn für deren Elemente gilt: $a_{ij} = 0$ für $i > j$ bzw. $a_{ij} = 0$ für
$i < j$.
Eine Matrix $H \in \mathbb{R}^{n,n}$ heißt *(obere) Hessenbergmatrix*, wenn sie folgende
Gestalt besitzt:

$$H := \begin{pmatrix} h_{11} & & & \\ h_{21} & \ddots & & \text{\huge $*$} \\ & \ddots & \ddots & \\ & & \ddots & \ddots \\ \text{\huge $0$} & & & h_{nn-1} \ h_{nn} \end{pmatrix}$$

(das heißt $h_{ij} = 0$ für $i > j + 1$).
Die Matrix $A \in \mathbb{R}^{n,n}$ genügt dem *starken Zeilensummenkriterium* (oder ist
*strikt diagonaldominant*), wenn gilt:

$$\sum_{\substack{j=1 \\ j \neq i}}^{n} |a_{ij}| < |a_{ii}| \quad \text{für alle } i = 1, \dots, n \, ,$$

bzw. dem *starken Spaltensummenkriterium*, wenn

$$\sum_{\substack{i=1 \\ i \neq j}}^{n} |a_{ij}| < |a_{jj}| \quad \text{für alle } j = 1, \dots, n$$

gilt. Sie erfüllt das *schwache Zeilensummenkriterium* (oder ist *schwach diagonaldominant*), wenn gilt:

$$\sum_{\substack{j=1 \\ j \neq i}}^{n} |a_{ij}| \le |a_{ii}| \quad \text{für alle } i = 1, \dots, n \, ,$$

„$<$" gilt für mindestens ein $i \in \{1, \dots, n\}$ .

Analog wird das schwache Spaltensummenkriterium definiert.

Die Matrix $A \in \mathbb{R}^{n,n}$ heißt *zerlegbar* oder *reduzibel*, wenn es Teilmengen $N_1, N_2 \subset \{1,\ldots,n\}$ mit $N_1 \cap N_2 = \emptyset$, $N_1 \neq \emptyset \neq N_2$ und $N_1 \cup N_2 = \{1,\ldots,n\}$ gibt mit der Eigenschaft:

$$\text{Für alle } i \in N_1, \ j \in N_2 : \ a_{ij} = 0 \, .$$

Ist eine Matrix nicht reduzibel, so wird sie *irreduzibel* genannt.

Eine Matrix $A \in \mathbb{R}^{n,n}$ heißt $L_0$-*Matrix*, wenn für $i,j \in \{1,\ldots,n\}$ die Ungleichungen

$$a_{ii} \geq 0 \quad \text{und} \quad a_{ij} \leq 0 \ (i \neq j)$$

gelten. Eine $L_0$-Matrix heißt *L-Matrix*, wenn alle Diagonalelemente positiv sind.

Eine Matrix $A \in \mathbb{R}^{n,n}$ heißt *inversmonoton* (oder auch *von monotoner Art*), wenn aus $Ax \leq Ay$ für zwei ansonsten beliebige Elemente $x,y \in \mathbb{R}^n$ die Beziehung $x \leq y$ folgt. Das Ungleichungszeichen ist dabei komponentenweise zu verstehen.

Eine Matrix von monotoner Art ist invertierbar.

Eine Matrix $A \in \mathbb{R}^{n,n}$ ist genau dann eine Matrix von monotoner Art, wenn sie eine Inverse mit ausschließlich nichtnegativen Elementen besitzt.

Eine wichtige Teilklasse der Matrizen von monotoner Art sind die sogenannten M-Matrizen.

Eine inversmonotone Matrix $A$ mit $a_{ij} \leq 0$ für $i \neq j$ heißt *M-Matrix*.

Es sei $A \in \mathbb{R}^{n,n}$ eine Matrix mit $a_{ij} \leq 0$ für $i \neq j$ und $a_{ii} \geq 0$ ($i,j \in \{1,\ldots,n\}$). Ferner erfülle $A$ eine der folgenden Bedingungen:

 (i)  $A$ genügt dem starken Zeilensummenkriterium,
 (ii) $A$ genügt dem schwachen Zeilensummenkriterium und ist irreduzibel,

Dann ist $A$ eine M-Matrix.

## A.4 Einige Definitionen und Schlussweisen der linearen Funktionalanalysis

Um in einem Funktionenraum die Größe einer Funktion und damit auch den Abstand zweier Funktionen messen zu können, brauchen wir ein geeignetes Maß.

Es sei $V$ ein reeller Vektorraum (kurz: $\mathbb{R}$–Vektorraum), $\|\cdot\|$ sei eine Abbildung $\|\cdot\| : V \to \mathbb{R}$.

$(V, \|\cdot\|)$ heißt *normierter Raum* („$V$ ist versehen mit der Norm $\|\cdot\|$"), wenn:

$$\|u\| \geq 0 \quad \text{für alle } u \in V, \quad \|u\| = 0 \Leftrightarrow u = 0 \, , \tag{A4.1}$$

$$\|\alpha u\| = |\alpha| \, \|u\| \quad \text{für alle } \alpha \in \mathbb{R}, \ u \in V \, , \tag{A4.2}$$

$$\|u + v\| \leq \|u\| + \|v\| \quad \text{für alle } u,v \in V \, . \tag{A4.3}$$

Die Eigenschaft (A4.1) heißt *Definitheit*, (A4.3) heißt *Dreiecksungleichung*.
Liegen nur (A4.2) und (A4.3) für eine Abbildung $\|\cdot\| : V \to \mathbb{R}$ vor, so heißt
diese *Halbnorm*. Wegen (A4.2) gilt zwar weiterhin $\|0\| = 0$, aber es kann
Elemente $u \neq 0$ geben mit $\|u\| = 0$.

Eine Norm mit besonderen Eigenschaften liegt vor, wenn sie von einem *Ska-
larprodukt* erzeugt wird. Dies ist eine Abbildung $\langle \cdot, \cdot \rangle : V \times V \to \mathbb{R}$ mit
folgenden Eigenschaften:

$\langle \cdot, \cdot \rangle$ ist eine *Bilinearform*, das heißt

$$\begin{aligned}
\langle u, v_1 + v_2 \rangle &= \langle u, v_1 \rangle + \langle u, v_2 \rangle \quad \text{für alle} \quad u, v_1, v_2 \in V\,, \\
\langle u, \alpha v \rangle &= \alpha \langle u, v \rangle \qquad\qquad \text{für alle} \quad u, v \in V,\, \alpha \in \mathbb{R}
\end{aligned} \tag{A4.4}$$

und die analoge Aussage für das erste Argument gilt,

$\langle \cdot, \cdot \rangle$ ist *symmetrisch*, das heißt

$$\langle u, v \rangle = \langle v, u \rangle \quad \text{für alle} \quad u, v \in V\,, \tag{A4.5}$$

$\langle \cdot, \cdot \rangle$ ist *positiv*, das heißt

$$\langle u, u \rangle \geq 0 \quad \text{für alle} \quad u \in V\,, \tag{A4.6}$$

und $\langle \cdot, \cdot \rangle$ ist *definit*, das heißt

$$\langle u, u \rangle = 0 \Leftrightarrow u = 0\,. \tag{A4.7}$$

Eine positive und definite Bilinearform wird als *positiv definit* bezeichnet.
Ein Skalarprodukt $\langle \cdot, \cdot \rangle$ definiert eine Norm auf $V$ durch

$$\|v\| := \langle v, v \rangle^{1/2}\,. \tag{A4.8}$$

Fehlt die Definitheit (A4.7), wird nur eine Halbnorm erzeugt.

Eine von einem Skalarprodukt (eventuell ohne (A4.7)) erzeugte Norm (bzw.
Halbnorm) hat einige besondere Eigenschaften, zum Beispiel erfüllt sie die
*Cauchy–Schwarz'sche Ungleichung*, das heißt

$$|\langle u, v \rangle| \leq \|u\|\,\|v\| \quad \text{für alle } u, v \in V \tag{A4.9}$$

und die *Parallelogrammidentität*

$$\|u + v\|^2 + \|u - v\|^2 = 2(\|u\|^2 + \|v\|^2) \quad \text{für alle } u, v \in V\,. \tag{A4.10}$$

Benötigte Beispiele sind zum einen der $\mathbb{R}^n$, versehen mit einer der $\ell^p$-Normen
(für ein festes $p \in [1, \infty]$). Insbesondere wird die euklidische Norm (A3.3)
durch das *euklidische Skalarprodukt*

$$(x, y) \mapsto x \cdot y \quad \text{für alle } x, y \in \mathbb{R}^n \tag{A4.11}$$

erzeugt. Zum anderen werden unendlich-dimensionale Funktionenräume benötigt, wie sie in Anhang A.5 eingeführt werden.

Bei einem Vektorraum $V$ mit Skalarprodukt $\langle \cdot, \cdot \rangle$ definiert man analog zum $\mathbb{R}^n$ für $u, v \in V$:

$$u \text{ ist } orthogonal \text{ zu } v \; :\Leftrightarrow \; \langle u, v \rangle = 0 \; . \qquad (A4.12)$$

Jede Norm erklärt einen Abstandsbegriff und damit einen *Konvergenzbegriff* durch

$$u_i \to u \quad \text{für } i \to \infty \quad \Longleftrightarrow \quad \|u_i - u\| \to 0 \quad \text{für } i \to \infty \qquad (A4.13)$$

für eine Folge $(u_i)_i$ in $V$ und $u \in V$.

Wir betrachten oft Funktionenräume mit verschiedenen Normen. Dies ist wesentlich, wenn diesen verschiedene Konvergenzbegriffe entsprechen. Die Konvergenzbegriffe ändern sich jedoch nicht, wenn die betreffenden Normen äquivalent sind. Dabei heißen zwei Normen $\| \cdot \|_1$ und $\| \cdot \|_2$ auf $V$ *äquivalent*, wenn Konstanten $C_1, C_2 > 0$ existieren, so dass gilt:

$$C_1 \|u\|_1 \leq \|u\|_2 \leq C_2 \|u\|_1 \quad \text{für alle } u \in V \; . \qquad (A4.14)$$

Liegt nur eine einseitige Ungleichung der Form

$$\|u\|_2 \leq C \|u\|_1 \quad \text{für alle } u \in V \qquad (A4.15)$$

mit einer Konstanten $C > 0$ vor, so heißt die Norm $\| \cdot \|_1$ *stärker* als die Norm $\| \cdot \|_2$.

Auf einem endlich-dimensionalen Vektorraum sind alle Normen äquivalent, Beispiele hierzu wurden in Abschnitt A.3 angegeben. Insbesondere ist zu beachten, dass die Konstanten von der Dimension $n$ abhängig sein können. Dies lässt erwarten, dass für unendlich-dimensionale normierte Funktionenräume die Normäquivalenz nicht immer vorliegt.

Bezüglich äquivalenter Normen $\| \cdot \|_1, \| \cdot \|_2$ auf $V$ entstehen dieselben Konvergenzbegriffe:

$$\begin{aligned} u_i \to u \text{ bzgl. } \| \cdot \|_1 &\Leftrightarrow \|u_i - u\|_1 \to 0 \\ &\Leftrightarrow \|u_i - u\|_2 \to 0 \Leftrightarrow u_i \to u \text{ bzgl. } \| \cdot \|_2 \; . \end{aligned} \qquad (A4.16)$$

Dies folgt sofort aus (A4.14).

Der $\mathbb{R}^n$ tritt in zweifacher Hinsicht auf: Für $n = d$ als Grundraum und für $n = M$ oder auch $n = m$ als (Darstellung des) endlich-dimensionalen Ansatzraums. Im ersten Fall darf die Äquivalenz aller Normen in Abschätzungen benutzt werden, im zweiten Fall ist zu beachten, dass im Allgemeinen gleichmäßige Abschätzungen für alle $M$ bzw. $m$ gewonnen werden sollen.

Wir betrachten jetzt zwei normierte Räume $(V, \| \cdot \|_V)$ und $(W, \| \cdot \|_W)$. Eine Abbildung $f : V \to W$ heißt *stetig* in $v \in V$, wenn für alle Folgen $(v_i)_i$ in $V$ mit $v_i \to v$ für $i \to \infty$ gilt:

$$f(v_i) \to f(v) \quad \text{für } i \to \infty \; .$$

Die erste Konvergenz ist dabei in $\| \cdot \|_V$, die zweite in $\| \cdot \|_W$ zu messen. Der Wechsel der Norm kann also die Stetigkeit beeinflussen. Wie in der Analysis gilt zum Beispiel:

$$f \text{ ist stetig in allen } v \in V \ . \ \Longleftrightarrow$$
$$f^{-1}[G] \text{ ist abgeschlossen für jedes abgeschlossene } G \subset W \ . \tag{A4.17}$$

Dabei heißt die Teilmenge $G \subset W$ eines normierten Raumes $W$ *abgeschlossen*, wenn für jede Folge $(u_i)_i$ aus $G$ mit $u_i \to u$ für $i \to \infty$ die Inklusion $u \in G$ folgt. Wegen (A4.17) lässt sich also die Abgeschlossenheit einer Menge dadurch nachweisen, dass man sie als stetiges Urbild einer abgeschlossenen Menge darstellt.

Der Begriff der Stetigkeit beschreibt eine qualitative Beziehung zwischen Urbild und Bild, eine quantitative liefert zum Beispiel die stärkere Lipschitz-Stetigkeit:

Eine Abbildung $f : V \to W$ heißt *Lipschitz-stetig*, wenn ein $L > 0$, die *Lipschitz-Konstante*, existiert, so dass gilt:

$$\|f(u) - f(v)\|_W \le L\|u - v\|_V \quad \text{für alle } u, v \in V \ . \tag{A4.18}$$

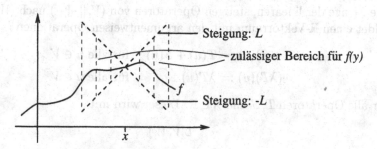

**Abb. A.1.** Lipschitz-Stetigkeit (für $V = W = \mathbb{R}$)

Gemäß der Interpretation in Abb. A.1 heißt eine Lipschitz-stetige Abbildung mit $L < 1$ *kontraktiv* bzw. eine *Kontraktion*.
Die meisten benutzten Abbildungen sind *linear*, das heißt, sie erfüllen

$$\left. \begin{aligned} f(u + v) &= f(u) + f(v) \\ f(\lambda u) &= \lambda f(u) \end{aligned} \right\} \quad \text{für alle } u, v \in V \text{ und } \lambda \in \mathbb{R} \ . \tag{A4.19}$$

Für eine lineare Abbildung ist Lipschitz-Stetigkeit äquivalent mit *Beschränktheit*, das heißt mit der Existenz eines $C > 0$, so dass gilt:

$$\|f(u)\|_W \le C\|u\|_V \quad \text{für alle } u \in V \ . \tag{A4.20}$$

Tatsächlich ist für eine lineare Abbildung $f$ schon die Stetigkeit an einer Stelle mit (A4.20) äquivalent. Lineare, stetige Abbildungen von $V$ nach $W$

heißen auch (lineare, stetige) *Operatoren* und werden mit Großbuchstaben geschrieben, zum Beispiel $S, T, \ldots$. Bei $V = W = \mathbb{R}^n$ sind die linearen, stetigen Operatoren genau die durch Matrizen $A \in \mathbb{R}^{n,n}$ definierten Abbildungen $x \mapsto Ax$. Deren Beschränktheit, zum Beispiel bzgl. $\| \cdot \|_V = \| \cdot \|_W = \| \cdot \|_\infty$, ergibt sich sofort aus der Verträglichkeitseigenschaft der $\| \cdot \|_\infty$-Norm, und damit bzgl. beliebiger Normen, da diese äquivalent sind.

Analog zu (A4.20) ist ein bilineares Funktional $f : V \times V \to \mathbb{R}$ stetig genau dann, wenn es *beschränkt* ist, das heißt, eine Konstante $C > 0$ existiert, so dass gilt:

$$|f(u,v)| \leq C \|u\|_V \|v\|_V \quad \text{für alle } u, v \in V . \tag{A4.21}$$

Wegen (A4.9) ist also insbesondere ein Skalarprodukt (bzgl. der davon auf $V$ erzeugten Norm) stetig, das heißt

$$u_i \to u, \ v_i \to v \quad \Rightarrow \quad \langle u_i, v_i \rangle \to \langle u, v \rangle . \tag{A4.22}$$

Es sei $(V, \| \cdot \|_V)$ ein normierter Raum und $W$ ein Teilraum, der (zusätzlich zu $\| \cdot \|_V$) mit der Norm $\| \cdot \|_W$ versehen ist. Die *Einbettung* von $(W, \| \cdot \|_W)$ nach $(V, \| \cdot \|_V)$, das heißt, jene lineare Abbildung, die jedes Element sich selbst zuordnet, ist genau dann stetig, wenn die Norm $\| \cdot \|_W$ stärker ist (vgl. (A4.15)).

Die Menge der linearen, stetigen Operatoren von $(V, \| \cdot \|_V)$ nach $(W, \| \cdot \|_W)$ bildet einen $\mathbb{R}$-Vektorraum mit den argumentweisen Operationen

$$(T + S)(u) := T(u) + S(u) \quad \text{für alle } u \in V ,$$
$$(\lambda T)(u) := \lambda T(u) \quad \text{für alle } u \in V$$

für alle Operatoren $T, S$ und $\lambda \in \mathbb{R}$. Dieser wird mit

$$L[V, W] \tag{A4.23}$$

bezeichnet.

Ist speziell der Bildbereich der Zahlkörper $\mathbb{R}$ (als spezieller $\mathbb{R}$-Vektorraum), dann heißen die Operatoren lineare, stetige *Funktionale* und wir schreiben

$$V' := L[V, \mathbb{R}] . \tag{A4.24}$$

Der $\mathbb{R}$-Vektorraum $L[V, W]$ wird mit einer Norm versehen, der *Operatornorm*, durch

$$\|T\| := \sup \{ \|T(u)\|_W \mid u \in V, \ \|u\|_V \leq 1 \} \quad \text{für} \quad T \in L[V, W] . \tag{A4.25}$$

$\|T\|$ ist die kleinste Konstante, so dass (A4.20) gilt. Speziell für ein $f \in V'$ schreibt sich die Norm als

$$\|f\| = \sup \{ |f(u)| \mid \|u\|_V \leq 1 \} .$$

Beispiele sind die für $V = W = \mathbb{R}^n$ erzeugten Matrix-Normen für $A \in \mathbb{R}^{n,n}$ (vgl. Abschn. A.3).

Es sei $(V, \| \cdot \|_V)$ ein normierter Raum. Eine Folge $(u_i)_i$ aus $V$ heißt *Cauchy-Folge*, falls zu jedem $\varepsilon > 0$ ein $n_0 \in \mathbb{N}$ existiert, so dass gilt:

$$\|u_i - u_j\|_V \le \varepsilon \quad \text{für alle } i, j \in \mathbb{N} \text{ mit } i, j \ge n_0 \,.$$

$V$ heißt *vollständig* bzw. ein *Banach-Raum*, falls zu jeder Cauchy-Folge $(u_i)_i$ in $V$ ein $u \in V$ existiert, so dass $u_i \to u$ für $i \to \infty$. Wird $\| \cdot \|_V$ von einem Skalarprodukt erzeugt, so heißt $V$ auch *Hilbert-Raum*.

Ein Teilraum $W$ eines Banachraums ist genau dann vollständig, wenn er abgeschlossen ist. Ein Grundproblem bei der variationellen Behandlung von Randwertaufgaben besteht darin, dass der Raum von stetigen Funktionen (vgl. die vorläufige Definition (2.6)), den man zugrunde legen möchte, bzgl. der notwendigen Norm ($\| \cdot \|_l$, $l = 0$ oder $l = 1$) nicht vollständig ist. Ist zusätzlich zum normierten Raum $(W, \| \cdot \|)$ ein größerer Raum $V$ bekannt, der mit der Norm $\| \cdot \|$ vollständig ist, kann zu diesem oder zum Abschluss

$$\widetilde{W} := \overline{W} \tag{A4.26}$$

als kleinsten, den Raum $W$ umfassenden Banachraum übergegangen werden. Eine solche *Vervollständigung* kann auch abstrakt für jeden normierten Raum konstruiert werden, wobei dann allerdings die „Natur" der Abschlusselemente nicht so klar ist.
Besteht die Beziehung (A4.26), so heißt $W$ *dicht* in $\widetilde{W}$. Mit $W$ sind schon alle „wesentlichen" Elemente von $\widetilde{W}$ erfasst, da zum Beispiel für einen linearen, stetigen Operator $T$ von $(\widetilde{W}, \| \cdot \|)$ in einen anderen normierten Raum für die Identität

$$T(u) = 0 \quad \text{für alle} \quad u \in \widetilde{W} \tag{A4.27}$$

bereits ausreicht, dass

$$T(u) = 0 \quad \text{für alle} \quad u \in W \tag{A4.28}$$

gilt. Die Vollständigkeit überträgt sich vom Bildraum auf den Operatorenraum, insbesondere ist $V'$ immer vollständig.

## A.5 Funktionenräume

Im Folgenden bezeichnet $G \subset \mathbb{R}^d$ ein beschränktes Gebiet.
Zum Funktionenraum $C(G)$ gehören alle über $G$ definierten, stetigen Funktionen. Mit $C^l(G)$, $l \in \mathbb{N}$, wird der Raum der über $G$ definierten und $l$-fach stetig differenzierbaren Funktionen bezeichnet. Üblicherweise vereinbart man noch $C^0(G) := C(G)$ sowie $C^\infty(G) := \bigcap_{l=0}^\infty C^l(G)$.
Funktionen aus $C^l(G)$, $l \in \mathbb{N}_0$, bzw. $C^\infty(G)$ sind nicht notwendig beschränkt, wie schon im Falle $d = 1$ das Beispiel $f(x) := x^{-1}$, $x \in (0, 1)$, zeigt.

Daher sind noch weitere lineare Räume stetiger Funktionen von Bedeutung. $C(\overline{G})$ enthält alle in $G$ beschränkten und gleichmäßig stetigen Funktionen, wohingegen die Elemente von $C^l(\overline{G})$, $l \in \mathbb{N}$, beschränkte und gleichmäßig stetige partielle Ableitungen bis einschließlich der Ordnung $l$ besitzen. Auch für diese Räume wird $C^0(\overline{G}) := C(\overline{G})$ bzw. $C^\infty(\overline{G}) := \bigcap_{l=0}^{\infty} C^l(\overline{G})$ gesetzt. Mit $C_0(G)$ bzw. $C_0^l(G)$, $l \in \mathbb{N}$, wird die Menge jener auf $G$ stetigen bzw. $l$-fach stetig differenzierbaren Funktionen bezeichnet, deren Träger in $G$ liegt. Häufig nennt man diese Menge auch die Menge der unendlich oft differenzierbaren Funktionen mit kompaktem Träger in $G$. Da $G$ als beschränkt vorausgesetzt wurde, bedeutet Letzteres nur, dass die (abgeschlossenen) Träger der Elemente dieser Räume keinerlei Randpunkte von $G$ enthalten. Ähnlich zu den obigen Vereinbarungen gilt hier $C_0^0(G) := C_0(G)$ sowie $C_0^\infty(G) := C_0(G) \cap C^\infty(G)$.

Der lineare Raum $L^p(G)$, $p \in [1, \infty)$, enthält alle auf $G$ definierten, messbaren Funktionen, deren Betrag in der $p$-ten Potenz über $G$ integrierbar ist. Die Norm in $L^p(G)$ ist dabei wie folgt definiert:

$$\|u\|_{0,p,G} := \left\{ \int_G |u|^p \, dx \right\}^{1/p}, \quad p \in [1, \infty) \, .$$

Im Fall $p = 2$ wird die Angabe von $p$ in der Regel weggelassen, das heißt $\|u\|_{0,G} = \|u\|_{0,2,G}$. Das $L^2(G)$-Skalarprodukt

$$\langle u, v \rangle_{0,G} := \int_G uv \, dx \, , \quad u, v \in L^2(G) \, ,$$

erzeugt durch $\|u\|_{0,G} := \sqrt{\langle u, u \rangle_{0,G}}$ ebenfalls die $L^2(G)$-Norm.

Zu $L^\infty(G)$ gehören die über $G$ definierten, *wesentlich beschränkten* Funktionen. Letzteres bedeutet, dass für $u : G \to \mathbb{R}$ die Größe

$$\|u\|_{\infty,G} := \inf_{G_0 \subset G : |G_0|_d = 0} \sup_{x \in G \backslash G_0} |u(x)|$$

endlich ist. Für stetige Funktionen fällt diese Norm mit der üblichen Maximumnorm zusammen:

$$\|u\|_{\infty,G} = \max_{x \in \overline{G}} |u(x)| \, , \quad u \in C(\overline{G}) \, .$$

Für $1 \leq q \leq p \leq \infty$ ist $L^p(G) \subset L^q(G)$ und die Einbettung ist stetig.

Der Raum $W_p^l(G)$, $l \in \mathbb{N}$, $p \in [1, \infty]$, besteht aus all jenen Elementen von $L^p(G)$, die bis einschließlich der Ordnung $l$ verallgemeinert differenzierbar sind, wobei die verallgemeinerten Ableitungen selbst in $L^p(G)$ liegen. Im Spezialfall $p = 2$ findet die Bezeichnung $H^l(G) := W_2^l(G)$ Verwendung. Ähnlich zum Falle der stetigen Funktionen wird die Vereinbarung $H^0(G) := L^2(G)$ benutzt. Die Norm in $W_p^l(G)$ ist wie folgt erklärt:

$$\|u\|_{l,p,G} := \left\{ \sum_{|\alpha| \le l} \int_G |\partial^\alpha u|^p \, dx \right\}^{1/p}, \quad p \in [1, \infty),$$

$$\|u\|_{l,\infty,G} := \max_{|\alpha| \le l} |\partial^\alpha u|_{\infty,G}.$$

Mit $\langle \cdot, \cdot \rangle_{l,G}$, $l \in \mathbb{N}$, wird das $H^l(G)$-*Skalarprodukt* bezeichnet:

$$\langle u, v \rangle_{l,G} := \sum_{|\alpha| \le l} \int_G \partial^\alpha u \partial^\alpha v \, dx, \quad u, v \in H^l(G).$$

Die von diesem Skalarprodukt erzeugte Norm trägt die Bezeichnung $\| \cdot \|_{l,G}$, $l \in \mathbb{N}$, das heißt, es gilt

$$\|u\|_{l,G} := \sqrt{\langle u, u \rangle_{l,G}}.$$

Für $l \in \mathbb{N}$ symbolisiert $| \cdot |_{l,G}$ die entsprechende $H^l(G)$-*Halbnorm* (oder - *Seminorm*):

$$|u|_{l,G} := \sqrt{\sum_{|\alpha| = l} \int_G |\partial^\alpha u|^2 \, dx}.$$

Der Raum $H_0^1(G)$ kann definiert werden als Abschluss (oder Vervollständigung) von $C_0^\infty(G)$ in der Norm $\| \cdot \|_1$ des Raumes $H^1(G)$.

**Konvention:** Üblicherweise darf im Fall $G = \Omega$ bei den oben eingeführten Normen und Skalarprodukten die Angabe des Gebietes entfallen.

Für die Lebesgue-Räume der auf dem Rand von $G$ quadratisch integrierbaren Funktionen sind einige Vorbetrachtungen erforderlich.

Man sagt, das Gebiet $G$ *liegt auf einer Seite von* $\partial G$, wenn zu jedem $x \in \partial G$ eine offene Umgebung $U_x \subset \mathbb{R}^d$ und eine orthogonale Koordinatentransformation $Q_x$ existieren, die den Punkt $x$ auf $y = (y_1, \ldots, y_d)^T$ und somit $U_x$ auf eine Umgebung $U_y \subset \mathbb{R}^d$ von $y$ so abbildet, dass in der transformierten Umgebung $U_y$

1. das Bild von $U_x \cap \partial G$ der Graph einer Funktion $\Psi_x : Y_x \subset \mathbb{R}^{d-1} \to \mathbb{R}$ ist, das heißt $y_d = \Psi_x(y_1, \ldots, y_{d-1})$ mit $(y_1, \ldots, y_{d-1})^T \in Y_x$,
2. das Bild von $U_x \cap G$ „oberhalb" dieses Graphen und
3. das Bild von $U_x \cap (\mathbb{R}^d \setminus \overline{G})$ „unterhalb" dieses Graphen liegt.

$G$ heißt $C^l$-*Gebiet*, $l \in \mathbb{N}$, bzw. *Lipschitz-Gebiet*, wenn alle $\Psi_x$ in $Y_x$ $l$-mal stetig differenzierbar bzw. Lipschitz-stetig sind.

Aus der Analysis ist bekannt (vgl. etwa [34]), dass aus der Gesamtmenge der nach obiger Definition für jeden Randpunkt $x \in \partial G$ existierenden offenen Umgebungen $U_x$ eine Familie endlich vieler Umgebungen $\{U_i\}_{i=1}^n$ ausgewählt werden kann, die $\partial G$ überdeckt, das heißt $n \in \mathbb{N}$ und $\partial G \subset \bigcup_{i=1}^n U_i$. Zudem existiert für jede solche Familie ein Funktionensystem $\{\varphi_i\}_{i=1}^n$ mit den Eigenschaften $\varphi_i \in C_0^\infty(U_i)$, $\varphi_i(x) \in [0,1]$ für alle $x \in U_i$ und $\sum_{i=1}^n \varphi_i(x) = 1$ für alle $x \in \bigcup_{i=1}^n U_i$. Ein solches System heißt auch *Partition der Eins*.

Ist das Gebiet $G$ nun (wenigstens) ein Lipschitz-Gebiet, dann wird das Lebesgue-Integral über dem Rand von $G$ durch Benutzung der erwähnten Partitionen der Eins folgendermaßen definiert, wobei $Q_i, \Psi_i$ bzw. $Y_i$ die gemäß obiger Glattheitsdefinition zu $U_i$ existierende orthogonale Transformation, die Randbeschreibungsfunktion bzw. das Urbild von $Q_i(U_i \cap \partial G)$ bezüglich der Abbildung $\Psi_i$ bezeichnen.

Eine Funktion $v : \partial G \to \mathbb{R}$ heißt *Lebesgue-integrierbar über $\partial G$* genau dann, wenn die verketteten Funktionen $v(Q_i^T \Psi_i(\cdot))$ aus $L^1(Y_i)$ sind. Das Integral selbst ist definiert durch

$$\int_{\partial G} v(s)\, ds = \sum_{i=1}^n \int_{\partial G} v(s)\varphi_i(s)\, ds$$

$$= \sum_{i=1}^n \int_{Y_i} v(Q_i^T \Psi_i(y'))\varphi_i(Q_i^T \Psi_i(y'))\sqrt{|\det(\partial_j \Psi_i(y')\partial_k \Psi_i(y'))_{j,k=1}^d|}\, dy'\ .$$

Eine Funktion $v : \partial G \to \mathbb{R}$ gehört zu $L^2(\partial G)$ genau dann, wenn sie sowie ihr Quadrat über $\partial G$ Lebesgue-integrierbar sind.

Für die Untersuchung zeitabhängiger partieller Differentialgleichungen werden Räume von Funktionen benötigt, die ein (Zeit-)Intervall $[0,T]$, $T > 0$, in einen normierten Raum $X$ abbilden.

Der Raum $C([0,T],X) = C^0([0,T],X)$ besteht aus allen stetigen Funktionen $v : [0,T] \to X$ mit

$$\sup_{t \in (0,T)} \|v(t)\|_X < \infty\ .$$

Der Raum $C^l([0,T],X)$, $l \in \mathbb{N}$, besteht aus all jenen stetigen Funktionen $v : [0,T] \to X$, die stetige Ableitungen bis einschließlich der Ordnung $l$ auf $(0,T)$ besitzen und deren Norm

$$\sum_{i=0}^l \sup_{t \in (0,T)} \|v^{(i)}(t)\|_X$$

endlich ist.

Der Raum $L^p((0,T),X)$, $p \in [1,\infty]$, enthält all jene über $(0,T) \times \Omega$ definierten Funktionen, für die gilt:

$$v(t,\cdot) \in X \text{ für jedes } t \in (0,T)\ , \quad F \in L^p(0,T) \quad \text{mit } F(t) := \|v(t,\cdot)\|_X\ .$$

Außerdem wird gesetzt:

$$\|v\|_{L^p((0,T),X)} := \|F\|_{L^p(0,T)}\ .$$

# Literaturverzeichnis

## Lehrbücher und Monographien

1. H.W. ALT. *Lineare Funktionalanalysis.* Springer-Verlag, Berlin-Heidelberg-New York, 1992.
2. AXELSSON UND BARKER. *Finite element solution of boundary value problems.* Academic Press, Orlando, 1984.
3. R.E. BANK. *PLTMG, a software package for solving elliptic partial differential equations: Users guide 7.0.* SIAM, Philadelphia, 1994. Frontiers in Applied Mathematics, vol. 15.
4. E. BOHL. *Finite Modelle gewöhnlicher Randwertaufgaben.* Teubner-Verlag, Stuttgart, 1988.
5. D. BRAESS. *Finite Elemente.* Springer-Verlag, Berlin-Heidelberg-New York, 1992.
6. W. BUNSE UND A. BUNSE-GERSTNER. *Numerische lineare Algebra.* Teubner-Verlag, Stuttgart, 1985.
7. P.G. CIARLET. Basic Error Estimates for Elliptic Problems. In: P.G. Ciarlet und J.L. Lions, editors, *Handbook of Numerical Analysis, Volume II: Finite Element Methods (Part 1).* North-Holland, Amsterdam, 1991.
8. A.J. CHORIN UND J.E. MARSDEN. *A mathematical introduction to fluid mechanics.* Springer-Verlag, Berlin-Heidelberg-New York, 1993.
9. R. DAUTRAY UND J.-L. LIONS. *Mathematical Analysis and Numerical Methods for Science and Technology. Volume 4: Integral Equations and Numerical Methods.* Springer-Verlag, Berlin-Heidelberg-New York, 1990.
10. L.C. EVANS. *Partial differential equations.* American Mathematical Society, Providence, 1998.
11. D. GILBARG UND N.S. TRUDINGER. *Elliptic Partial Differential Equations of Second Order.* Springer-Verlag, Berlin-Heidelberg-New York, 1983 (2. Auflage).
12. V. GIRAULT UND P.-A. RAVIART. *Finite Element Methods for Navier-Stokes Equations.* Springer-Verlag, Berlin-Heidelberg-New York, 1986.
13. W. HACKBUSCH. *Theorie und Numerik elliptischer Differentialgleichungen.* Teubner-Verlag, Stuttgart, 1992.
14. W. HACKBUSCH. *Iterative Lösung großer schwachbesetzter Gleichungssysteme.* Teubner-Verlag, Stuttgart, 1986.
15. L.A. HAGEMAN UND D.M. YOUNG. *Applied Iterative Methods.* Academic Press, New York-London-Toronto-Sydney-San Francisco, 1981.
16. U. HORNUNG, ED.. *Homogenization and porous media.* Springer-Verlag, New York, 1997.
17. T. IKEDA. *Maximum principle in finite element models for convection-diffusion phenomena.* North-Holland, Amsterdam-New York-Oxford, 1983.
18. C.T. KELLEY. *Iterative methods for linear and nonlinear equations.* SIAM, Philadelphia, 1995.

19. P. KNABNER. *Mathematische Modelle fuer Transport und Sorption gelöster Stoffe in porösen Medien.* Lang, Frankfurt/Main u.a., 1991.

20. P. KNUPP UND S. STEINBERG. *Fundamentals of grid generation.* CRC Press, Boca Raton, 1993.

21. D. KRÖNER. *Numerical Schemes for Conservation Laws.* Wiley und Teubner, Chichester-New York-Brisbane-Toronto-Signapore und Stuttgart-Leipzig, 1997.

22. TH. MEIS UND U. MARCOWITZ. *Numerische Behandlung partieller Differentialgleichungen.* Springer-Verlag, Berlin-Heidelberg-New York, 1978.

23. J. NEČAS. *Les méthodes directes en théorie des équations elliptiques.* Masson/Academia, Paris/Prague, 1967.

24. H.-G. ROOS, M. STYNES, UND L. TOBISKA. *Numerical methods for singularly perturbed differential equations.* Springer-Verlag, Berlin-Heidelberg-New York, 1996. Springer series in computational mathematics, vol. 24.

25. Y. SAAD. *Iterative methods for sparse linear systems.* PWS Publ. Co., Boston, 1996.

26. D.H. SATTINGER. *Topics in Stability and Bifurcation Theory.* Springer-Verlag, Berlin-Heidelberg-New York, 1973.

27. R. SCHABACK UND H. WERNER. *Numerische Mathematik.* Springer-Verlag, Berlin-Heidelberg-New York, 1992 (4. Auflage).

28. H.R. SCHWARZ. *Methode der finiten Elemente.* Teubner-Verlag, Stuttgart, 1984 (2. Auflage).

29. J. STOER. *Numerische Mathematik 1.* Springer-Verlag, Berlin-Heidelberg-New York, 1994 (7. Auflage).

30. G. STRANG UND G.J. FIX. *An Analysis of the Finite Element Method.* Wellesley-Cambridge Press, Wellesley, 1997 (3. Auflage).

31. J.F. THOMPSON, Z.U.A. WARSI UND C.W. MASTIN. *Numerical grid generation: foundations and applications.* North-Holland, Amsterdam, 1985.

32. R. VERFÜRTH. *A review of a posteriori error estimation and adaptive mesh-refinement techniques.* Wiley und Teubner, Chichester-New York-Brisbane-Toronto-Signapore und Stuttgart-Leipzig, 1996.

33. S. WHITAKER. *The Method of Volume Averaging.* Kluwer Academic Publishers, Dordrecht, 1998.

34. J. WLOKA. *Partielle Differentialgleichungen. Sobolevräume und Randwertaufgaben.* Teubner-Verlag, Stuttgart, 1982.

35. E. ZEIDLER. *Nonlinear functional analysis and its applications. II/A: Linear monotone operators.* Springer-Verlag, Berlin-Heidelberg-New York, 1990.

## Zeitschriftenartikel

36. L. ANGERMANN. Error estimates for the finite-element solution of an elliptic singularly perturbed problem. *IMA J. Numer. Anal.*, 15:161–196, 1995.

37. T. APEL UND M. DOBROWOLSKI. Anisotropic Interpolation with Applications to the Finite Element Method. *Computing*, 47:277–293, 1992.

38. D.G. ARONSON. The porous medium equation. In: A. Fasano und M. Primicerio, editors, *Nonlinear Diffusion Problems.* Lecture Notes in Mathematics 1224:1–46, 1986.

39. M. BAUSE UND P. KNABNER. Uniform error analysis for Lagrange-Galerkin approximations of convection-dominated diffusion problems. Part I: A priori analysis in Lagrangian coordinates and full-order error estimates for the time-discretization. Eingereicht bei *SIAM J. Numer. Anal.*.

40. C. BERNARDI, Y. MADAY UND A.T. PATERA. A new nonconforming approach to domain decomposition: the mortar element method. In: H. Brezis und J.L. Lions, editors, *Nonlinear partial differential equations and their applications*. Longman, 1994.

41. T.D. BLACKER UND R.J. MEYERS. Seams and wedges in plastering: A 3-d hexahedral mesh generation algorithm. *Engineering with Computers*, 9:83–93, 1993.

42. T.D. BLACKER UND M.B. STEPHENSON. Paving: A new approach to automated quadrilateral mesh generation. *Internat. J. Numer. Methods Engrg.*, 32:811–847, 1991.

43. A. BOWYER. Computing Dirichlet tesselations. *Computer J.*, 24(2):162–166, 1981.

44. J.C. CAVENDISH. Automatic triangulation of arbitrary planar domains for the finite element method. *Internat. J. Numer. Methods Engrg.*, 8(4):679–696, 1974.

45. P. CLÉMENT. Approximation by finite element functions using local regularization. *RAIRO Anal. Numér.*, 9(R-2):77–84, 1975.

46. P.C. HAMMER UND A.H. STROUD. Numerical integration over simplexes and cones *Math. Tables Aids Comput.* 10, 130-137, 1956.

47. T.J.R. HUGHES UND A.N. BROOKS. A multidimensional upwind scheme with no crosswind diffusion. In T.J.R. Hughes, editor, *Finite element methods for convection dominated flows*, pages 19–35. ASME, New York, 1979. AMD, vol. 34.

48. T.J.R. HUGHES, L.P. FRANCA, UND G.M. HULBERT. A new finite element formulation for computational fluid dynamics: VIII. The Galerkin/least-squares method for advective-diffusive equations. *Comput. Meth. Appl. Mech. Engrg.*, 73(2):173–189, 1989.

49. P. JAMET. Estimation of the interpolation error for quadrilateral finite elements which can degenerate into triangles. *SIAM J. Numer. Anal.*, 14:925–930, 1977.

50. H. JIN UND R. TANNER. Generation of unstructured tetrahedral meshes by advancing front technique. *Internat. J. Numer. Methods Engrg.*, 36:1805–1823, 1993.

51. P. KNABNER UND G. SUMM. The Invertibility of the Isoparametric Mapping for Pyramidal and Prismatic Finite Elements. Eingereicht bei *Numer. Math.*.

52. M. KŘÍŽEK. On the maximum angle condition for linear tetrahedral elements. *SIAM J. Numer. Anal.*, 29:513–520, 1992.

53. C.L. LAWSON. Software for $C^1$ surface interpolation. In: J.R. Rice, editor, *Mathematical Software III*, S. 161–194. Academic Press, New York, 1977.

54. P. MÖLLER UND P. HANSBO. On advancing front mesh generation in three dimensions. *Internat. J. Numer. Methods Engrg.*, 38:3551–3569, 1995.

55. K.W. MORTON, A. PRIESTLEY, UND E. SÜLI. Stability of the Lagrange-Galerkin method with non-exact integration. *RAIRO Modél. Math. Anal. Numér.*, 22(4):625–653, 1988.

56. J. PERAIRE, M. VAHDATI, K. MORGAN UND O.C. ZIENKIEWICZ. Adaptive remeshing for compressible flow computations. *J. Comput. Phys.*, 72:449–466, 1987.

57. S.I. REPIN. A Posteriori Error Estimation for Approximate Solutions of Variational Problems by Duality Theory. In: H.G. Bock et al., editors, *Proceedings of ENUMATH 97*, S. 524–531. World Scientific Publ., Singapore, 1998.

58. R. RODRÍGUEZ. Some remarks on Zienkiewicz-Zhu estimator. *Numer. Meth. PDE*, 10(5):625–635, 1994.

59. W. RUGE UND K. STUEBEN. Algebraische Mehrgittermethoden. In: S.F. McCormick, editor, *Multigrid Methods*, S. 73-130. SIAM, Philadelphia, 1987.

60. R. SCHNEIDERS UND R. BÜNTEN. Automatic generation of hexahedral finite element meshes. *Computer Aided Geometric Design*, 12:693–707, 1995.

61. L.R. SCOTT UND S. ZHANG. Finite element interpolation of nonsmooth functions satisfying boundary conditions. *Math. Comp.*, 54(190):483–493, 1990.

62. M.S. SHEPHARD UND M.K. GEORGES. Automatic three-dimensional mesh generation by the finite octree technique. *Internat. J. Numer. Methods Engrg.*, 32:709–749, 1991.

63. G. SUMM. *Quantitative Interpolationsfehlerabschätzungen für Triangulierungen mit allgemeinen Tetraeder- und Hexaederelementen.* Diplomarbeit, Friedrich-Alexander-Universität Erlangen-Nürnberg, 1996.
(http://www.am.uni-erlangen.de/am1/publications/dipl_phd_thesis)

64. CH. TAPP. *Anisotrope Gitter – Generierung und Verfeinerung.* Dissertation, Friedrich-Alexander-Universität Erlangen-Nürnberg, 1999.
(http://www.am.uni-erlangen.de/am1/publications/dipl_phd_thesis)

65. D.F. WATSON. Computing the $n$-dimensional Delaunay tesselation with application to Voronoi polytopes. *Computer J.*, 24(2):167–172, 1981.

66. M.A. YERRY UND M.S. SHEPHARD. Automatic three-dimensional mesh generation by the modified-octree technique. *Internat. J. Numer. Methods Engrg.*, 20:1965–1990, 1984.

67. J.Z. ZHU, O.C. ZIENKIEWICZ, E. HINTON UND J. WU. A new approach to the development of automatic quadrilateral mesh generation. *Internat. J. Numer. Methods Engrg.*, 32:849–866, 1991.

68. O.C. ZIENKIEWICZ UND J.Z. ZHU. The superconvergent patch recovery and a posteriori error estimates. Parts I,II. *Internat. J. Numer. Methods Engrg.*, 33(7):1331–1364,1365–1382, 1992.

# Sachverzeichnis

K. Jänich

## Lineare Algebra

8. Aufl. 2000. XII, 272 S. Brosch.
**DM 39,90;** öS 292,-; sFr 37,-
ISBN 3-540-66888-8

„Daß ein Einführungstext zur Linearen
Algebra bei der ständig wachsenden Flut
von Lehrbüchern zu diesem weitgehend
standardisierten Stoff überhaupt noch
Besonderheiten bieten kann, ist gewiß
bemerkenswert. Um so erstaunlicher,
daß die hier schon beim ersten Durch-
blättern ins Auge springen... Es wird all
das Mehr wiedergegeben, das eine gute
Vorlesung gegenüber einem Lehrbuch im
üblichen Stil (Definition - Satz - Beweis -
Beispiel) auszeichnet...."

*Mathematisch-Physikalische-*
*Semesterberichte*

K. Königsberger

## Analysis 1

4., neubearb. u. erw. Aufl. 1999.
XIII, 406 S. 141 Abb.,
250 Aufgaben mit Lösungen. Brosch.
**DM 39,90;** öS 292,-; sFr 37,-
ISBN 3-540-66153-0

Durch die Verbindung von Lehrtext,
zahlreichen Beispielen und umfangrei-
chem Übungsmaterial eignet sich diese
Darstellung vorzüglich als begleitende
Literatur zu einer Vorlesung, zum Selbst-
studium, sowie zur Prüfungsvorberei-
tung für Studenten der Mathematik, Phy-
sik, Informatik und der Wirtschaftswis-
senschaften.

K. Königsberger

## Analysis 2

3. Aufl. 2000. X, 464 S. 135 Abb. Brosch.
**DM 39,90;** öS 292,-; sFr 37,-
ISBN 3-540-66902-7

Zu den Besonderheiten dieses Lehrbu-
ches gehören eine neue, einfache Einführung des Lebesgueintegrals und eine
Version des Gaußschen Integralsatzes,
die Integrationsbereiche in hinreichender Allgemeinheit zugrunde legt. Ein
umfangreiches Kapitel ist dem Kalkül
der Differentialformen samt Satz von
Stokes gewidmet und als Einstieg in die
Theorie der differenzierbaren Mannigfaltigkeiten konzipiert.

R. Seydel

## Einführung in die numerische Berechnung von Finanz-Derivaten

Computational Finance

2000. VIII, 250 S. 32 Abb. Brosch.
**DM 49,90;** öS 365,-; sFr 46,-
ISBN 3-540-66889-6

Das vorliegende Lehrbuch bietet eine
elementare Einführung in diejenigen
Methoden der Numerik und des Wis-
senschaftichen Rechnens, die insbesondere für die Berechung von Optionsprei-
sen grundlegend sind. Ferner werden
Lösungsalgorithmen von Differenzenverfahren und von Finite-Element-Ver-
fahren erklärt. Übungsaufgaben,
instruktive Abbildungen sowie themen-
bezogene Anhänge runden das Buch ab.
Lösungshinweise zu ausgewählten Aufgaben werden unter http://www.mi.uni-
koeln.de/numerik/compfin/ bereitgestellt.

**Springer · Kundenservice**
**Haberstr. 7 · 69126 Heidelberg**
**Tel.: 0 62 21 345-217/218 · Fax.: 0 62 21-345-229**
**e-mail: orders@springer.de**

Preisänderungen und Irrtümer vorbehalten.  d&p · 66231 SF/1

Druck- und Bindearbeiten: Legoprint, Italien